普通高等教育"十一五"国家级规划教材

经济管理数学基础

郑文瑞　徐向红　李亚军　主编

概率论与数理统计
（第3版）

清华大学出版社
北京

内 容 简 介

本书主要内容包括：随机事件与概率、随机变量及其概率分布、多维随机变量及其概率分布、随机变量的数字特征、大数定律及中心极限定理、数理统计的基础知识、参数估计、假设检验、回归分析和方差分析.

与本书配套的有习题课教材、教师用书、电子教案. 本教材的编写遵循加强基础，强化应用，整体优化，注意后效的原则；注重数学在经济管理领域中的应用，选编了大量有关的例题与习题；具有结构严谨、逻辑清楚、循序渐进、结合实际等特点. 可作为高等学校经管类、人文社科类及相关专业的教材或教学参考书.

图书在版编目（CIP）数据

概率论与数理统计/郑文瑞，徐向红，李亚军主编. —3 版. —北京：清华大学出版社，2022.8 (2025.1重印)
（经济管理数学基础）
ISBN 978-7-302-61545-3

Ⅰ. ①概… Ⅱ. ①郑… ②徐… ③李… Ⅲ. ①概率论－高等学校－教材 ②数理统计－高等学校－教材 Ⅳ. ①O21

中国版本图书馆 CIP 数据核字(2022)第 140506 号

责任编辑：佟丽霞
封面设计：傅瑞学
责任校对：王淑云
责任印制：刘海龙

出版发行：清华大学出版社
    网 址：https://www.tup.com.cn, https://www.wqxuetang.com
    地 址：北京清华大学学研大厦 A 座   邮 编：100084
    社 总 机：010-83470000   邮 购：010-62786544
    投稿与读者服务：010-62776969，c-service@tup.tsinghua.edu.cn
    质量反馈：010-62772015，zhiliang@tup.tsinghua.edu.cn
印 装 者：三河市君旺印务有限公司
经 销：全国新华书店
开 本：170mm×230mm 印 张：21.5 字 数：372千字
版 次：2005年9月第 1 版 2022 年 8 月第 3 版 印 次：2025 年 1 月第 2 次印刷
定 价：62.00元

产品编号：080265-01

第3版前言

经济管理数学基础《概率论与数理统计》教材第2版已出版9年了，感谢兄弟院校的关注和广大同学的使用. 在国家推进新文科建设的背景下，根据当前教学形势的发展及需求，并结合我们近几年的教学研究与教学实践，作者认为有必要对本教材进行再版修订.

本次修订的指导思想：修订的重点是将纸介质教材与数字资源进行一体化设计，相互配合、相互支撑，进一步提高教材的适用性和对课程教学的支撑性，形成新形态教材.

修订的重点内容：配套数字资源，开篇介绍本书的重点知识，每章后面进行了系统的小结；对重点和不易理解的知识点进行细致讲解；对部分例题和习题中容易出现的错误及问题，也进行了分析；在每章后针对学习要点增加了综合自测题；为方便学生自学配备了3套模拟试题及答案；为使用该教材的老师配备了每章习题的详解和电子教案，供讲课参考. 同时修正了第2版中存在的不当之处和部分习题中的错误，更换了部分例题和习题.

参加本书第3版修订工作的有徐向红（第1~3章），李亚军（第4~5章），郑文瑞（第6~10章）. 本书的电子教案由刘明姬制作，徐向红、李亚军承担了数字资源的编制、录制工作，每章习题详解修订的录入工作由任长宇、毛书欣完成，全书由郑文瑞统稿. 本教材继续保留标"*"号的9、10章，这部分内容可供有需要的学生在今后的学习中参考使用. 数字资源以二维码形式给出.

在本书的修订过程中，得到教育部首批新文科研究与改革实践项目"新文科大学数学课程体系和教材体系建设实践"的支持. 吉林大学教务处、吉林大学数学学院和清华大学出版社给予指导和帮助，孙鹏承担修订教材的排版工作，吴晓俐承担了教材修订的编务工作，在此一并表示衷心的感谢.

由于编者水平所限，书中的疏漏和不当之处，敬请广大读者批评指正.

作者

2022年6月

总序

第1版前言

第2版前言

目　　录

第1章 随机事件与概率

概率论是研究随机现象的统计规律的学科, 是统计学的理论基础. 事件和概率是概率论中最基本的两个概念. 本章重点介绍概率论的两个最基本概念: 随机事件及其概率. 主要内容包括: 随机试验、样本空间、随机事件的频率与概率、条件概率以及事件的独立性等概率论中的最基本概念. 介绍古典概型和几何概型、条件概率、乘法公式、全概率公式与贝叶斯公式及二项概率公式等计算概率的基本公式. 这些内容是进一步学习概率论的基础.

1.1 随 机 事 件

1.1.1 随机现象

在自然界和人类社会生活中普遍存在着两类现象, 一类是在一定条件下必然发生的现象, 称为**确定性现象**. 例如, 在没有外力作用下, 作匀速直线运动的物体必然继续作匀速直线运动; 人从地面向上抛起的石块经过一段时间必然落到地面; 在标准大气压下, 水加热到 100℃ 必然会沸腾; 等等.

另一类现象是在一定条件下可能发生也可能不发生的现象, 称为**随机现象**. 例如, 投掷一枚硬币, 我们不能事先预知将出现正面还是反面; 投掷一枚骰子出现的点数也不能预知; 从一大批产品中任取一个产品, 这个产品可能是正品, 也可能是废品, 其结果带有偶然性. 人们通过长期实践并深入研究之后, 发现这类现象在大量重复试验或观察下, 它的结果却呈现出某种规律性. 概率论与数理统计就是研究和揭示随机现象这种规律性的一门数学学科. 其理论和方法被广泛地应用于自然科学、社会科学、工程技术和经济管理等诸多领域.

1.1.2 随机试验与随机事件

为了研究和揭示随机现象的统计规律性, 我们要对随机现象进行大量重复观察. 我们把观察的过程称为试验, 满足下列条件的试验称为**随机试验**, 本书以下简称为**试验**. 一般地, 一个随机试验要求满足下列条件:

(1) 可重复性: 试验可以在相同条件下重复进行多次, 甚至进行无限多次;

(2) 可观测性: 每次试验的结果具有多种可能性, 并能事先明确试验的所有可能结果;

(3) 随机性: 试验之前不能准确预言该次试验将出现哪一种结果.

我们用 E 表示一个试验, 用 ω 表示随机试验 E 的最基本的结果, 称为**样本点**, 用 $\Omega = \{\omega\}$ 表示随机试验 E 的最基本结果的集合, 称为**样本空间**或**基本空间**.

例 1.1.1   在投掷一枚硬币观察其出现正面还是出现反面的试验中, 有两个样本点: 正面、反面. 样本空间为 $\Omega = \{$正面, 反面$\}$. 记 $\omega_1 =$"正面", $\omega_2 =$"反面", 则样本空间可表示为

$$\Omega = \{\omega_1, \omega_2\}.$$

例 1.1.2   投掷一枚骰子, 观察出现的点数, 则基本结果是"出现 i 点", 分别记为 $\omega_i(i = 1, 2, 3, 4, 5, 6)$, 则试验的样本空间为

$$\Omega = \{\omega_1, \omega_2, \omega_3, \omega_4, \omega_5, \omega_6\}.$$

也可简记为 $\Omega = \{1, 2, 3, 4, 5, 6\}$.

例 1.1.3   将一枚硬币抛掷两次, 观察正面出现的次数, 记为 $\omega_i(i = 0, 1, 2)$, 则样本空间为

$$\Omega = \{\omega_0, \omega_1, \omega_2\}.$$

也可简记为 $\Omega = \{0, 1, 2\}$.

例 1.1.4   记录某电话台在一分钟内接到的呼叫次数, 则样本空间为

$$\Omega = \{0, 1, 2, \cdots\}.$$

例 1.1.5   测量某一零件的长度, 考察其观测结果与真正长度的误差, 样本空间可取作 $[-M, M]$, 其中 M 为最大误差. 如果无法确定这一最大值, 将 Ω 取作 $(-\infty, +\infty)$ 也可.

对于随机现象, 我们关心的通常是在随机试验中某一结果是否会出现, 或会出现什么结果, 这些结果称为**随机事件**. 习惯上, 用大写字母 A, B, C 等表示.

例如在例 1.1.2 中, 样本空间 $\Omega = \{1, 2, 3, 4, 5, 6\}$, 如果以 A 表示"得到的为偶数点", 则显然 $A = \{2, 4, 6\}$, B 表示"得到的点数大于或等于 3", 则 $B = \{3, 4, 5, 6\}$. 这里 A, B 均为随机事件, 它们都由 Ω 中的若干个样本点所构成.

由此可见, 准确地讲, **随机事件**是由若干个样本点组成的集合, 或者说是样本空间的子集. 称某个事件 A 发生, 当且仅当该事件所包含的某个样本点出现.

由一个样本点组成的事件, 称为**基本事件**. 样本空间 Ω 本身也是 Ω 的子集, 它包含 Ω 的所有样本点, 在每次试验中 Ω 必然发生, 称为**必然事件**. 空集 $\varnothing$ 也是 Ω 的子集, 它不包含任何样本点, 在每次试验中都不可能发生, 称为**不可能事件**.

例 1.1.6   在抛掷一枚骰子的实验中, 分别记"点数是 1"为 A, "点数是偶数"为 B, "点数大于或等于 2"为 C, "点数大于 6"为 D, "点数小于或等于 6"为 F, 则 $A = \{1\}, B = \{2, 4, 6\}, C = \{2, 3, 4, 5, 6\}, D = \varnothing, F = \Omega = \{1, 2, 3, 4, 5, 6\}$.

在一个样本空间中, 如果只有有限个样本点, 则称它为**有限样本空间**; 如果有无限多个样本点, 则称它为**无限样本空间**. 例 1.1.1 ～ 例 1.1.3 中的样本空间都是有限样本空间, 在例 1.1.4 和例 1.1.5 中的样本空间都是无限样本空间.

1.1.3　随机事件间的关系和事件的运算

在一个随机试验中, 一般有很多随机事件. 为了通过对简单事件的研究来掌握比较复杂的事件的规律, 需要研究事件间的关系及事件的运算. 由于事件是样本空间的子集, 因此事件间的关系及运算与集合间的关系及运算是相互对应的. 关键是要理解事件间的关系及运算的概率含义.

在以下的讨论中, 假定 Ω 是试验 E 的样本空间, 所论及的事件都是同一试验 E 的事件.

1. 事件的包含

如果事件 A 发生必然导致事件 B 发生, 则称事件 B**包含**事件 A, 或称事件 A**包含于**事件 B, 或称事件 A 是事件 B 的子事件, 记作

$$B \supset A \quad \text{或} \quad A \subset B.$$

易知, 对任意事件 A, 有

$$\varnothing \subset A \subset \Omega.$$

2. 事件的相等

如果事件 A 包含事件 B, 事件 B 也包含事件 A, 则称事件 A 与事件 B**相等**, 记作 $A = B$. 事件 A 与事件 B 相等, 表明 A 和 B 是样本空间的同一子集.

3. 事件的并 (或和)

如果事件 A 和事件 B 至少有一个发生, 则称这样的一个事件为事件 A 与事件 B 的**并**或**和**, 记作 $A \cup B$, 即

$$A \cup B = \{A \text{ 发生或} B \text{ 发生}\} = \{\omega | \omega \in A \text{ 或 } \omega \in B\}.$$

在例 1.1.6 中, $A \cup B = \{1, 2, 4, 6\}$.

事件 A 和事件 B 作为样本空间 Ω 的子集, 事件 $A \cup B$ 就是子集 A 与 B 的**并集**.

4. 事件的交 (或积)

如果事件 A 和事件 B 同时发生, 则称这样的一个事件为事件 A 与事件 B 的**交**或**积**, 记作 $A \cap B$ 或 AB, 即

$$A \cap B = \{A \text{ 发生且} B \text{发生}\} = \{\omega | \omega \in A \text{ 且 } \omega \in B\}.$$

在例 1.1.6 中, $B \cap C = \{2, 4, 6\}$.

事件 A 和事件 B 作为样本空间 Ω 的子集, 事件 $A \cap B$ 就是子集 A 与 B 的**交集**.

5. 事件的差

如果事件 A 发生而事件 B 不发生, 则称这样的一个事件为事件 A 与 B 的**差**事件, 记作 $A - B$, 即

$$A - B = \{A \text{发生但} B \text{不发生}\} = \{\omega | \omega \in A \text{但} \omega \notin B\}.$$

在例 1.1.6 中, $C - B = \{3, 5\}$.

6. 互不相容事件

如果事件 A 和事件 B 在同一次试验中不能同时发生, 则称事件 A 与事件 B 是**互不相容**的, 或称事件 A 与事件 B**互斥**.

在例 1.1.6 中, 事件 A 和事件 B 是互不相容的.

7. 对立事件 (或互逆事件)

如果在每一次试验中事件 A 和事件 B 都有一个且仅有一个发生, 则称事件 A 与事件 B 是**对立**的或**互逆**的, 其中的一个事件是另一个事件的对立事件, 记作 $\overline{A} = B$, 或 $\overline{B} = A$. 显然 $\overline{\overline{A}} = A$.

在例 1.1.6 中, 事件 A 与事件 C 是对立的.

8. 有限个或可数无穷多个事件的并与交

设有 n 个事件 $A_1, A_2, \cdots, A_n$, 则称 "$A_1, A_2, \cdots, A_n$ 至少有一个发生" 这一事件为事件 $A_1, A_2, \cdots, A_n$ 的**并**, 记作 $A_1 \cup A_2 \cup \cdots \cup A_n$ 或 $\bigcup\limits_{i=1}^{n} A_i$. 称 "$A_1, A_2, \cdots, A_n$ 同时发生" 这一事件为事件 $A_1, A_2, \cdots, A_n$ 的**交**, 记作 $A_1 A_2 \cdots A_n$ 或 $\bigcap\limits_{i=1}^{n} A_i$.

设有可数个事件 $A_1, A_2, \cdots, A_n, \cdots$, 则称 "$A_1, A_2, \cdots, A_n, \cdots$ 至少有一个发生" 这一事件为事件 $A_1, A_2, \cdots, A_n, \cdots$ 的**并**, 记作 $\bigcup\limits_{i=1}^{\infty} A_i$. 称 "$A_1, A_2, \cdots, A_n, \cdots$ 同时发生" 这一事件为事件 $A_1, A_2, \cdots, A_n, \cdots$ 的**交**, 记作 $\bigcap\limits_{i=1}^{\infty} A_i$.

9. 完备事件组

设 $A_1, A_2, \cdots, A_n, \cdots$ 是有限个或可数无穷多个事件, 如果满足:

(1) $A_i A_j = \varnothing, i \neq j, i, j = 1, 2, \cdots$;

(2) $\bigcup\limits_{i} A_i = \Omega$.

则称 $A_1, A_2, \cdots, A_n, \cdots$ 为样本空间 Ω 的一个**完备事件组**或 (有限)**分割**.

10. 事件间的关系与运算的文氏图

上述关于事件间的各种关系与运算可直观地用图形 (文氏图) 来表示 (见图 1.1).

类似集合的运算, 事件的运算有以下运算法则:

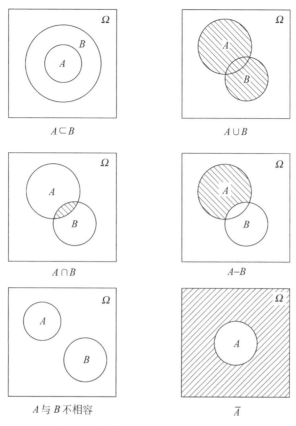

$A \subset B$ $\qquad$ $A \cup B$

$A \cap B$ $\qquad$ $A - B$

A 与 B 不相容 $\qquad$ $\overline{A}$

图 1.1 事件间的关系与运算的文氏图

(1) 交换律: $A \cup B = B \cup A, A \cap B = B \cap A$;

(2) 结合律: $(A \cup B) \cup C = A \cup (B \cup C), (AB)C = A(BC)$;

(3) 分配律: $(A \cup B) \cap C = (A \cap C) \cup (B \cap C)$,

$\qquad\qquad (A \cap B) \cup C = (A \cup C) \cap (B \cup C)$;

(4) 德摩根 (De Morgan) 定律 (对偶律):

$$\overline{\bigcup_{i=1}^{n} A_i} = \bigcap_{i=1}^{n} \overline{A_i}, \quad \overline{\bigcap_{i=1}^{n} A_i} = \bigcup_{i=1}^{n} \overline{A_i}.$$

对于多个随机事件, 以上的运算法则也是成立的.

例 1.1.7 某工人加工了三个零件, 设 A_i 为事件 "加工的第 i 个零件是合格品" $(i = 1, 2, 3)$, 试用 A_1, A_2, A_3 表示下列事件:

(1) 只有第一个零件是合格品;

(2) 只有一个零件是合格品;

(3) 至少有一个零件是合格品;

(4) 最多有一个零件是合格品.

解　用 A, B, C, D 分别表示 (1)、(2)、(3)、(4) 所述事件, 则有

(1) 事件 A 发生, 即"只有第一个零件是合格品"这一事件发生, 即事件 A_1 发生并且 A_2, A_3 都不发生, 故

$$A = A_1 \overline{A_2} \ \overline{A_3}.$$

(2) 事件 B 发生, 意味着在三个零件中有一个是合格品, 并且另外两个是不合格品, 因此

$$B = A_1 \overline{A_2} \ \overline{A_3} \cup \overline{A_1} A_2 \overline{A_3} \cup \overline{A_1} \ \overline{A_2} A_3.$$

(3) 事件 C 发生, 即在三个零件中至少有一个是合格品, 故

$$C = A_1 \cup A_2 \cup A_3.$$

(4) 事件 D 发生, 也就是事件"在三个零件中任意两个都不能同时为合格品"发生, 从而

$$D = \overline{A_1} \ \overline{A_2} \cup \overline{A_1} \ \overline{A_3} \cup \overline{A_2} \ \overline{A_3}.$$

也可以表示成

$$D = \overline{A_1} \ \overline{A_2} \ \overline{A_3} \cup A_1 \overline{A_2} \ \overline{A_3} \cup \overline{A_1} A_2 \overline{A_3} \cup \overline{A_1} \ \overline{A_2} A_3.$$

例 1.1.8　一名射手连续向某个目标射击三次, 事件 A_i 表示该射手第 i 次射击时击中目标 $(i = 1, 2, 3)$. 试用文字叙述下列事件:

$$A_1 \cup A_2; \quad A_1 \cup A_2 \cup A_3; \quad A_1 A_2 A_3; \quad A_3 - A_2; \quad A_3 \overline{A_2}; \quad \overline{A_1 \cup A_2};$$

$$\overline{A_1} \ \overline{A_2}; \quad \overline{A_2} \cup \overline{A_3}; \quad \overline{A_2 A_3}; \quad A_1 A_2 \cup A_1 A_3 \cup A_2 A_3.$$

解　$A_1 \cup A_2$: 前两次中至少有一次击中目标;

$A_1 \cup A_2 \cup A_3$: 三次射击中至少有一次击中目标;

$A_1 A_2 A_3$: 三次射击都击中了目标;

$A_3 - A_2 = A_3 \overline{A_2}$: 第三次击中但第二次未击中;

$\overline{A_1 \cup A_2} = \overline{A_1} \ \overline{A_2}$: 前两次均未击中目标;

$\overline{A_2} \cup \overline{A_3} = \overline{A_2 A_3}$: 后两次中至少有一次未击中目标;

$A_1 A_2 \cup A_1 A_3 \cup A_2 A_3$: 三次射击中至少有两次击中目标.

例 1.1.9　化简事件 $\overline{(\overline{A} \ \overline{B} \cup C)} \overline{AC}$.

解　原式 $= \overline{(\overline{A} \ \overline{B}) \cup C} \cup (AC) = (\overline{\overline{A} \ \overline{B} \ \overline{C}}) \cup (AC) = (A \cup B)\overline{C} \cup (AC)$

$\qquad = (A\overline{C}) \cup (B\overline{C}) \cup (AC) = A(\overline{C} \cup C) \cup (B\overline{C}) = A \cup (B\overline{C}).$

1.2 随机事件的频率与概率

1.2.1 频率

概率是概率论中最基本的概念. 在引入此概念之前, 需要介绍频率的概念.

定义 1.2.1 设在相同条件下进行的 n 次试验中, 事件 A 发生了 n_A 次, 则称 n_A 为事件 A 发生的**频数**, 称 $\dfrac{n_A}{n}$ 为事件 A 发生的**频率**, 记作 $f_n(A)$, 即

$$f_n(A) = \frac{n_A}{n}.$$

由频率的定义易见其具有下列基本性质:

(1) $0 \leqslant f_n(A) \leqslant 1$;

(2) $f_n(\Omega) = 1$;

(3) 若 $A_1, A_2, \cdots, A_m$ 是两两互不相容的事件, 则

$$f_n(A_1 \cup A_2 \cup \cdots \cup A_m) = f_n(A_1) + f_n(A_2) + \cdots + f_n(A_m).$$

事件 A 的频率反映了事件 A 发生的频繁程度. 频率越大, 事件 A 发生越频繁, 这意味着 A 在一次试验中发生的可能性越大.

通过实践人们发现, 当试验次数 n 很大时, 事件 A 发生的频率总会在某个确定的数值附近摆动, 随机事件的频率的这一特性称为频率的稳定性.

历史上有不少人通过投掷硬币的试验研究过频率的稳定性, 表 1.1 列出了他们的试验记录.

表 1.1

试验者	抛掷次数	正面朝上的次数	正面朝上的频率
德摩根	2048	1061	0.5181
蒲 丰	4040	2048	0.5069
费歇尔	10000	4979	0.4979
皮尔逊	12000	6019	0.5016
皮尔逊	24000	12012	0.5005

从表 1.1 可以看出频率有随机波动性. 当抛掷次数 n 较小时, 频率随机波动的幅度较大. 但是, 随着抛掷次数 n 的增大, 频率呈现出稳定性, 大致在 0.5 附近摆动, 且逐渐稳定于常数 0.5. 而且研究任何随机事件都有这样一个客观存在的常数与之对应. 这种 "频率稳定性" 即通常所说的统计规律性, 它是概率这一概念的经验基础. 而所谓事件发生的可能性大小, 就是这个 "频率的稳定值".

定义 1.2.2   在相同条件下重复进行 n 次试验, 如果当 n 增大时, 事件 A 的频率 $\dfrac{n_A}{n}$ 稳定地在某一常数 p 附近摆动, 则称常数 p 为事件 A 的**概率**, 记为 $P(A) = p$.

概率的这个定义, 称为概率的统计定义. 根据这一定义, 可以把大量重复试验所得到的事件的频率作为事件概率的近似值.

1.2.2   概率

任何一个数学概念都是对现实世界的抽象, 这种抽象使得其具有广泛的适应性, 并成为进一步数学推理的基础. 1933 年, 苏联数学家**柯尔莫戈洛夫**综合已有的大量成果, 提出了概率的公理化结构, 明确定义了概率等基本概念, 使得概率论成为严谨的数学分支, 推动了概率论的发展.

定义 1.2.3   设随机试验 E 的样本空间为 Ω, 如果对于 Ω 中的每一个事件 A, 有惟一的实数 $P(A)$ 和它对应, 并且这一事件的函数 $P(A)$ 满足以下条件:

(1) 非负性: 对于任一事件 A, 有 $P(A) \geqslant 0$;

(2) 规范性: 对于必然事件 Ω, 有 $P(\Omega) = 1$;

(3) 可列可加性: 对于两两互不相容的事件 $A_1, A_2, \cdots$ (即当 $i \neq j$ 时, 有 $A_i A_j = \varnothing, i, j = 1, 2, \cdots$), 有

$$P\left(\bigcup_{i=1}^{\infty} A_i\right) = \sum_{i=1}^{\infty} P(A_i),$$

则称 $P(A)$ 为事件 A 的**概率**.

由概率的公理化定义, 可以推导出概率的一些性质.

性质 1.2.1   对于不可能事件 $\varnothing$, 有 $P(\varnothing) = 0$.

证明   取 $A_i = \varnothing (i = 1, 2, \cdots)$, 显然这是一列两两不相容的事件, 且 $\bigcup\limits_{i=1}^{\infty} A_i = \varnothing$, 由定义 1.2.3 的 (3), 有

$$P(\varnothing) = P\left(\bigcup_{i=1}^{\infty} A_i\right) = \sum_{i=1}^{\infty} P(A_i) = \sum_{i=1}^{\infty} P(\varnothing),$$

因此

$$P(\varnothing) = 0.$$

$\square$

性质 1.2.2   对于两两互不相容的事件 $A_1, A_2, \cdots, A_n$, 有

$$P\left(\bigcup_{i=1}^{n} A_i\right) = \sum_{i=1}^{n} P(A_i).$$

这一性质称为概率的**有限可加性**.

证明 令 $A_i = \varnothing (i = n+1, n+2, \cdots)$, 根据概率的可列可加性及性质 1.2.1, 有

$$P\left(\bigcup_{i=1}^{n} A_i\right) = P\left(\bigcup_{i=1}^{\infty} A_i\right) = \sum_{i=1}^{\infty} P(A_i) = \sum_{i=1}^{n} P(A_i).$$ □

性质 1.2.3 对任一事件 A, 有

$$P(\overline{A}) = 1 - P(A).$$

证明 因为 $A \cup \overline{A} = \Omega$, 且 $A\overline{A} = \varnothing$, 由性质 1.2.2 得 $P(A \cup \overline{A}) = P(A) + P(\overline{A}) = P(\Omega)$, 即

$$P(A) + P(\overline{A}) = 1,$$

故

$$P(\overline{A}) = 1 - P(A).$$ □

性质 1.2.4 如果 $A \subset B$, 则有

$$P(B - A) = P(B) - P(A), \quad P(A) \leqslant P(B).$$

证明 因为 $A \subset B$, 从而有 $B = A \cup (B - A)$, 且 $A(B-A) = \varnothing$, 由性质 1.2.2 得

$$P(B) = P(A) + P(B - A),$$

所以

$$P(B - A) = P(B) - P(A).$$

由于 $P(B - A) \geqslant 0$, 因此

$$P(A) \leqslant P(B).$$ □

性质 1.2.5 对任一事件 A, 有 $P(A) \leqslant 1$.

证明 因为 $A \subset \Omega$, 由性质 1.2.4 及概率的规范性, 可得

$$P(A) \leqslant P(\Omega) = 1.$$ □

性质 1.2.6 对于任意两个事件 A, B, 有

$$P(B - A) = P(B) - P(AB).$$

证明 由于 $B - A = B - AB$, 而 $AB \subset B$, 根据性质 1.2.4, 可得

$$P(B - A) = P(B - AB) = P(B) - P(AB).$$

                        □

性质 1.2.6 称为概率的**减法公式**.

 性质 1.2.7 对于任意两个事件 A, B, 有

$$P(A \cup B) = P(A) + P(B) - P(AB),$$

$$P(A \cup B) \leqslant P(A) + P(B).$$

 证明 因为 $A \cup B = A \cup (B - AB)$, 且 $A(B - AB) = \varnothing, AB \subset B$, 由性质 1.2.2 及性质 1.2.4, 可得

$$P(A \cup B) = P(A) + P(B - AB)$$
$$= P(A) + P(B) - P(AB).$$

由于 $P(AB) \geqslant 0$, 因此

$$P(A \cup B) \leqslant P(A) + P(B).$$

                        □

 性质 1.2.7 中的第一个公式称为概率的**加法公式**. 加法公式可以推广到任意有限个事件的情形: 设 $A_1, A_2, \cdots, A_n$ 是 n 个随机事件, 则有

$$P\left(\bigcup_{i=1}^{n} A_i\right) = \sum_{i=1}^{n} P(A_i) - \sum_{1 \leqslant i < j \leqslant n} P(A_i A_j)$$
$$+ \sum_{1 \leqslant i < j < k \leqslant n} P(A_i A_j A_k) + \cdots + (-1)^{n-1} P(A_1 A_2 \cdots A_n).$$

这个公式称为概率的**一般加法公式**.

 例 1.2.1 已知 $P(\overline{A}) = 0.5$, $P(\overline{A}B) = 0.2$, $P(B) = 0.4$, 求: $(1)P(AB)$; $(2)P(A - B)$; $(3)P(A \cup B)$; $(4)P(\overline{A}\,\overline{B})$.

 解 (1) 因为 $AB \cup \overline{A}B = B$, 且 AB 与 $\overline{A}B$ 互不相容, 故有

$$P(AB) + P(\overline{A}B) = P(B),$$

于是

$$P(AB) = P(B) - P(\overline{A}B) = 0.4 - 0.2 = 0.2;$$

(2) $P(A) = 1 - P(\overline{A}) = 1 - 0.5 = 0.5,$
  $P(A - B) = P(A) - P(AB) = 0.5 - 0.2 = 0.3;$

(3)　$P(A \cup B) = P(A) + P(B) - P(AB) = 0.5 + 0.4 - 0.2 = 0.7$;

(4)　$P(\overline{A}\ \overline{B}) = P(\overline{A \cup B}) = 1 - P(A \cup B) = 1 - 0.7 = 0.3$.

例 1.2.2　设 A 和 B 是同一试验 E 的两个随机事件, 证明

$$1 - P(\overline{A}) - P(\overline{B}) \leqslant P(AB) \leqslant P(A \cup B).$$

证明　因为 $AB \subset A \subset (A \cup B)$, 所以

$$P(AB) \leqslant P(A \cup B).$$

由概率的性质 1.2.7 及事件运算的对偶律, 可得

$$P(\overline{A}) + P(\overline{B}) \geqslant P(\overline{A} \cup \overline{B}) = P(\overline{AB}) = 1 - P(AB),$$

因此

$$1 - P(\overline{A}) - P(\overline{B}) \leqslant P(AB). \qquad \square$$

1.2.3　古典概型

如果随机试验具有以下两个特点:

(1) 随机试验只有有限个可能结果;

(2) 每一个可能结果发生的可能性相同.

则称这种试验为**等可能概型**或**古典概型**. 古典概型曾经是概率发展初期的主要研究对象.

1-1 古典概率

设试验 E 是古典概型, 样本空间为 $\Omega = \{\omega_1, \omega_2, \cdots, \omega_n\}$, 则基本事件 $\{\omega_1\}, \{\omega_2\}, \cdots, \{\omega_n\}$ 两两互不相容, 且

$$\Omega = \{\omega_1\} \cup \{\omega_2\} \cup \cdots \cup \{\omega_n\}.$$

由于 $P(\Omega) = 1$ 及 $P(\omega_1) = P(\omega_2) = \cdots = P(\omega_n)$, 因此

$$P(\omega_1) = P(\omega_2) = \cdots = P(\omega_n) = \frac{1}{n}.$$

如果事件 A 包含 r 个基本事件: $A = \{\omega_{i_1}\} \cup \{\omega_{i_2}\} \cup \cdots \cup \{\omega_{i_r}\}$, 其中 $i_1, i_2, \cdots, i_r$ 是 $1, 2, \cdots, n$ 中某 r 个不同的数, 则有

$$P(A) = P(\omega_{i_1}) + P(\omega_{i_2}) + \cdots + P(\omega_{i_r}) = \frac{r}{n}.$$

即

$$P(A) = \frac{A \text{ 包含的基本事件的个数}}{\Omega \text{ 包含的基本事件总数}} = \frac{r}{n}.$$

这样定义的概率称为**古典概率**. 古典概型问题的计算大致可分为三类, 下面分类举例.

1. 摸球问题 (产品的随机抽样问题)

例 1.2.3 袋中有 5 个红球, 3 个黄球, 从中一次随机地摸出两个球, 求摸出的两个球都是红球的概率.

解 E: 从 $(5+3)$ 个球中等可能地任取两球, 观察颜色.

Ω 含有 $n = C_{5+3}^2 = C_8^2$ 个基本事件.

设 $A = \{$所取的二球全红$\}$. 则 A 含有 C_5^2 个基本事件, 即 $r = C_5^2$, 所以

$$P(A) = \frac{r}{n} = \frac{C_5^2}{C_8^2} = \frac{5}{14}.$$

例 1.2.4 某人有 5 把钥匙, 其中有 2 把房门钥匙, 但忘记了开房门的是哪 2 把, 只好逐把试开, 问此人在 3 次内能打开房门的概率是多少?

解 E: 从 5 把钥匙中任选 3 把 (每次 1 把) 逐把试开房门 (试后不放回).

Ω 含有 $n = C_5^1 \times C_4^1 \times C_3^1 = 5 \times 4 \times 3 = 60$ 个基本事件.

设 $A = \{3$ 次内打开房门$\}$, 则 A 含有 $r = 60 - 6 = 54$ 个基本事件 (从 3 次开房门的所有开法中, 除去打不开房门的种数). 所以

$$P(A) = \frac{r}{n} = \frac{54}{60} = 0.9.$$

例 1.2.5 袋中有 a 个白球, b 个黑球, 从中任意地连续一个一个地摸出 $k+1$ 个球 $(k+1 \leqslant a+b)$, 每次摸出的球不放回袋中, 试求最后一次摸到白球的概率.

解法 1 E: 从 $a+b$ 个球中不放回地一个一个地任意摸出 $k+1$ 个球进行排列 (与顺序有关).

Ω 含有 A_{a+b}^{k+1} 个基本事件.

设 $A = \{$在摸出的 $k+1$ 个球的排列中, 最后一个是白球$\}$. 考察 A: 第一步, 从 a 个白球中任取一个排到最后一个位置上, 有 A_a^1 种取法; 第二步, 从剩下的 $a+b-1$ 个球中任取 k 个排到前面的 k 个位置上, 有 A_{a+b-1}^k 种取法, 由乘法原理得出 A 含有 $A_a^1 \times A_{a+b-1}^k$ 个基本事件. 所以

$$\begin{aligned} P(A) &= \frac{A_a^1 \times A_{a+b-1}^k}{A_{a+b}^{k+1}} \\ &= a \times \frac{(a+b-1)!}{(a+b-1-k)!} \times \frac{(a+b-1-k)!}{(a+b)!} \\ &= \frac{a}{a+b}. \end{aligned}$$

解法 2 E：从 $a+b$ 个球中不放回地一次任意摸出 $k+1$ 个球进行排列 (取时不考虑顺序, 但取出后考虑顺序).

Ω 含有 $C_{a+b}^{k+1} \times (k+1)!$ 个基本事件 (第一步, 从 $a+b$ 个球中任取 $k+1$ 个球, 有 C_{a+b}^{k+1} 种取法; 第二步, 将取出的球进行全排列, 共有 $(k+1)!$ 种排法, 由乘法原理得基本事件总数).

设 $A=\{$取出的 $k+1$ 个球, 最后一个是白球$\}$. 考察 A：从 a 个球任取一白球, 再从 $a+b-1$ 个球中任取 k 个球, 共有 $C_a^1 \times C_{a+b-1}^k$ 种取法, 将取出的一个白球固定在最后一个位置上, 其余的 k 个球在其余的位置上作全排列, 有 $k!$ 种排法, 由乘法原理得 A 含有 $C_a^1 \times C_{a+b-1}^k \times k!$ 个基本事件. 所以

$$P(A) = \frac{C_a^1 \times C_{a+b-1}^k \times k!}{C_{a+b}^{k+1} \times (k+1)!} = \frac{a}{a+b}.$$

注 例 1.2.5 中所有事件的概率与 k 无关, 即每一次摸到白球的概率是一样的, 这是抽签问题 (也叫抓阄问题) 的模型, 即抽签时各人机会均等, 与抽签的先后顺序无关.

例 1.2.6 将一枚匀称的骰子抛掷两次, 求两次出现的点数之和等于 7 的概率.

解 E：抛掷两次骰子所有可能出现的结果.

Ω 含有 $6 \times 6 = 36$ 个基本事件.

设 $A=\{$两次出现的点数之和等于 7$\}$, 则 $r=6$, 所以

$$P(A) = \frac{r}{n} = \frac{6}{36} = \frac{1}{6}.$$

2. 分房问题

例 1.2.7 将 n 个人等可能地分配到 $N(n \leqslant N)$ 间房中的每一间去, 试求下列事件的概率:

(1) 某指定的 n 间房中各有 1 人;

(2) 恰有 n 间房各有 1 人.

解 E：将 n 个人等可能地分配到 N 间房中去.

Ω 含有 N^n 个基本事件 (将每一个人分配到 N 间房中去都有 N 种分法, 因为没有限制每间房住多少人).

(1) 设 $A = \{$ 某指定的 n 间房中各有 1 人 $\}$. 考察 A：n 个人要分到指定的 n 间房中去, 保证每间房各有 1 人, 第一个人有 n 种分法, 分走一间之后, 第二个人有 $n-1$ 种分法, $\cdots\cdots$, 最后一间分配给第 n 个人, 故共有 $r = n(n-1)\cdot\,\cdots\,\cdot 3\cdot 2\cdot 1 = n!$ 种分法, 即 A 含有 $n!$ 个基本事件. 所以

$$P(A) = \frac{n!}{N^n}.$$

(2) 设 $B = \{$ 恰有 n 间房各有 1 人 $\}$. 考察 B: n 个人要分到 n 间房中去, 保证每间房各有 1 人, 有 $n!$ 种分法, 而 n 间房未指定, 故可以从 N 间房中任意选取, 有 C_N^n 种取法. 因此 B 含有 $r = \mathrm{C}_N^n \times n!$ 个基本事件. 所以

$$P(B) = \frac{\mathrm{C}_N^n \times n!}{N^n}.$$

例 1.2.8 某年级有 10 名大学生是 2001 年出生的, 试求下列事件的概率:

(1) 至少有两人同年同月同日生;

(2) 至少有一人在 10 月 1 日过生日.

解 E: 考察 10 人的生日是一年中的哪一天 (将 10 人的生日分配到一年的 365 天中去).

显然 Ω 含有 $n = 365^{10}$ 个基本事件.

(1) 设 $A = \{$ 至少有两人的生日是同一天 $\}$. $\overline{A}$ 含有 A_{365}^{10} 个基本事件 (第一个人的生日放到 365 天中去, 有 365 种放法; 第二个人的生日只能放到剩下的 364 天中去, 有 364 种放法; 依此类推, 第 10 个人的生日只能放到 $365 - 9$ 天中去, 有 $365 - 9$ 种放法, 故共有 A_{365}^{10} 种放法). 所以

$$P(\overline{A}) = \frac{\mathrm{A}_{365}^{10}}{365^{10}},$$

$$P(A) = 1 - P(\overline{A}) \approx 0.1233.$$

(2) 设 $B = \{$ 至少有一人的生日是 10 月 1 日 $\}$, $\overline{B} = \{$ 没有人的生日是 10 月 1 日 $\}$. $\overline{B}$ 含有 364^{10} 个基本事件 (将 10 人的生日分配到除 10 月 1 日以外的 364 天中去).

$$P(\overline{B}) = \frac{364^{10}}{365^{10}},$$

所以

$$P(B) = 1 - P(\overline{B}) = 1 - \frac{364^{10}}{365^{10}} \approx 0.0271.$$

3. 随机取数问题

例 1.2.9 在 $0 \sim 9$ 这 10 个整数中无重复地任意取 4 个数字, 试求所取到的 4 个数字能组成四位偶数的概率.

解 E: 从 10 个数字中任取 4 个进行排列.

Ω 含有 A_{10}^4 个基本事件.

设 $A = \{$ 排成的是四位偶数 $\}$. 考察 A: 先从 $0, 2, 4, 6, 8$ 等 5 个偶数中任取一个排在个位上, 有 A_5^1 种排法, 然后从剩下的 9 个数字中任取 3 个排到剩下的 3 个位置上, 有 A_9^3 种排法, 故个位上是偶数的排法共 $\mathrm{A}_5^1 \times \mathrm{A}_9^3$ 种. 但是在这

种 4 个数字的排列中, 包含了 "0" 排在千位上的情况, 故应除去这种情况的排列数: $A_1^1 \times A_4^1 \times A_8^2$("0" 排在千位上, 剩下的 4 个偶数任选一个排在个位上, 剩下 8 个数字中任选两个排在中间两位上), 故 A 含有 $(A_5^1 \times A_9^3 - A_1^1 \times A_4^1 \times A_8^2) = 56 \times 41$ 个基本事件. 所以

$$P(A) = \frac{56 \times 41}{A_{10}^4} = \frac{41}{90} \approx 0.4556.$$

例 1.2.10　从 $1 \sim 100$ 的 100 个整数中任取一个, 试求取到的整数能被 6 或 8 整除的概率.

解　E: 从 $1, 2, 3, \cdots, 100$ 中任取一数.

Ω 显然含有 100 个基本事件.

设 $A = \{$ 取到的整数能被 6 整除 $\}; B = \{$ 取到的整数能被 8 整除 $\}; C = \{$ 取到的整数能被 6 或 8 整除 $\}$. 显然 $C = A \cup B$.

考察 A: 设 100 个整数中有 x 个数能被 6 整除, 则

$$6x \leqslant 100,$$

所以

$$x = 16.$$

即 A 含有 16 个基本事件.

考察 B: 设 100 个整数中有 y 个数能被 8 整除, 则

$$8y \leqslant 100,$$

所以

$$y = 12.$$

即 B 含有 12 个基本事件.

考察 AB: 能被 6 整除又能被 8 整除的数就是能被 24 整除的数, 设共有 z 个数, 则

$$24z \leqslant 100,$$

所以

$$z = 4.$$

即 AB 含有 4 个基本事件.

所以

$$P(C) = P(A \cup B) = P(A) + P(B) - P(AB)$$
$$= \frac{16}{100} + \frac{12}{100} - \frac{4}{100} = \frac{24}{100} = 0.24.$$

1.2.4   几何概型

古典概型是关于存在有限等可能结果的随机试验的概率模型. 人们希望把这种做法推广到有无限多个基本事件, 而这些基本事件又有某种等可能性的情形.

如果一个随机试验相当于从直线、平面或空间的某一区域 Ω 任取一点, 而所取的点落在 Ω 中任意两个度量 (长度、面积、体积) 相等的子区域内的可能性是一样的, 则称此试验模型为**几何概型**. 对于任意有度量的子区域 $A \subset \Omega$, 定义事件 "任取一点落在区域 A 内" 的概率为

$$P(A) = \frac{A \text{ 的度量}}{\Omega \text{ 的度量}}.$$

这样定义的概率称为**几何概率**.

例 1.2.11(会面问题)   甲、乙两人约定在时刻 0 到 T 这段时间内在某处会面, 先到者等候另一个人 $t\,(t \leqslant T)$ h 后即可离去. 如果每一个人可在指定的这段时间内的任一时刻到达并且彼此独立, 求两人能会面的概率.

解   以 x 和 y 分别表示甲、乙两人到达约会地点的时刻, 则两人能会面的充分必要条件是

$$|x - y| \leqslant t.$$

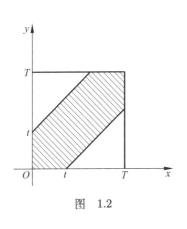

图   1.2

在平面上建立直角坐标系如图 1.2 所示, 则 (x, y) 的所有可能结果是边长为 T 的正方形里的点, 能会面的点的区域用阴影标出.   根据几何概率的定义, 所求概率为

$$p = \frac{\text{阴影区域的面积}}{\text{正方形的面积}} = \frac{T^2 - (T-t)^2}{T^2}.$$

例 1.2.12 (Buffon 投针问题)   在平面上画有等距离的平行线, 平行线间的距离为 $2a(a > 0)$, 向平面任意投掷一枚长为 $2l(l < a)$ 的圆柱形针, 试求此针与任一平行线相交的概率.

解   以 M 表示针的中点, 以 x 表示针投在平面上时点 M 到最近的一条平行线的距离, 以 φ 表示针与此直线的交角 (见图 1.3). 易知有

$$0 \leqslant \varphi \leqslant \pi, \quad 0 \leqslant x \leqslant a.$$

由这两式确定出 $\varphi O x$ 平面上的一个矩形 Ω. 针与最近的一条平行线相交的充分

必要条件是

$$x \leqslant l \sin \varphi.$$

由这个不等式表示的区域 A 是图 1.4 中的阴影部分, 所求概率为

$$p = \frac{A \text{ 的面积}}{\Omega \text{ 的面积}} = \frac{\displaystyle\int_0^\pi l \sin \varphi \mathrm{d}\varphi}{\pi a} = \frac{2l}{\pi a}.$$

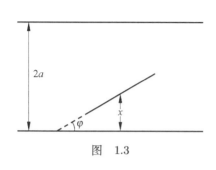

图　1.3

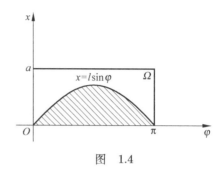

图　1.4

注　如果 l 和 a 为已知, 则以 π 值代入上式就可以算得 p. 反之, 也可以利用上式求 π. 如果投针 N 次, 其中针与平行线相交 n 次, 以频率值 $\dfrac{n}{N}$ 作为概率 p 的近似值, 代入上式可得

$$\pi \approx \frac{2lN}{an}.$$

历史上有一些学者曾做过这个实验. 例如, Wolf 在 1850 年投掷 5000 次, 得到 π 的近似值 3.1596;　Smith 在 1855 年投掷 3204 次, 得到 π 的近似值 3.1554;　Lazzerini 在 1901 年投掷 3408 次, 得到 π 的近似值 3.1415929; 等等.

例 1.2.13　设有任意两数 x 和 y 满足 $0 < x < 1, 0 < y < 1$, 求 $xy < \dfrac{1}{3}$ 的概率.

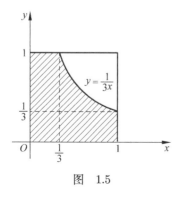

图　1.5

解　试验的样本空间为区域 $\Omega = \{(x, y) | 0 < x < 1, 0 < y < 1\}$, 设所求事件为 A, 则 A 即为区域 $\{(x, y) | (x, y) \in \Omega \text{ 且 } xy < \dfrac{1}{3}\}$.

Ω 是边长为 1 的正方形, 其面积为 1(见图 1.5). A 的面积为

$$\frac{1}{3} + \int_{\frac{1}{3}}^1 \frac{1}{3x} \mathrm{d}x = \frac{1}{3} + \frac{1}{3} \ln 3,$$

所以

$$P(A) = \frac{A\ \text{的面积}}{\Omega\ \text{的面积}} = \frac{\dfrac{1}{3} + \dfrac{1}{3}\ln 3}{1}$$

$$= \frac{1}{3} + \frac{1}{3}\ln 3.$$

1.3　条　件　概　率

1.3.1　条件概率与乘法公式

在讨论事件发生的概率时, 经常会遇到这样的情况: 已经知道某个事件 A 发生, 要求事件 B 发生的概率.

例 1.3.1　两台车床加工同一种机械零件, 数据如表 1.2 所示. 从这 100 个零件中任取一个零件, 令 $B = \{$取到合格品$\}$, 则

$$P(B) = \frac{85}{100} = 0.85.$$

表　1.2

加工的产品	合格品数	次品数	总计
第一台车床加工零件数	35	5	40
第二台车床加工零件数	50	10	60
总计	85	15	100

若从 100 个零件中任取一个零件, 当已知取到的是第一台车床加工的零件时, 问它是合格品的概率是多少. 我们令 $A = \{$取到的零件是第一台车床加工的$\}$, 于是所求概率是事件 A 发生的条件下事件 B 发生的概率, 所以称它为 A 发生的条件下 B 发生的条件概率, 并记为 $P(B|A)$.

$P(B|A)$ 也可以用古典概型计算. 因为取到的是第一台车床加工的, 又知道第一台车床加工 40 个零件, 其中 35 个是合格品, 所以

$$P(B|A) = \frac{35}{40} = 0.875.$$

由于 AB 表示事件"取到的是第一台车床加工的并且是合格品", 而在 100 件产品中是第一台车床加工的又是合格品的有 35 件, 所以 $P(AB) = \dfrac{35}{100}$. 从而

$$P(B|A) = \frac{35}{40} = \frac{\dfrac{35}{100}}{\dfrac{40}{100}} = \frac{P(AB)}{P(A)}.$$

一般地, 有下面的定义:

定义 1.3.1 设 A 和 B 是试验 E 的两个事件, 且 $P(A) > 0$, 称 $\dfrac{P(AB)}{P(A)}$ 为在事件 A 已经发生的条件下, 事件 B 发生的**条件概率**, 记为 $P(B|A)$, 即

$$P(B|A) = \frac{P(AB)}{P(A)}.$$

由这个定义可知, 对于任意两个事件 A 及 B, 如果 $P(A) > 0$, 则有

$$P(AB) = P(A)P(B|A).$$

称上式为概率的**乘法公式**.

同样可以在 $P(B) > 0$ 的条件下, 定义在事件 B 已经发生的条件下, 事件 A 发生的条件概率为

$$P(A|B) = \frac{P(AB)}{P(B)}.$$

在 $P(A) > 0, P(B) > 0$ 的条件下, 有

$$P(AB) = P(A)P(B|A) = P(B)P(A|B).$$

条件概率具有如下性质:

(1) 非负性: 对任意事件 B, 有 $P(B|A) \geqslant 0$;

(2) 规范性: 对于必然事件 Ω, 有 $P(\Omega|A) = 1$;

(3) 可列可加性: 对于两两互不相容的事件 $B_1, B_2, \cdots, B_n, \cdots$, 有

$$P\left(\bigcup_{i=1}^{\infty} B_i \Big| A\right) = \sum_{i=1}^{\infty} P(B_i|A).$$

由条件概率的三个基本性质可以推导出其他一些性质. 如

$$P(\varnothing|A) = 0;$$

$$P(\overline{B}|A) = 1 - P(B|A);$$

$$P(B_1 \cup B_2|A) = P(B_1|A) + P(B_2|A) - P(B_1 B_2|A).$$

可以把乘法公式推广到任意多个事件的交的情况: 设 $A_1, A_2, \cdots, A_n$ 是同一试验的事件, 且 $P(A_1 A_2 \cdots A_{n-1}) > 0$, 则有

$$P(A_1 A_2 \cdots A_n) = P(A_1)P(A_2|A_1)P(A_3|A_1 A_2) \cdots P(A_n|A_1 A_2 \cdots A_{n-1}).$$

例 1.3.2 一个盒中有 6 只好晶体管, 4 只坏晶体管, 任取两次, 每次取一只. 考虑两种取产品的方式:

(i) 第一次取出一只晶体管, 观察好坏后放入盒中, 搅匀后再取一只. 这种取产品的方式叫放回抽样.

(ii) 第一次取出一只晶体管后不放回盒中, 第二次从剩余的晶体管中取出一只. 这种取产品的方式叫不放回抽样.

试分别按上述两种取晶体管的方式, 求:

(1) 第二次取到的是好晶体管的概率;

(2) 在第一次取到的是好晶体管的条件下, 第二次取到的是好晶体管的概率.

解 设 A 及 B 分别表示事件 "第一次取到的是好晶体管" 及 "第二次取到的是好晶体管".

(i) 放回抽样

试验的基本事件总数 $n = 10 \times 10 = 100$.

(1) 事件 B 包含的基本事件数 $n_B = 10 \times 6 = 60$, 因此

$$P(B) = \frac{n_B}{n} = \frac{60}{100} = \frac{3}{5}.$$

(2) 事件 AB 包含的基本事件数 $n_{AB} = 6 \times 6 = 36$, 事件 A 包含的基本事件数 $n_A = 6 \times 10 = 60$, 所以

$$P(B|A) = \frac{P(AB)}{P(A)} = \frac{\frac{36}{100}}{\frac{60}{100}} = \frac{3}{5}.$$

(ii) 不放回抽样

试验的基本事件总数 $n = 10 \times 9 = 90$.

(1) 事件 B 包含的基本事件数 $n_B = 6 \times 5 + 4 \times 6 = 54$, 因此

$$P(B) = \frac{n_B}{n} = \frac{54}{90} = \frac{3}{5}.$$

(2) 事件 AB 包含的基本事件数 $n_{AB} = 6 \times 5 = 30$, 事件 A 包含的基本事件数 $n_A = 6 \times 9 = 54$, 因此

$$P(AB) = \frac{n_{AB}}{n} = \frac{30}{90} = \frac{1}{3},$$

$$P(A) = \frac{n_A}{n} = \frac{54}{90} = \frac{3}{5}.$$

所以

$$P(B|A) = \frac{P(AB)}{P(A)} = \frac{\frac{1}{3}}{\frac{3}{5}} = \frac{5}{9}.$$

注 由例 1.3.2 可以看出, 不论是放回抽样还是不放回抽样, 第一次取到好的晶体管与第二次取到好的晶体管的概率是相等的, 都是 $\dfrac{3}{5}$, 但条件概率 $P(B|A)$ 却与取产品的方式有关.

例 1.3.3 一批灯泡共 100 只, 次品率为 10%. 不放回地抽取 3 次, 每次取一只, 求第 3 次才取到合格品的概率.

解 设 $A_i = \{$ 第 i 次取得合格品 $\}, i = 1, 2, 3.$ 显然要求的概率是 $P(\overline{A_1}\,\overline{A_2}A_3)$. 因为

$$P(\overline{A_1}) = \frac{10}{100},$$

$$P(\overline{A_2} \mid \overline{A_1}) = \frac{9}{99},$$

$$P(A_3 \mid \overline{A_1}\,\overline{A_2}) = \frac{90}{98}.$$

所以

$$P(\overline{A_1}\,\overline{A_2}A_3) = P(\overline{A_1})P(\overline{A_2} \mid \overline{A_1})P(A_3 \mid \overline{A_1}\,\overline{A_2})$$
$$= \frac{10}{100} \times \frac{9}{99} \times \frac{90}{98}$$
$$\approx 0.0083.$$

例 1.3.4 袋中有 a 个白球和 b 个黑球, 从袋中随机地取出一个球, 然后放回, 并同时放进与取出的球同色的球 c 个, 再从袋中取出一个球, 这样下去共取 3 次, 求：

(1) 前两次取出的球都是白球的概率;

(2) 前两次取出的球都是白球, 第 3 次取出的球是黑球的概率.

解 设 $A_i = \{$ 第 i 次取到白球 $\}, i = 1, 2, 3.$

(1) 因为 $P(A_1) = \dfrac{a}{a+b}, P(A_2|A_1) = \dfrac{a+c}{a+b+c}$, 故所求概率为

$$P(A_1A_2) = P(A_1)P(A_2|A_1)$$
$$= \frac{a(a+c)}{(a+b)(a+b+c)}.$$

(2) 因为 $P(\overline{A_3} \mid A_1A_2) = \dfrac{b}{a+b+2c}$, 故所求概率为

$$P(A_1A_2\overline{A_3}) = P(A_1)P(A_2|A_1)P(\overline{A_3} \mid A_1A_2)$$
$$= \frac{ab(a+c)}{(a+b)(a+b+c)(a+b+2c)}.$$

1.3.2　全概率公式

在计算随机事件的概率时, 为了求出较复杂事件的概率, 通常将它分解成若干个互不相容的简单事件之和, 通过分别计算这些简单事件的概率, 再利用概率的可加性得到所求结果.

1-2 全概率公式

设事件 $A_1, A_2, \cdots, A_n$ 为样本空间 Ω 的一个 (有限) 完备事件组或分割.

如果 $P(A_i) > 0 (i = 1, 2, \cdots, n)$, 则对任意事件 B, 有

$$B = B\Omega = B\left(\bigcup_{i=1}^{n} A_i\right) = \bigcup_{i=1}^{n}(A_i B).$$

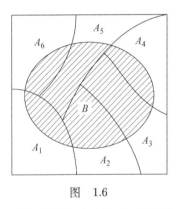

图　1.6

这里 $(A_i B) \cap (A_j B) = \varnothing (i \neq j, i, j = 1, 2, \cdots, n)$(参看图 1.6). 由概率的有限可加性得

$$P(B) = P\left(\bigcup_{i=1}^{n}(A_i B)\right) = \sum_{i=1}^{n} P(A_i B),$$

根据乘法公式得

$$P(B) = \sum_{i=1}^{n} P(A_i) P(B|A_i).$$

这个公式称为**全概率公式**, 它在概率论中有多方面的应用.

例 1.3.5　两台车床加工同样的零件, 第一台出现废品的概率是 0.03, 第二台出现废品的概率是 0.02, 加工出来的零件放在一起, 并且已知第一台加工的零件比第二台加工的零件多一倍, 求任意取出的零件是合格品的概率.

解　设事件 A_i 表示 "取出的零件是第 i 台车床加工的零件" $(i = 1, 2)$, 事件 B 表示 "取出的零件是合格品", 则

$$P(A_1) = \frac{2}{3}, \quad P(A_2) = \frac{1}{3},$$

$$P(B|A_1) = 0.97, \quad P(B|A_2) = 0.98.$$

于是根据全概率公式得

$$\begin{aligned}
P(B) &= P(A_1)P(B|A_1) + P(A_2)P(B|A_2) \\
&= \frac{2}{3} \times 0.97 + \frac{1}{3} \times 0.98 \\
&= 0.973.
\end{aligned}$$

上面的计算过程可参看图 1.7. 图中左边的两条线上分别标记有概率 $P(A_1)=\frac{2}{3}$, $P(A_2) = \frac{1}{3}$, 右边上方的两条线上分别标记有条件概率 $P(B|A_1)=0.97$, $P(\overline{B}|A_1) = 0.03$; 另外两条线上分别标记有条件概率 $P(B|A_2) = 0.98$, $P(\overline{B}|A_2) = 0.02$. 这种标记有概率的树枝状的图形叫作概率树, 它在分析复杂事件的结构和计算事件的概率时, 给人展现出直观清晰的图示.

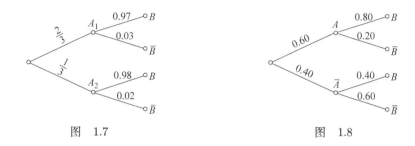

图 1.7   图 1.8

例 1.3.6 人们为了解一支股票未来一段时期内价格的变化, 往往会去分析影响股票价格的基本因素, 比如利率的变化. 现在假设人们经分析, 估计利率下调的概率为 60%, 利率不变的概率为 40%. 根据经验, 人们估计, 在利率下调的情况下, 该支股票价格上涨的概率为 80%, 而在利率不变的情况下, 其价格上涨的概率为 40%, 求该支股票将上涨的概率.

解 记 A 为事件 "利率下调", 那么 $\overline{A}$ 即为 "利率不变"; 记 B 为事件 "股票价格上涨", 如图 1.8 所示, 据题设知

$$P(A) = 60\%, \qquad P(\overline{A}) = 40\%,$$
$$P(B|A) = 80\%, \quad P(B|\overline{A}) = 40\%.$$

于是

$$P(B) = P(A)P(B|A) + P(\overline{A})P(B|\overline{A})$$
$$= 60\% \times 80\% + 40\% \times 40\%$$
$$= 64\%.$$

1.3.3 贝叶斯公式

全概率公式给出一个计算某些事件发生概率的公式. 如果事件 B 是由于两两互不相容的事件 $A_1, A_2, \cdots, A_n$ 中某一个发生而发生, 并且知道各个事件 A_i 发生的概率 $P(A_i)$ 以及在事件 A_i 已经发生的条件下事件 B 发生的条件概率 $P(B|A_i)(i = 1, 2, \cdots, n)$, 则由全概率公式可以算得 B 发生的概率 $P(B)$. 我们把事件 $A_1, A_2, \cdots, A_n$ 看作是导致事件 B 发生的原因, $P(A_i)$ 称为**先验概率**, 它反映出各种原因发生的可能性大小, 一般可以从以往经验得到, 在试验之前就已经

知道. 现在做一次试验, 事件 B 发生了, 这一信息将有助于探讨事件 B 发生的原因. 条件概率 $P(A_i|B)$ 称为**后验概率**, 它使得我们在试验之后对各种原因发生的可能性大小有进一步的了解.

设试验 E 的基本空间为 Ω, 事件 $A_1, A_2, \cdots, A_n$ 是 Ω 的一个分割, 且 $P(A_i) > 0(i = 1, 2, \cdots, n)$. 对于任一事件 B, 如果 $P(B) > 0$, 由乘法公式可得

$$P(A_jB) = P(B)P(A_j|B) = P(A_j)P(B|A_j).$$

由此得

$$P(A_j|B) = \frac{P(A_j)P(B|A_j)}{P(B)},$$

再利用全概率公式, 得

$$P(A_j|B) = \frac{P(A_j)P(B|A_j)}{\displaystyle\sum_{i=1}^{n} P(A_i)P(B|A_i)}, \quad j = 1, 2, \cdots, n.$$

这个公式称为**贝叶斯 (Bayes) 公式**(或逆概率公式).

例 1.3.7　一个工厂有甲、乙、丙三个车间生产同一种螺钉, 每个车间生产量分别占总产量的 $25\%, 35\%, 40\%$, 每个车间中二等品分别占 $50\%, 40\%, 20\%$. 今从全厂产品中随机抽取一个产品, 发现是二等品. 它恰是由甲、乙、丙车间生产的概率分别是多少?

解　令 A_1 表示事件 "抽到的螺钉为甲车间生产的"; A_2 表示事件 "抽到的螺钉为乙车间生产的"; A_3 表示事件 "抽到的螺钉为丙车间生产的"; B 表示事件 "抽到的螺钉为二等品". 由题设条件知

$$P(A_1) = \frac{25}{100}, \quad P(A_2) = \frac{35}{100}, \quad P(A_3) = \frac{40}{100};$$

$$P(B|A_1) = \frac{50}{100}, \quad P(B|A_2) = \frac{40}{100}, \quad P(B|A_3) = \frac{20}{100}.$$

由贝叶斯公式, 可以求得

$$P(A_1|B) = \frac{P(A_1)P(B|A_1)}{P(B)} = \frac{P(A_1)P(B|A_1)}{\displaystyle\sum_{i=1}^{3} P(A_i)P(B|A_i)} = \frac{25}{69};$$

$$P(A_2|B) = \frac{P(A_2)P(B|A_2)}{P(B)} = \frac{P(A_2)P(B|A_2)}{\displaystyle\sum_{i=1}^{3} P(A_i)P(B|A_i)} = \frac{28}{69};$$

$$P(A_3|B) = \frac{P(A_3)P(B|A_3)}{P(B)} = \frac{P(A_3)P(B|A_3)}{\sum\limits_{i=1}^{3} P(A_i)P(B|A_i)} = \frac{16}{69}.$$

例 1.3.8 在一个每题答案有 4 种选择的测验中, 假设只有 1 种答案是正确的. 如果一个学生不知道问题的正确答案, 他就作随机选择. 如果知道指定问题正确答案的学生占参加测验者的 90%, 假如某学生回答此问题正确, 那么他随机猜出的概率是多少?

解 设 A 为"某学生对指定问题作出正确回答", B_1 为"该生知道指定问题的正确答案", B_2 为"该生不知道指定问题的正确答案", 依题意

$$P(B_1) = 0.90, \qquad P(B_2) = 0.10;$$
$$P(A|B_1) = 1, \qquad P(A|B_2) = \frac{1}{4}.$$

由贝叶斯公式, 所求概率为

$$P(B_2|A) = \frac{P(B_2)P(A|B_2)}{P(B_1)P(A|B_1) + P(B_2)P(A|B_2)}$$
$$= \frac{0.1 \times 0.25}{0.9 \times 1 + 0.1 \times 0.25} = 0.027.$$

1.4 事件的独立性

从上节可以看出, 当事件 B 发生的概率随事件 A 是否发生而改变时, 条件概率 $P(B|A)$ 一般与 $P(B)$ 是不同的. 但是, 如果事件 B 不依赖于事件 A, 也就是说, 当事件 A 的发生与否对事件 B 的发生没有影响时, $P(B|A)$ 就会等于 $P(B)$. 这时由乘法公式有

$$P(AB) = P(A)P(B|A) = P(A)P(B).$$

例 1.4.1 设一箱中装有同种类型的电子元件 10 件, 其中有 8 件合格品, 2 件不合格品. 现每次从箱中任取一电子元件, 观察其是否为合格品. 用 A 表示事件"第一次从箱中取得一件不合格品", 用 B 表示事件"第二次从箱中取得一件合格品".

如果不放回抽样, 有

$$P(B|A) = \frac{8}{9}, \quad P(B|\overline{A}) = \frac{7}{9},$$

$$P(B) = P(A)P(B|A) + P(\overline{A})P(B|\overline{A})$$

$$= \frac{2}{10} \times \frac{8}{9} + \frac{8}{10} \times \frac{7}{9} = \frac{72}{90} = \frac{4}{5}.$$

从而有

$$P(B|A) \neq P(B).$$

如果放回抽样, 则有

$$P(A) = \frac{2}{10} = \frac{1}{5}, \quad P(B) = \frac{8}{10} = \frac{4}{5},$$

$$P(B|A) = \frac{8}{10} = \frac{4}{5} = P(B),$$

$$P(AB) = P(A)P(B|A) = \frac{1}{5} \times \frac{4}{5} = P(A)P(B).$$

为了区分这两种情况, 下面引入事件的独立性的概念.

定义 1.4.1　设 A, B 是同一试验 E 的两个事件, 如果

$$P(AB) = P(A)P(B),$$

则称事件 A 和事件 B 是**相互独立**的.

容易得到如下结论: 对于同一试验 E 的两个事件 A 和 B, 如果 $P(A) > 0$, 则 A 和 B 相互独立的充分必要条件是 $P(B|A) = P(B)$; 如果 $P(B) > 0$, 则 A 和 B 相互独立的充分必要条件是 $P(A|B) = P(A)$.

例 1.4.2　证明: 如果事件 A 与事件 B 相互独立, 则事件 A 与事件 $\overline{B}$ 相互独立.

证明　因为 $A = A \cap (B \cup \overline{B}) = (AB) \cup (A\overline{B})$, 而 $(AB) \cap (A\overline{B}) = \varnothing$, 所以

$$P(A) = P(AB) + P(A\overline{B}).$$

如果 A 与 B 相互独立, 即

$$P(AB) = P(A)P(B),$$

代入上式可得

$$P(A) = P(A)P(B) + P(A\overline{B}),$$

因此得

$$P(A\overline{B}) = P(A) - P(A)P(B) = P(A)[1 - P(B)]$$
$$= P(A)P(\overline{B}).$$

$\square$

同理可得: 如果事件 A 与事件 B 相互独立, 则事件 $\overline{A}$ 与事件 B 是相互独立的, 事件 $\overline{A}$ 与事件 $\overline{B}$ 是相互独立的.

对于同一试验 E 的三个事件 A,B,C, 如果满足

$$P(AB) = P(A)P(B),$$

$$P(BC) = P(B)P(C),$$

$$P(AC) = P(A)P(C),$$

则称三个事件 A,B,C 是**两两相互独立**的.

例 1.4.3 某车间中, 一位工人操作甲、乙两台没有联系的自动车床. 由积累的数据知道, 这两台车床在某段时间内停车的概率分别为 0.15 及 0.20, 求这段时间内至少有一台车床不停车的概率.

解法 1 用 A,B 分别表示甲车床与乙车床不停车的事件. 因甲、乙两台车床是没有联系的, 故按实际意义分析, A 与 B 相互独立. 在处理具体问题时, 往往按该问题的实际情况判断两事件是否独立, 而不必按独立性的定义来判断. 依题意, 所求的概率为

$$P(A \cup B) = P(A) + P(B) - P(AB)$$

$$= P(A) + P(B) - P(A)P(B)$$

$$= 0.85 + 0.80 - 0.85 \times 0.80$$

$$= 0.97.$$

解法 2 显然 $\overline{A}\,\overline{B}$ 表示两台车床均停车. 又因 A,B 独立, 可推出 $\overline{A},\overline{B}$ 也独立, 因此有

$$P(\overline{A}\,\overline{B}) = P(\overline{A})P(\overline{B}) = 0.15 \times 0.20 = 0.03.$$

所以, 至少有一台车床不停车的概率为

$$P(A \cup B) = 1 - 0.03 = 0.97.$$

如果三个事件 A,B,C 是两两相互独立的, 并且有

$$P(ABC) = P(A)P(B)P(C),$$

则称三个事件 A,B,C 是**相互独立**的.

例 1.4.4 设有 4 张同样的卡片, 1 张涂上红色, 1 张涂上黄色, 1 张涂上绿色, 1 张涂上红、黄、绿三种颜色. 从这 4 张卡片中任取一张卡片, 用 A,B,C 分别表示事件 "取出的卡片上涂有红色", "取出的卡片上涂有黄色", "取出的卡片上涂有绿色". 易知

$$P(A) = P(B) = P(C) = \frac{1}{2},$$

$$P(AB) = P(BC) = P(AC) = P(ABC) = \frac{1}{4},$$

从而有

$$P(AB) = P(A)P(B),$$

$$P(BC) = P(B)P(C),$$

$$P(AC) = P(A)P(C),$$

所以三个事件 A, B, C 是两两相互独立的. 然而

$$P(ABC) \neq P(A)P(B)P(C),$$

故三个事件 A, B, C 不是相互独立的.

一般地, 设 $A_1, A_2, \cdots, A_n$ 是同一试验 E 中的 n 个事件, 如果对于任意正整数 k 及这 n 个事件中的任意 $k(2 \leqslant k \leqslant n)$ 个事件 $A_{i_1}, A_{i_2}, \cdots, A_{i_k}$, 都有等式

$$P(A_{i_1} A_{i_2} \cdots A_{i_k}) = P(A_{i_1})P(A_{i_2}) \cdots P(A_{i_k})$$

成立, 则称这 n 个事件 $A_1, A_2, \cdots, A_n$ 是**相互独立**的.

例 1.4.5　设有电路如图 1.9 所示, 其中 1, 2, 3, 4 为继电器接点. 设各继电器接点闭合与否相互独立, 且每一继电器接点闭合的概率均为 p, 求 L 到 R 为通路的概率.

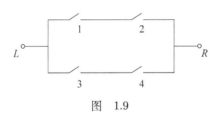

图　1.9

解　设 A_i 表示事件 "第 i 个继电器接点闭合" $(i = 1, 2, 3, 4)$, A 表示事件 "由 L 到 R 为通路", 于是

$$A = (A_1 A_2) \cup (A_3 A_4).$$

按题意, A_1, A_2, A_3, A_4 独立, 得到

$$
\begin{aligned}
P(A) &= P[(A_1 A_2) \cup (A_3 A_4)] \\
&= P(A_1 A_2) + P(A_3 A_4) - P(A_1 A_2 A_3 A_4) \\
&= P(A_1)P(A_2) + P(A_3)P(A_4) - P(A_1)P(A_2)P(A_3)P(A_4) \\
&= p^2 + p^2 - p^4 \\
&= p^2(2 - p^2).
\end{aligned}
$$

例 1.4.6　设有三个事件 A, B, C, 其中 $P(B) > 0, P(C) > 0$, 且事件 B 和事件 C 相互独立, 证明:

$$P(A|B) = P(A|BC)P(C) + P(A|B\overline{C})P(\overline{C}).$$

证明　由于事件 B 和事件 C 相互独立, 因此事件 B 和事件 $\overline{C}$ 相互独立.
因为

$$AB = AB(C \cup \overline{C}) = (ABC) \cup (AB\overline{C}),$$

所以

$$P(AB) = P(ABC) + P(AB\overline{C})$$

$$= P(A|BC)P(BC) + P(A|B\overline{C})P(B\overline{C})$$

$$= P(A|BC)P(B)P(C) + P(A|B\overline{C})P(B)P(\overline{C}),$$

从而有

$$P(A|B) = \frac{P(AB)}{P(B)} = P(A|BC)P(C) + P(A|B\overline{C})P(\overline{C}). \qquad \square$$

1.5　伯努利概型

如果将试验 E 重复进行 n 次, 在每一次试验中, 事件 A 或者发生, 或者不发生. 假设每次试验的结果互不影响, 即在每次试验中事件 A 发生的概率保持不变, 不受其他各次试验结果的影响, 则称这 n 次试验是**相互独立**的.

如果试验 E 只有两个可能的结果 A 及 $\overline{A}$, 并且 $P(A) = p, P(\overline{A}) = 1 - p$, 其中 $0 < p < 1$. 将试验 E 独立地重复进行 n 次所构成的一串试验叫做 **n重伯努利(Bernoulli)试验**, 简称为**伯努利试验**或**伯努利概型**.

伯努利概型是一种重要的概率模型. 如掷钱币, 每次只有两个结果: $A = \{$正面朝上$\}$ 及 $\overline{A} = \{$反面朝上$\}$, $P(A) = P(\overline{A}) = \dfrac{1}{2}$. 独立重复地掷钱币就是一个伯努利概型. 又如在一批产品中, 有一定数量的次品, 设次品率是 p, 此时正品率是 $q = 1 - p$. 进行 n 次独立重复的抽样 (放回抽样是独立重复的抽样), 也是伯努利概型.

对于伯努利概型, 我们关心的是在 n 次独立重复试验中, 事件 A 恰好发生 $k(0 \leqslant k \leqslant n)$ 次的概率 $P_n(k)$. 下面推导 $P_n(k)$ 的计算公式.

n 重伯努利试验的基本事件可记为

$$\omega = \omega_1 \omega_2 \cdots \omega_n,$$

其中 $\omega_i(1 \leqslant i \leqslant n)$ 或者为 A 或者为 $\overline{A}$, 即 ω 是从 A 及 $\overline{A}$ 中每次取 1 个, 独立地重复取 n 次的一种排列, 共有 2^n 个基本事件. 如果 ω 中有 k 个 A, 则必有 $n - k$ 个 $\overline{A}$, 由独立性可得这一基本事件的概率为

$$p^k(1-p)^{n-k}, \quad k = 0, 1, \cdots, n.$$

由于在 2^n 个基本事件中共有 C_n^k 个含有 k 个 A, 因此在 n 次独立重复实验中, 事件 A 恰好发生了 k 次的概率 $P_n(k)$ 为

$$P_n(k) = C_n^k p^k (1-p)^{n-k}, \quad k = 0, 1, 2, \cdots, n.$$

由于 $C_n^k p^k (1-p)^k$ 是二项展开式

$$[p + (1-p)]^n = \sum_{k=0}^{n} C_n^k p^k (1-p)^{n-k}$$

中含有 p^k 的一项, 因此上面所求得的计算 $P_n(k)$ 的公式又称为**二项概率公式**.

例 1.5.1 一个工人负责维修 10 台同类型的车床, 在一段时间内每台车床发生故障需要维修的概率为 0.3. 求:

(1) 在这段时间内有 2 至 4 台机床需要维修的概率;

(2) 在这段时间内至少有 1 台机床需要维修的概率.

解 各台机床是否需要维修是相互独立的, 已知 $n = 10, p = 0.3, 1 - p = 0.7$.

(1) $\quad P\{2 \leqslant k \leqslant 4\} = P_{10}(2) + P_{10}(3) + P_{10}(4)$

$\qquad = C_{10}^2 0.3^2 \times 0.7^8 + C_{10}^3 0.3^3 \times 0.7^7 + C_{10}^4 0.3^4 \times 0.7^6$

$\qquad \approx 0.7004;$

(2) $\quad P\{k \geqslant 1\} = 1 - 0.7^{10} \approx 0.9718.$

例 1.5.2 (巴拿赫 (Banach) 火柴盒问题) 某人随身带有两盒火柴, 吸烟时从任一盒中取一根火柴, 经过若干时间后, 发现一盒火柴已经用完. 如果最初两盒火柴中各有 n 根火柴, 求这时另一盒中还剩 r 根的概率.

解 我们不妨把使用一次火柴看作一次试验, 每次试验的结果只有两个: 取于甲盒 (记为 A) 和取于乙盒 (记为 $\overline{A}$), 由于使用时从任一盒中取, 因此 $P(A) = P(\overline{A}) = 0.5$.

假如甲盒已空而乙盒还剩 r 根火柴, 则在此之前一定已经取过 $2n - r$ 次, 其中恰好有 n 次取于甲盒, 有 $n - r$ 次取于乙盒, 而第 $2n - r + 1$ 次必然取于甲盒, 因此这种情况的概率为

$$p_1 = \frac{1}{2} C_{2n-r}^n \left(\frac{1}{2}\right)^n \left(\frac{1}{2}\right)^{n-r}.$$

假如乙盒已空而甲盒还剩 r 根火柴, 同样的道理可得这种情况的概率为

$$p_2 = \frac{1}{2} C_{2n-r}^n \left(\frac{1}{2}\right)^n \left(\frac{1}{2}\right)^{n-r}.$$

因此一盒火柴已经用完而另一盒中还剩 r 根的概率为

$$p = p_1 + p_2 = \mathrm{C}_{2n-r}^{n} \left(\frac{1}{2}\right)^n \left(\frac{1}{2}\right)^{n-r}$$

$$= \mathrm{C}_{2n-r}^{n} \left(\frac{1}{2}\right)^{2n-r}.$$

例 1.5.3 设在独立重复试验中每次试验成功的概率为 0.5, 问需要进行多少次试验, 才能使至少成功一次的概率不小于 0.9.

解 设需要进行 n 次独立重复试验, 则在 n 次试验中至少成功一次的概率为

$$1 - P_n(0) = 1 - (1 - 0.5)^n.$$

由 $1 - (1 - 0.5)^n \geqslant 0.9$, 可解得

$$n \geqslant \frac{1}{\lg 2} \approx 3.3,$$

所以 $n = 4$.

第一章小结

习　题　1

(A)

1. 写出下列随机试验的样本空间:

(1) 口袋中装有 10 个球, 6 个白球, 4 个红球, 分别标有 $1 \sim 10$ 的号数, 从中任取一球, 观察球的号数;

(2) 掷两枚骰子, 分别观察其出现点数;

(3) 一人射靶 3 次, 观察其中靶次数;

(4) 将 1m 长的尺子折成 3 段, 观察各段长度.

2. 随机点 x 落在区间 $[a,b]$ 上这一事件, 记作 $\{x|a \leqslant x \leqslant b\}$, 设 $\Omega = \{x|-\infty < x < +\infty\}$, $A = \{x|0 \leqslant x \leqslant 2\}$, $B = \{x|1 \leqslant x \leqslant 3\}$, 问下述运算分别表示什么事件:

(1) $A \cup B$;　(2) AB;　(3) $\overline{A}$;　(4) $A\overline{B}$.

3. 用三个事件 A, B, C 的运算表示下列事件:

(1) A, B, C 中只有 A 发生;

(2) A, B, C 中至少有一个发生;

(3) A, B, C 中至少有两个发生;

(4) A, B, C 中不多于两个发生;

(5) A 不发生但是 B, C 中至少有一个发生;

(6) A, B, C 中恰好有一个发生;

(7) A, B, C 中恰好有两个发生;

(8) A, B, C 中不多于一个发生.

4. 下列等式是否成立? 若不成立, 写出正确结果.

(1) $A \cup B = A\overline{B} \cup B$;   (2) $A = AB \cup A\overline{B}$;

(3) $A - B = A\overline{B}$;   (4) $(AB)(A\overline{B}) = \varnothing$;

(5) $(A - B) \cup B = A$;   (6) $(A \cup B) - B = A$.

5. 已知 $P(A) = 0.4, P(\overline{A}B) = 0.2, P(\overline{A}\ \overline{B}C) = 0.1$, 求 $P(A \cup B \cup C)$.

6. 设随机事件 A, B 互不相容. 已知 $P(A) = p, P(B) = q$, 求: $P(A \cup B)$, $P(\overline{A} \cup B), P(A \cup \overline{B}), P(\overline{A}B), P(A\overline{B}), P(\overline{A}\ \overline{B})$.

7. 在书架上任意放上 20 本不同的书, 求其中指定的两本放在首尾的概率.

8. 设 A, B 是两个事件, 且 $P(A) = 0.6, P(B) = 0.7$. 问:

(1) 在什么条件下 $P(AB)$ 达到最大值, 最大值是多少?

(2) 在什么条件下 $P(AB)$ 达到最小值, 最小值是多少?

9. 设有 N 件产品, 其中有 M 件次品, 今从中任取 n 件, 问其中恰有 $m (m \leqslant M)$ 件次品的概率是多少.

10. 把 20 个球队平均分成两组进行比赛, 求最强的两队分在不同组内的概率.

11. 从 5 双不同鞋号的鞋子中任选 4 只, 4 只鞋子中至少有 2 只配成一双的概率是多少?

12. 一辆飞机场的交通车载有 25 名乘客, 途经 9 个站, 每位乘客都等可能地在 9 个站中任意一站下车, 交通车只在有乘客下车时才停车, 求下列事件的概率:

(1) 交通车在第 i 站停车;

(2) 交通车在第 i 站和第 j 站至少有一站停车;

(3) 交通车在第 i 站和第 j 站均停车;

(4) 在第 i 站有 3 人下车.

13. 任取两个不大于 1 的正数, 求它们的积不大于 $\dfrac{2}{9}$, 且它们的和不大于 1 的概率.

14. 一枚骰子投 4 次得到一个 6 点与两枚骰子投 24 次至少得到一个 6 点, 这两个事件哪一个有更大的机会发生?

15. 两封信随机地投入 4 个邮筒, 求前两个邮筒没有信以及第一个邮筒内只有一封信的概率.

16. 设 A, B 为两个随机事件, 已知 A 和 B 至少有一个发生的概率为 $\frac{1}{3}$, A 发生且 B 不发生的概率为 $\frac{1}{9}$, 求 B 发生的概率.

17. 在 100 件产品中有 5 件是次品, 每次从中随机地抽取 1 件, 取后不放回, 问第三次才取到次品的概率是多少.

18. 加工某一零件共需经过 4 道工序. 设第一、二、三、四道工序的次品率分别是 2%, 3%, 5%, 3%, 假定各道工序是互不影响的, 求加工出来的零件的次品率.

19. 某射击小组共有 20 名射手, 其中一级射手 4 人, 二级射手 8 人, 三级射手 7 人, 四级射手 1 人. 一、二、三、四级射手能通过选拔进行比赛的概率分别是 0.9, 0.7, 0.5, 0.2, 求任选一名射手能通过选拔进入比赛的概率.

20. 一个家庭中有两个小孩.

(1) 已知其中有一个是女孩, 求另外一个也是女孩的概率;

(2) 已知第一胎是女孩, 求第二胎也是女孩的概率.

21. 某商店成箱出售玻璃杯, 每箱 20 只, 假定各箱中有 0, 1, 2 只残次品的概率依次为 0.8, 0.1, 0.1. 一顾客购买时, 售货员随机地取一箱, 而顾客随机地察看该箱中的 4 只玻璃杯, 若无残次品, 则买下该箱玻璃杯; 否则退回.

(1) 求顾客买下该箱玻璃杯的概率;

(2) 求在顾客买下的一箱中确实没有残次品的概率.

22. 12 个乒乓球有 9 个新球, 3 个旧球. 第一次比赛, 取出 3 个球, 用完以后放回去; 第二次比赛又从中取出了 3 个球.

(1) 求第二次取出的 3 个球中有 2 个新球的概率;

(2) 若第二次取出的 3 个球中有 2 个新球, 求第一次取到的 3 个球中恰有 1 个新球的概率.

23. 有两个口袋, 甲袋中盛有两个白球、一个黑球; 乙袋中盛有一个白球、两个黑球. 由甲袋中任取一球放入乙袋, 再从乙袋中任取一球.

(1) 求取到的是白球的概率;

(2) 若发现从乙袋中取到的是白球, 问从甲袋中取出放入乙袋中的球是哪种颜色的可能性较大?

24. 设有 6 个元件按图 1.10(a) 及 (b) 的连接方式构成两个系统, 每个元件的可靠性均为 $r(0 < r < 1)$, 且各元件能否正常工作是相互独立的, 试求这两个系统的可靠性.

(a)　　　　　　　　　　　　　　(b)

图　1.10

25. 高射炮射击空中目标, 假如炮弹在目标周围纵、横、竖三个方向偏离都不超过 10m 时爆炸才有效. 设在纵、横、竖三个方向偏差超过 10m 的概率分别为 0.12, 0.08, 0.10, 求炮弹发射后无效的概率.

26. 高射炮向敌机发射三发炮弹 (每弹击中与否相互独立), 设每发炮弹击中敌机的概率均为 0.3. 又知若敌机中一弹, 其坠落的概率为 0.2; 若敌机中两弹, 其坠落的概率为 0.6; 若敌机中三弹则坠落.

(1) 求敌机被击落的概率;

(2) 若敌机被击落, 求它中两弹的概率.

27. 一批产品中有 30% 的一级品, 进行重复抽样调查, 共取 5 个样品.

(1) 求取出的 5 个样品中恰有 2 个一级品的概率;

(2) 求取出的 5 个样品中至少有 2 个一级品的概率.

28. 一射手射击的命中率为 0.6, 现独立地射击 10 次, 求至少命中目标 2 次的概率.

29. 在 4 重伯努利试验中, 已知事件 A 至少出现一次的概率为 0.5, 求在一次试验中事件 A 发生的概率.

(B)

1. 若 n 个人站成一行, 其中有 A, B 两人, 问夹在 A, B 之间恰有 r 个人的概率是多少. 如果 n 个人围成一个圆圈, 求从 A 到 B 的顺时针方向, A, B 之间恰有 r 个人的概率.

2. 由以往记录分析, 某船只运输某种物品损坏 2%, 10%, 90% 的概率分别为 0.8, 0.15, 0.05, 现从中随机取三件物品, 发现三件全是好的, 试分析这批物品的损坏率为多少.(这里设物品件数很多, 取出一件后不影响取后一件是否为好品的概率.)

3. 要验收一批共 100 件乐器. 验收方案如下: 自该批乐器中随机地取 3 件测试 (设 3 件乐器的测试是相互独立的), 如果 3 件中至少有一件在测试中被认为音色不纯, 则这批乐器就被拒收. 设一件音色不纯的乐器经测试查出其为音色不纯的概率为 0.95; 而一件音色纯的乐器经测试被误认为音色不纯的概率为 0.01. 如果已知这 100 件乐器中恰有 4 件是音色不纯的, 试问这批乐器被拒收的概率是多少.

第 1 章自测题

第2章 随机变量及其概率分布

第1章介绍了随机事件及其概率, 使我们对随机现象的规律性有了初步的认识. 由于随机事件是集合, 因此无法用高等数学的工具加以研究. 从本章开始, 我们引入随机变量, 从而使概率论的研究对象由随机事件扩大为随机变量. 随机变量概念的建立是概率论发展史上的重大突破. 对于随机变量的分布函数, 我们能够用微积分为工具进行研究, 强有力的高等数学的工具大大增强了我们研究随机现象的手段, 从而使概率论的发展进入了一个新阶段.

本章的主要内容有: 随机变量及其分布函数, 离散型随机变量的概率分布, 连续型随机变量的概率密度, 常用的离散型和连续型分布及随机变量函数的分布.

2.1 随机变量及其分布函数

2.1.1 随机变量

从上一章可以看出, 很多随机事件都是可用数量标识的. 例如, 抛掷一枚骰子, 所有可能出现的点数是 $1, 2, 3, 4, 5, 6$ 这六个数字之一; 某一段时间内电话总机接到的呼叫次数; 射击时弹着点离靶心的距离等. 另外, 还有一些随机事件本身并不带有数量性标识, 如投掷一枚均匀的硬币每次可得到的结果 (正面朝上或反面朝上); 检验一件产品的质量, 可能为正品、次品或废品等. 对于那些可以用数量描述的随机事件, 可以直接引入一个变量 T, 例如掷骰子试验中用 T 表示抛掷一枚骰子所有可能出现的点数, 那么试验的所有可能结果都可以由 T 的取值来表示. 例如, "出现 2 点"可表示为"$T=2$", "出现 6 点"可表示为"$T=6$". 对于那些随机试验的结果不直接与数量发生关系, 也可以采用适当的方法给它们以标识. 如在投掷硬币的试验中可以把正面朝上这一事件记为 1, 反面朝上的事件记为 0; 产品为正品的事件记为 1, 为次品的事件记为 2, 为废品的事件记为 3 等. 这样一来, 即可建立起随机事件和数量之间的一种对应关系. 可以给出如下定义.

定义 2.1.1 设随机试验 E 的样本空间为 $\Omega=\{\omega\}$. 如果对于每一个 $\omega \in \Omega$, 都有一个实数 $X(\omega)$ 与之对应, 则称 $X=X(\omega), \omega \in \Omega$ 为**随机变量**(random variable), 简记为 X.

随机变量通常用字母 X, Y, Z 或 ξ, η 等表示.

为什么在变量前加上随机两个字呢? 主要是由于在一次试验中, 若出现了样本点 ω, 则 X 就取 $X(\omega)$; 又由于在一次试验中究竟出现哪一个样本点带有随机性, 因而 X 的取值也就带有随机性, 我们加上随机两字以区别高等数学中的函数.

下面举几个随机变量的例子.

(1) 设某射手每次射击击中目标的概率为 0.8, 现在连续射击 30 次, 则 "击中目标的次数" X 是一个随机变量, 它只可能取值 $0, 1, 2, \cdots, 30$ 这 31 个整数值. 这样, 诸如 $X = 0, X = 1, \cdots, X = 30$ 都对应着不同的随机事件.

(2) 向一个可容纳 n 个乒乓球的木箱投掷 n 个乒乓球, 用 X 表示投入木箱中的乒乓球的个数, 则 X 是一个随机变量, 它的所有可能取值是 $0, 1, 2, \cdots, n$.

(3) 某段时间内候车室的旅客数目记为 X, 它是一个随机变量, 可以取 0 及一切不大于 M 的自然数, M 为候车室的最大容量.

(4) 单位面积上某农作物的产量 X 是一个随机变量, 它可以取一个区间内的一切实数值, 即 $X \in [0, T]$, T 为某一个常数.

引入随机变量的概念后, 就可以用随机变量描述事件. 如在上面的 (1) 中, 射击 30 次 "击中 8 次" 这个事件可以用 $\{X = 8\}$ 表示, 射击 30 次 "击中 17 次" 这个事件可以用 $\{X = 17\}$ 表示.

由于随机变量 X 的取值依赖于随机试验的结果, 因此在试验之前我们只能知道它的所有可能取值, 而不能预先知道它究竟取哪个值. 因为试验的各个结果的出现都有一定的概率, 所以随机变量取每个可能值也有确定的概率.

2.1.2 随机变量的分布函数

为了研究随机变量, 我们引进分布函数的概念.

定义 2.1.2 设 X 是一个随机变量, 对于任意实数 x, 函数

$$F(x) = P\{X \leqslant x\}, \quad -\infty < x < +\infty$$

称为 X 的**分布函数**.

由此定义, 若已知随机变量 X 的分布函数 $F(x)$, 则 X 落入任一区间 $(x_1, x_2]$ 的概率就等于 $F(x)$ 在此区间上的增量, 即

$$P\{x_1 < X \leqslant x_2\} = P\{X \leqslant x_2\} - P\{X \leqslant x_1\} = F(x_2) - F(x_1).$$

因此, 知道了随机变量的分布函数也就掌握了该随机变量的统计规律性.

分布函数 $F(x)$ 即是事件 $\{X \leqslant x\}$ 的概率, 也是 x 的一个普通函数, 因而通过它我们能用数学分析的方法来研究随机变量.

如果将 X 看成是数轴上的随机点的坐标, 那么, 分布函数 $F(x)$ 在 x 处的函数值就表示 X 落在区间 $(-\infty, x]$ 上的概率.

分布函数具有下列四个**基本性质**:

(1) $0 \leqslant F(x) \leqslant 1, \forall x \in \mathbb{R}$;

(2) 若 $x_1 < x_2$, 则 $F(x_1) \leqslant F(x_2)$, 即 $F(x)$ 单调不减;

(3) $F(-\infty) = \lim\limits_{x \to -\infty} F(x) = 0, F(+\infty) = \lim\limits_{x \to +\infty} F(x) = 1$;

(4) $\lim\limits_{x \to x_0^+} F(x) = F(x_0)$, 即 $\forall x_0 \in \mathbb{R}, F(x)$ 在 x_0 点右连续.

证明

(1) 由于 $F(x)$ 是事件 $\{X \leqslant x\}$ 的概率, 所以显然有

$$0 \leqslant F(x) \leqslant 1.$$

(2) 由于

$$\{X \leqslant x_2\} = \{X \leqslant x_1\} \cup \{x_1 < X \leqslant x_2\},$$

因而有

$$P\{X \leqslant x_2\} = P\{X \leqslant x_1\} + P\{x_1 < X \leqslant x_2\},$$

即

$$P\{x_1 < X \leqslant x_2\} = F(x_2) - F(x_1).$$

又由概率的非负性知, $F(x_1) \leqslant F(x_2)$.

(3) 直观地作一下说明. 在 x 趋向 $-\infty$ 的过程中, 事件

$$\{X \leqslant x\} = \{\omega | X(\omega) \leqslant x\}$$

中的样本点越来越少, 最后这一事件趋于不可能事件, 从而有

$$F(-\infty) = \lim\limits_{x \to -\infty} F(x) = \lim\limits_{x \to -\infty} P\{X \leqslant x\} = P(\varnothing) = 0.$$

同理

$$F(+\infty) = \lim\limits_{x \to +\infty} F(x) = \lim\limits_{x \to +\infty} P\{X \leqslant x\} = P(\Omega) = 1.$$

(4) 证明超出本课程范围, 从略. $\qquad\square$

例 2.1.1 设随机变量 X 的分布函数为

$$F(x) = \begin{cases} 0, & x < 0, \\ Ax^2, & 0 \leqslant x \leqslant 1, \\ 1, & x > 1. \end{cases}$$

求: (1) 常数 A; (2) 随机变量 X 落在 $(0.3, 0.7]$ 内的概率.

解　(1) 由分布函数的右连续性, 知

$$\lim_{x \to 1^+} F(x) = F(1),$$

即 $A = 1$.

(2) $P\{0.3 < X \leqslant 0.7\} = F(0.7) - F(0.3) = 0.7^2 - 0.3^2 = 0.4$.

例 2.1.2　设一质点在数轴的闭区间 $[2,5]$ 上随机游动, 以 X 表示质点的坐标, 则 X 是一个随机变量. 设质点位于 $[2,5]$ 上任一子区间 $[c,d]$ 上的概率与这个子区间的长度 $d-c$ 成正比, 而与子区间的位置无关, 求随机变量 X 的分布函数.

解　由于 X 只能取闭区间 $[2,5]$ 上的一切实数, 所以 $\{2 \leqslant X \leqslant 5\}$ 是必然事件, 即 $P\{2 \leqslant X \leqslant 5\} = 1$.

因为 X 位于任一子区间 $[c,d]$ 的概率与区间长度 $d-c$ 成正比, 则有

$$P\{c \leqslant X \leqslant d\} = k(d - c),$$

其中 k 是比例常数. 特别地, 当 $c = 2, d = 5$ 时,

$$P\{2 \leqslant X \leqslant 5\} = k(5 - 2) = 3k,$$

而 $P\{2 \leqslant X \leqslant 5\} = 1$, 因此

$$k = \frac{1}{3},$$

从而

$$P\{c \leqslant X \leqslant d\} = \frac{d - c}{3}, \quad 2 \leqslant c \leqslant d \leqslant 5.$$

设 x 为任意实数. 当 $x < 2$ 时, 质点位于区间 $(-\infty, x]$ 内是不可能事件, 其概率为 0, 即当 $x < 2$ 时, 有

$$F(x) = P\{X \leqslant x\} = 0;$$

当 $2 \leqslant x < 5$ 时, 事件

$$\{X \leqslant x\} = \{X < 2\} \cup \{2 \leqslant X \leqslant x\} = \{2 \leqslant X \leqslant x\},$$

因此

$$F(x) = P\{X \leqslant x\} = P\{2 \leqslant X \leqslant x\} = \frac{x - 2}{3};$$

当 $x \geqslant 5$ 时, 事件

$$\{X \leqslant x\} = \{X < 2\} \cup \{2 \leqslant X \leqslant 5\} \cup \{5 < X \leqslant x\}$$

$$= \{2 \leqslant X \leqslant 5\},$$

因此

$$F(x) = P\{X \leqslant x\} = P\{2 \leqslant X \leqslant 5\} = 1.$$

综上所述, 随机变量的分布函数为

$$F(x) = \begin{cases} 0, & x < 2, \\ \dfrac{x-2}{3}, & 2 \leqslant x < 5, \\ 1, & 5 \leqslant x. \end{cases}$$

2.2 离散型随机变量及其概率分布

2.2.1 离散型随机变量及其概率分布

为了完全描述随机变量, 仅仅知道它可能取的值是不够的, 更重要的是要知道它取各个值的概率. 在所有的随机变量中, 有一类随机变量最简单, 它只有有限个或可数无穷多个可能值.

定义 2.2.1 如果一个随机变量 X 所有可能取到的不同的值是有限个或可数无穷多个, 并且以确定的概率取这些不同的值, 则称 X 为**离散型随机变量**.

定义 2.2.2 设离散型随机变量 X 的所有可能的取值为 $x_k(k = 1, 2, \cdots), X$ 取各个可能值的概率, 即事件 $\{X = x_k\}$ 的概率为

$$P\{X = x_k\} = p_k, \quad k = 1, 2, \cdots \tag{2.2.1}$$

并且 p_k 满足以下两个条件:

(1) $p_k \geqslant 0, \quad k = 1, 2, \cdots$;

(2) $\displaystyle\sum_{k=1}^{\infty} p_k = 1.$

则称式 (2.2.1) 为离散型随机变量 X 的**概率分布**, 亦可简称为 X 的**分布律**(列).

概率分布也可用表格的形式来表示:

X	x_1	x_2	$\cdots$	x_n	$\cdots$
P	p_1	p_2	$\cdots$	p_n	$\cdots$

概率分布反映了离散型随机变量的统计规律.

对于任意实数 x, 随机事件 $\{X \leqslant x\}$ 可以表示成

$$\{X \leqslant x\} = \bigcup_{x_k \leqslant x} \{X = x_k\},$$

由于 x_k 互不相同, 根据概率的可加性得离散型随机变量 X 的分布函数为

$$F(x) = P\{X \leqslant x\} = \sum_{x_k \leqslant x} P\{X = x_k\} = \sum_{x_k \leqslant x} p_k.$$

有时为了明显地表示离散型随机变量的概率函数, 可由横轴上的点表示随机变量的可能取值 $x_1, x_2, \cdots, x_n, \cdots$, 而用对应的纵坐标表示随机变量取得这些值的概率 $p_1, p_2, \cdots, p_n, \cdots$; 再用虚线顺次把 x_i 与 p_i 连接起来, 就得到随机变量的概率函数图. 该图像均为散点图 (虚线并不包括在内, 但虚线段之长的总和应等于 1, 如图 2.1.

2-1 离散型随机变量的分布函数

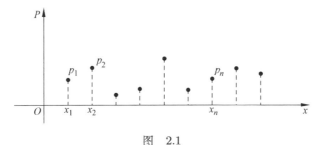

图 2.1

例 2.2.1 设产品有一、二、三等品及废品共 4 种, 其一、二、三等品率和废品率分别为 $60\%, 10\%, 20\%, 10\%$, 任取一个产品检验质量, 试用随机变量 X 描述其检验结果并作出其概率分布表, 求出分布函数并画出分布函数的图像及概率函数图.

解 令 $\{X = k\}$ 与产品为 $k(k = 1, 2, 3)$ 等品对应, 而用 $\{X = 0\}$ 表示产品为废品, 则 X 是一个随机变量, 它可以取 $0, 1, 2, 3$ 这 4 个可能值. 依题意有:

$$P\{X = 0\} = 0.1, \quad P\{X = 1\} = 0.6,$$

$$P\{X = 2\} = 0.1, \quad P\{X = 3\} = 0.2.$$

据此得其概率分布表

X	0	1	2	3
P	0.1	0.6	0.1	0.2

分布函数为

$$F(x) = \begin{cases} 0, & x < 0, \\ 0.1, & 0 \leqslant x < 1, \\ 0.7, & 1 \leqslant x < 2, \\ 0.8, & 2 \leqslant x < 3, \\ 1, & 3 \leqslant x. \end{cases}$$

分布函数图和概率函数图分别如图 2.2、图 2.3 所示.

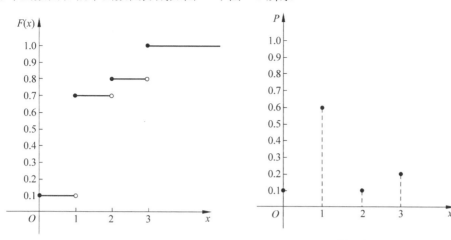

图 2.2   图 2.3

2.2.2 几种常用的离散型随机变量及其分布

1. 离散型均匀分布

若随机变量 X 的概率分布为

$$P\{X = x_k\} = \frac{1}{n}, \quad k = 1, 2, \cdots, n.$$

当 $i \neq j$ 时, $x_i \neq x_j$, 则称 X 服从**离散型均匀分布**.

例如, 令 X 表示掷一枚骰子出现的点数, 它可取 $1 \sim 6$ 共 6 个值, 且取每个值的概率均为 $\frac{1}{6}$, 这表明 X 服从离散型均匀分布. 概率分布表为

X	1	2	3	4	5	6
P	$\frac{1}{6}$	$\frac{1}{6}$	$\frac{1}{6}$	$\frac{1}{6}$	$\frac{1}{6}$	$\frac{1}{6}$

2. 0–1 分布

如果随机变量 X 只可能取 0 与 1 两个值, 其概率分布为

$$P\{X = 0\} = 1 - p, \quad P\{X = 1\} = p \quad (0 < p < 1),$$

或写成

$$P\{X = k\} = p^k(1-p)^{1-k} \quad (0 < p < 1), \quad k = 0, 1,$$

则称随机变量 X 服从 **0–1分布**或**两点分布**, 它的概率分布也可以写成

X	0	1
P	$1-p$	p

如果一个随机试验只有两个对立的结果 A 和 $\overline{A}$, 或者一个试验虽然有多个结果, 但我们只关心事件 A 是否发生, 则可以定义一个服从 0−1 分布的随机变量

$$X = \begin{cases} 0, & \overline{A} \text{ 发生}, \\ 1, & A \text{ 发生}, \end{cases}$$

用它来描述试验的结果. 0−1 分布是一种常用的分布.

例如, "抛掷硬币" 试验, 对新生儿的性别进行登记以及检验产品质量是否合格等都可用 0−1 分布的随机变量来描述.

3. 二项分布

若随机变量 X 的概率分布为

$$P\{X = k\} = C_n^k p^k q^{n-k}, \quad k = 0, 1, 2, \cdots, n,$$

其中 $0 < p < 1$ 且 $p+q = 1$. 则称 X 服从参数为 n, p 的二项分布, 记作 $X \sim B(n, p)$.

特别地, 当 $n = 1$ 时, 二项分布 $B(1, p)$ 的概率分布为

$$P\{X = k\} = p^k q^{1-k}, \quad k = 0, 1.$$

这就是 0−1 分布.

例 2.2.2 某射手射击的命中率为 0.7, 在相同的条件下独立射击 5 次, 求恰好命中 $k(k = 0, 1, 2, 3, 4, 5)$ 次的概率.

解 我们将观察该射手射击一次是否命中看成一次试验, 独立射击 5 次相当于做 5 重伯努利试验. 以 X 记 5 次射击命中的次数, 则 X 是一个随机变量, 且 $X \sim B(5, 0.7)$, 因此

$$P\{X = k\} = C_5^k 0.7^k (1 - 0.7)^{5-k}$$
$$= C_5^k 0.7^k 0.3^{5-k}, \quad k = 0, 1, 2, 3, 4, 5.$$

概率分布为

X	0	1	2	3	4	5
P	0.0024	0.0284	0.1323	0.3087	0.3602	0.1681

概率分布图如图 2.4 所示.

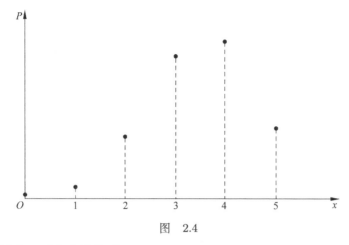

图 2.4

下面讨论二项分布的性质.

二项分布的最可能取值

考虑比值

$$\frac{P\{X=k\}}{P\{X=k-1\}} = \frac{C_n^k p^k q^{n-k}}{C_n^{k-1} p^{k-1} q^{n-k+1}}$$
$$= \frac{(n-k+1)p}{kq}$$
$$= 1 + \frac{(n+1)p - k}{kq}.$$

当 $k < (n+1)p$ 时, 上述比值大于 1, 从而概率 $P\{X=k\}$ 随 k 的增大而增大.

当 $k > (n+1)p$ 时, 上述比值小于 1, 从而概率 $P\{X=k\}$ 随 k 的增大而减小.

如果 $(n+1)p$ 不是整数, 设 k_0 是 $(n+1)p$ 的整数部分 $[(n+1)p]$, 则当 k 从 0 增大到 k_0 时, 概率 $P\{X=k\}$ 先是单调增大, 在 $k = k_0$ 时达到最大值, 然后单调减小.

如果 $(n+1)p$ 是整数, 则概率 $P\{X=k\}$ 当 $k = k_0 = (n+1)p$ 或 $k = k_0 - 1$ 时都达到最大值, 因为此时有

$$\frac{P\{X=k_0\}}{P\{X=k_0-1\}} = 1.$$

综上所述, 当 $X \sim B(n,p)$ 时, 使概率 $P\{X=k\}$ 最大的取值 k_0 (称为二项分布的最可能取值) 是

$$k_0 = \begin{cases} (n+1)p \text{ 和 } (n+1)p - 1, & \text{当 } (n+1)p \text{ 为整数时}, \\ [(n+1)p], & \text{其他}. \end{cases}$$

例如, 在掷硬币试验中, $p = 0.5$, 当 $n = 100$ 时, $[(n+1)p] = [50.5] = 50$, 即掷出 50 次正面的概率最大; 当 $n = 101$ 时, $(n+1)p = 51$, 即掷出 50 次和 51 次正面的概率同时达到最大.

4. 几何分布

设实验 E 只有两个可能的独立的结果 A 及 $\overline{A}$, 并且 $P(A) = p, P(\overline{A}) = 1 - p$, 其中 $0 < p < 1$. 将试验 E 独立地重复进行下去, 直到事件 A 发生为止. 如果以 X 表示所需要的试验次数, 则 X 是一个随机变量, 它可能取的值是 $1, 2, \cdots$. 由于事件 $\{X = k\}$ 表示前 $k - 1$ 次试验中事件 A 都没有发生, 而在第 k 次试验中事件 A 发生, 因此

$$P\{X = k\} = (1-p)^{k-1}p, \quad k = 1, 2, \cdots.$$

我们称随机变量 X 服从**几何分布**, 记作 $X \sim G(p)$.

例 2.2.3　某血库急需 AB 型血, 需从献血者中获得. 根据经验, 每 100 个献血者中只能获得 2 名身体合格的 AB 型血的人, 今对献血者一个接一个进行化验, 用 X 表示在第一次找到合格的 AB 型血时, 献血者已被化验的人数, 求 X 的概率分布.

解　设 A_i 表示第 i 个献血者血型合格, $i = 1, 2, \cdots$. 由假设知, 每个献血者是合格的 AB 型血的概率是 $p = \dfrac{2}{100} = 0.02$. 显然可以认为是否合格独立, 则

$$\begin{aligned}
P\{X = k\} &= P(\overline{A_1} \cdots \overline{A_{k-1}} A_k) \\
&= P(\overline{A_1}) \cdots P(\overline{A_{k-1}}) P(A_k) \\
&= (1-p)^{k-1}p \\
&= 0.98^{k-1} \times 0.02, \quad k = 1, 2, \cdots.
\end{aligned}$$

由此可知, $X \sim G(0.02)$.

下面讨论几何分布的一条性质.

设 $X \sim G(p), n, m$ 为任意的两个自然数, 则

$$P\{X > n + m | X > n\} = P\{X > m\}.$$

事实上,

$$\begin{aligned}
P\{X > n + m | X > n\} &= \frac{P\{X > n + m, X > n\}}{P\{X > n\}} \\
&= \frac{P\{X > n + m\}}{P\{X > n\}}
\end{aligned}$$

$$
\begin{aligned}
&= \frac{\displaystyle\sum_{k=n+m+1}^{\infty} (1-p)^{k-1}p}{\displaystyle\sum_{k=n+1}^{\infty} (1-p)^{k-1}p} \\
&= \frac{\dfrac{(1-p)^{n+m}}{1-(1-p)}}{\dfrac{(1-p)^{n}}{1-(1-p)}} \\
&= (1-p)^{m} = \sum_{k=m+1}^{\infty} (1-p)^{k-1}p \\
&= P\{X > m\}.
\end{aligned}
$$

这个性质称为几何分布的**无记忆性**. 实际意义是: 在例 2.2.3 中, 若已化验了 n 个人, 没有获得合格的 AB 型血, 则再化验 m 个找不到合格 AB 型血的概率与已知的信息 (即前 n 个人不是合格的 AB 型血) 无关, 即并不因为已查了 n 个人不合格, 而第 $n+1$ 人, $n+2$ 人, $\cdots$, $n+m$ 人是合格 AB 型血的概率会提高.

5. 泊松 (Poisson) 分布

设随机变量 X 的所有可能取值为 $0,1,2,\cdots$, 并且

$$
P\{X = k\} = \frac{\lambda^{k}\mathrm{e}^{-\lambda}}{k!}, \quad k = 0, 1, 2, \cdots.
$$

其中 $\lambda > 0$ 是常数, 则称随机变量 X 服从参数为 λ 的**泊松分布**, 记作 $X \sim \pi(\lambda)$, 或记作 $X \sim P(\lambda)$.

泊松分布可以作为大量试验中小概率事件发生次数的概率分布的一个近似数学模型. 在实际问题中经常会遇到服从泊松分布的随机变量. 例如, 在一个长为 r 的时间间隔内某电话交换台收到的电话呼叫次数; 某医院在一天内来急诊的病人数; 候车的旅客数; 放射性物质放射的粒子数; 织机上纱线断头数; 一本书一页中的印刷错误数等都服从泊松分布.

例 2.2.4 某商店根据过去的销售记录知道某种商品每月的销售量可以用参数为 $\lambda = 10$ 的泊松分布来描述, 为了以 95% 以上的概率保证不脱销, 问商店在月底应存多少件该种商品 (设只在月底进货).

解 设该商店每月销售该商品的件数为 X, 月底存货为 a 件, 则当 $X \leqslant a$ 时就不会脱销. 据题意, 要求 a 使得

$$
P\{X \leqslant a\} \geqslant 0.95.
$$

由于已知 X 服从参数为 $\lambda = 10$ 的泊松分布, 上式即为

$$\sum_{k=0}^{a} \frac{10^k}{k!} \mathrm{e}^{-10} \geqslant 0.95.$$

由附录的泊松分布表知

$$\sum_{k=0}^{14} \frac{10^k}{k!} \mathrm{e}^{-10} \approx 0.9166 < 0.95,$$

$$\sum_{k=0}^{15} \frac{10^k}{k!} \mathrm{e}^{-10} \approx 0.9513 > 0.95,$$

于是, 这家商店只要在月底保证存货不低于 15 件就能以 95% 以上的概率保证下个月该种商品不会脱销.

关于二项分布和泊松分布的关系, 我们有如下的泊松定理.

定理 2.2.1(泊松定理)　设 $\lambda > 0$ 是常数, n 为任意正整数, $np_n = \lambda$, 则对任一固定的非负整数 k, 有

$$\lim_{n \to \infty} \mathrm{C}_n^k p_n^k (1 - p_n)^{n-k} = \frac{\lambda^k \mathrm{e}^{-\lambda}}{k!}.$$

证明略.

由该定理, 我们可以将二项分布用泊松分布来近似: 当二项分布 $B(n, p)$ 的参数 n 很大, 而 p 很小时, 可以将它用参数为 $\lambda = np$ 的泊松分布来近似, 即有

$$\mathrm{C}_n^k p_n^k (1 - p_n)^{n-k} \approx \frac{\lambda^k \mathrm{e}^{-\lambda}}{k!}.$$

例 2.2.5　纺织厂女工照顾 800 个纺锭, 每一纺锭在某一段时间内发生断头的概率为 0.005(设短时间内最多只发生一次断头), 求在这段时间内总共发生的断头次数超过 2 的概率.

解　设 X 为 800 个纺锭在该段时间内发生的断头次数, 则 $X \sim B(800, 0.005)$, 它可近似于参数为 $\lambda = 800 \times 0.005 = 4$ 的泊松分布, 从而有

$$P\{0 \leqslant x \leqslant 2\} = \sum_{k=0}^{2} P\{X = k\} = \sum_{k=0}^{2} \mathrm{C}_{800}^k 0.005^k 0.995^{800-k}$$

$$\approx \sum_{k=0}^{2} \frac{4^k}{k!} \mathrm{e}^{-4} = \mathrm{e}^{-4} \left(1 + 4 + \frac{16}{2!} \right)$$

$$\approx 0.2381,$$

从而
$$P\{X > 2\} = 1 - P\{0 \leqslant x \leqslant 2\} \approx 1 - 0.2381 = 0.7619.$$

例 2.2.6(寿命保险问题) 在某保险公司有 2500 个同一年龄和同社会阶层的人参加了人寿保险. 在每一年里每个人死亡的概率为 0.002, 每个参加保险的人在元旦付 12 元保险费, 而在死亡时家属可以从保险公司领取 2000 元. 问:

(1) "保险公司亏本"(记为 A) 的概率是多少?

(2) "保险公司获利不少于 10000 元和 20000 元"(分别记为 B_1 和 B_2) 的概率是多少?

解 显然, 我们可以把考察 "参加保险的人在一年中是否死亡" 看作一次随机试验, 因为有 2500 人参加保险, 我们可以把该问题看作具有死亡概率 $p = 0.002$ 的 2500 重伯努利试验.

设 X 表示一年中死亡的人数, 则该保险公司在这一年中应付出的赔偿款为 $2000X$ 元, 而在一年的元旦保险公司收入 $2500 \times 12 = 30000$ 元.

(1) "保险公司亏本"(不计利息) 等价于 $2000X > 30000$, 即 $X > 15$, 所以
$$P(A) = P\{X > 15\} = \sum_{k=16}^{2500} C_{2500}^k 0.002^k \cdot 0.998^{2500-k}$$
$$\approx \sum_{k=16}^{2500} \frac{5^k}{k!} e^{-5} = 1 - \sum_{k=0}^{15} \frac{5^k}{k!} e^{-5}$$
$$\approx 0.000069.$$

(2) "保险公司获利不少于 10000 元" 等价于 $30000 - 2000X \geqslant 10000$, 即 $X \leqslant 10$, 所以 "保险公司获利不少于 10000 元" 的概率为
$$P(B_1) = P\{X \leqslant 10\} = \sum_{k=0}^{10} C_{2500}^k 0.002^k \cdot 0.998^{2500-k}$$
$$\approx \sum_{k=0}^{10} \frac{5^k}{k!} e^{-5}$$
$$\approx 0.9863.$$

"保险公司获利不少于 20000 元" 等价于 $30000 - 2000X \geqslant 20000$, 即 $X \leqslant 5$, 所以 "保险公司获利不少于 20000 元" 的概率为
$$P(B_2) = P\{X \leqslant 5\} = \sum_{k=0}^{5} C_{2500}^k 0.002^k \cdot 0.998^{2500-k}$$

$$\approx \sum_{k=0}^{5} \frac{5^k}{k!} e^{-5}$$

$$\approx 0.6160.$$

从以上的计算结果可以看出, 在一年中保险公司亏本的概率是非常小的, 即在 10 万年中约有 7 年是亏本的, 而保险公司获利不少于 10000 元和 20000 元的概率分别在 98% 和 61% 以上.

2.3 连续型随机变量及其概率密度

2.3.1 连续型随机变量及其概率密度

定义 2.3.1 设随机变量 X 的分布函数为 $F(x)$, 若存在非负可积函数 $f(x)$, 使得对任意的实数 x, 有

$$F(x) = \int_{-\infty}^{x} f(t) dt,$$

则称 X 为**连续型随机变量**, 其中 $f(x)$ 称为连续型随机变量的**概率密度函数**, 简称**概率密度**, 常记作 $X \sim f(x)$.

下面讨论概率密度 $f(x)$ 的性质.

性质 2.3.1 $f(x) \geqslant 0$.

由定义即知.

性质 2.3.2 $\int_{-\infty}^{+\infty} f(x) dx = 1$.

由于 $F(+\infty) = \int_{-\infty}^{+\infty} f(x) dx$, 而 $F(+\infty) = 1$.

性质 2.3.3 对任意实数 $a, b(a < b)$ 有

$$P\{a < X \leqslant b\} = F(b) - F(a) = \int_{a}^{b} f(x) dx.$$

这是因为

$$P\{a < X \leqslant b\} = F(b) - F(a)$$
$$= \int_{-\infty}^{b} f(x) dx - \int_{-\infty}^{a} f(x) dx$$
$$= \int_{a}^{b} f(x) dx.$$

由以上性质可知, 概率密度曲线总是位于 x 轴上方, 并且介于它和 x 轴之间的面积等于 1(如图 2.5 所示); 随机变量落在区间 $(a,b]$ 的概率 $P\{a < X \leqslant b\}$ 等于区间 $(a,b]$ 上曲线 $y = f(x)$ 之下的曲边梯形的面积 (如图 2.6 所示).

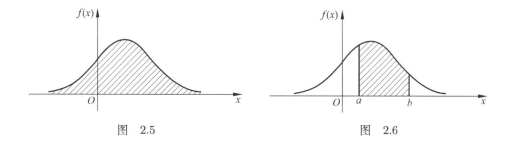

图 2.5   图 2.6

性质 2.3.4 设 $F(x)$ 为连续型随机变量 X 的分布函数, 则 $F(x)$ 处处连续.

证明 设 x 为任意实数, 则

$$\lim_{\Delta x \to 0} \Delta F = \lim_{\Delta x \to 0} [F(x + \Delta x) - F(x)]$$
$$= \lim_{\Delta x \to 0} \int_x^{x+\Delta x} f(t)\mathrm{d}t = 0.$$

由 x 的任意性知, $F(x)$ 是连续函数. □

此性质是连续型随机变量的重要特征, 连续型随机变量的名称也因此而得.

性质 2.3.5 若 X 是连续型随机变量, 则对任意实数 a, 有 $P\{X = a\} = 0$.

证明 对任意 $\Delta x > 0$, 有

$$0 \leqslant P\{X = a\} \leqslant P\{a - \Delta x < X \leqslant a\}$$
$$= \int_{a-\Delta x}^a f(x)\mathrm{d}x \to 0 \quad (\Delta x \to 0),$$

即

$$P\{X = a\} = 0. \qquad □$$

在概率论中, 概率为零的事件称为零概率事件. 这与不可能事件 $\varnothing$ 还是有差别的, 不可能事件 $\varnothing$ 是零概率事件, 但零概率事件不全是不可能事件. 例如, 对连续型随机变量而言, 事件 $\{X = a\}$ 是零概率事件, 但这并不意味着事件 $\{X = a\}$ 是不可能事件, 因为连续型随机变量取任何一点都是有可能发生的. 同样, 必然事件的概率为 1, 但概率为 1 的事件不全是必然事件. 在概率论中把概率为 1 的事件称为几乎必然发生事件.

性质 2.3.6　设 $F(x)$ 和 $f(x)$ 分别是连续型随机变量 X 的分布函数和概率密度, 则在 $f(x)$ 的连续点 x 处, 有

$$F'(x) = f(x).$$

由高等数学中变上限积分的性质即知.

性质 2.3.6 表明, 对连续型随机变量 X 而言, 当已知其分布函数 $F(x)$ 时, 用导数可求得其概率密度 $f(x)$. 对 $f(x)$ 不连续点处, 可以任意定义有限值, 因为在有限个点上改变概率密度值不会影响相应的分布函数值.

例 2.3.1　已知连续型随机变量 X 具有概率密度函数

$$f(x) = \begin{cases} kx + b, & 1 < x < 3, \\ 0, & \text{其他}, \end{cases}$$

并且 X 在区间 $(2,3)$ 内取值的概率是它在区间 $(1,2)$ 内取值概率的两倍, 求系数 k 和 b, 并计算出 $P\{1.5 < X < 2.5\}$.

解　由概率密度的性质 2.3.2, 知

$$\int_1^3 (kx + b)\mathrm{d}x = 4k + 2b = 1.$$

依题意, $P\{2 < X < 3\} = 2P\{1 < X < 2\}$, 可得

$$\int_2^3 (kx + b)\mathrm{d}x = 2\int_1^2 (kx + b)\mathrm{d}x,$$

于是有

$$k + 2b = 0.$$

解方程组

$$\begin{cases} 4k + 2b = 1, \\ k + 2b = 0, \end{cases}$$

得

$$k = \frac{1}{3}, \quad b = -\frac{1}{6}.$$

所以

$$P\{1.5 < X < 2.5\} = \int_{1.5}^{2.5} \left(\frac{1}{3}x - \frac{1}{6} \right) \mathrm{d}x = \frac{1}{2}.$$

例 2.3.2　设连续型随机变量 X 的概率密度为

$$f(x) = \begin{cases} x, & 0 \leqslant x < 1, \\ 2 - x, & 1 \leqslant x < 2, \\ 0, & \text{其他}, \end{cases}$$

试求 X 的分布函数 $F(x)$.

解 当 $x < 0$ 时,

$$F(x) = \int_{-\infty}^{x} f(t)\mathrm{d}t = \int_{-\infty}^{x} 0\mathrm{d}t = 0;$$

当 $0 \leqslant x < 1$ 时,

$$F(x) = \int_{-\infty}^{x} f(t)\mathrm{d}t = \int_{-\infty}^{0} 0\mathrm{d}t + \int_{0}^{x} t\mathrm{d}t = \frac{x^2}{2};$$

当 $1 \leqslant x < 2$ 时,

$$F(x) = \int_{-\infty}^{x} f(t)\mathrm{d}t = \int_{-\infty}^{0} 0\mathrm{d}t + \int_{0}^{1} t\mathrm{d}t + \int_{1}^{x} (2 - t)\mathrm{d}t$$

$$= -\frac{x^2}{2} + 2x - 1;$$

当 $x \geqslant 2$ 时,

$$F(x) = \int_{-\infty}^{x} f(t)\mathrm{d}t = 1.$$

所以 X 的分布函数为

$$F(x) = \begin{cases} 0, & x < 0, \\ \dfrac{x^2}{2}, & 0 \leqslant x < 1, \\ -\dfrac{x^2}{2} + 2x - 1, & 1 \leqslant x < 2, \\ 1, & x \geqslant 2. \end{cases}$$

例 2.3.3 设连续型随机变量 X 的分布函数为

$$F(x) = \begin{cases} 0, & x < -a, \\ A + B \arcsin \dfrac{x}{a}, & -a \leqslant x < a, \\ 1, & x \geqslant a, \end{cases}$$

其中 $a > 0$, 试求:

(1) 常数 A 和 B;

(2) $P\left\{-\dfrac{a}{2} \leqslant X \leqslant \dfrac{a}{2}\right\}$;

(3) X 的概率密度 $f(x)$.

解 (1) 连续型随机变量的分布函数处处连续, 因此

$$\begin{cases} A + B \arcsin \left(-\dfrac{a}{a}\right) = 0, \\ A + B \arcsin \dfrac{a}{a} = 1, \end{cases}$$

即

$$\begin{cases} A - \dfrac{\pi}{2}B = 0, \\ A + \dfrac{\pi}{2}B = 1, \end{cases}$$

也即

$$\begin{cases} A = \dfrac{1}{2}, \\ B = \dfrac{1}{\pi}. \end{cases}$$

(2) $P\left\{-\dfrac{a}{2} \leqslant X \leqslant \dfrac{a}{2}\right\} = P\left\{-\dfrac{a}{2} < X \leqslant \dfrac{a}{2}\right\} = F\left(\dfrac{a}{2}\right) - F\left(-\dfrac{a}{2}\right)$

$= \left(\dfrac{1}{2} + \dfrac{1}{\pi}\arcsin\dfrac{1}{2}\right) - \left[\dfrac{1}{2} + \dfrac{1}{\pi}\arcsin\left(-\dfrac{1}{2}\right)\right]$

$= \dfrac{1}{3}.$

(3) $F(x)$ 在 $-a$ 和 a 处导数不存在 (即 $f(x)$ 在 $-a$ 和 a 处不连续), 因此, 在 $-a$ 和 a 处, 我们定义 $f(x) = 0$, 又

$$f(x) = F'(x) = \begin{cases} 0, & x < -a, \\ \dfrac{1}{\pi\sqrt{a^2 - x^2}}, & -a < x < a, \\ 0, & x > a, \end{cases}$$

故概率密度 $f(x)$ 为

$$f(x) = \begin{cases} \dfrac{1}{\pi\sqrt{a^2 - x^2}}, & -a < x < a, \\ 0, & 其他. \end{cases}$$

2.3.2　均匀分布和指数分布

1. 均匀分布

设连续型随机变量 X 的概率密度为

$$f(x) = \begin{cases} \dfrac{1}{b - a}, & a < x < b, \\ 0, & 其他, \end{cases}$$

则称 X 在区间 (a, b) 上服从**均匀分布**, 记作 $X \sim U(a, b)$. X 的分布函数为

$$F(x) = \begin{cases} 0, & x \leqslant a, \\ \dfrac{x - a}{b - a}, & a < x < b, \\ 1, & b \leqslant x. \end{cases}$$

X 的概率密度和分布函数的图形分别如图 2.7 及图 2.8 所示.

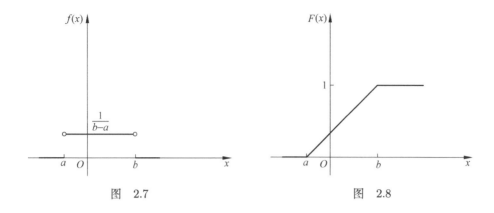

图 2.7　　　　　　　　　　图 2.8

设 $X \sim U(a,b)$, 对于任意的两个实数 $x_1, x_2 \in (a,b)$, 如果 $x_1 < x_2$, 则有

$$P\{x_1 < X \leqslant x_2\} = \int_{x_1}^{x_2} \frac{1}{b-a} \mathrm{d}x = \frac{x_2 - x_1}{b-a}.$$

这说明随机变量 X 位于区间 (a,b) 的任一子区间 (x_1, x_2) 内的概率, 只依赖于子区间 (x_1, x_2) 的长度, 而与子区间的位置无关, 这正是均匀分布的概率意义.

例 2.3.4　已知乘客在某公共汽车站等车的时间 X(单位：min) 服从 $(0,10)$ 上的均匀分布, 求乘客等车时间不超过 $5\,\mathrm{min}$ 的概率.

解　由于 X 服从 $(0,10)$ 上的均匀分布, 所以 X 的概率密度为

$$f(x) = \begin{cases} \dfrac{1}{10}, & 0 < x < 10, \\ 0, & \text{其他}. \end{cases}$$

进而等车时间不超过 $5\,\mathrm{min}$ 的概率为

$$P\{X \leqslant 5\} = \int_{-\infty}^{5} f(x)\mathrm{d}x = \int_{0}^{5} \frac{1}{10} \mathrm{d}x = 0.5.$$

2. 指数分布

设连续型随机变量 X 具有概率密度

$$f(x) = \begin{cases} \dfrac{1}{\theta} \mathrm{e}^{-\frac{x}{\theta}}, & x \geqslant 0, \\ 0, & x < 0, \end{cases}$$

其中 $\theta > 0$ 是常数, 则称 X 服从参数为 θ 的**指数分布**. X 的分布函数为

$$F(x) = \begin{cases} 1 - \mathrm{e}^{-\frac{x}{\theta}}, & x \geqslant 0, \\ 0, & x < 0. \end{cases}$$

X 的概率密度和分布函数的图形分别如图 2.9 及图 2.10 所示.

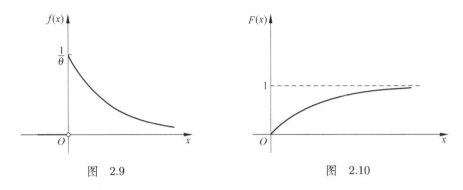

图　2.9　　　　　　　　　　　　　　　图　2.10

　　指数分布一般常用作各种"寿命"分布的近似. 如无线电元件的寿命, 电话通话时间, 随机服务系统的服务时间, 旅客在车站售票处购买车票需要等候的时间等都可以看成是服从指数分布的.

例 2.3.5　已知某种电子管的寿命 X (单位: h) 服从指数分布, 其概率密度为

$$f(x) = \begin{cases} \dfrac{1}{1000} \mathrm{e}^{-\frac{x}{1000}}, & x \geqslant 0, \\ 0, & x < 0, \end{cases}$$

求这种电子管能使用 1000h 以上的概率.

　　解　所求概率为

$$\begin{aligned} P\{X \geqslant 1000\} &= \int_{1000}^{+\infty} f(x)\mathrm{d}x \\ &= \int_{1000}^{+\infty} \frac{1}{1000} \mathrm{e}^{-\frac{x}{1000}} \mathrm{d}x \\ &= \mathrm{e}^{-1} \approx 0.3680. \end{aligned}$$

2.4　正　态　分　布

2.4.1　正态分布

　　设连续型随机变量 X 具有概率密度

$$f(x) = \frac{1}{\sqrt{2\pi}\sigma} \mathrm{e}^{-\frac{(x-\mu)^2}{2\sigma^2}}, \quad -\infty < x < +\infty,$$

其中 $\mu, \sigma(\sigma > 0)$ 为常数, 则称 X 服从参数为 μ, σ^2 的**正态分布**, 记作 $X \sim N(\mu, \sigma^2)$.

　　X 的分布函数为

$$F(x) = \frac{1}{\sqrt{2\pi}\sigma} \int_{-\infty}^{x} \mathrm{e}^{-\frac{(t-\mu)^2}{2\sigma^2}} \mathrm{d}t, \quad -\infty < x < +\infty,$$

它们的图形分别如图 2.11 及图 2.12 所示.

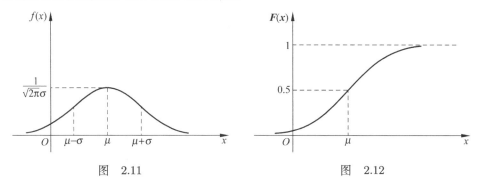

图 2.11   图 2.12

容易看到概率密度曲线 $y = f(x)$ 关于直线 $x = \mu$ 对称, 并在 $x = \mu$ 处取得最大值 $\dfrac{1}{\sqrt{2\pi}\sigma}$; 在横坐标 $x = \mu \pm \sigma$ 处有拐点, 以 x 轴为水平渐近线.

如果固定 σ, 改变 μ 的值, 则概率密度曲线沿 x 轴平移, 但形状不变 (如图 2.13). 如果固定 μ, 改变 σ 的值, 则由 $y_{最大} = \dfrac{1}{\sqrt{2\pi}\sigma}$ 可知, 当 σ 越小时概率密度曲线在 $x = \mu$ 附近越陡峭, X 落在 $x = \mu$ 附近的概率越大, 当 σ 越大时概率密度曲线越平坦 (如图 2.14).

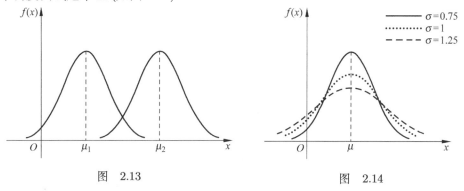

图 2.13   图 2.14

正态分布在概率论中占有特殊重要的地位. 实际问题中许多随机变量, 例如: 误差, 零件的长度、直径, 人的身高、体重, 机械包装糖果时一袋糖果的重量等, 都服从或近似服从正态分布. 此外, 它在产品检查、无线电噪声理论和自动控制等领域也有着广泛的应用. 在概率论和数理统计的理论研究和实际应用中, 服从正态分布的随机变量起着非常重要的作用.

2.4.2 标准正态分布

设 $X \sim N(\mu, \sigma^2)$, 如果 $\mu = 0, \sigma = 1$, 则称 X 服从**标准正态分布**, 记作

$X \sim N(0,1)$. 它的概率密度及分布函数分别记作 $\varphi(x)$ 与 $\Phi(x)$, 即

$$\varphi(x) = \frac{1}{\sqrt{2\pi}} \mathrm{e}^{-\frac{x^2}{2}}, \quad -\infty < x < +\infty,$$

$$\Phi(x) = \frac{1}{\sqrt{2\pi}} \int_{-\infty}^{x} \mathrm{e}^{-\frac{t^2}{2}} \mathrm{d}t, \quad -\infty < x < +\infty,$$

它们的图形分别如图 2.15 及图 2.16 所示.

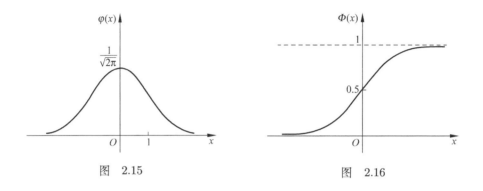

图　2.15　　　　　　　　　　　　图　2.16

由于概率密度 $\varphi(x)$ 是偶函数, 其图形关于 y 轴对称, 所以可推得

$$\Phi(-x) = 1 - \Phi(x). \tag{2.4.1}$$

由此结合书后附表可得

$$\Phi(-2.00) = 1 - \Phi(2.00) = 1 - 0.9772 = 0.0228,$$

$$\Phi(-1.96) = 1 - \Phi(1.96) = 1 - 0.9750 = 0.0250.$$

设 $X \sim N(0,1)$, 对于任意正的实数 a, 由于

$$P\{|X| > a\} = 2P\{X > a\} = 2(1 - P\{X \leqslant a\}),$$

可得

$$P\{|X| > a\} = 2[1 - \Phi(a)], \tag{2.4.2}$$

$$P\{|X| \leqslant a\} = 1 - P\{|X| > a\} = 1 - 2[1 - \Phi(a)] = 2\Phi(a) - 1. \tag{2.4.3}$$

例 2.4.1　设 $X \sim N(0,1)$, 则由公式 (2.4.2) 与公式 (2.4.3) 有

$$P\{|X| \leqslant 1\} = 2\Phi(1) - 1 = 2 \times 0.8413 - 1 = 0.6826,$$

$$P\{|X| \leqslant 2\} = 2\Phi(2) - 1 = 2 \times 0.9772 - 1 = 0.9544,$$

$$P\{|X| \leqslant 3\} = 2\Phi(3) - 1 = 2 \times 0.9987 - 1 = 0.9974,$$

$$P\{|X| > 1.96\} = 2[1 - \Phi(1.96)] = 2 \times (1 - 0.9750) = 0.050.$$

设 $X \sim N(\mu, \sigma^2)$, 其分布函数为

$$F(x) = \frac{1}{\sqrt{2\pi}\sigma} \int_{-\infty}^{x} \mathrm{e}^{-\frac{(t-\mu)^2}{2\sigma^2}} \mathrm{d}t, \quad -\infty < x < +\infty,$$

令 $u = \dfrac{t - \mu}{\sigma}$, 可得

$$F(x) = \frac{1}{\sqrt{2\pi}\sigma} \int_{-\infty}^{\frac{x-\mu}{\sigma}} \sigma \mathrm{e}^{-\frac{u^2}{2}} \mathrm{d}u$$

$$= \frac{1}{\sqrt{2\pi}} \int_{-\infty}^{\frac{x-\mu}{\sigma}} \mathrm{e}^{-\frac{u^2}{2}} \mathrm{d}u$$

$$= \Phi\left(\frac{x-\mu}{\sigma}\right),$$

即有

$$F(x) = \Phi\left(\frac{x-\mu}{\sigma}\right).$$

从而对任意实数 $x_1, x_2 (x_1 < x_2)$, 有

$$P\{x_1 < X < x_2\} = P\{x_1 < X \leqslant x_2\} = F(x_2) - F(x_1)$$

$$= \Phi\left(\frac{x_2-\mu}{\sigma}\right) - \Phi\left(\frac{x_1-\mu}{\sigma}\right). \tag{2.4.4}$$

例 2.4.2 设 $X \sim N(1,4)$, 求:

(1) $P\{X > 0\}$;

(2) $P\{|X - 2| < 1\}$;

(3) $P\{|X - 1| \geqslant 1\}$.

解 由于 $\mu = 1$, $\sigma = 2$, 根据公式 (2.4.4) 及查附表, 得

$$(1) \quad P\{X > 0\} = 1 - P\{X \leqslant 0\} = 1 - \Phi\left(\frac{0-1}{2}\right)$$

$$= 1 - \Phi(-0.5) = 1 - [1 - \Phi(0.5)]$$

$$= \Phi(0.5) = 0.6915;$$

$$(2) \quad P\{|X - 2| < 1\} = P\{1 < X < 3\} = \Phi\left(\frac{3-1}{2}\right) - \Phi\left(\frac{1-1}{2}\right)$$

$$= \Phi(1) - \Phi(0) = 0.3413;$$

(3) $P\{|X-1| \geqslant 1\} = 1 - P\{|X-1| < 1\} = 1 - P\{0 < X < 2\}$

$$= 1 - \Phi(0.5) + \Phi(-0.5)$$

$$= 2[1 - \Phi(0.5)] = 0.6170.$$

例 2.4.3   从南区某地乘车前往北区火车站搭乘火车有两条路线可走. 第一条路线穿过市区, 路程较短, 但交通拥挤, 所需时间 (单位: min) 服从正态分布 $N(50, 100)$; 第二条路线沿环城公路走, 路线较长, 但意外阻塞较少, 所需时间 (单位: min) 服从正态分布 $N(60, 16)$. 若 (1) 有 70min 时间; (2) 有 65min 时间. 问在上述两种情况下应走哪一条路线.

解   显然, "应走哪一条路线" 的关键是找出允许时间内能以较大概率到达火车站的路线.

设 X_i 表示走第 i 条路线所需时间, $i = 1, 2$.

(1) 有 70min 可用时, 走第一条路线及时赶到的概率为

$$P\{X_1 \leqslant 70\} = \Phi\left(\frac{70-50}{10}\right) = \Phi(2) = 0.9772,$$

走第二条路线及时赶到的概率为

$$P\{X_2 \leqslant 70\} = \Phi\left(\frac{70-60}{4}\right) = \Phi(2.5) = 0.9938.$$

因此, 在这种情况下, 应走第二条路线, 这是较易理解的. 若时间充裕, 当然应走沿环城公路, 因为环城公路阻塞可能性较小.

(2) 有 65min 可用时, 走第一条路线及时赶到的概率为

$$P\{X_1 \leqslant 65\} = \Phi\left(\frac{65-50}{10}\right) = \Phi(1.5),$$

走第二条路线及时赶到的概率为

$$P\{X_2 \leqslant 65\} = \Phi\left(\frac{65-60}{4}\right) = \Phi(1.25).$$

利用分布函数的单调性, 得 $\Phi(1.5) > \Phi(1.25)$.

因此, 在这种情况下, 应走第一条路线, 这是较易理解的. 若时间较紧, 当然应走路线较短的市区, 只有碰碰运气了.

2.4.3 标准正态分布的上 α 分位点

设 $X \sim N(0,1)$, 对于给定的 α $(0 < \alpha < 1)$, 如果 u_α 满足条件

$$P\{X \geqslant u_\alpha\} = \frac{1}{\sqrt{2\pi}} \int_{u_\alpha}^{+\infty} \mathrm{e}^{-\frac{x^2}{2}} \mathrm{d}x = \alpha,$$

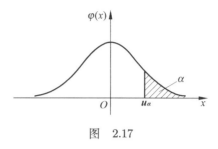

则称点 u_α 为标准正态分布的**上 α 分位点(数)**(如图 2.17).

因为

$$P\{X \leqslant u_\alpha\} = 1 - P\{X > u_\alpha\} = 1 - \alpha,$$

图 2.17

所以 $\Phi(u_\alpha) = 1 - \alpha$. 由标准正态分布概率密度的对称性, 知 $u_{1-\alpha} = -u_\alpha$.

我们可以利用附表 1 查得 u_α 的值. 例如 $\alpha = 0.025$, 则 $1 - \alpha = 0.975$. 由于

$$\Phi(1.96) = 0.975 = 1 - 0.025,$$

因此

$$u_{0.025} = 1.96.$$

当 $\alpha = 0.05$ 时, 有

$$u_{0.05} = 1.645.$$

2.5 随机变量的函数的分布

在实际问题中, 我们常对某些随机变量的函数更感兴趣. 例如, 测量球的半径, 半径的测量值 X 是一个随机变量. 若我们感兴趣的是球的体积, 则球的体积为 $V = \frac{4}{3}\pi X^3$, 所以球的体积 V 是随机变量 X 的函数. 又如, 某商品的单价为 a, 销售量 X 是随机变量, 则销售收入 Y 是 X 的函数, 即 $Y = aX$. 这一节我们将讨论如何由已知的随机变量 X 的概率分布求得它的函数 $Y = g(X)$ 的概率分布.

2.5.1 离散型随机变量的函数的分布

例 2.5.1 设随机变量 X 的分布律为

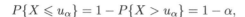

X	-2	-1	0	1	3
P	$\dfrac{1}{5}$	$\dfrac{1}{6}$	$\dfrac{1}{5}$	$\dfrac{1}{15}$	$\dfrac{11}{30}$

求: $Y = X^2$ 的分布律.

解　随机变量 $Y = X^2$ 的所有可能取值为 $0, 1, 4, 9$, 且 Y 取每一个值的概率
分别为

$$P\{Y = 0\} = P\{X = 0\} = \frac{1}{5};$$

$$P\{Y = 1\} = P\{X^2 = 1\} = P\{(X = 1) \cup (X = -1)\}$$

$$= P\{X = 1\} + P\{X = -1\} = \frac{1}{15} + \frac{1}{6} = \frac{7}{30};$$

$$P\{Y = 4\} = P\{X^2 = 4\} = P\{X = -2\} = \frac{1}{5};$$

$$P\{Y = 9\} = P\{X^2 = 9\} = P\{X = 3\} = \frac{11}{30}.$$

所以 $Y = X^2$ 的概率分布为

Y	0	1	4	9
P	$\dfrac{1}{5}$	$\dfrac{7}{30}$	$\dfrac{1}{5}$	$\dfrac{11}{30}$

一般地, 设离散型随机变量 X 的概率分布为

$$P\{X = x_k\} = p_k, \quad k = 1, 2, \cdots,$$

$y = g(x)$ 是连续函数, 则对于 X 的函数 $Y = g(X)$, 有

$$P\{Y = g(x_k)\} = p_k, \quad k = 1, 2, \cdots.$$

如果数值 $g(x_k)(k = 1, 2, \cdots)$ 中有相等的, 就把 Y 取这些相等数值的概率相加, 作
为 $Y = g(X)$ 取该值的概率, 便可得 $Y = g(X)$ 的概率分布.

例 2.5.2　已知随机变量 X 的概率分布为

$$P\{X = k\} = \frac{1}{2^k}, \quad k = 1, 2, \cdots,$$

试求 $Y = \sin\left(\dfrac{\pi}{2} X\right)$ 的概率分布.

解　由于

$$\sin\left(\frac{\pi}{2} k\right) = \begin{cases} -1, & k = 4n - 1, \\ 0, & k = 2n, \\ 1, & k = 4n - 3, \end{cases} \quad n = 1, 2, \cdots,$$

则 $Y = \sin\left(\dfrac{\pi}{2} X\right)$ 的所有可能取值为: $-1, 0, 1$, 且其取值的概率为

$$P\{Y = -1\} = P\{X = 3\} + P\{X = 7\} + P\{X = 11\} + \cdots$$

$$= \frac{1}{2^3} + \frac{1}{2^7} + \frac{1}{2^{11}} + \cdots$$

$$= \frac{1}{8} \frac{1}{1 - \frac{1}{16}} = \frac{2}{15},$$

$$P\{Y = 0\} = P\{X = 2\} + P\{X = 4\} + P\{X = 6\} + \cdots$$

$$= \frac{1}{2^2} + \frac{1}{2^4} + \frac{1}{2^6} + \cdots$$

$$= \frac{1}{4} \frac{1}{1 - \frac{1}{4}} = \frac{1}{3},$$

$$P\{Y = 1\} = P\{X = 1\} + P\{X = 5\} + P\{X = 9\} + \cdots$$

$$= \frac{1}{2} + \frac{1}{2^5} + \frac{1}{2^9} + \cdots$$

$$= \frac{1}{2} \frac{1}{1 - \frac{1}{16}} = \frac{8}{15},$$

所以所求的概率分布为

Y	-1	0	1
P	$\dfrac{2}{15}$	$\dfrac{1}{3}$	$\dfrac{8}{15}$

2.5.2　连续型随机变量的函数的分布

设 X 为连续型随机变量, 其概率密度已知, 又 $Y = g(X)$, 且 Y 也是连续型随机变量, 现在我们来讨论如何求 Y 的概率密度. 一般有两种方法: 分布函数法和公式法.

1. 分布函数法 (一般方法)

为了求 Y 的概率密度 $f_Y(y)$, 先求 Y 的分布函数 $F_Y(y)$, 即

2-2 分布函数法

$$F_Y(y) = P\{Y \leqslant y\} = P\{g(X) \leqslant y\} = P\{X \in S\},$$

其中 $S = \{x | g(x) \leqslant y\}$, 然后再把 $F_Y(y)$ 对 y 求导, 即得

$$f_Y(y) = \begin{cases} \dfrac{\mathrm{d}F_Y(y)}{\mathrm{d}y}, & \text{当 } F_Y(y) \text{ 在 } y \text{ 处可导时,} \\ 0, & \text{当 } F_Y(y) \text{ 在 } y \text{ 处不可导时.} \end{cases}$$

例 2.5.3 (对数正态分布)　随机变量 X 称为服从参数为 μ, σ^2 的对数正态分布, 如果 $Y = \ln X$ 服从正态分布 $N(\mu, \sigma^2)$. 试求对数正态分布的概率密度.

解　由于 $Y = \ln X \sim N(\mu, \sigma^2)$, 等价地有 $X = \mathrm{e}^Y, Y = \ln X \sim N(\mu, \sigma^2)$. 于是当 $x > 0$ 时, 有

$$F_X(x) = P\{X \leqslant x\} = P\{\mathrm{e}^Y \leqslant x\} = P\{Y \leqslant \ln x\} = F_Y(\ln x);$$

当 $x \leqslant 0$ 时, 显然 $F_X(x) = 0$, 继而可得 X 的密度函数为

$$f_X(x) = F_X'(x) = \begin{cases} \dfrac{1}{x} f_Y(\ln x), & x > 0, \\ 0, & x \leqslant 0 \end{cases}$$

$$= \begin{cases} \dfrac{1}{\sqrt{2\pi}\sigma x} \mathrm{e}^{-\frac{(\ln x - \mu)^2}{2\sigma^2}}, & x > 0, \\ 0, & x \leqslant 0. \end{cases}$$

在实际中, 通常用对数正态分布来描述价格的分布, 特别是在金融市场的理论研究中, 如著名的期权定价公式 ——Black-Scholes 公式, 以及许多实证研究都用对数正态分布来描述金融资产的价格. 设某种资产当前定价为 p_0, 考虑单期投资问题, 到期时该资产的价格为一个随机变量, 记为 p_1, 设投资于该资产的连续复合收益为 r, 则有

$$p_1 = p_0 \mathrm{e}^r,$$

从而

$$r = \ln \frac{p_1}{p_0} = \ln p_1 - \ln p_0.$$

注意到 p_0 为当前价格, 是已知常数, 因而假设价格 p_1 服从对数正态分布实际上等价于假设连续复合收益 r 服从正态分布.

例 2.5.4　设随机变量 X 的概率密度函数为 $f_X(x)$, 试求 $Y = X^2$ 的概率密度.

解　先求 Y 的分布函数 $F_Y(y)$.

当 $y < 0$ 时,

$$F_Y(y) = P\{Y \leqslant y\} = P\{X^2 \leqslant y\} = 0;$$

当 $y \geqslant 0$ 时,

$$\begin{aligned} F_Y(y) &= P\{Y \leqslant y\} = P\{X^2 \leqslant y\} \\ &= P\{-\sqrt{y} \leqslant x \leqslant \sqrt{y}\} \\ &= F_X(\sqrt{y}) - F_X(-\sqrt{y}). \end{aligned}$$

当 $y > 0$ 时,

$$\begin{aligned} f_Y(y) &= \frac{\mathrm{d}F_Y(y)}{\mathrm{d}y} = f_X(\sqrt{y}) \frac{1}{2\sqrt{y}} - f_X(-\sqrt{y}) \left(-\frac{1}{2\sqrt{y}}\right) \\ &= \frac{1}{2\sqrt{y}} [f_X(\sqrt{y}) + f_X(-\sqrt{y})], \end{aligned}$$

于是, $Y = X^2$ 的概率密度为

$$f_Y(y) = \begin{cases} \dfrac{1}{2\sqrt{y}}[f_X(\sqrt{y}) + f_X(-\sqrt{y})], & y > 0, \\ 0, & y \leqslant 0. \end{cases}$$

2. 公式法

定理 2.5.1 设 X 是一个连续型随机变量, 其概率密度为 $f_X(x)$, 又函数 $y = g(x)$ 处处可导且严格单调, 其反函数 $h(y)$ 有连续导数, 则 $Y = g(X)$ 的概率密度为

$$f_Y(y) = \begin{cases} f_X[h(y)]|h'(y)|, & \alpha < y < \beta, \\ 0, & \text{其他}, \end{cases}$$

其中 $\alpha = \min\{g(-\infty), g(+\infty)\}, \beta = \max\{g(-\infty), g(+\infty)\}$.

证明 当 $g(x)$ 处处可导且严格单调增加时, 它的反函数 $h(y)$ 在 (α, β) 内也处处可导且严格单调增加, 所以当 $y \leqslant \alpha$ 时, 有

$$F_Y(y) = P\{Y \leqslant y\} = 0;$$

当 $y \geqslant \beta$ 时, 有

$$F_Y(y) = P\{Y \leqslant y\} = 1;$$

当 $\alpha < y < \beta$ 时, 有

$$\begin{aligned} F_Y(y) &= P\{Y \leqslant y\} \\ &= P\{g(X) \leqslant y\} \\ &= P\{X \leqslant h(y)\} \\ &= \int_{-\infty}^{h(y)} f_X(x)\mathrm{d}x. \end{aligned}$$

于是 $Y = g(X)$ 的概率密度为

$$f_Y(y) = F_Y'(y) = \begin{cases} f_X[h(y)]h'(y), & \alpha < y < \beta, \\ 0, & \text{其他}. \end{cases}$$

当 $g(x)$ 处处可导且严格单调减少时, 它的反函数 $h(y)$ 在 (α, β) 内也处处可导且严格单调减少, 所以当 $y \leqslant \alpha$ 时, 有

$$F_Y(y) = P\{Y \leqslant y\} = 0;$$

当 $y \geqslant \beta$ 时, 有

$$F_Y(y) = P\{Y \leqslant y\} = 1;$$

当 $\alpha < y < \beta$ 时, 有

$$
\begin{aligned}
F_Y(y) &= P\{Y \leqslant y\} \\
&= P\{g(X) \leqslant y\} \\
&= P\{X \geqslant h(y)\} \\
&= 1 - P\{X < h(y)\} \\
&= 1 - \int_{-\infty}^{h(y)} f_X(x)\mathrm{d}x.
\end{aligned}
$$

于是 $Y = g(X)$ 的概率密度为

$$
f_Y(y) = \begin{cases} -f_X[h(y)]h'(y), & \alpha < y < \beta, \\ 0, & \text{其他}. \end{cases} \qquad\square
$$

例 2.5.5　若 $X \sim N(\mu, \sigma^2)$, 且 $a \neq 0$, 则 $Y = aX + b \sim N(a\mu + b, a^2\sigma^2)$.

解　设 $f_X(x)$ 和 $f_Y(y)$ 分别为 X 和 Y 的概率密度. $y = ax + b$ 的反函数为 $x = \dfrac{y - b}{a}$, 所以

$$
\begin{aligned}
f_Y(y) &= f_X\left(\frac{y-b}{a}\right)\left|\left(\frac{y-b}{a}\right)'\right| \\
&= \frac{1}{\sqrt{2\pi}\sigma|a|}\mathrm{e}^{-\frac{(y-a\mu-b)^2}{2\sigma^2 a^2}},
\end{aligned}
$$

故

$$
Y = aX + b \sim N(a\mu + b, a^2\sigma^2).
$$

特别地, 当 $a = \dfrac{1}{\sigma}, b = -\dfrac{\mu}{\sigma}$ 时, 有

$$
Y = \frac{X - \mu}{\sigma} \sim N(0, 1).
$$

第 2 章小结

这是正态分布的一个重要性质, 即正态随机变量的线性函数仍服从正态分布.

习　题　2

(A)

1. 设某种零件的合格品率为 0.9, 不合格品率为 0.1, 现对这种零件逐一有放回地进行测试, 直到测得一个合格品为止, 求测试次数的概率分布.

2. 同时抛掷 3 枚硬币, 以 X 表示出现正面的个数, 写出 X 的概率分布.

3. 社会上定期发行某种彩票, 每张 1 元, 中奖率为 p. 某人每次购买 1 张彩票, 如果没有中奖下次再继续购买 1 张, 直到中奖为止. 试求该人购买次数 X 的概率分布.

4. 某篮球运动员投篮命中率为 0.9, 今命他投篮 5 次, 如果投中则停止投篮, 如果未中则继续投篮, 直到投完 5 次, 求他投篮次数的概率分布.

5. 某射手有 5 发子弹, 每次射击命中目标的概率为 0.8, 如果命中了就停止射击, 如果不命中就一直射到子弹用尽, 求子弹剩余数的概率分布.

6. 袋中有标号为 $-1, 1, 1, 2, 2, 2$ 的 6 只球, 从中任取 1 只, 求所取得球的标号 X 的概率分布及图形.

7. 已知随机变量 X 服从泊松分布, 且 $P\{X = 1\}$ 和 $P\{X = 2\}$ 相等, 求 $P\{X = 4\}$.

8. 设随机变量 X 和 Y 分别服从 $B(2, p)$ 和 $B(4, p)$, 已知 $P\{X \geqslant 1\} = \dfrac{5}{9}$, 求 $P\{Y \geqslant 1\}$.

9. 某炮击中目标的概率为 0.2, 现在共发射了 14 发炮弹. 已知至少有两发炮弹击中目标才能摧毁它, 试求摧毁目标的概率.

10. 一电话交换台每分钟的呼叫次数服从参数为 4 的泊松分布. 求:

(1) 每分钟恰有 6 次呼叫的概率;

(2) 每分钟呼叫次数不超过 10 次的概率.

11. 假设有 10 台自动机床, 每台机床在任一时刻发生故障的概率为 0.08, 而且故障需要一个值班工人排除, 问至少需要几个工人值班, 才能保证有机床发生故障而不能及时排除的概率不大于 5%.

12. 两名篮球运动员轮流投篮, 直到某人投中为止, 如果第一名队员投中的概率为 0.4, 第二名队员投中的概率为 0.6, 求每名队员投篮次数的概率分布.

13. 设某批电子管正品率为 $\dfrac{3}{4}$, 次品率为 $\dfrac{1}{4}$, 现对这批电子管进行测试, 只要测得一个正品电子管就不再继续测试, 试求测试次数 X 的概率分布.

14. 抛一枚硬币, 直到正面和反面都出现过为止, 求所需抛掷次数的概率分布.

15. 同时抛掷两枚骰子, 直到至少有一枚骰子出现 6 点为止, 试写出抛掷次数 X 的概率分布.

16. 设连续型随机变量 X 的概率密度为

$$f(x) = \begin{cases} k\mathrm{e}^{-3x}, & x \geqslant 0, \\ 0, & x < 0, \end{cases}$$

试确定常数 k, 并求 $P\{X > 1\}$.

17. 设随机变量 X 的分布函数为

$$F(x) = \begin{cases} 0, & x < 0, \\ \dfrac{x^2}{25}, & 0 \leqslant x < 5, \\ 1, & x \geqslant 5. \end{cases}$$

求关于 t 的一元二次方程 $t^2 + Xt + \dfrac{1}{4}(X+2) = 0$ 有实根的概率.

18. 设随机变量 X 的分布函数为

$$F(x) = \begin{cases} 0, & x \leqslant 0, \\ A + Be^{-\frac{x^2}{2}}, & x > 0. \end{cases}$$

试求: (1) 常数 A 和 B; (2) 概率密度 $f(x)$; (3) X 落在区间 $(1,2)$ 内的概率.

19. 设随机变量 X 的分布函数为

$$F(x) = \begin{cases} A, & x < 0, \\ Bx^2, & 0 \leqslant x < 1, \\ Cx - \dfrac{1}{2}x^2 - 1, & 1 \leqslant x < 2, \\ 1, & x \geqslant 2. \end{cases}$$

求: (1) A, B, C 的值; (2) X 的概率密度; (3) $P\{1 \leqslant X < 3\}$.

20. 设随机变量 X 服从 $[2,5]$ 上的均匀分布, 对 X 独立观察 3 次, 求至少有 2 次观察值大于 3 的概率.

21. 设随机变量 X 的概率密度为

$$f(x) = \begin{cases} 2x, & 0 < x < 1, \\ 0, & 其他. \end{cases}$$

对 X 独立进行 n 次重复观察, 用 Y 表示观察值不大于 0.1 的次数, 求随机变量 Y 的概率分布.

22. 设某种型号的电子管的寿命 X(单位: h) 具有概率密度

$$f(x) = \begin{cases} \dfrac{100}{x^2}, & x > 100, \\ 0, & x \leqslant 100. \end{cases}$$

试求:

(1) 使用寿命在 150h 以上的概率;

(2) 3 只该型号的电子管使用了 150h 都不损坏的概率;

(3) 3 只该型号的电子管使用了 150h 至少有一只不损坏的概率.

23. 设顾客到某银行窗口等待服务的时间 $X($ 单位：min$)$ 服从指数分布, 其密度函数为

$$f(x) = \begin{cases} \dfrac{1}{5}\mathrm{e}^{-\frac{x}{5}}, & x \geqslant 0, \\ 0, & x < 0. \end{cases}$$

某顾客在窗口等待服务, 如超过 10min, 他就离开. 他一个月要到银行 5 次, 以 Y 表示一个月内他未等到服务而离开窗口的次数, 写出 Y 的概率分布, 并求 $P\{Y \geqslant 1\}$.

24. 已知某批建筑材料的强度 X 服从正态分布 $N(200, 18^2)$. 现从中任取 1 件, 求：

(1) 取到的建筑材料强度不低于 180 的概率；

(2) 如果工程要求所用材料以 99% 的概率保证强度不低于 150, 问这批建筑材料是否符合要求.

25. 高等学校入学考试的数学成绩近似地服从正态分布 $N(65, 10^2)$. 如果 85 分以上为优秀, 那么数学成绩为优秀的考生大致占总人数的百分之几?

26. 某公共汽车站每隔 5 分钟有一辆汽车到站, 在该站等车的乘客可全部乘上这辆车. 假设各乘客到达该站的时间是随机的且相互独立, 求在该站上车的 5 位乘客中恰有 2 位等车时间超过 3 分钟的概率.

27. 设随机变量 X 服从正态分布 $N(108, 9)$, 求：

(1) $P\{101.1 < X < 117.6\}$;

(2) 常数 a, 使 $P\{X < a\} = 0.90$;

(3) 常数 b, 使 $P\{|X - b| > b\} = 0.01$.

28. 已知随机变量 X 的概率分布为

X	-2	-1	0	1	2	3
P	0.1	0.2	0.25	0.2	0.15	0.1

求：

(1) $Y_1 = -2X$ 的分布列;

(2) $Y_2 = X^2$ 的分布列.

29. 设随机变量 X 的密度函数为

$$f(x) = \begin{cases} \dfrac{2}{\pi(1 + x^2)}, & x \geqslant 0, \\ 0, & x < 0, \end{cases}$$

试求随机变量 $Y = \ln X$ 的概率密度.

30. 设随机变量 X 服从 $[0,1]$ 上的均匀分布.

(1) 求 $Y = \mathrm{e}^X$ 的概率密度;

(2) 求 $Y = -2\ln X$ 的概率密度.

31. 设随机变量 X 服从参数为 $\dfrac{1}{2}$ 的指数分布, 证明: $Y = 1 - \mathrm{e}^{-2X}$ 服从 $[0,1]$ 上的均匀分布.

32. 设随机变量 X 的概率密度为

$$f(x) = \begin{cases} \dfrac{2x}{\pi^2}, & 0 < x < \pi, \\ 0, & \text{其他}. \end{cases}$$

求 $Y = \sin X$ 的概率密度.

(B)

1. 公共汽车车门的高度是按男子与车门顶碰头的机会在 0.01 以下来设计的. 设男子的身高 X 服从 $\mu = 170\mathrm{cm}, \sigma = 6\mathrm{cm}$ 的正态分布, 则车门的高度应如何确定?

2. 如果电源电压在不超过 200V, 200V 和 240V 之间, 超过 240V 三种情况下, 某种电子元件损坏的概率分别为 0.1, 0.001 和 0.2, 并假设电源电压 $X \sim N(220, 25^2)$, 求:

(1) 电子元件损坏的概率 α;

(2) 已知电子元件损坏, 电压在 200V 和 240V 之间的概率 β.

3. 设火炮射击某目标的纵向偏差 $X \sim N(0, 20^2)$(单位: m), 试求:

(1) 射击一弹的纵向偏差绝对值超过 20m 的概率;

(2) 射击 3 弹至少有 1 弹的纵向偏差绝对值不超过 10m 的概率.

4. 测量某工件的随机误差 $X \sim N(0, 10^2)$, 求在 100 次独立测量中至少有 3 次测量误差的绝对值大于 19.6 的概率.

5. 一部总机共有 300 台分机, 总机有 13 条中继线, 假设每台分机向总机要中继线的概率为 3%, 求每台分机向总机要中继线时, 能及时得到满足的概率和同时向总机要中继线的分机的最可能台数.

第 2 章自测题

第3章 多维随机变量及其概率分布

在第2章我们讨论了一个随机变量及其概率分布. 在实际问题中往往必须同时考虑几个随机变量及它们之间的相互影响. 例如, 在气象中气温、气压、风力等都是需要考虑的气象因素, 它们的数值都是随机变量; 又如, 要研究某地区的中学生的身高与体重之间的关系时, 就需要测量每一个被检测者的身高 H 与体重 W, 要用到两个随机变量. 以上两例中每一个因素都是一个随机变量, 可以分别地去研究它们; 而这些因素之间有着密切的关系, 还要将它们作为一个整体来研究, 为此我们引进多维随机变量的概念, 并重点讨论二维随机变量.

本章主要讨论二维随机变量及其分布 (包括离散型和连续型)、边缘分布及条件分布, 随机变量的独立性, 多个随机变量的函数的分布.

3.1 二维随机变量

3.1.1 二维随机变量及其分布函数

设随机试验 E 的样本空间为 Ω, X 和 Y 是定义在 Ω 上的两个随机变量, 由它们构成的向量 (X,Y) 称为**二维随机变量**或**二维随机向量**.

和一维随机变量的情形相类似, 我们引进二维随机变量分布函数的概念.

设 (X,Y) 是二维随机变量, 对于任意实数 x,y, 记事件 $\{X \leqslant x\}$ 与 $\{Y \leqslant y\}$ 的交为 $\{X \leqslant x, Y \leqslant y\}$, 称二元函数

$$F(x,y) = P\{X \leqslant x, Y \leqslant y\}$$

为**二维随机变量**(X,Y) 的**分布函数**, 或称随机变量 X 和 Y 的**联合分布函数**.

为了说明二维随机变量分布函数 $F(x,y)$ 的几何意义, 我们将二维随机变量 (X,Y) 看作平面上随机点的坐标, 则分布函数 $F(x,y)$ 在点 (x,y) 处的函数值就是随机点落在以 (x,y) 为顶点且位于该点左下方的无界矩形内的概率. 如图 3.1 所示.

与一维的情形类似, 掌握了联合分布函数也就掌握了二维随机变量的统计规律.

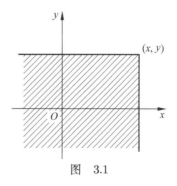

图　3.1

分布函数 $F(x,y)$ 具有下列性质:

性质 3.1.1　$0 \leqslant F(x,y) \leqslant 1$, 且对于任意固定的 x, 有

$$F(x,-\infty) = \lim_{y \to -\infty} F(x,y) = 0;$$

对于任意固定的 y, 有

$$F(-\infty,y) = \lim_{x \to -\infty} F(x,y) = 0;$$

$$F(-\infty,-\infty) = \lim_{\substack{x \to -\infty \\ y \to -\infty}} F(x,y) = 0;$$

$$F(+\infty,+\infty) = \lim_{\substack{x \to +\infty \\ y \to +\infty}} F(x,y) = 1.$$

性质 3.1.2　$F(x,y)$ 对于每个变量是单调不减函数, 即对于任意固定的 y, 当 $x_1 < x_2$ 时, 有

$$F(x_1,y) \leqslant F(x_2,y);$$

对于任意固定的 x, 当 $y_1 < y_2$ 时, 有

$$F(x,y_1) \leqslant F(x,y_2).$$

性质 3.1.3　$F(x,y)$ 关于 x 右连续, 关于 y 右连续, 即有

$$F(x,y) = F(x+0,y), \quad F(x,y) = F(x,y+0).$$

性质 3.1.4　对于任意的 $x_1 < x_2, y_1 < y_2$, 有

$$P\{x_1 < X \leqslant x_2, y_1 < Y \leqslant y_2\}$$
$$= F(x_2,y_2) - F(x_1,y_2) - F(x_2,y_1) + F(x_1,y_1) \geqslant 0.$$

性质 3.1.2 和性质 3.1.4 可以从分布函数的定义推出, 证明由读者自己完成. 性质 3.1.1 和性质 3.1.3 的证明略.

3.1.2　二维离散型随机变量及其概率分布

如果二维随机变量 (X,Y) 所有可能的不相同的值是有限对或可列无限多对, 则称 (X,Y) 是**二维离散型随机变量**.

设 (X,Y) 所有可能取的值为 $(x_i,y_j)(i,j = 1,2,\cdots)$, 记事件 $\{X = x_i\}$ 与 $\{Y = y_j\}$ 的交为 $\{X = x_i, Y = y_j\}$. 如果

$$P\{X = x_i, Y = y_j\} = p_{ij}, \quad i,j = 1,2,\cdots, \tag{3.1.1}$$

则由概率的定义, 有

$$p_{ij} \geqslant 0, \quad i, j = 1, 2, \cdots; \quad \sum_{i=1}^{\infty} \sum_{j=1}^{\infty} p_{ij} = 1. \tag{3.1.2}$$

称满足条件 (3.1.2) 的 (3.1.1) 式为二维离散型随机变量 (X, Y) 的**概率分布**或**分布律**, 也叫随机变量 X 和 Y 的**联合概率分布**或**联合分布律**. (X, Y) 的概率分布可以用如下的表格来表示.

X＼Y	y_1	y_2	$\cdots$	y_j	$\cdots$
x_1	p_{11}	p_{12}	$\cdots$	p_{1j}	$\cdots$
x_2	p_{21}	p_{22}	$\cdots$	p_{2j}	$\cdots$
$\vdots$	$\vdots$	$\vdots$		$\vdots$	
x_i	p_{i1}	p_{i2}	$\cdots$	p_{ij}	$\cdots$
$\vdots$	$\vdots$	$\vdots$		$\vdots$	

例 3.1.1 掷两枚骰子, 第一枚骰子出现的点数记为 X, 两枚骰子最大的点数记为 Y, 求 (X, Y) 的概率分布.

解 X 所有可能取值为 $1, 2, \cdots, 6$, Y 所有可能取值为 $1, 2, \cdots, 6$.

当 $i > j$ 时,

$$P\{X = i, Y = j\} = P\{X = i\}P\{Y = j | X = i\}$$
$$= \frac{1}{6} \times 0 = 0;$$

当 $i = j$ 时,

$$P\{X = i, Y = j\} = P\{X = i\}P\{Y = j | X = i\}$$
$$= \frac{1}{6} \times \frac{i}{6} = \frac{i}{36};$$

当 $i < j$ 时,

$$P\{X = i, Y = j\} = P\{X = i\}P\{Y = j | X = i\}$$
$$= \frac{1}{6} \times \frac{1}{6} = \frac{1}{36};$$

其中 $i, j = 1, 2, \cdots, 6$. 即 (X, Y) 的概率分布为

X＼Y	1	2	3	4	5	6
1	$\frac{1}{36}$	$\frac{1}{36}$	$\frac{1}{36}$	$\frac{1}{36}$	$\frac{1}{36}$	$\frac{1}{36}$
2	0	$\frac{2}{36}$	$\frac{1}{36}$	$\frac{1}{36}$	$\frac{1}{36}$	$\frac{1}{36}$
3	0	0	$\frac{3}{36}$	$\frac{1}{36}$	$\frac{1}{36}$	$\frac{1}{36}$
4	0	0	0	$\frac{4}{36}$	$\frac{1}{36}$	$\frac{1}{36}$
5	0	0	0	0	$\frac{5}{36}$	$\frac{1}{36}$
6	0	0	0	0	0	$\frac{6}{36}$

例 3.1.2　从一只装有 3 个黑球和 2 个白球的口袋中取球两次, 每次任取一个, 不放回. 令

$$X = \begin{cases} 0, & \text{第一次取出白球,} \\ 1, & \text{第一次取出黑球,} \end{cases}$$

$$Y = \begin{cases} 0, & \text{第二次取出白球,} \\ 1, & \text{第二次取出黑球.} \end{cases}$$

求 (X,Y) 的概率分布及分布函数.

解　由于

$$p_{00} = P\{X=0, Y=0\} = P\{X=0\}P\{Y=0|X=0\} = \frac{2}{5} \times \frac{1}{4} = \frac{1}{10},$$

$$p_{01} = P\{X=0, Y=1\} = P\{X=0\}P\{Y=1|X=0\} = \frac{2}{5} \times \frac{3}{4} = \frac{3}{10},$$

$$p_{10} = P\{X=1, Y=0\} = P\{X=1\}P\{Y=0|X=1\} = \frac{3}{5} \times \frac{2}{4} = \frac{3}{10},$$

$$p_{11} = P\{X=1, Y=1\} = P\{X=1\}P\{Y=1|X=1\} = \frac{3}{5} \times \frac{2}{4} = \frac{3}{10}.$$

于是 (X,Y) 的概率分布为

X＼Y	0	1
0	$\frac{1}{10}$	$\frac{3}{10}$
1	$\frac{3}{10}$	$\frac{3}{10}$

(X, Y) 的分布函数为

$$F(x,y) = \begin{cases} 0, & x < 0 \text{ 或 } y < 0, \\ \dfrac{1}{10}, & 0 \leqslant x < 1, 0 \leqslant y < 1, \\ \dfrac{4}{10}, & 0 \leqslant x < 1, y \geqslant 1 \text{ 或 } x \geqslant 1, 0 \leqslant y < 1, \\ 1, & x \geqslant 1, y \geqslant 1. \end{cases}$$

一般地, 如果二维随机变量 (X, Y) 的概率分布为 $P\{X = x_i, Y = y_j\} = p_{ij}$ $(i, j = 1, 2, \cdots)$, 则 (X, Y) 的分布函数为

$$F(x, y) = P\{X \leqslant x, Y \leqslant y\} = \sum_{x_i \leqslant x} \sum_{y_j \leqslant y} p_{ij},$$

上式是对满足 $x_i \leqslant x, y_j \leqslant y$ 的 i, j 求和.

3.1.3 二维连续型随机变量及其概率密度

设二维随机变量 (X, Y) 的分布函数为 $F(x, y)$, 如果存在非负的二元函数 $f(x, y)$, 使得对任意 x, y, 有

$$F(x, y) = \int_{-\infty}^{x} \int_{-\infty}^{y} f(u, v) \mathrm{d}u \mathrm{d}v,$$

则称 (X, Y) 为**二维连续型随机变量**, 二元函数 $f(x, y)$ 为 (X, Y) 的**概率密度**, 或称为随机变量 X 和 Y 的**联合概率密度**.

概率密度具有如下性质:

性质 3.1.5 $f(x, y) \geqslant 0$.

性质 3.1.6 $\displaystyle\int_{-\infty}^{+\infty} \int_{-\infty}^{+\infty} f(x, y) \mathrm{d}x \mathrm{d}y = 1$.

性质 3.1.7 如果 $f(x, y)$ 在点 (x, y) 处连续, 则

$$f(x, y) = \frac{\partial^2 F(x, y)}{\partial x \partial y}.$$

性质 3.1.8 设 G 是 xOy 平面的一个区域, 则

$$P\{(X, Y) \in G\} = \iint\limits_{G} f(x, y) \mathrm{d}x \mathrm{d}y.$$

在几何上 $z = f(x, y)$ 表示空间 $Oxyz$ 中的一张曲面. 性质 3.1.5 和性质 3.1.6 表明, 曲面 $z = f(x, y)$ 位于 xOy 平面上方, 介于它和 xOy 平面之间的体积为 1.

性质 3.1.8 表明, 随机点 (X, Y) 落在区域 G 内的概率 $P\{(X, Y) \in G\}$ 等于以 G 为底、以曲面 $z = f(x, y)$ 为顶的柱体体积的值.

例 3.1.3　设二维随机变量 (X, Y) 的分布函数

$$F(x, y) = A\left(B + \arctan\frac{x}{2}\right)\left(C + \arctan\frac{y}{3}\right),$$

试求:

(1) 常数 A, B, C;

(2) (X, Y) 的概率密度.

解　(1) 由分布函数的性质, 有

$$F(+\infty, +\infty) = A\left(B + \frac{\pi}{2}\right)\left(C + \frac{\pi}{2}\right) = 1,$$

$$F(x, -\infty) = A\left(B + \arctan\frac{x}{2}\right)\left(C - \frac{\pi}{2}\right) = 0,$$

$$F(-\infty, y) = A\left(B - \frac{\pi}{2}\right)\left(C + \arctan\frac{y}{3}\right) = 0,$$

联立求解上述 3 个方程, 得

$$A = \frac{1}{\pi^2}, \quad B = C = \frac{\pi}{2},$$

于是有

$$F(x, y) = \frac{1}{\pi^2}\left(\frac{\pi}{2} + \arctan\frac{x}{2}\right)\left(\frac{\pi}{2} + \arctan\frac{y}{3}\right).$$

(2) 由 (X, Y) 的概率密度的性质 3.1.7 可知, 将上式两边对 x 与 y 求二阶偏导数即得 (X, Y) 的概率密度

$$f(x, y) = \frac{\partial^2 F(x, y)}{\partial x \partial y} = \frac{6}{\pi^2(x^2 + 4)(y^2 + 9)}.$$

例 3.1.4　设二维随机变量 (X, Y) 的概率密度为

$$f(x, y) = \begin{cases} kxy, & 0 \leqslant x \leqslant 1, 0 \leqslant y \leqslant 1, \\ 0, & \text{其他.} \end{cases}$$

求: (1) 常数 k; (2) $P\{Y \leqslant X\}$; (3) 联合分布函数 $F(x, y)$.

解　(1) 由 (X, Y) 的概率密度性质, 有

$$\int_{-\infty}^{+\infty} \int_{-\infty}^{+\infty} f(x, y)\mathrm{d}x\mathrm{d}y = k\int_0^1 x\mathrm{d}x \int_0^1 y\mathrm{d}y = \frac{k}{4} = 1,$$

从而得 $k = 4$.

(2) 由于在区域 $\{(x,y)|0 \leqslant x \leqslant 1, 0 \leqslant y \leqslant 1\}$ 外, $f(x,y) = 0$, 所以在区域 $\{(x,y)|Y \leqslant X\}$ 上的积分等价于在区域 D 上的积分 (见图 3.2). 即

$$P\{Y \leqslant X\} = \iint\limits_{y \leqslant x} f(x,y)\mathrm{d}x\mathrm{d}y = \iint\limits_{D} f(x,y)\mathrm{d}x\mathrm{d}y$$

$$= \int_0^1 \mathrm{d}x \int_0^x 4xy\mathrm{d}y$$

$$= \int_0^1 2x^3\mathrm{d}x$$

$$= \frac{1}{2}.$$

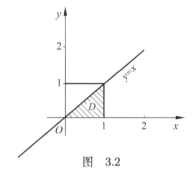

图 3.2

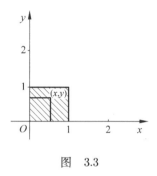

图 3.3

(3) 由于 $F(x,y) = \int_{-\infty}^x \int_{-\infty}^y f(u,v)\mathrm{d}u\mathrm{d}v$, 所以当 $x < 0$ 或 $y < 0$ 时,

$$F(x,y) = \int_{-\infty}^x \int_{-\infty}^y f(u,v)\mathrm{d}u\mathrm{d}v = 0;$$

当 $0 \leqslant x < 1, 0 \leqslant y < 1$ 时 (见图 3.3),

$$F(x,y) = \int_{-\infty}^x \int_{-\infty}^y f(u,v)\mathrm{d}u\mathrm{d}v$$

$$= \int_0^x \int_0^y 4uv\mathrm{d}u\mathrm{d}v$$

$$= x^2 y^2.$$

当 $0 \leqslant x < 1, y \geqslant 1$ 时 (见图 3.4),

$$F(x,y) = \int_{-\infty}^{x} \int_{-\infty}^{y} f(u,v)\mathrm{d}u\mathrm{d}v = \int_{0}^{x} \int_{0}^{1} 4uv\mathrm{d}u\mathrm{d}v$$

$$= x^2;$$

当 $x \geqslant 1, 0 \leqslant y < 1$ 时 (见图 3.5),

$$F(x,y) = \int_{0}^{1} \int_{0}^{y} 4uv\mathrm{d}u\mathrm{d}v$$

$$= y^2;$$

当 $x \geqslant 1, y \geqslant 1$ 时 (见图 3.6),

$$F(x,y) = \int_{-\infty}^{x} \int_{-\infty}^{y} f(u,v)\mathrm{d}u\mathrm{d}v = 1.$$

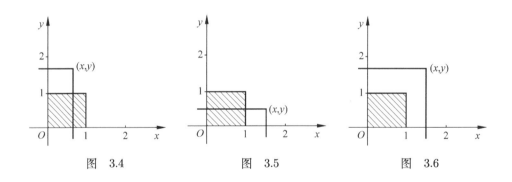

图　3.4　　　　　　图　3.5　　　　　　图　3.6

综上所述,

$$F(x,y) = \begin{cases} 0, & x < 0 \text{ 或 } y < 0, \\ x^2 y^2, & 0 \leqslant x < 1, 0 \leqslant y < 1, \\ x^2, & 0 \leqslant x < 1, y \geqslant 1, \\ y^2, & x \geqslant 1, 0 \leqslant y < 1, \\ 1, & x \geqslant 1, y \geqslant 1. \end{cases}$$

3.1.4 二维均匀分布和二维正态分布

1. 二维均匀分布

设 D 是 xOy 面上的有界区域, 其面积为 A. 如果二维随机变量 (X,Y) 具有概率密度

$$f(x,y) = \begin{cases} \dfrac{1}{A}, & (x,y) \in D, \\ 0, & 其他, \end{cases}$$

则称 (X,Y) **在区域 D 上服从二维均匀分布**.

对于下面两种特殊情形:

(1) D 是矩形区域 $a \leqslant x \leqslant b, c \leqslant y \leqslant d$, 则有

$$f(x,y) = \begin{cases} \dfrac{1}{(b-a)(d-c)}, & a \leqslant x \leqslant b, c \leqslant y \leqslant d, \\ 0, & 其他. \end{cases}$$

(2) D 是圆形区域 $x^2 + y^2 \leqslant R^2$, 则有

$$f(x,y) = \begin{cases} \dfrac{1}{\pi R^2}, & x^2 + y^2 \leqslant R^2, \\ 0, & 其他. \end{cases}$$

例 3.1.5 在区间 $(0,a)$ 的中点两边随机地选取两点, 求两点的距离小于 $\dfrac{a}{3}$ 的概率.

解 以 X 表示中点左边所取的随机点到端点 O 的距离, Y 表示中点右边所取的随机点到端点 O 的距离, 即

$$0 < X < \frac{a}{2}, \quad \frac{a}{2} < Y < a,$$

所以, (X,Y) 的联合密度函数为

$$f(x,y) = \begin{cases} \dfrac{4}{a^2}, & 0 < x < \dfrac{a}{2}, \dfrac{a}{2} < y < a, \\ 0, & 其他. \end{cases}$$

则 (X,Y) 服从区域 G 上的二维均匀分布, 见图 3.7.

又 "两点间距离小于 $\dfrac{a}{3}$" 等价于事件 $\left\{Y - X < \dfrac{a}{3}\right\}$, 则

$$P\left\{Y - X < \frac{a}{3}\right\} = \iint\limits_{D} f(x,y)\mathrm{d}x\mathrm{d}y = \int_{\frac{a}{6}}^{\frac{a}{2}} \mathrm{d}x \int_{\frac{a}{2}}^{\frac{a}{3}+x} \frac{4}{a^2}\mathrm{d}y = \frac{2}{9}.$$

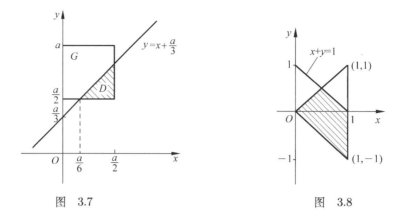

图 3.7 图 3.8

例 3.1.6 设 (X, Y) 在区域 $D = \{(x, y) | 0 < x < 1,\ |y| < x\}$ 内服从均匀分布, 求 $P\{|X + Y| \leqslant 1\}$.

解 如图 3.8 所示, 该区域 D 的面积

$$A = \frac{1}{2} \times 1 \times 2 = 1.$$

因而, (X, Y) 的概率密度为

$$f(x, y) = \begin{cases} 1, & 0 < x < 1,\ |y| \leqslant x, \\ 0, & \text{其他}. \end{cases}$$

所以

$$\begin{aligned} P\{|X + Y| \leqslant 1\} &= 1 - P\{|X + Y| \geqslant 1\} \\ &= 1 - \int_{\frac{1}{2}}^{1} \mathrm{d}x \int_{1-x}^{x} 1 \mathrm{d}y \\ &= 1 - \int_{\frac{1}{2}}^{1} (2x - 1) \mathrm{d}x \\ &= \frac{3}{4}. \end{aligned}$$

2. 二维正态分布

设随机变量 (X, Y) 的概率密度为

$$\begin{aligned} f(x, y) = &\frac{1}{2\pi\sigma_1\sigma_2\sqrt{1 - \rho^2}} \exp\left\{ -\frac{1}{2(1 - \rho^2)} \left[\frac{(x - \mu_1)^2}{\sigma_1^2} \right.\right. \\ &\left.\left. - 2\rho\frac{(x - \mu_1)(y - \mu_2)}{\sigma_1\sigma_2} + \frac{(y - \mu_2)^2}{\sigma_2^2} \right] \right\}, \end{aligned} \tag{3.1.3}$$

$$-\infty < x < +\infty, \quad -\infty < y < +\infty,$$

其中 $\mu_1, \mu_2, \sigma_1^2, \sigma_2^2, \rho$ 都是常数, 且 $\sigma_1 > 0, \sigma_2 > 0, -1 < \rho < 1$, 则称 (X, Y) 为服从参数 $\mu_1, \mu_2, \sigma_1^2, \sigma_2^2, \rho$ 的**二维正态分布**, 记作 $(X, Y) \sim N(\mu_1, \mu_2, \sigma_1^2, \sigma_2^2, \rho)$.

例 3.1.7 设二维随机变量 (X, Y) 的概率密度为

$$f(x, y) = \frac{1}{2\pi\sigma^2} \exp\left(-\frac{1}{2\sigma^2}(x^2 + y^2)\right),$$

$$-\infty < x < +\infty, -\infty < y < +\infty,$$

求概率 $P\{(X, Y) \in G\}$, 其中 $G = \{(x, y) | x^2 + y^2 \leqslant \sigma^2\}$.

解
$$P\{(X, Y) \in G\} = \iint\limits_{G} f(x, y)\mathrm{d}x\mathrm{d}y$$

$$= \int_0^{2\pi} \mathrm{d}\theta \int_0^{\sigma} \frac{1}{2\pi\sigma^2} \exp\left(-\frac{r^2}{2\sigma^2}\right) \cdot r\mathrm{d}r$$

$$= -\exp\left(-\frac{r^2}{2\sigma^2}\right)\Big|_0^{\sigma}$$

$$= 1 - \mathrm{e}^{-\frac{1}{2}}.$$

3.2 边缘分布及随机变量的独立性

3.2.1 边缘分布

设二维随机变量 (X, Y) 的分布函数为 $F(x, y)$. 由于 X 和 Y 都是随机变量, 所以各自具有分布函数. 把 X 的分布函数记作 $F_X(x)$, 称为二维随机变量 (X, Y) 关于 X 的**边缘分布函数**; 把 Y 的分布函数记作 $F_Y(y)$, 称为二维随机变量 (X, Y) 关于 Y 的**边缘分布函数**.

已知二维随机变量 (X, Y) 的分布函数 $F(x, y)$, 则有

$$F_X(x) = P\{X \leqslant x\} = P\{X \leqslant x, Y < +\infty\},$$

即

$$F_X(x) = F(x, +\infty) = \lim_{y \to +\infty} F(x, y).$$

同理有

$$F_Y(y) = F(+\infty, y) = \lim_{x \to +\infty} F(x, y).$$

已知二维离散型随机变量 (X, Y) 的概率分布

$$P\{X = x_i, Y = y_j\} = p_{ij}, \quad i, j = 1, 2, \cdots,$$

则有

$$F_X(x) = F(x, +\infty) = \sum_{x_i \leqslant x} \sum_{j=1}^{\infty} p_{ij},$$

$$F_Y(y) = F(+\infty, y) = \sum_{i=1}^{\infty} \sum_{y_j \leqslant y} p_{ij}.$$

因为

$$P\{X = x_i\} = P\left\{X = x_i, \bigcup_{j=1}^{\infty} \{Y = y_j\}\right\} = P\left\{\bigcup_{j=1}^{\infty} \{X = x_i, Y = y_j\}\right\},$$

又因为事件 $\{X = x_i, Y = y_j\}(j = 1, 2, \cdots)$ 是互不相容的, 所以

$$P\{X = x_i\} = \sum_{j=1}^{\infty} P\{X = x_i, Y = y_j\} = \sum_{j=1}^{\infty} p_{ij}.$$

记 $\displaystyle\sum_{j=1}^{\infty} p_{ij} = p_i.$, 则有

$$P\{X = x_i\} = p_i., i = 1, 2, \cdots,$$

称为 (X, Y) 关于 X 的**边缘概率分布**或**边缘分布律**.

同理可得 (X, Y) 关于 Y 的边缘概率分布为

$$P\{Y = y_j\} = \sum_{i=1}^{\infty} P\{X = x_i, Y = y_j\} = \sum_{i=1}^{\infty} p_{ij} = p_{\cdot j}, \quad j = 1, 2, \cdots.$$

例 3.2.1 求例 3.1.2 中的二维随机变量 (X, Y) 关于 X 和关于 Y 的边缘概率分布.

解 由例 3.1.2 有

$$p_{00} = \frac{1}{10}, \quad p_{01} = \frac{3}{10}, \quad p_{10} = \frac{3}{10}, \quad p_{11} = \frac{3}{10}.$$

于是

$$P\{X = 0\} = p_{00} + p_{01} = \frac{2}{5}, \quad P\{X = 1\} = p_{10} + p_{11} = \frac{3}{5},$$

$$P\{Y = 0\} = p_{00} + p_{10} = \frac{2}{5}, \quad P\{Y = 1\} = p_{01} + p_{11} = \frac{3}{5},$$

故 (X, Y) 关于 X 和关于 Y 的边缘概率分布分别为

X	0	1
P	$\dfrac{2}{5}$	$\dfrac{3}{5}$

Y	0	1
P	$\dfrac{2}{5}$	$\dfrac{3}{5}$

将二维随机变量 (X,Y) 的概率分布以及关于 X 和 Y 的边缘概率分布放在一起, 得到如下表格:

X ＼ Y	0	1	$P\{X = x_i\} = p_i.$
0	$\dfrac{1}{10}$	$\dfrac{3}{10}$	$\dfrac{2}{5}$
1	$\dfrac{3}{10}$	$\dfrac{3}{10}$	$\dfrac{3}{5}$
$P\{Y = y_j\} = p_{\cdot j}$	$\dfrac{2}{5}$	$\dfrac{3}{5}$	1

设二维连续型随机变量 (X,Y) 的概率密度为 $f(x,y)$, 由于

$$F_X(x) = F(x, +\infty) = \int_{-\infty}^{x} \left[\int_{-\infty}^{+\infty} f(u,y)\mathrm{d}y \right] \mathrm{d}u,$$

所以 X 是一个连续型随机变量, 其概率密度为

$$f_X(x) = \int_{-\infty}^{+\infty} f(x,y)\mathrm{d}y.$$

同理可知 Y 也是一个连续型随机变量, 其概率密度为

$$f_Y(y) = \int_{-\infty}^{+\infty} f(x,y)\mathrm{d}x.$$

分别称 $f_X(x), f_Y(y)$ 为二维随机变量 (X,Y) 关于 X 和关于 Y 的**边缘概率密度**.

例 3.2.2 设二维随机变量 (X,Y) 的概率密度为

$$f(x,y) = \begin{cases} x^2 + \dfrac{1}{3}xy, & 0 \leqslant x \leqslant 1, 0 \leqslant y \leqslant 2, \\ 0, & 其他. \end{cases}$$

求: (X,Y) 关于 X 和关于 Y 的边缘概率密度.

解 因为 (X,Y) 的概率密度为

$$f(x,y) = \begin{cases} x^2 + \dfrac{1}{3}xy, & 0 \leqslant x \leqslant 1, 0 \leqslant y \leqslant 2, \\ 0, & 其他. \end{cases}$$

所以

$$f_X(x) = \int_{-\infty}^{+\infty} f(x,y)\mathrm{d}y = \begin{cases} \displaystyle\int_0^2 \left(x^2 + \frac{1}{3}xy\right)\mathrm{d}y, & 0 \leqslant x \leqslant 1, \\ 0, & \text{其他} \end{cases}$$

$$= \begin{cases} 2x^2 + \dfrac{2}{3}x, & 0 \leqslant x \leqslant 1, \\ 0, & \text{其他.} \end{cases}$$

$$f_Y(y) = \int_{-\infty}^{+\infty} f(x,y)\mathrm{d}x = \begin{cases} \displaystyle\int_0^1 \left(x^2 + \frac{1}{3}xy\right)\mathrm{d}x, & 0 \leqslant y \leqslant 2, \\ 0, & \text{其他} \end{cases}$$

$$= \begin{cases} \dfrac{1}{6}y + \dfrac{1}{3}, & 0 \leqslant y \leqslant 2, \\ 0, & \text{其他.} \end{cases}$$

例 3.2.3　设 $(X,Y) \sim N(\mu_1, \mu_2, \sigma_1^2, \sigma_2^2, \rho)$, 求 (X,Y) 关于 X 和关于 Y 的边缘概率密度.

解　二维随机变量 (X,Y) 的概率密度如 (3.1.3) 式, 因为

$$-\frac{1}{2(1-\rho^2)}\left[\frac{(x-\mu_1)^2}{\sigma_1^2} - 2\rho\frac{(x-\mu_1)(y-\mu_2)}{\sigma_1\sigma_2} + \frac{(y-\mu_2)^2}{\sigma_2^2}\right]$$

$$= -\frac{1}{2(1-\rho^2)}\left\{\frac{(x-\mu_1)^2}{\sigma_1^2} + \left[\frac{(y-\mu_2)^2}{\sigma_2^2} - 2\rho\frac{(x-\mu_1)(y-\mu_2)}{\sigma_1\sigma_2}\right.\right.$$

$$\left.\left. + \rho^2\frac{(x-\mu_1)^2}{\sigma_1^2}\right] - \rho^2\frac{(x-\mu_1)^2}{\sigma_1^2}\right\}$$

$$= -\frac{(x-\mu_1)^2}{2\sigma_1^2} - \frac{1}{2(1-\rho^2)}\left(\frac{y-\mu_2}{\sigma_2} - \rho\frac{x-\mu_1}{\sigma_1}\right)^2,$$

由此可得 (X,Y) 关于 X 的边缘概率密度为

$$f_X(x) = \int_{-\infty}^{+\infty} f(x,y)\mathrm{d}y$$

$$= \frac{1}{2\pi\sigma_1\sigma_2\sqrt{1-\rho^2}} \exp\left\{-\frac{(x-\mu_1)^2}{2\sigma_1^2}\right\}$$

$$\times \int_{-\infty}^{+\infty} \exp\left\{-\frac{1}{2(1-\rho^2)}\left(\frac{y-\mu_2}{\sigma_2} - \rho\frac{x-\mu_1}{\sigma_1}\right)^2\right\}\mathrm{d}y.$$

对于任意给定的实数 x, 令

$$t = \frac{1}{\sqrt{1-\rho^2}} \left(\frac{y-\mu_2}{\sigma_2} - \rho \frac{x-\mu_1}{\sigma_1} \right),$$

则

$$\mathrm{d}t = \frac{1}{\sigma_2\sqrt{1-\rho^2}} \mathrm{d}y,$$

因为

$$\int_{-\infty}^{+\infty} \frac{1}{\sqrt{2\pi}} \mathrm{e}^{-\frac{t^2}{2}} \mathrm{d}t = 1,$$

所以

$$f_X(x) = \frac{1}{\sqrt{2\pi}\sigma_1} \exp\left\{ -\frac{(x-\mu_1)^2}{2\sigma_1^2} \right\} \int_{-\infty}^{+\infty} \frac{1}{\sqrt{2\pi}} \mathrm{e}^{-\frac{t^2}{2}} \mathrm{d}t$$

$$= \frac{1}{\sqrt{2\pi}\sigma_1} \exp\left\{ -\frac{(x-\mu_1)^2}{2\sigma_1^2} \right\}, \qquad -\infty < x < +\infty.$$

同理可得

$$f_Y(y) = \frac{1}{\sqrt{2\pi}\sigma_2} \mathrm{e}^{-\frac{(y-\mu_2)^2}{2\sigma_2^2}}, \qquad -\infty < y < +\infty.$$

由例 3.2.3 可知, 如果二维随机变量 (X,Y) 服从二维正态分布 $N(\mu_1,\mu_2,\sigma_1^2, \sigma_2^2,\rho)$, 则 (X,Y) 关于 X 和关于 Y 的边缘分布都是一维正态分布, 且 $X \sim N(\mu_1, \sigma_1^2), Y \sim N(\mu_2,\sigma_2^2)$. 易知 (X,Y) 的分布与参数 ρ 有关, 对于不同的 ρ, 有不同的二维正态分布. 但 (X,Y) 关于 X 和关于 Y 的边缘分布都与 ρ 无关. 这一事实表明, 仅仅根据关于 X 和关于 Y 的边缘分布, 一般是不能确定随机变量 X 和 Y 的联合分布的.

3.2.2 随机变量的独立性

设二维随机变量 (X,Y) 的分布函数及关于 X 和关于 Y 的边缘分布函数分别为 $F(x,y), F_X(x)$ 和 $F_Y(y)$. 如果对任意给定的两个实数 x 和 y, 事件 $\{X \leqslant x\}$ 和事件 $\{Y \leqslant y\}$ 是相互独立的, 即有

$$P\{X \leqslant x, Y \leqslant y\} = P\{X \leqslant x\}P\{Y \leqslant y\},$$

也就是

$$F(x,y) = F_X(x)F_Y(y),$$

3-1 随机变量
的独立性

则称随机变量 X 和 Y 是**相互独立**的.

如果 (X, Y) 是二维离散型随机变量, 其概率分布和边缘分布分别为

$$P\{X = x_i, Y = y_j\} = p_{ij}, \quad i, j = 1, 2, \cdots,$$

$$P\{X = x_i\} = p_{i\cdot}, \quad i = 1, 2, \cdots,$$

$$P\{Y = y_j\} = p_{\cdot j}, \quad j = 1, 2, \cdots,$$

则随机变量 X 和 Y 相互独立的充分必要条件是: 对于 (X, Y) 的所有可能取值 (x_i, y_j), 都有

$$P\{X = x_i, Y = y_j\} = P\{X = x_i\}P\{Y = y_j\}, \quad i, j = 1, 2, \cdots,$$

即

$$p_{ij} = p_{i\cdot}p_{\cdot j}, \quad i, j = 1, 2, \cdots.$$

如果 (X, Y) 是二维连续型随机变量, 其概率密度和边缘密度分别为 $f(x, y)$, $f_X(x)$ 和 $f_Y(y)$, 则随机变量 X 和 Y 相互独立的充分必要条件是: 对一切实数 x 和 y, 都有

$$f(x, y) = f_X(x)f_Y(y).$$

设二维随机变量 $(X, Y) \sim N(\mu_1, \mu_2, \sigma_1^2, \sigma_2^2, \rho)$, 它的概率密度为

$$f(x, y) = \frac{1}{2\pi\sigma_1\sigma_2\sqrt{1-\rho^2}} \exp\left\{-\frac{1}{2(1-\rho^2)}\left[\frac{(x-\mu_1)^2}{\sigma_1^2}\right.\right.$$
$$\left.\left. - 2\rho\frac{(x-\mu_1)(y-\mu_2)}{\sigma_1\sigma_2} + \frac{(y-\mu_2)^2}{\sigma_2^2}\right]\right\}.$$

由例 3.2.3 可得

$$f_X(x)f_Y(y) = \frac{1}{2\pi\sigma_1\sigma_2} \exp\left\{-\frac{1}{2}\left[\frac{(x-\mu_1)^2}{\sigma_1^2} + \frac{(y-\mu_2)^2}{\sigma_2^2}\right]\right\}.$$

如果 $\rho = 0$, 则对于任意实数 x 和 y 都有

$$f(x, y) = f_X(x)f_Y(y),$$

因此 X 和 Y 相互独立. 反之, 如果 X 和 Y 相互独立, 由于 $f(x, y), f_X(x)$ 和 $f_Y(y)$ 都是连续函数, 因此对于任意实数 x 和 y 都有

$$f(x, y) = f_X(x)f_Y(y).$$

如果取 $x = \mu_1, y = \mu_2$, 则有

$$\frac{1}{2\pi\sigma_1\sigma_2\sqrt{1-\rho^2}} = \frac{1}{2\pi\sigma_1\sigma_2},$$

从而 $\rho = 0$, 因此有下面的结论:

如果二维随机变量 (X, Y) 服从二维正态分布 $N(\mu_1, \mu_2, \sigma_1^2, \sigma_2^2, \rho)$, 则随机变量 X 和 Y 相互独立的充分必要条件是参数 $\rho = 0$.

例 3.2.4 设国际市场上 A 种产品需求量均匀分布在 2000t~4000t 之间, B 种产品需求量均匀分布在 3000t~6000t 之间, 并且两种产品的需求量是相互独立的. 试求两种产品的需求量相差不超过 1000t 的概率.

解 设 A, B 两种产品的需求量分别为 X, Y, 则依题意可得出其概率密度分别为

$$f_X(x) = \begin{cases} \dfrac{1}{2000}, & 2000 < x < 4000, \\ 0, & \text{其他} \end{cases}$$

和

$$f_Y(y) = \begin{cases} \dfrac{1}{3000}, & 3000 < y < 6000, \\ 0, & \text{其他}. \end{cases}$$

由于 X 与 Y 相互独立, 所以 (X, Y) 的联合概率密度为

$$f(x, y) = f_X(x)f_Y(y)$$

$$= \begin{cases} \dfrac{1}{6} \times 10^{-6}, & 2000 < x < 4000, 3000 < y < 6000, \\ 0, & \text{其他}. \end{cases}$$

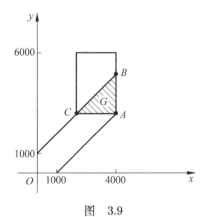

图 3.9

于是可知, 本题所求事件的概率为 $P\{|X-Y| \leqslant 1000\}$. 由图 3.9 可以看出, 矩形区域 $[2000 < x < 4000, 3000 < y < 6000]$ 与区域 $|X-Y| \leqslant 1000$ 的公共部分 是 $\triangle ABC$, 即图中的阴影部分 G, 因此, 所求事件的概率为

$$
\begin{aligned}
P\{|X-Y| \leqslant 1000\} &= \iint\limits_{G} \frac{1}{6} \times 10^{-6} \mathrm{d}x \mathrm{d}y \\
&= \frac{1}{6} \times 10^{-6} \iint\limits_{G} \mathrm{d}x \mathrm{d}y \\
&= \frac{1}{6} \times 10^{-6} \times \frac{1}{2} \times 2000 \times 2000 \\
&= \frac{1}{3}.
\end{aligned}
$$

例 3.2.5   设随机变量 X 和 Y 相互独立, X 在区间 $(0,2)$ 上服从均匀分布, Y 的概率密度为

$$
f_Y(y) = \begin{cases} \mathrm{e}^{-y}, & y > 0, \\ 0, & y \leqslant 0. \end{cases}
$$

求:

(1) 概率 $P\{-1 < X < 1, 0 < Y < 2\}$;

(2) 概率 $P\{X + Y > 1\}$.

解   (1) 根据已知条件, 得 X 的概率密度为

$$
f_X(x) = \begin{cases} \dfrac{1}{2}, & 0 < x < 2, \\ 0, & \text{其他}. \end{cases}
$$

X 和 Y 相互独立, 因此二维随机变量 (X,Y) 的概率密度 $f(x,y) = f_X(x)f_Y(y)$. 所以

$$
\begin{aligned}
P\{-1 < X < 1, 0 < Y < 2\} &= \int_{-1}^{1} \mathrm{d}x \int_{0}^{2} f(x,y) \mathrm{d}y \\
&= \int_{-1}^{1} \mathrm{d}x \int_{0}^{2} f_X(x) f_Y(y) \mathrm{d}y \\
&= \int_{-1}^{1} f_X(x) \mathrm{d}x \cdot \int_{0}^{2} f_Y(y) \mathrm{d}y \\
&= \int_{0}^{1} \frac{1}{2} \mathrm{d}x \cdot \int_{0}^{2} \mathrm{e}^{-y} \mathrm{d}y \\
&= \frac{1}{2}(1 - \mathrm{e}^{-2}).
\end{aligned}
$$

(2) 由于 X 和 Y 相互独立, 因此二维随机变量 (X,Y) 的概率密度为

$$
f(x,y) = f_X(x)f_Y(y) = \begin{cases} \dfrac{1}{2}\mathrm{e}^{-y}, & 0 < x < 2, y > 0, \\ 0, & \text{其他}. \end{cases}
$$

由此可得概率 (如图 3.10)

$$P\{X+Y>1\} = 1 - P\{X+Y\leqslant 1\}$$

$$= 1 - \iint\limits_{x+y<1} f(x,y)\mathrm{d}x\mathrm{d}y$$

$$= 1 - \iint\limits_{x+y<1} \frac{1}{2}\mathrm{e}^{-y}\mathrm{d}x\mathrm{d}y$$

$$= 1 - \int_0^1 \mathrm{d}x \int_0^{1-x} \frac{1}{2}\mathrm{e}^{-y}\mathrm{d}y$$

$$= 1 - \int_0^1 \frac{1}{2}(1-\mathrm{e}^{x-1})\mathrm{d}x$$

$$= 1 - \frac{1}{2\mathrm{e}}.$$

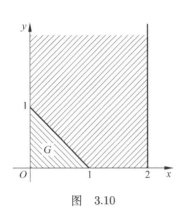

图 3.10

3.3 条 件 分 布

3.3.1 离散型随机变量的条件分布

设二维离散型随机变量 (X,Y) 的概率分布为

$$P\{X=x_i, Y=y_j\} = p_{ij}, \quad i,j=1,2,\cdots,$$

(X,Y) 关于 X 和关于 Y 的边缘概率分布分别为

$$P\{X=x_i\} = p_{i\cdot}, \quad i=1,2,\cdots,$$

$$P\{Y=y_j\} = p_{\cdot j}, \quad j=1,2,\cdots,$$

设对于固定的 $j, p_{\cdot j} > 0$, 则在事件 $\{Y=y_j\}$ 已经发生的条件下, 事件 $\{X=x_i\}$ 发生的条件概率为

$$P\{X=x_i|Y=y_j\} = \frac{P\{X=x_i, Y=y_j\}}{P\{Y=y_j\}} = \frac{p_{ij}}{p_{\cdot j}}, \quad i=1,2,\cdots, \quad (3.3.1)$$

易知 $P\{X=x_i|Y=y_j\} \geqslant 0$, 且

$$\sum_{i=1}^{\infty} P\{X=x_i|Y=y_j\} = \sum_{i=1}^{\infty} \frac{p_{ij}}{p_{\cdot j}} = \frac{1}{p_{\cdot j}} \sum_{i=1}^{\infty} p_{ij} = 1.$$

我们称 (3.3.1) 式为在 $Y = y_j$ 条件下随机变量 X 的**条件概率分布**或**条件分布律**.

同样, 对于固定的 i, 若 $p_{i\cdot} > 0$, 则称

$$P\{Y = y_j | X = x_i\} = \frac{P\{X = x_i, Y = y_j\}}{P\{X = x_i\}} = \frac{p_{ij}}{p_{i\cdot}}, \quad j = 1, 2, \cdots \qquad (3.3.2)$$

为在 $X = x_i$ 条件下随机变量 Y 的**条件概率分布**或**条件分布律**.

例 3.3.1　一射手进行射击, 击中目标的概率为 $p(0 < p < 1)$, 射击到击中目标两次为止. 设 X 表示首次击中目标所进行的射击次数, Y 表示总共进行的射击次数, 试求 X 和 Y 的联合分布律及条件分布律.

解　依题意, $Y = n$ 表示第 n 次击中目标且前 $n - 1$ 次射击仅有一次击中目标. 因为各次射击是独立的, 所以, 无论 $m(m < n)$ 为多大, 均有

$$P\{X = m, Y = n\} = p^2(1-p)^{n-2} = p^2 q^{n-2} \quad (q = 1 - p),$$

故 X 与 Y 的联合分布律为

$$P\{X = m, Y = n\} = p^2 q^{n-2}, \quad m = 1, 2, \cdots, n-1; \quad n = 2, 3, \cdots.$$

又

$$P\{X = m\} = \sum_{n=m+1}^{+\infty} P\{X = m, Y = n\} = \sum_{n=m+1}^{+\infty} p^2 q^{n-2}$$

$$= p^2 \sum_{n=m+1}^{+\infty} q^{n-2} = p^2 \cdot \frac{q^{m-1}}{1-q}$$

$$= pq^{m-1}, \quad m = 1, 2, \cdots,$$

$$P\{Y = n\} = \sum_{m=1}^{n-1} P\{X = m, Y = n\} = \sum_{m=1}^{n-1} p^2 q^{n-2}$$

$$= (n-1)p^2 q^{n-2}, \quad n = 2, 3, \cdots.$$

于是由 (3.3.1) 式和 (3.3.2) 式得所求条件分布律为:

当 $n = 2, 3, \cdots$ 时,

$$P\{X = m | Y = n\} = \frac{p^2 q^{n-2}}{(n-1)p^2 q^{n-2}} = \frac{1}{n-1}, \quad m = 1, 2, \cdots, n-1.$$

当 $m = 1, 2, \cdots, n-1$ 时,

$$P\{Y = n | X = m\} = \frac{p^2 q^{n-2}}{pq^{m-1}} = pq^{n-m-1}, \quad n = m+1, m+2, \cdots.$$

3.3.2 连续型随机变量的条件分布

对于二维连续型随机变量 (X,Y), 由于对任意 x 与 y 均有 $P\{X = x\} = 0, P\{Y = y\} = 0$, 故不能直接用条件概率公式引入条件分布函数的概念, 但可采用极限的方法处理这一问题.

设 (X,Y) 是二维连续型随机变量, 对于给定的实数 y 及任意给定的正数 ε, 有 $P\{y - \varepsilon < Y \leqslant y + \varepsilon\} > 0$. 如果对于任意实数 x, 极限

$$\lim_{\varepsilon \to 0^+} P\{X \leqslant x | y - \varepsilon < Y \leqslant y + \varepsilon\} = \lim_{\varepsilon \to 0^+} \frac{P\{X \leqslant x, \ y - \varepsilon < Y \leqslant y + \varepsilon\}}{P\{y - \varepsilon < Y \leqslant y + \varepsilon\}}$$

存在, 则称极限值为在条件 $Y = y$ 下 X 的**条件分布函数**, 记作 $F_{X|Y}(x|y)$.

设二维连续型随机变量 (X,Y) 的分布函数为 $F(x,y)$, 概率密度为 $f(x,y)$. 如果 $f(x,y)$ 在点 (x,y) 处连续, 边缘概率密度 $f_Y(y)$ 连续, 且 $f_Y(y) > 0$, 则有

$$F_{X|Y}(x|y) = \lim_{\varepsilon \to 0^+} \frac{P\{X \leqslant x, \ y - \varepsilon < Y \leqslant y + \varepsilon\}}{P\{y - \varepsilon < Y \leqslant y + \varepsilon\}}$$

$$= \lim_{\varepsilon \to 0^+} \frac{F(x, y + \varepsilon) - F(x, y - \varepsilon)}{F_Y(y + \varepsilon) - F_Y(y - \varepsilon)}$$

$$= \lim_{\varepsilon \to 0^+} \frac{\dfrac{F(x, y + \varepsilon) - F(x, y)}{\varepsilon} + \dfrac{F(x, y - \varepsilon) - F(x, y)}{-\varepsilon}}{\dfrac{F_Y(y + \varepsilon) - F_Y(y)}{\varepsilon} + \dfrac{F_Y(y - \varepsilon) - F_Y(y)}{-\varepsilon}}$$

$$= \frac{\dfrac{\partial F(x, y)}{\partial y}}{\dfrac{\mathrm{d}}{y} F_Y(y)},$$

即

$$F_{X|Y}(x|y) = \frac{\displaystyle\int_{-\infty}^{x} f(u, y)\mathrm{d}u}{f_Y(y)} = \int_{-\infty}^{x} \frac{f(u, y)}{f_Y(y)}\mathrm{d}u.$$

称上式右端的被积函数为在条件 $Y = y$ 下 X 的**条件概率密度**, 记作 $f_{X|Y}(x, y)$, 即

$$f_{X|Y}(x|y) = \frac{f(x, y)}{f_Y(y)}.$$

类似地可以定义在条件 $X = x$ 下 Y 的条件分布函数 $F_{Y|X}(y|x)$ 和在条件 $X = x$ 下 Y 的条件概率密度

$$F_{Y|X}(y|x) = \int_{-\infty}^{y} \frac{f(x, u)}{f_X(x)}\mathrm{d}u, \quad f_{Y|X}(y|x) = \frac{f(x, y)}{f_X(x)}.$$

例 3.3.2 设二维随机变量 (X, Y) 的概率密度为

$$f(x, y) = \begin{cases} x\mathrm{e}^{-x(1+y)}, & x > 0, y > 0, \\ 0, & \text{其他.} \end{cases}$$

求 $f_{X|Y}(x|y)$, $f_{Y|X}(y|x)$ 及概率 $P\{Y > 1 | X = 3\}$.

解 我们有

$$f_X(x) = \int_{-\infty}^{+\infty} f(x, y)\mathrm{d}y$$

$$= \begin{cases} \int_0^{+\infty} x\mathrm{e}^{-x(1+y)}\mathrm{d}y, & x > 0, \\ 0, & x \leqslant 0 \end{cases}$$

$$= \begin{cases} \mathrm{e}^{-x}, & x > 0, \\ 0, & x \leqslant 0. \end{cases}$$

$$f_Y(y) = \int_{-\infty}^{+\infty} f(x, y)\mathrm{d}x$$

$$= \begin{cases} \int_0^{+\infty} x\mathrm{e}^{-x(1+y)}\mathrm{d}x, & y > 0, \\ 0, & y \leqslant 0 \end{cases}$$

$$= \begin{cases} \dfrac{1}{(y+1)^2}, & y > 0, \\ 0, & y \leqslant 0. \end{cases}$$

当 $y > 0$ 时, 有

$$f_{X|Y}(x|y) = \frac{f(x, y)}{f_Y(y)} = \begin{cases} \dfrac{x\mathrm{e}^{-x(1+y)}}{\dfrac{1}{(y+1)^2}}, & x > 0, \\ 0, & x \leqslant 0 \end{cases}$$

$$= \begin{cases} x(y+1)^2\mathrm{e}^{-x(1+y)}, & x > 0, \\ 0, & x \leqslant 0. \end{cases}$$

当 $x > 0$ 时, 有

$$f_{Y|X}(y|x) = \frac{f(x,y)}{f_X(x)} = \begin{cases} \dfrac{x\mathrm{e}^{-x(1+y)}}{\mathrm{e}^{-x}}, & y > 0, \\ 0, & y \leqslant 0 \end{cases}$$

$$= \begin{cases} x\mathrm{e}^{-xy}, & y > 0, \\ 0, & y \leqslant 0. \end{cases}$$

当 $X = 3$ 时, 有

$$P\{Y > 1 | X = 3\} = \int_1^{+\infty} f_{Y|X}(y|3)\mathrm{d}y = \int_1^{+\infty} 3\mathrm{e}^{-3y}\mathrm{d}y = \mathrm{e}^{-3}.$$

例 3.3.3 设数 X 在区间 $(0,1)$ 内随机地取值, 当观察到 $X = x(0 < x < 1)$ 时, 数 Y 在区间 $(x,1)$ 内随机地取值, 求 X 和 Y 的联合概率密度.

解 依题意, X 具有概率密度

$$f_X(x) = \begin{cases} 1, & 0 < x < 1, \\ 0, & \text{其他}. \end{cases}$$

类似地, 对于任意给定的值 $x(0 < x < 1)$, 在 $X = x$ 的条件下, Y 的条件概率密度为

$$f_{Y|X}(y|x) = \begin{cases} \dfrac{1}{1-x}, & x < y < 1, \\ 0, & \text{其他}. \end{cases}$$

于是, 可求出 X 和 Y 的联合概率密度为

$$f(x,y) = f_X(x) \cdot f_{Y|X}(y|x) = \begin{cases} \dfrac{1}{1-x}, & 0 < x < y < 1, \\ 0, & \text{其他}. \end{cases}$$

3.4 两个随机变量的函数的概率分布

设 (X,Y) 为二维随机变量, $g(x,y)$ 为二元函数, 则称一维随机变量 $Z = g(X,Y)$ 为二维随机变量 (X,Y) 的函数. 下面讨论两个随机变量 X 和 Y 的简单函数的分布.

3.4.1　二维离散型随机变量的函数的分布

设 (X, Y) 的概率分布为

$$P(X = x_i, Y = y_j) = p_{ij}, \quad i, j = 1, 2, \cdots,$$

则 $Z = g(X, Y)$ 也是离散型随机变量, 且 Z 的概率分布为

$$P(Z = z_k) = P(g(X, Y) = z_k) = \sum_{g(x_i, y_j) = z_k} p_{ij}, \quad k = 1, 2, \cdots,$$

其中 $\displaystyle\sum_{g(x_i, y_j) = z_k} p_{ij}$ 是指若有一些 (x_i, y_j) 都使 $g(x_i, y_j) = z_k$, 则将这些 (x_i, y_j) 对应的概率相加.

例 3.4.1　已知 (X, Y) 的联合概率分布为

X ＼ Y	0	1	2
0	$\dfrac{1}{4}$	$\dfrac{1}{10}$	$\dfrac{3}{10}$
1	$\dfrac{3}{20}$	$\dfrac{3}{20}$	$\dfrac{1}{20}$

求: (1) $X + Y$ 的概率分布;　(2) XY 的概率分布.

解　(1) 令 $Z_1 = X + Y$, 则 Z_1 的取值表为

X ＼ Y	0	1	2
0	0	1	2
1	1	2	3

则 $Z_1 = X + Y$ 的概率分布为

Z_1	0	1	2	3
P	$\dfrac{1}{4}$	$\dfrac{3}{20} + \dfrac{1}{10}$	$\dfrac{3}{20} + \dfrac{3}{10}$	$\dfrac{1}{20}$

即

Z_1	0	1	2	3
P	$\dfrac{1}{4}$	$\dfrac{5}{20}$	$\dfrac{9}{20}$	$\dfrac{1}{20}$

(2) 令 $Z_2 = XY$, 则 Z_2 的取值表为

Z_2＼Y X	0	1	2
0	0	0	0
1	0	1	2

则 $Z_2 = XY$ 的概率分布为

Z_2	0	1	2
P	$\dfrac{1}{4} + \dfrac{3}{20} + \dfrac{1}{10} + \dfrac{3}{10}$	$\dfrac{3}{20}$	$\dfrac{1}{20}$

即

Z_2	0	1	2
P	$\dfrac{4}{5}$	$\dfrac{3}{20}$	$\dfrac{1}{20}$

例 3.4.2 设随机变量 X 和 Y 相互独立, 且 $X \sim \pi(\lambda_1), Y \sim \pi(\lambda_2)$. 证明 $X + Y \sim \pi(\lambda_1 + \lambda_2)$.

解 因为 $X \sim \pi(\lambda_1), Y \sim \pi(\lambda_2)$, 所以

$$P\{X = i\} = \frac{\lambda_1^i e^{-\lambda_1}}{i!}, \quad i = 0, 1, 2, \cdots,$$

$$P\{Y = j\} = \frac{\lambda_2^j e^{-\lambda_2}}{j!}, \quad j = 0, 1, 2, \cdots,$$

$X + Y$ 所有可能的取值为 $0, 1, 2, \cdots$. 由于 X 和 Y 相互独立, 因此对于任意的非负整数 k, 有

$$P\{X + Y = k\} = P\left(\bigcup_{l=0}^{k}\{X = l, y = k - l\}\right)$$

$$= \sum_{l=0}^{k} P\{X = l\}P\{y = k - l\}$$

$$= \sum_{l=0}^{k} \frac{\lambda_1^l e^{-\lambda_1}}{l!} \frac{\lambda_2^{k-l} e^{-\lambda_2}}{(k - l)!}$$

$$= \sum_{l=0}^{k} \frac{k!}{l!(k - l)!} \lambda_1^l \lambda_2^{k-l} \frac{e^{-(\lambda_1+\lambda_2)}}{k!}$$

$$= \frac{e^{-(\lambda_1+\lambda_2)}}{k!} \sum_{l=0}^{k} \frac{k!}{l!(k - l)!} \lambda_1^l \lambda_2^{k-l}$$

$$= \frac{(\lambda_1 + \lambda_2)^k}{k!} e^{-(\lambda_1+\lambda_2)}, \quad k = 0, 1, 2, \cdots.$$

即 $X + Y \sim \pi(\lambda_1 + \lambda_2)$.

3.4.2　二维连续型随机变量的函数的分布

设 (X, Y) 为二维连续型随机变量, $f(x, y)$ 为其概率密度, 则 $Z = g(X, Y)$ 是一个随机变量. 若 Z 是一个连续型随机变量, 则 Z 的分布函数为

$$F_Z(z) = P\{Z \leqslant z\} = P\{g(X, Y) \leqslant z\} = \iint\limits_{g(x,y) \leqslant z} f(x, y) \mathrm{d}x\mathrm{d}y$$

且密度函数为 $f_Z(z) = F_Z'(z)$.

例 3.4.3　设随机变量 X 与 Y 相互独立, 且均服从 $N(0, 1)$, 试求 $Z = \sqrt{X^2 + Y^2}$ 的概率密度 $f_Z(z)$.

解　由于 X 和 Y 相互独立, 且 X, Y 服从 $N(0, 1)$, 则 (X, Y) 的概率密度为

$$f(x, y) = f_X(x)f_Y(y) = \frac{1}{\sqrt{2\pi}} e^{-\frac{x^2}{2}} \cdot \frac{1}{\sqrt{2\pi}} e^{-\frac{y^2}{2}} = \frac{1}{2\pi} e^{-\frac{x^2+y^2}{2}}.$$

当 $z < 0$ 时,

$$F_Z(z) = P\{Z \leqslant z\} = 0;$$

当 $z \geqslant 0$ 时,

$$F_Z(z) = P\{Z \leqslant z\} = P\left\{\sqrt{X^2 + Y^2} \leqslant z\right\}$$

$$= \iint\limits_{\sqrt{x^2+y^2} \leqslant z} \frac{1}{2\pi} e^{-\frac{x^2+y^2}{2}} \mathrm{d}x\mathrm{d}y$$

$$\xlongequal[y=r\sin\theta]{x=r\cos\theta} \int_0^{2\pi} \mathrm{d}\theta \int_0^z \frac{1}{2\pi} \mathrm{e}^{-\frac{r^2}{2}} \cdot r \mathrm{d}r$$

$$= \int_0^z r\mathrm{e}^{-\frac{r^2}{2}} \mathrm{d}r$$

$$= -\mathrm{e}^{-\frac{r^2}{2}} \Big|_0^z$$

$$= 1 - \mathrm{e}^{-\frac{z^2}{2}};$$

当 $z > 0$ 时, 有

$$f_Z(z) = F'_Z(z) = z\mathrm{e}^{-\frac{z^2}{2}}.$$

所以

$$f_Z(z) = \begin{cases} z\mathrm{e}^{-\frac{z^2}{2}}, & z > 0, \\ 0, & z \leqslant 0. \end{cases}$$

下面我们讨论 X 和 Y 的函数 $Z = X + Y, M = \max(X, Y), N = \min(X, Y)$ 的概率分布.

1. $Z = X + Y$ 的分布

首先求 Z 的分布函数, 得

$$F_Z(z) = P\{Z \leqslant z\} = P\{X + Y \leqslant z\}$$
$$= \iint\limits_{x+y\leqslant z} f(x, y)\mathrm{d}x\mathrm{d}y.$$

将其化成二次积分 (见图 3.11), 得

$$F_Z(z) = \int_{-\infty}^{+\infty} \left[\int_{-\infty}^{z-x} f(x, y)\mathrm{d}y \right] \mathrm{d}x,$$

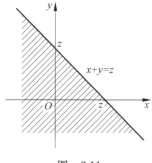

图 3.11

对固定的 z 和 x, 作变量代换 $y = u - x$, 得

$$\int_{-\infty}^{z-x} f(x, y)\mathrm{d}y = \int_{-\infty}^{z} f(x, u - x)\mathrm{d}u,$$

因此

$$F_Z(z) = \int_{-\infty}^{+\infty} \left[\int_{-\infty}^{z} f(x, u - x)\mathrm{d}u \right] \mathrm{d}x$$

$$= \int_{-\infty}^{z} \left[\int_{-\infty}^{+\infty} f(x, u - x)\mathrm{d}x \right] \mathrm{d}u.$$

于是, 由概率密度的定义知随机变量 Z 的概率密度为

$$f_Z(z) = \int_{-\infty}^{+\infty} f(x, z - x)\mathrm{d}x.$$

同理可得

$$f_Z(z) = \int_{-\infty}^{+\infty} f(z - y, y)\mathrm{d}y.$$

如果 X 和 Y 相互独立, 设 $f_X(x)$ 和 $f_Y(y)$ 分别是二维随机变量 (X, Y) 关于 X 和关于 Y 的边缘概率密度, 则有

$$f_Z(z) = \int_{-\infty}^{+\infty} f_X(x) f_Y(z - x)\mathrm{d}x,$$

$$f_Z(z) = \int_{-\infty}^{+\infty} f_X(z - y) f_Y(y)\mathrm{d}y.$$

这两个公式称为卷积公式, 记作 $f_X * f_Y$. 即

$$f_Z(z) = f_X * f_Y = \int_{-\infty}^{+\infty} f_X(x) f_Y(z - x)\mathrm{d}x = \int_{-\infty}^{+\infty} f_X(z - y) f_Y(y)\mathrm{d}y.$$

例 3.4.4 设随机变量 X 和 Y 相互独立, 并且 $X \sim N(0, 1), Y \sim N(0, 1)$, 求随机变量 $Z = X + Y$ 的概率密度.

解 利用卷积公式可得 Z 的概率密度

$$f_Z(z) = \int_{-\infty}^{+\infty} f_X(x) f_Y(z - x)\mathrm{d}x.$$

由于

$$f_X(x) = \frac{1}{\sqrt{2\pi}} \mathrm{e}^{-\frac{x^2}{2}}, \quad -\infty < x < +\infty,$$

$$f_Y(y) = \frac{1}{\sqrt{2\pi}} \mathrm{e}^{-\frac{y^2}{2}}, \quad -\infty < y < +\infty,$$

所以

$$f_Z(z) = \frac{1}{2\pi} \int_{-\infty}^{+\infty} \mathrm{e}^{-\frac{x^2}{2}} \mathrm{e}^{-\frac{(z-x)^2}{2}} \mathrm{d}x$$

$$= \frac{1}{2\pi} \mathrm{e}^{-\frac{z^2}{4}} \int_{-\infty}^{+\infty} \mathrm{e}^{-(x-\frac{z}{2})^2} \mathrm{d}x,$$

令 $t = x - \dfrac{z}{2}$, 得

$$f_Z(z) = \frac{1}{2\pi} \mathrm{e}^{-\frac{z^2}{4}} \int_{-\infty}^{+\infty} \mathrm{e}^{-t^2} \mathrm{d}t = \frac{1}{2\pi} \mathrm{e}^{-\frac{z^2}{4}} \sqrt{\pi}$$

$$= \frac{1}{\sqrt{2\pi}\sqrt{2}} \mathrm{e}^{-\frac{z^2}{2(\sqrt{2})^2}}, \quad -\infty < z < +\infty.$$

即 $Z \sim N(0, 2)$.

如果两个相互独立的随机变量 X 和 Y 都服从正态分布: $X \sim N(\mu_1, \sigma_1^2), Y \sim N(\mu_2, \sigma_2^2)$, 则利用卷积公式可求得随机变量 $Z = X + Y$ 的概率密度, 从而可知 $Z = X + Y$ 仍服从正态分布, 且

$$Z = X + Y \sim N(\mu_1 + \mu_2, \sigma_1^2 + \sigma_2^2).$$

例 3.4.5 设 X 和 Y 是相互独立的随机变量, 其概率密度分别为

$$f_X(x) = \begin{cases} 1, & 0 \leqslant x \leqslant 1, \\ 0, & \text{其他}. \end{cases}$$

$$f_Y(y) = \begin{cases} \mathrm{e}^{-y}, & y > 0, \\ 0, & \text{其他}. \end{cases}$$

求随机变量 $Z = X + Y$ 的概率密度.

解法 1 由卷积公式知 $Z = X + Y$ 的概率密度为

$$f_Z(z) = \int_{-\infty}^{+\infty} f_X(x) f_Y(z - x) \mathrm{d}x.$$

当 $0 \leqslant z < 1$ 时,

$$f_Z(z) = \int_0^z \mathrm{e}^{-(z-x)} \mathrm{d}x = 1 - \mathrm{e}^{-z}.$$

当 $z \geqslant 1$ 时,

$$f_Z(z) = \int_0^1 e^{-(z-x)} dx = (e-1)e^{-z}.$$

当 $z < 0$ 时, 由于 $f_X(x) = 0$, 知 $f_Z(z) = 0$. 故

$$f_Z(z) = \begin{cases} 1 - e^{-z}, & 0 \leqslant z < 1, \\ (e-1)e^{-z}, & z \geqslant 1, \\ 0, & \text{其他}. \end{cases}$$

解法 2 先求 $Z = X + Y$ 的分布函数. 由于随机变量 X 与 Y 相互独立, 所以二维随机变量 (X, Y) 的概率密度为

$$f(x, y) = \begin{cases} e^{-y}, & 0 \leqslant x \leqslant 1, y > 0, \\ 0, & \text{其他}. \end{cases}$$

显然, 当 $z < 0$ 时,

$$F_Z(z) = \iint\limits_{x+y \leqslant z} f(x, y) dx dy = 0.$$

如图 3.12, 当 $0 \leqslant z < 1$ 时,

$$F_Z(z) = \iint\limits_{x+y \leqslant z} f(x, y) dx dy$$

$$= \int_0^z dx \int_0^{z-x} e^{-y} dy = z - 1 + e^{-z},$$

$$f_Z(z) = F_Z'(z) = 1 - e^{-z}.$$

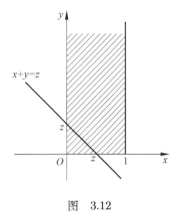

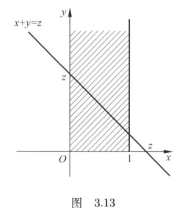

图 3.12   图 3.13

如图 3.13, 当 $z \geqslant 1$ 时,

$$F_Z(z) = \iint\limits_{x+y \leqslant z} f(x,y)\mathrm{d}x\mathrm{d}y$$

$$= \int_0^1 \mathrm{d}x \int_0^{z-x} \mathrm{e}^{-y}\mathrm{d}y = 1 + (1-\mathrm{e})\mathrm{e}^{-z},$$

$$f_Z(z) = F_Z'(z) = (\mathrm{e}-1)\mathrm{e}^{-z}.$$

故 $Z = X + Y$ 的概率密度为

$$f_Z(z) = \begin{cases} 1 - \mathrm{e}^{-z}, & 0 \leqslant z < 1, \\ (\mathrm{e}-1)\mathrm{e}^{-z}, & z \geqslant 1, \\ 0, & \text{其他}. \end{cases}$$

2. $M = \max(X, Y)$ 及 $N = \min(X, Y)$ 的分布

设随机变量 X 和 Y 相互独立, 分布函数分别为 $F_X(x)$ 和 $F_Y(y)$, M 和 N 的分布函数分别为 $F_{\max}(z)$ 和 $F_{\min}(z)$.

由于事件 $\{M \leqslant z\} = \{X \leqslant z, Y \leqslant z\}$, 而 X 和 Y 相互独立, 所以事件 $\{X \leqslant z\}$ 与事件 $\{Y \leqslant z\}$ 相互独立, 由此可得

$$F_{\max}(z) = P\{M \leqslant z\} = P\{X \leqslant z, Y \leqslant z\}$$

$$= P\{X \leqslant z\}P\{Y \leqslant z\} = F_X(z)F_Y(z).$$

由于事件 $\{N > z\} = \{X > z, Y > z\}$, 而 X 和 Y 相互独立, 所以事件 $\{X > z\}$ 与事件 $\{Y > z\}$ 相互独立, 由此可得

$$F_{\min}(z) = P\{N \leqslant z\} = 1 - P\{N > z\} = 1 - P\{X > z, Y > z\}$$

$$= 1 - P\{X > z\}P\{Y > z\}$$

$$= 1 - [1 - P\{X \leqslant z\}][1 - P\{Y \leqslant z\}]$$

$$= 1 - [1 - F_X(z)][1 - F_Y(z)].$$

例 3.4.6 设电子装置 L 由两个相互独立的电子元件 L_1 和 L_2 联接而成, 联接方式为: (i) 串联, (ii) 并联, (iii) 备用 (当 L_1 损坏时, L_2 开始工作), 如图 3.14 所示. 设电子元件 L_1 和 L_2 的寿命分别为 X 和 Y, 它们的概率密度分别为

$$f_X(x) = \begin{cases} \alpha\mathrm{e}^{-\alpha x}, & x > 0, \\ 0, & x \leqslant 0. \end{cases}$$

$$f_Y(y) = \begin{cases} \beta \mathrm{e}^{-\beta y}, & y > 0, \\ 0, & y \leqslant 0. \end{cases}$$

其中 α, β 为常数, 且 $\alpha > 0, \beta > 0, \alpha \neq \beta$. 分别就上述三种联接方式求电子装置 L 的寿命 Z 的概率密度.

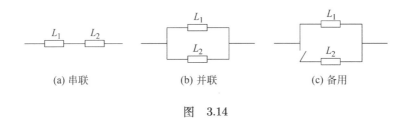

(a) 串联　　　　　　(b) 并联　　　　　　(c) 备用

图　3.14

解　(i) 串联

当电子元件 L_1 和 L_2 中有一个损坏时, 电子装置 L 就停止工作, 因此 L 的寿命 $Z = \min(X, Y)$. 由于 X 和 Y 相互独立, 它们的分布函数分别为

$$F_X(x) = \begin{cases} 1 - \mathrm{e}^{-\alpha x}, & x > 0, \\ 0, & x \leqslant 0. \end{cases}$$

$$F_Y(y) = \begin{cases} 1 - \mathrm{e}^{-\beta y}, & y > 0, \\ 0, & y \leqslant 0. \end{cases}$$

可得 Z 的分布函数为

$$F_{\min}(z) = 1 - [1 - F_X(z)][1 - F_Y(z)]$$

$$= \begin{cases} 1 - \mathrm{e}^{-(\alpha+\beta)z}, & z > 0, \\ 0, & z \leqslant 0. \end{cases}$$

从而 $Z = \min(X, Y)$ 的概率密度为

$$f_{\min}(z) = \begin{cases} (\alpha + \beta)\mathrm{e}^{-(\alpha+\beta)z}, & z > 0, \\ 0, & z \leqslant 0. \end{cases}$$

(ii) 并联

当两个电子元件都损坏时, 电子装置 L 停止工作, L 的寿命为 $Z = \max(X, Y)$. 由于 X 和 Y 相互独立, 可得 Z 的分布函数为

$$F_{\max}(z) = F_X(z)F_Y(z)$$
$$= \begin{cases} (1 - \mathrm{e}^{-\alpha z})(1 - \mathrm{e}^{-\beta z}), & z > 0, \\ 0, & z \leqslant 0. \end{cases}$$

所以 $Z = \max(X, Y)$ 的概率密度为

$$f_{\max}(z) = \begin{cases} \alpha \mathrm{e}^{-\alpha z} + \beta \mathrm{e}^{-\beta z} - (\alpha + \beta)\mathrm{e}^{-(\alpha+\beta)z}, & z > 0, \\ 0, & z \leqslant 0. \end{cases}$$

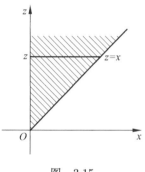

图 3.15

(iii) 备用

当电子元件 L_1 损坏时, 电子元件 L_2 开始工作, 电子装置 L 的寿命 $Z = X + Y$, 由于 X 和 Y 相互独立, 由卷积公式可得 $Z = X + Y$ 的概率密度为

$$f_Z(z) = f_X * f_Y = \int_{-\infty}^{+\infty} f_X(x)f_Y(z-x)\mathrm{d}x.$$

当 $x > 0, z - x > 0$ 时 (如图 3.15 阴影部分所示), $f_X(x)f_Y(z - x) \neq 0$.

当 $z \leqslant 0$ 时, $f_X(x)f_Y(z - x) = 0$, 从而 $f_Z(z) = 0$.

当 $z > 0$ 时, 有

$$f_Z(z) = \int_{-\infty}^{+\infty} f_X(x)f_Y(z-x)\mathrm{d}x$$

$$= \int_{-\infty}^{0} 0\mathrm{d}x + \int_{0}^{z} \alpha \mathrm{e}^{-\alpha x}\beta \mathrm{e}^{-\beta(z-x)}\mathrm{d}x + \int_{z}^{+\infty} 0\mathrm{d}x$$

$$= \alpha\beta \mathrm{e}^{-\beta z} \int_{0}^{z} \mathrm{e}^{(\beta-\alpha)x}\mathrm{d}x$$

$$= \frac{\alpha\beta}{\beta - \alpha} \mathrm{e}^{-\beta z}\, \mathrm{e}^{(\beta-\alpha)x} \mid_{0}^{z}$$

$$= \frac{\alpha\beta}{\beta - \alpha} (\mathrm{e}^{-\alpha z} - \mathrm{e}^{-\beta z}).$$

综上所述, 可得 $Z = X + Y$ 的概率密度为

$$
f_Z(z) = \begin{cases} \dfrac{\alpha\beta}{\beta - \alpha}(\mathrm{e}^{-\alpha z} - \mathrm{e}^{-\beta z}), & z > 0, \\ 0, & z \leqslant 0. \end{cases}
$$

3.5 n 维随机变量

设 E 是一个随机试验, 其样本空间为 Ω. 对于定义在 Ω 上的 n 个随机变量 $X_1, X_2, \cdots, X_n$, 称由它们构成的向量 $(X_1, X_2, \cdots, X_n)$ 为 n 维随机向量或 n 维随机变量.

上面关于二维随机变量的讨论都可以在 n 维随机变量上进行.

1. 对于任意 n 个实数 $x_1, x_2, \cdots, x_n$, 称 n 元函数

$$
F(x_1, x_2, \cdots, x_n) = P\{X_1 \leqslant x_1, X_2 \leqslant x_2, \cdots, X_n \leqslant x_n\}
$$

为 n 维随机变量 $(X_1, X_2, \cdots, X_n)$ 的分布函数或随机变量 $X_1, X_2, \cdots, X_n$ 的联合分布函数, 它具有与二维随机变量的分布函数相类似的性质.

2. 如果 n 维随机变量 $(X_1, X_2, \cdots, X_n)$ 的所有可能取值是有限个或可列无限个 n 元组, 则称为 n 维离散型随机变量, 其概率分布 (也叫作 $X_1, X_2, \cdots, X_n$ 的联合概率分布) 为

$$
P\{X_1 = x_{i_1}, X_2 = x_{i_2}, \cdots, X_n = x_{i_n}\} = p_{i_1 i_2 \cdots i_n}, \quad i_1, i_2, \cdots, i_n = 1, 2, \cdots.
$$

3. 如果存在非负的 n 元函数 $f(x_1, x_2, \cdots, x_n)$, 使得对于任意的 n 个实数 $x_1, x_2, \cdots, x_n$, 都有

$$
F(x_1, x_2, \cdots, x_n) = \int_{-\infty}^{x_1} \int_{-\infty}^{x_2} \cdots \int_{-\infty}^{x_n} f(t_1, t_2, \cdots, t_n) \mathrm{d}t_1 \mathrm{d}t_2 \cdots \mathrm{d}t_n,
$$

则称 $(X_1, X_2, \cdots, X_n)$ 为 n 维连续型随机变量, 称 $f(x_1, x_2, \cdots, x_n)$ 为 $(X_1, X_2, \cdots, X_n)$ 的概率密度.

4. 如果已知 n 维随机变量 $(X_1, X_2, \cdots, X_n)$ 的分布函数 $F(x_1, x_2, \cdots, x_n)$, 则可确定出 $(X_1, X_2, \cdots, X_n)$ 的 $k(1 \leqslant k < n)$ 维边缘分布函数. 在 $F(x_1, x_2, \cdots, x_n)$ 中保留相应的 k 个变量, 而让其他变量趋向于 $+\infty$, 其极限即为所求. 例如, $(X_1, X_2, \cdots, X_n)$ 关于 X_1 的边缘分布函数为

$$
F_{X_1}(x_1) = F(x_1, +\infty, +\infty, \cdots, +\infty),
$$

而 $(X_1, X_2, \cdots, X_n)$ 关于 (X_1, X_2, X_3) 的边缘分布函数为

$$F_{X_1 X_2 X_3}(x_1, x_2, x_3) = F(x_1, x_2, x_3, +\infty, +\infty, \cdots, +\infty).$$

如果 n 维连续型随机变量 $(X_1, X_2, \cdots, X_n)$ 具有概率密度 $f(x_1, x_2, \cdots, x_n)$, 则 $(X_1, X_2, \cdots, X_n)$ 关于 X_1 的边缘概率密度为

$$f_{X_1}(x_1) = \int_{-\infty}^{+\infty} \int_{-\infty}^{+\infty} \cdots \int_{-\infty}^{+\infty} f(x_1, x_2, \cdots, x_n) \mathrm{d}x_2 \mathrm{d}x_3 \cdots \mathrm{d}x_n,$$

而 $(X_1, X_2, \cdots, X_n)$ 关于 (X_1, X_2, X_3) 的边缘概率密度为

$$f_{X_1 X_2 X_3}(x_1, x_2, x_3) = \int_{-\infty}^{+\infty} \int_{-\infty}^{+\infty} \cdots \int_{-\infty}^{+\infty} f(x_1, x_2, \cdots, x_n) \mathrm{d}x_4 \mathrm{d}x_5 \cdots \mathrm{d}x_n.$$

设 n 维离散型随机变量 $(X_1, X_2, \cdots, X_n)$ 的概率分布为

$$P\{X_1 = x_{i_1}, X_2 = x_{i_2}, \cdots, X_n = x_{i_n}\} = p_{i_1 i_2 \cdots i_n}, \quad i_1, i_2, \cdots, i_n = 1, 2, \cdots,$$

则 $(X_1, X_2, \cdots, X_n)$ 关于 X_1 的边缘概率分布 (或边缘分布律) 为

$$P\{X_1 = x_{i_1}\} = \sum_{i_2=1}^{\infty} \sum_{i_3=1}^{\infty} \cdots \sum_{i_n=1}^{\infty} p_{i_1 i_2 \cdots i_n}.$$

5. 如果对于任意 n 个实数 $x_1, x_2, \cdots, x_n$, 有

$$F(x_1, x_2, \cdots, x_n) = F_{X_1}(x_1) F_{X_2}(x_2) \cdots F_{X_n}(x_n) = \prod_{i=1}^{n} F_{X_i}(x_i),$$

则称随机变量 $X_1, X_2, \cdots, X_n$ 是相互独立的.

如果 $(X_1, X_2, \cdots, X_n)$ 是 n 维离散型随机变量, 则 $X_1, X_2, \cdots, X_n$ 相互独立等价于: 对于 $(X_1, X_2, \cdots, X_n)$ 的任意一组可能取值 $x_{i_1}, x_{i_2}, \cdots, x_{i_n}$, 有

$$\begin{aligned} &P\{X_1 = x_{i_1}, X_2 = x_{i_2}, \cdots, X_n = x_{i_n}\} \\ =&P\{X_1 = x_{i_1}\} P\{X_2 = x_{i_2}\} \cdots P\{X_n = x_{i_n}\} \\ =&\prod_{j=1}^{n} P\{X_j = x_{i_j}\}. \end{aligned}$$

如果 $(X_1, X_2, \cdots, X_n)$ 是 n 维连续型随机变量, 则 $X_1, X_2, \cdots, X_n$ 相互独立等价于: 对于任意 n 个实数 $x_1, x_2, \cdots, x_n$, 有

$$f(x_1, x_2, \cdots, x_n) = f_{X_1}(x_1) f_{X_2}(x_2) \cdots f_{X_n}(x_n) = \prod_{i=1}^{n} f_{X_i}(x_i).$$

如果 n 维随机变量 $X_1, X_2, \cdots, X_n$ 相互独立, 并且 $X_i \sim N(\mu_i, \sigma_i^2)(i = 1, 2, \cdots, n)$, 则它们的和 $Z = X_1 + X_2 + \cdots + X_n$ 依然服从正态分布, 且有

$$Z = X_1 + X_2 + \cdots + X_n \sim N(\mu_1 + \mu_2 + \cdots + \mu_n, \sigma_1^2 + \sigma_2^2 + \cdots + \sigma_n^2).$$

更一般地, 有如下的结论: 上述 n 个相互独立的服从正态分布的随机变量的线性函数 $\displaystyle\sum_{i=1}^{n} c_i X_i$ 仍服从正态分布, 且有

$$\sum_{i=1}^{n} c_i X_i \sim N\left(\sum_{i=1}^{n} c_i \mu_i, \sum_{i=1}^{n} c_i^2 \sigma_i^2\right),$$

其中 $c_1, c_2, \cdots, c_n$ 为常数.

6. 如果对于任意 $m + n$ 个实数 $x_1, x_2, \cdots, x_m, \ y_1, y_2, \cdots, y_n$, 有

$$F(x_1, x_2, \cdots, x_m, \ y_1, y_2, \cdots, y_n) = F_1(x_1, x_2, \cdots, x_m) F_2(y_1, y_2, \cdots, y_n),$$

其中 F, F_1 和 F_2 分别是 $m + n$ 维随机变量 $(X_1, X_2, \cdots, X_m, Y_1, Y_2, \cdots, Y_n), m$ 维随机变量 $(X_1, X_2, \cdots, X_m)$ 和 n 维随机变量 $(Y_1, Y_2, \cdots, Y_n)$ 的分布函数, 则称 m 维随机变量 $(X_1, X_2, \cdots, X_m)$ 和 n 维随机变量 $(Y_1, Y_2, \cdots, Y_n)$ 是相互独立的.

我们有如下的结论: 设 $(X_1, X_2, \cdots, X_m)$ 和 $(Y_1, Y_2, \cdots, Y_n)$ 相互独立, 则 $X_i(i = 1, 2, \cdots, m)$ 和 $Y_j(j = 1, 2, \cdots, n)$ 相互独立. 如果 h, g 是连续函数, 则有随机变量 $h(X_1, X_2, \cdots, X_m)$ 和 $g(Y_1, Y_2, \cdots, Y_n)$ 相互独立.

7. 设 $X_1, X_2, \cdots, X_n$ 是 n 个相互独立的随机变量, 它们的分布函数分别为 $F_{X_1}(x_1), \ F_{X_2}(x_2), \ \cdots, \ F_{X_n}(x_n)$, 则随机变量 $M = \max(X_1, X_2, \cdots, X_n)$ 的分布函数为

$$F_{\max}(z) = F_{X_1}(z) F_{X_2}(z) \cdots F_{X_n}(z) = \prod_{i=1}^{n} F_{X_i}(z),$$

随机变量 $N = \min(X_1, X_2, \cdots, X_n)$ 的分布函数为

$$\begin{aligned} F_{\min}(z) &= 1 - [1 - F_{X_1}(z)][1 - F_{X_2}(z)] \cdots [1 - F_{X_n}(z)] \\ &= 1 - \prod_{i=1}^{n} [1 - F_{X_i}(z)]. \end{aligned}$$

当随机变量 $X_1, X_2, \cdots, X_n$ 相互独立且具有相同的分布函数 $F(x)$ 时, 有

$$F_{\max}(z) = [F(z)]^n,$$
$$F_{\min}(z) = 1 - [1 - F(z)]^n.$$

第 3 章小结

习 题 3

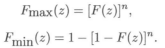

(A)

1. 同一品种的 5 个产品中, 有 2 个正品. 每次从中选一个检验质量, 不放回地连续抽取两次. 记 "$X_k = 0$" 表示第 k 次取到正品, 而 "$X_k = 1$" 为第 k 次取到次品 ($k = 1, 2$). 写出 (X_1, X_2) 的联合分布律.

2. 一口袋中装有 4 个球, 依次标 1, 2, 3, 3. 今从口袋中任取球两次, 每次任取 1 球, 用 X, Y 分别记第一次、第二次取得球上标有的数字. 已知取球方式分为两种:

(1) 放回抽样;

(2) 不放回抽样.

求二维随机变量 (X, Y) 的概率分布.

3. 设口袋中有 5 个球, 分别标有号码 1, 2, 3, 4, 5, 现从这口袋中任取 3 个球, X, Y 分别表示取出的球的最大标号和最小标号. 求二维随机变量 (X, Y) 的概率分布及边缘概率分布.

4. 将一枚硬币连掷 3 次, 以 X 表示在 3 次中出现正面的次数, 以 Y 表示在 3 次中出现正面次数与反面次数之差的绝对值.

(1) 求 (X, Y) 的概率分布;

(2) 求关于 X, Y 的边缘概率分布.

5. 设二维随机变量 (X, Y) 的等可能取值为 $(0, 0), (0, 1), (1, 0), (1, 1)$, 求 (X, Y) 的分布函数.

6. 设二维随机变量 (X, Y) 的概率密度为

$$f(x, y) = \begin{cases} K e^{-x} e^{-2y}, & x > 0, y > 0, \\ 0, & \text{其他.} \end{cases}$$

(1) 求常数 K;

(2) 求 (X, Y) 的分布函数.

7. 假设射手甲、乙的命中率分别为 p_1 和 p_2, 现独立地各射击一次, 以 X 和 Y 分别表示甲和乙命中的次数, 求二维随机变量 (X, Y) 的分布函数.

8. 设随机变量 (X, Y) 的概率密度为

$$f(x, y) = \begin{cases} k(6 - x - y), & 0 < x < 2, 2 < y < 4, \\ 0, & \text{其他.} \end{cases}$$

(1) 求常数 k;

(2) 求 $P\{X < 1, Y < 3\}$;

(3) 求 $P\{X < 1.5\}$;

(4) 求 $P\{X + Y \leqslant 4\}$.

9. 设二维随机变量 (X, Y) 在圆域 $D = \{(x, y) | x^2 + y^2 \leqslant 4\}$ 上服从均匀分布.

(1) 求 (X, Y) 的概率密度;

(2) 求 $P\{0 < X < 1, 0 < Y < 1\}$.

10. 设二维随机变量 (X, Y) 在平面区域 D 上服从均匀分布, 其中 D 是由 x 轴、y 轴以及直线 $x + y = 1$ 所围成的三角形区域. 求 (X, Y) 的概率密度以及两个边缘概率密度.

11. 设随机变量 (X, Y) 的概率密度为

$$f(x, y) = \begin{cases} x^2 + \dfrac{xy}{3}, & 0 \leqslant x \leqslant 1, 0 \leqslant y \leqslant 2, \\ 0, & \text{其他.} \end{cases}$$

求关于 X 及 Y 的边缘概率密度.

12. 设二维随机向量 (X, Y) 的概率密度为

$$f(x, y) = \begin{cases} Cxy^2, & 0 < x < 1, 0 < y < 1, \\ 0, & \text{其他.} \end{cases}$$

(1) 求常数 C;

(2) 证明 X 和 Y 相互独立.

13. 设 (X, Y) 的联合分布函数为

$$F(x, y) = \begin{cases} 1 - e^{-2x} - e^{-2y} + e^{-2(x+y)}, & x > 0, y > 0, \\ 0, & \text{其他.} \end{cases}$$

(1) 求联合密度函数 $f(x, y)$;

(2) 求边缘分布函数和边缘密度函数;

(3) X 与 Y 是否独立?

(4) 求 (X, Y) 落在区域 D 内的概率, 其中区域 D 由 $x = 0, y = 0, x + y = 1$ 所围成.

14. 设二维随机变量 (X,Y) 的分布律为

X \ Y	1	2	3
1	$\frac{1}{20}$	$\frac{1}{20}$	0
2	$\frac{1}{20}$	$\frac{2}{20}$	$\frac{3}{20}$
3	$\frac{2}{20}$	$\frac{2}{20}$	$\frac{3}{20}$
4	$\frac{2}{20}$	$\frac{2}{20}$	$\frac{1}{20}$

试求: (1) 在 $\{Y=1\}$ 的条件下, X 的条件分布律;

(2) 在 $\{X=4\}$ 的条件下, Y 的条件分布律.

15. 设平面区域 G 是由 x 轴, y 轴以及直线 $x+\frac{y}{2}=1$ 所围成的三角形区域, 二维随机变量 (X,Y) 在 G 上服从均匀分布, 求 $f_{X|Y}(x|y)$ 和 $f_{Y|X}(y|x)$.

16. 甲、乙两人独立地进行两次射击, 假设甲的命中率为 0.2, 乙的命中率为 0.5, 以 X 和 Y 分别表示甲和乙的命中次数, 求 (X,Y) 的联合概率分布.

17. 设二维随机变量 (X,Y) 的概率密度为

$$f(x,y)=\begin{cases} Kxy, & 0<y<2(1-x), 0<x<1, \\ 0, & \text{其他}. \end{cases}$$

(1) 确定常数 K;

(2) 求关于 X 和关于 Y 的边缘概率密度.

18. 设 X 和 Y 是两个相互独立的随机变量, X 在 $(0,1)$ 上服从均匀分布, Y 的概率密度为

$$f_Y(y)=\begin{cases} \frac{1}{2}e^{-\frac{y}{2}}, & y>0, \\ 0, & y\leqslant 0. \end{cases}$$

(1) 求 X 和 Y 的联合概率密度;

(2) 设含有 a 的二次方程为 $a^2+2Xa+Y=0$, 试求 a 有实根的概率.

19. 设随机变量 (X,Y) 的概率分布为

X \ Y	−1	1	2
−1	$\frac{5}{20}$	$\frac{2}{20}$	$\frac{6}{20}$
2	$\frac{3}{20}$	$\frac{3}{20}$	$\frac{1}{20}$

(1) 求 $Z = X + Y$ 的概率分布;

(2) 求 $Z = XY$ 的概率分布;

(3) 求 $Z = \min(X, Y)$ 的概率分布.

20. 设 X 和 Y 为两个随机变量, 且

$$P\{X \geqslant 0, Y \geqslant 0\} = \frac{3}{7}, \quad P\{X \geqslant 0\} = P\{Y \geqslant 0\} = \frac{4}{7},$$

求 $P\{\max(X, Y) \geqslant 0\}$.

21. 设二维随机变量 (X, Y) 的概率分布为

X \ Y	−1	0	1
0	0.1	0.2	0
1	0.4	0	0.3

(1) 求 $Z = X + Y$ 的概率分布;

(2) 求 $Z = X^2 - 2Y$ 的概率分布.

22. 设随机变量 (X, Y) 的概率密度为

$$f(x, y) = \begin{cases} \dfrac{1}{2}(x + y)\mathrm{e}^{-(x+y)}, & x > 0, y > 0, \\ 0, & \text{其他}. \end{cases}$$

(1) 问 X 和 Y 是否相互独立?

(2) 求 $Z = X + Y$ 的概率密度.

23. 设随机变量 X 和 Y 相互独立, 其概率密度分别为

$$f_X(x) = \begin{cases} \dfrac{1}{2}\mathrm{e}^{-\frac{x}{2}}, & x > 0, \\ 0, & x \leqslant 0. \end{cases} \qquad f_Y(y) = \begin{cases} \dfrac{1}{3}\mathrm{e}^{-\frac{y}{3}}, & y > 0, \\ 0, & y \leqslant 0. \end{cases}$$

求 $Z = X + Y$ 的概率密度.

24. 某型号的电子元件的寿命 X(单位: h) 近似地服从 $N(160, 20^2)$ 分布. 随机地选取 4 只, 求其中没有一只寿命小于 180h 的概率.

25. 设随机变量 $X_1, X_2, \cdots, X_n$ 相互独立, 且服从相同的分布, 其概率分布为 $P\{X_k = 0\} = 1 - p, P\{X_k = 1\} = p, 0 < p < 1, k = 1, 2, \cdots, n$. 证明随机变量 $X = X_1 + X_2 + \cdots + X_n$ 服从参数为 n, p 的二项分布 $B(n, p)$.

26. 设有两个电阻 R_1 和 R_2 串联在某一电路中, R_1 和 R_2 相互独立, 且有同样的概率密度

$$f(x) = \begin{cases} \dfrac{10-x}{50}, & 0 \leqslant x \leqslant 10, \\ 0, & \text{其他}. \end{cases}$$

求总电阻 $R = R_1 + R_2$ 的概率密度.

3-2 卷积公式

(B)

1. 设某种商品一周的需求量是一个随机变量, 其概率密度为

$$f(t) = \begin{cases} t\mathrm{e}^{-t}, & t > 0, \\ 0, & t \leqslant 0. \end{cases}$$

并设各周的需求量是相互独立的, 试求该商品两周需求量的概率密度.

2. 设随机变量 X 和 Y 相互独立, 且都服从 $(-a, a)(a > 0)$ 上的均匀分布, 求 $Z = X + Y$ 的概率密度.

3. 两个朋友, 相约在早 7 点到 8 点在某地会面, 并约定先到者等 $20\,\mathrm{min}$, 过时即离去. X 表示甲到达的时刻, Y 表示乙到达的时刻. 设甲、乙两人在 7 点到 8 点中任一时刻到达, 且两人到达时间相互独立.

(1) 求二维随机变量 (X, Y) 的概率密度;

(2) 求两人会面的概率.

4. 设二维随机变量 (X, Y) 的概率密度为

$$f(x, y) = \begin{cases} \dfrac{1}{y}\mathrm{e}^{-\frac{x+y^2}{y}}, & x > 0, y > 0, \\ 0, & \text{其他}. \end{cases}$$

求概率 $P\{X > 1 | Y = y\}$ $(y > 0)$.

5. 根据以往的经验, 某系三个专业的英文成绩服从正态分布 $N(78, 36)$.

(1) 任抽一位同学, 求其英文成绩在 75~81 分的概率;

(2) 连抽三位同学, 求其中至少有一位同学的成绩在 75~81 分的概率;

(3) 连抽四位同学, 求他们的平均成绩不低于 80 分的概率.

6. 设随机变量 X 和 Y 相互独立, 其概率密度分别为

$$f_X(x) = \begin{cases} 1, & 0 < x < 1, \\ 0, & \text{其他}, \end{cases} \qquad f_Y(y) = \begin{cases} \mathrm{e}^{-y}, & y > 0, \\ 0, & y \leqslant 0. \end{cases}$$

求 $Z = 2X + Y$ 的概率密度.

第 3 章自测题

第4章 随机变量的数字特征

概率分布虽然完全描述了随机变量的概率特性, 但在实际问题中, 许多情形并不需要或者很难求出随机变量的全部统计规律, 而只需要了解或只能了解它的某些侧面. 例如, 在研究某地居民的年收入时, 常感兴趣于该地居民的年平均收入以及与平均收入的偏离程度. 再如, 评定射击运动员的射击水平时, 既要考察他命中环数的平均值, 又要考察命中点的集中程度. 命中环数的平均值大, 说明运动员的射击水平高; 命中点越集中, 说明运动员的水平越稳定. 这些与随机变量有关的数值, 我们称之为随机变量的数字特征, 在概率论与数理统计中起着重要作用. 本章主要介绍随机变量的数学期望和方差、随机变量的矩以及两个随机变量的协方差和相关系数.

4.1 数 学 期 望

4.1.1 数学期望的概念

我们先通过一个例子, 引出离散型随机变量的数学期望的定义.

假设 X 是只取有限个值的离散型随机变量, 它的概率分布为

X	x_1	x_2	$\cdots$	x_n
P	p_1	p_2	$\cdots$	p_n

现在对 X 进行 N 次观测, 得到 N 个观测值 $a_1, a_2, \cdots, a_N$, 其中每个 a_i 只能取 $x_1, x_2, \cdots, x_n$ 中的某个数. 以 m_i 表示在 N 次观测中 x_i 出现的次数. 算术平均值 $\bar{a} = \dfrac{1}{N} \sum_{k=1}^{N} a_k$ 反映了 X 取值的平均值, 又

4-1 数学期望

$$\bar{a} = \frac{1}{N} \sum_{k=1}^{N} a_k = \frac{1}{N} \sum_{i=1}^{n} x_i m_i = \sum_{i=1}^{n} x_i \frac{m_i}{N}$$
$$= \sum_{i=1}^{n} x_i f_N(x_i),$$

其中, $f_N(x_i) = \dfrac{m_i}{N}$ $(i = 1, 2, \cdots, n)$ 是 N 次观测中 x_i 出现的频率. 从而 $\sum_{i=1}^{n} x_i f_N(x_i)$ 反映了 X 取值的平均值. 又由频率的稳定性知, 当 N 充分大时,

频率稳定在概率附近, 而 $f_N(x_i)$ 稳定在概率 p_i 附近, 也即 $\sum\limits_{i=1}^{n} x_i f_N(x_i)$ 稳定在 $\sum\limits_{i=1}^{n} x_i p_i$ 附近. 由此可知, $\sum\limits_{i=1}^{n} x_i p_i$ 反映了随机变量 X 取值的平均值.

由上述讨论的启发, 我们引出离散型随机变量数学期望的定义.

定义 4.1.1　设离散型随机变量 X 的概率分布为 $P\{X = x_k\} = p_k(k = 1, 2, \cdots)$. 如果无穷级数 $\sum\limits_{k=1}^{\infty} x_k p_k$ 绝对收敛, 则称无穷级数 $\sum\limits_{k=1}^{\infty} x_k p_k$ 的和为离散型随机变量 X 的**数学期望**或**均值**, 记作 $E(X)$ 或 EX, 即

$$E(X) = \sum_{k=1}^{\infty} x_k p_k.$$

设连续型随机变量 X 的概率密度为 $f(x)$. 如果广义积分 $\int_{-\infty}^{+\infty} x f(x) \mathrm{d}x$ 绝对收敛, 则称广义积分 $\int_{-\infty}^{+\infty} x f(x) \mathrm{d}x$ 的值为连续型随机变量 X 的**数学期望**或**均值**, 记作 $E(X)$ 或 EX, 即

$$E(X) = \int_{-\infty}^{+\infty} x f(x) \mathrm{d}x.$$

例 4.1.1　若随机变量 X 服从 $0-1$ 分布, 试求它的数学期望 $E(X)$.

解　$E(X) = 0 \times (1-p) + 1 \times p = p$.

例 4.1.2　设随机变量 $X \sim B(n, p)$, 求 $E(X)$.

解　因为 $X \sim B(n, p)$, 所以 X 的概率分布为

$$P\{X = k\} = \mathrm{C}_n^k p^k (1-p)^{n-k}, \quad k = 0, 1, 2, \cdots, n.$$

于是

$$\begin{aligned}
E(X) &= \sum_{k=0}^{n} k \mathrm{C}_n^k p^k (1-p)^{n-k} = \sum_{k=0}^{n} \frac{kn!}{k!(n-k)!} p^k (1-p)^{n-k} \\
&= \sum_{k=1}^{n} \frac{np(n-1)! p^{k-1} (1-p)^{(n-1)-(k-1)}}{(k-1)![(n-1)-(k-1)]!} \\
&= np[p + (1-p)]^{n-1} = np.
\end{aligned}$$

例 4.1.3　设随机变量 X 服从参数为 p 的几何分布, 求 X 的数学期望 $E(X)$.

解　X 服从参数为 p 的几何分布, 则 X 的概率分布为

$$P\{X = k\} = (1-p)^{k-1} p, \quad k = 1, 2, \cdots, \quad 0 < p < 1.$$

$$E(X) = \sum_{k=1}^{\infty} k(1-p)^{k-1}p = p\sum_{k=1}^{\infty} k(1-p)^{k-1}.$$

由高等数学中的知识可知

$$\sum_{k=0}^{\infty} x^k = \frac{1}{1-x}, \quad |x| < 1.$$

两边同时求导, 得

$$\sum_{k=0}^{\infty} kx^{k-1} = \frac{1}{(1-x)^2},$$

令 $x = 1 - p$, 则

$$\sum_{k=0}^{\infty} k(1-p)^{k-1} = \frac{1}{p^2}.$$

故 $E(X) = p\sum_{k=0}^{\infty} k(1-p)^{k-1} = \dfrac{1}{p}.$

例 4.1.4 设随机变量 $X \sim \pi(\lambda)$, 求 $E(X)$.

解 因为 $X \sim \pi(\lambda)$, 所以 X 的概率分布为 $P\{x = k\} = \dfrac{\lambda^k \mathrm{e}^{-\lambda}}{k!}$, $k = 0, 1, 2, \cdots$, 于是

$$E(X) = \sum_{k=0}^{\infty} k\frac{\lambda^k \mathrm{e}^{-\lambda}}{k!} = \lambda\mathrm{e}^{-\lambda}\sum_{k=1}^{\infty} \frac{\lambda^{k-1}}{(k-1)!} = \lambda\mathrm{e}^{-\lambda}\mathrm{e}^{\lambda} = \lambda.$$

例 4.1.5 设随机变量 X 在区间 (a,b) 上服从均匀分布, 求 $E(X)$.

解 因为 X 在区间 (a,b) 上服从均匀分布, 所以 X 的概率密度为

$$f(x) = \begin{cases} \dfrac{1}{b-a}, & a < x < b, \\ 0, & \text{其他.} \end{cases}$$

于是

$$\begin{aligned} E(X) &= \int_{-\infty}^{+\infty} xf(x)\mathrm{d}x = \int_a^b \frac{x}{b-a}\mathrm{d}x \\ &= \frac{x^2}{2(b-a)}\bigg|_a^b = \frac{a+b}{2}. \end{aligned}$$

例 4.1.6 设随机变量 X 服从参数为 $\theta(\theta > 0)$ 的指数分布, 求 $E(X)$.

解 因为 X 服从参数为 θ 的指数分布, 所以 X 的概率密度为

$$f(x) = \begin{cases} \dfrac{1}{\theta}\mathrm{e}^{-\frac{x}{\theta}}, & x > 0, \\ 0, & x \leqslant 0. \end{cases}$$

于是

$$\begin{aligned} E(X) &= \int_{-\infty}^{+\infty} xf(x)\mathrm{d}x = \int_{0}^{+\infty} x \cdot \frac{1}{\theta}\mathrm{e}^{-\frac{x}{\theta}}\mathrm{d}x \\ &= -x\mathrm{e}^{-\frac{x}{\theta}}\Big|_{0}^{+\infty} + \int_{0}^{+\infty} \mathrm{e}^{-\frac{x}{\theta}}\mathrm{d}x \\ &= -\theta\mathrm{e}^{-\frac{x}{\theta}}\Big|_{0}^{+\infty} = \theta. \end{aligned}$$

例 4.1.7 设随机变量 $X \sim N(\mu, \sigma^2)$, 求 $E(X)$.

解 因为 $X \sim N(\mu, \sigma^2)$, 所以 X 的概率密度为

$$f(x) = \frac{1}{\sqrt{2\pi}\sigma}\mathrm{e}^{-\frac{(x-\mu)^2}{2\sigma^2}}, \quad -\infty < x < +\infty.$$

于是

$$E(X) = \int_{-\infty}^{+\infty} x\frac{1}{\sqrt{2\pi}\sigma}\mathrm{e}^{-\frac{(x-\mu)^2}{2\sigma^2}}\mathrm{d}x.$$

令 $t = \dfrac{x-\mu}{\sigma}$, 则

$$\begin{aligned} E(X) &= \frac{1}{\sqrt{2\pi}}\int_{-\infty}^{+\infty} (\sigma t + \mu)\mathrm{e}^{-\frac{t^2}{2}}\mathrm{d}t \\ &= -\frac{\sigma}{\sqrt{2\pi}}\mathrm{e}^{-\frac{t^2}{2}}\Big|_{-\infty}^{+\infty} + \mu\int_{-\infty}^{+\infty} \frac{1}{\sqrt{2\pi}}\mathrm{e}^{-\frac{t^2}{2}}\mathrm{d}t \\ &= \mu. \end{aligned}$$

例 4.1.8 有一个游戏, 在一袋中有形状、大小完全一样的 20 个球, 其中红、白球各 10 个, 记红球为 10 分, 白球为 5 分. 游戏的规则为: 某人从袋中随机地抽取 10 个球, 并且将 10 个球的分值相加, 根据相加的分值由以下的表进行奖罚:

分值	100	95	90	85	80	75	70	65	60	55	50
奖/元	50	30	20	10	-3	-5	-3	10	20	30	50

其中三项负值表示应罚的金额. 请问: 你认为这样的游戏规则对此人有利吗? 试分析说明.

解 设 X 表示抽取 10 个球中红球的个数, 显然 X 服从超几何分布, 则有

$$P(X = k) = \frac{C_{10}^{k} C_{10}^{10-k}}{C_{20}^{10}}, \quad k = 0, 1, \cdots, 10,$$

经计算得

$$P\{X = 0\} = P\{X = 10\} = \frac{C_{10}^{0} C_{10}^{10}}{C_{20}^{10}} \approx 0.0005\%,$$

$$P\{X = 1\} = P\{X = 9\} = \frac{C_{10}^{1} C_{10}^{9}}{C_{20}^{10}} \approx 0.054\%,$$

$$P\{X = 2\} = P\{X = 8\} \approx 1.096\%,$$

$$P\{X = 3\} = P\{X = 7\} \approx 7.794\%,$$

$$P\{X = 4\} = P\{X = 6\} \approx 23.87\%,$$

$$P\{X = 5\} \approx 34.37\%.$$

再设 Y 表示每次游戏所奖的金额数 (单位: 元), 又因为事件 $\{X = k\}$ 等价于 "相加分值为 $50 + 5k(k = 0, 1, \cdots, 10)$", 所以 Y 的概率分布为

Y	-5	-3	10	20	30	50
P	34.37%	47.74%	15.59%	2.191%	0.108%	0.001%

则由数学期望的定义可得

$$E(Y) = -1.12 \text{ 元}.$$

由以上分析可知, 平均每进行一次这样的游戏就要输 1.12 元, 即这样的游戏规则对此人是不利的.

4.1.2 随机变量函数的数学期望

已知随机变量 X 的概率分布, 如何求 X 的函数 $Y = g(X)$ 的数学期望, 解决该问题的一种方法是由这一函数求出随机变量 Y 的概率分布, 再按定义求 $E(Y)$. 然而, Y 的概率分布往往不易求得, 下面的定理给出了另一种直接求解方法.

定理 4.1.1 设随机变量 Y 是随机变量 X 的函数, $Y = g(X)$, 其中 g 是一元连续函数.

(1) 设 X 是离散型随机变量, 其概率分布为

$$P\{X = x_k\} = P_k, \quad k = 1, 2, \cdots.$$

如果无穷级数 $\displaystyle\sum_{k=1}^{\infty} g(x_k)p_k$ 绝对收敛, 则随机变量 Y 的数学期望为

$$E(Y) = E\left[g(X)\right] = \sum_{k=1}^{\infty} g(x_k)p_k.$$

(2) 设 X 是连续型随机变量, 其概率密度为 $f(x)$. 如果广义积分 $\displaystyle\int_{-\infty}^{+\infty} g(x) \cdot f(x)\mathrm{d}x$ 绝对收敛, 则随机变量 Y 的数学期望为

$$E(Y) = E\left[g(X)\right] = \int_{-\infty}^{+\infty} g(x)f(x)\mathrm{d}x.$$

根据定理 4.1.1 求随机变量 $Y = g(X)$ 的数学期望时, 只需知道 X 的分布, 无需求 Y 的分布, 这给我们提供了极大的方便.

例 4.1.9 某超市出售某种小商品, 每销售一件可赚 15 元, 根据以往资料, 每天的销售量 X 是随机变量, 取值为 $0, 1, 2, 3$ 件的概率分别为 $0.4, 0.3, 0.2, 0.1$. 试求销售此商品一天的平均利润.

解 设一天的利润为 Y, 由题设有

$$Y = 15X,$$

根据定理 4.1.1, 有

$$\begin{aligned}
E(Y) = E(15X) &= 15 \times 0 \times 0.4 + 15 \times 1 \times 0.3 \\
&\quad + 15 \times 2 \times 0.2 + 15 \times 3 \times 0.1 \\
&= 15 \text{ 元.}
\end{aligned}$$

例 4.1.10 设国际市场每年对我国某种商品的需求量是一个随机变量 X(单位: t), 它服从 $[2000, 4000]$ 上的均匀分布. 已知该商品每售出 $1\mathrm{t}$, 可以赚得外汇 3 万美元, 但若销售不出, 则每吨需仓储费用 1 万美元. 试问外经贸部每年应组织多少货源, 才能使收益最大.

解 以 y 记组织的货源量, 也就是供货量 (显然只考虑 $2000 \leqslant y \leqslant 4000$), 由于销售量与需求量有关, 后者是随机变量 X, 因此收益 Y 是 X 的函数, 有关系式

$$Y = g(X) = \begin{cases} 3y, & X \geqslant y, \\ 3X - (y - X), & X < y. \end{cases}$$

这是因为供不应求时, 货物全部售出; 而当供大于求时, 销售量就是需求量. 根据定理 4.1.1, 有

$$E(Y) = \int_{-\infty}^{+\infty} g(x)f(x)\mathrm{d}x = \frac{1}{2000} \int_{2000}^{4000} g(x)\mathrm{d}x$$

$$= \frac{1}{2000} \int_{2000}^{y} (4x - y) \mathrm{d}x + \frac{1}{2000} \int_{y}^{4000} 3y \mathrm{d}x$$

$$= \frac{1}{1000} \left(-y^2 + 7000y - 4 \times 10^6 \right).$$

此式当 $y = 3500$ 时达到最大, 因此外经贸部每年应组织 3500t 该种商品, 才能使收益最大.

上述定理可以推广到两个或两个以上随机变量的函数情形. 例如, 设 Z 是随机变量 X 和 Y 的函数, $Z = g(X, Y)$, 其中 g 是二元连续函数, 如果 (X, Y) 是二维离散型随机变量, 其概率分布为

$$P\{X = x_i, Y = y_j\} = p_{ij}, \quad i, j = 1, 2, \cdots,$$

则随机变量 $Z = g(X, Y)$ 的数学期望为

$$E(Z) = E[g(X, Y)] = \sum_{j=1}^{\infty} \sum_{i=1}^{\infty} g(x_i, y_j) p_{ij},$$

这里要求上式右边的无穷级数绝对收敛. 如果 (X, Y) 是二维连续型随机变量, 其概率密度为 $f(x, y)$, 则随机变量 $Z = g(X, Y)$ 的数学期望为

$$E(Z) = E[g(X, Y)] = \int_{-\infty}^{+\infty} \int_{-\infty}^{+\infty} g(x, y) f(x, y) \mathrm{d}x \mathrm{d}y,$$

这里要求上式右边的广义积分绝对收敛.

例 4.1.11 设二维随机变量 (X, Y) 的概率密度为

$$f(x, y) = \begin{cases} 1, & |y| < x, 0 < x < 1, \\ 0, & \text{其他.} \end{cases}$$

求 $E(X), E(Y)$ 和 $E(XY)$.

解 对于 $g(X, Y) = X$, 有

$$\begin{aligned}
E(X) &= \int_{-\infty}^{+\infty} \int_{-\infty}^{+\infty} g(x, y) f(x, y) \mathrm{d}x \mathrm{d}y \\
&= \int_{-\infty}^{+\infty} \int_{-\infty}^{+\infty} x f(x, y) \mathrm{d}x \mathrm{d}y \\
&= \int_{0}^{1} \mathrm{d}x \int_{-x}^{x} x \mathrm{d}y \\
&= \int_{0}^{1} 2x^2 \mathrm{d}x = \frac{2}{3},
\end{aligned}$$

对于 $g(X,Y) = Y$, 有

$$
\begin{aligned}
E(Y) &= \int_{-\infty}^{+\infty} \int_{-\infty}^{+\infty} g(x,y)f(x,y)\mathrm{d}x\mathrm{d}y \\
&= \int_0^1 \mathrm{d}x \int_{-x}^{x} y\mathrm{d}y = 0,
\end{aligned}
$$

对于 $g(X,Y) = XY$, 有

$$
\begin{aligned}
E(XY) &= \int_{-\infty}^{+\infty} \int_{-\infty}^{+\infty} g(x,y)f(x,y)\mathrm{d}x\mathrm{d}y \\
&= \int_0^1 \mathrm{d}x \int_{-x}^{x} xy\mathrm{d}y = 0.
\end{aligned}
$$

4.1.3 数学期望的性质

设 C 为常数, X 和 Y 是随机变量, 且 $E(X)$ 和 $E(Y)$ 都存在.

如果随机变量 X 恒取常数 C, 则有 $P\{X = C\} = 1$, 从而有 $E(C) = C \times 1 = C$, 此即数学期望的性质 4.1.1.

性质 4.1.1 $E(C) = C$.

根据定义很容易得到数学期望的性质 4.1.2.

性质 4.1.2 $E(CX) = CE(X)$.

性质 4.1.3 $E(X + Y) = E(X) + E(Y)$.

性质 4.1.4 若随机变量 X 和 Y 相互独立, 则有 $E(XY) = E(X)E(Y)$.

这里只就连续型随机变量的情形对性质 4.1.3 和性质 4.1.4 给出证明, 对于离散型的情形, 请读者证明.

设二维连续型随机变量 (X,Y) 的概率密度为 $f(x,y)$, (X,Y) 关于 X 和关于 Y 的边缘概率密度分别为 $f_X(x)$ 和 $f_Y(y)$, 则有

$$
\begin{aligned}
E(X + Y) &= \int_{-\infty}^{+\infty} \int_{-\infty}^{+\infty} (x + y)f(x,y)\mathrm{d}x\mathrm{d}y \\
&= \int_{-\infty}^{+\infty} \int_{-\infty}^{+\infty} xf(x,y)\mathrm{d}x\mathrm{d}y + \int_{-\infty}^{+\infty} \int_{-\infty}^{+\infty} yf(x,y)\mathrm{d}x\mathrm{d}y \\
&= \int_{-\infty}^{+\infty} x\left[\int_{-\infty}^{+\infty} f(x,y)\mathrm{d}y\right]\mathrm{d}x + \int_{-\infty}^{+\infty} y\left[\int_{-\infty}^{+\infty} f(x,y)\mathrm{d}x\right]\mathrm{d}y \\
&= \int_{-\infty}^{+\infty} xf_X(x)\mathrm{d}x + \int_{-\infty}^{+\infty} yf_Y(y)\mathrm{d}y \\
&= E(X) + E(Y).
\end{aligned}
$$

如果 X 和 Y 相互独立, 则 $f(x,y) = f_X(x)f_Y(y)$, 从而有

$$
\begin{aligned}
E(XY) &= \int_{-\infty}^{+\infty} \int_{-\infty}^{+\infty} xy f(x,y) \mathrm{d}x \mathrm{d}y \\
&= \int_{-\infty}^{+\infty} \int_{-\infty}^{+\infty} xy f_X(x) f_Y(y) \mathrm{d}x \mathrm{d}y \\
&= \int_{-\infty}^{+\infty} x f_X(x) \mathrm{d}x \int_{-\infty}^{+\infty} y f_Y(y) \mathrm{d}y \\
&= E(X)E(Y).
\end{aligned}
$$

例 4.1.12   对于两个随机变量 X 和 Y, 设 $E\left(X^2\right)$ 和 $E\left(Y^2\right)$ 都存在, 证明:

$$
[E(XY)]^2 \leqslant E\left(X^2\right) E\left(Y^2\right).
$$

这一不等式称为柯西 - 施瓦茨 (Cauchy-Schwarz) 不等式.

证明   对于任意实数 t, 令

$$
g(t) = E\left[(X+tY)^2\right],
$$

则根据数学期望的性质有

$$
\begin{aligned}
E\left[(X+tY)^2\right] &= E\left(X^2 + 2tXY + t^2Y^2\right) \\
&= E(X^2) + 2tE(XY) + t^2 E(Y^2),
\end{aligned}
$$

因此

$$
g(t) = E(X^2) + 2tE(XY) + t^2 E(Y^2).
$$

由于 $g(t) \geqslant 0$, 可知关于 t 的二次三项式 $g(t)$ 的判别式小于或等于零, 即

$$
\Delta = 4\left[E(XY)\right]^2 - 4E\left(X^2\right) E\left(Y^2\right) \leqslant 0,
$$

从而

$$
[E(XY)]^2 \leqslant E\left(X^2\right) E\left(Y^2\right). \qquad \square
$$

例 4.1.13   一民航机场的送客汽车载有 20 位旅客, 自机场开始, 沿途有 10 个车站. 如果到达一个车站没有旅客下车, 就不停车. 以 X 表示停车次数, 求 $E(X)$(假设每个旅客在各个车站下车是等可能的, 且各旅客是否下车相互独立).

解   设

$$
X_i = \begin{cases} 1, & \text{第 } i \text{ 个车站有旅客下车,} \\ 0, & \text{第 } i \text{ 个车站没有旅客下车,} \end{cases} \quad i = 1, 2, \cdots, 10,
$$

则 $X = X_1 + \cdots + X_{10}$. 因此, 为求 $E(X)$, 只需求 $E(X_i)(i = 1, 2, \cdots, 10)$ 即可.

由于任一旅客在第 i 个车站不下车的概率为 $\dfrac{9}{10}$, 又旅客是否下车是相互独立的, 因此, 20 个旅客在第 i 个车站都不下车的概率为 $\left(\dfrac{9}{10}\right)^{20}$, 在第 i 个车站有人下车的概率为 $1 - \left(\dfrac{9}{10}\right)^{20}$, 即 $X_i(i = 1, 2, \cdots, 10.)$ 的概率分布为

X_i	0	1
P	$\left(\dfrac{9}{10}\right)^{20}$	$1 - \left(\dfrac{9}{10}\right)^{20}$

从而

$$E(X_i) = 1 - \left(\frac{9}{10}\right)^{20}, \quad i = 1, 2, \cdots, 10.$$

故

$$E(X) = E(X_1) + E(X_2) + \cdots + E(X_{10})$$
$$= 10\left[1 - \left(\frac{9}{10}\right)^{20}\right]$$
$$\approx 8.784(次).$$

即送客汽车平均停车 8.784 次.

例 4.1.14 设 X 和 Y 是两个相互独立的随机变量, 其概率密度分别为

$$f_X(x) = \begin{cases} 2x, & 0 < x < 1, \\ 0, & 其他. \end{cases} \qquad f_Y(y) = \begin{cases} \mathrm{e}^{-(y-2)}, & y \geqslant 2, \\ 0, & y < 2. \end{cases}$$

求随机变量 $Z = XY$ 的数学期望.

解 由数学期望的性质 4.1.4, 得

$$E(Z) = E(XY) = E(X)E(Y)$$
$$= \int_{-\infty}^{+\infty} x f_X(x)\mathrm{d}x \int_{-\infty}^{+\infty} y f_Y(y)\mathrm{d}y = \int_0^1 2x^2 \mathrm{d}x \int_2^{+\infty} y\mathrm{e}^{-(y-2)}\mathrm{d}y$$
$$= \frac{2}{3} \times 3 = 2.$$

4.2 方   差

4.2.1 方差及其计算公式

我们已经知道, 数学期望描述了随机变量取值的平均值, 即其是分布的位置特征数, 它位于分布的中心, 随机变量的取值在其周围波动. 在许多问题中, 除了要知道随机变量的数学期望外, 还要知道随机变量与数学期望之间的偏离程度. 在概率论中, 这个偏离程度通常用量

4-2 方 差

$$E\left\{[X - E(X)]^2\right\}$$

来表达.

定义 4.2.1 设 X 是一个随机变量, 如果 $E\left\{[X - E(X)]^2\right\}$ 存在, 则称之为随机变量 X 的方差, 记作 $D(X)$ 或 $\mathrm{var}X$, 即

$$D(X) = E\left\{[X - E(X)]^2\right\}.$$

称 $\sqrt{D(X)}$ 为随机变量 X 的标准差或均方差, 记作 $\sigma(X)$, 即

$$\sigma(X) = \sqrt{D(X)}.$$

由定义 4.2.1 可知, 随机变量 X 的方差反映了 X 与其数学期望 $E(X)$ 的偏离程度. 如果 X 取值集中在 $E(X)$ 附近, 则 $D(X)$ 较小; 如果 X 取值比较分散, 则 $D(X)$ 较大.

如果 X 是离散型随机变量, 其概率分布为

$$P\{X = x_k\} = p_k, \quad k = 1, 2, \cdots,$$

则由定义 4.2.1 有

$$D(X) = E\left\{[X - E(X)]^2\right\} = \sum_{k=1}^{\infty} [x_k - E(X)]^2 p_k.$$

如果 X 是连续型随机变量, 其概率密度为 $f(x)$, 则由定义 4.2.1 有

$$D(X) = E\left\{[X - E(X)]^2\right\} = \int_{-\infty}^{+\infty} [x - E(X)]^2 f(x)\mathrm{d}x.$$

根据数学期望的性质 4.1.1, 性质 4.1.2 和性质 4.1.3, 可得

$$D(X) = E\left\{[X - E(X)]^2\right\} = E\left\{X^2 - 2XE(X) + [E(X)]^2\right\}$$

$$= E\left(X^2\right) - 2\left[E(X)\right]^2 + \left[E(X)\right]^2$$
$$= E\left(X^2\right) - \left[E(X)\right]^2,$$

即

$$D(X) = E\left(X^2\right) - \left[E(X)\right]^2.$$

这是计算随机变量 X 方差的常用公式.

例 4.2.1 若随机变量 X 服从 $0-1$ 分布, 求 X 的方差.

解 由于 $E(X) = p$, 有 $E\left(X^2\right) = 0^2 \times (1-p) + 1^2 \cdot p = p$. 则

$$D(X) = E\left(X^2\right) - \left[E(X)\right]^2 = p - p^2 = pq,$$

其中 $q = 1 - p$.

例 4.2.2 设随机变量 $X \sim B(n, p)$, 求 $D(X)$.

解 由于 $E(X) = np$, 则

$$
\begin{aligned}
E\left(X^2\right) &= \sum_{k=0}^{n} k^2 C_n^k p^k (1-p)^{n-k} \\
&= \sum_{k=0}^{n} k^2 \frac{n!}{k!(n-k)!} p^k (1-p)^{n-k} \\
&= np \sum_{k=1}^{n} (k-1+1) \frac{(n-1)!}{(k-1)![(n-1)-(k-1)]!} p^{k-1} (1-p)^{(n-1)-(k-1)} \\
&= np \sum_{k=1}^{n} (k-1) \frac{(n-1)!}{(k-1)![(n-1)-(k-1)]!} p^{k-1} (1-p)^{(n-1)-(k-1)} \\
&\quad + np \sum_{k=1}^{n} \frac{(n-1)!}{(k-1)![(n-1)-(k-1)]!} p^{k-1} (1-p)^{(n-1)-(k-1)},
\end{aligned}
$$

记 $i = k - 1$, 则

$$
\begin{aligned}
E\left(X^2\right) &= np \sum_{i=0}^{n-1} i C_{n-1}^i p^i (1-p)^{(n-1)-i} + np \sum_{i=0}^{n-1} C_{n-1}^i p^i (1-p)^{(n-1)-i} \\
&= np[(n-1)p] + np[p + (1-p)]^{n-1} \\
&= n^2 p - np^2 + np,
\end{aligned}
$$

所以

$$D(X) = E\left(X^2\right) - \left[E(X)\right]^2 = n^2 p^2 - np^2 + np - n^2 p^2$$

$$= np(1 - p).$$

由此可知, 如果 $X \sim B(n, p)$, 则

$$E(X) = np, \quad D(X) = np(1 - p).$$

例 4.2.3　设随机变量 X 服从参数为 p 的几何分布, 求 X 的方差.

解　X 的概率分布为

$$P\{X = k\} = (1 - p)^{k-1} p, \quad k = 1, 2, \cdots,$$

由于

$$E(X) = \frac{1}{p},$$

$$E(X^2) = \sum_{k=0}^{\infty} k^2 (1 - p)^{k-1} p = p \sum_{k=1}^{\infty} k^2 (1 - p)^{k-1},$$

由高等数学知识可知

$$\sum_{k=1}^{\infty} k(1 - p)^{k-1} = \frac{1}{p^2},$$

即

$$\sum_{k=1}^{\infty} k(1 - p)^k = \frac{1 - p}{p^2}.$$

上式两边对 p 求导, 得

$$\sum_{k=1}^{\infty} k^2 (1 - p)^{k-1} (-1) = -\frac{2}{p^3} + \frac{1}{p^2},$$

即

$$\sum_{k=1}^{\infty} k^2 (1 - p)^{k-1} = \frac{2 - p}{p^3},$$

从而

$$E(X^2) = \frac{2 - p}{p^2}.$$

故

$$D(X) = E\left(X^2\right) - [E(X)]^2 = \frac{2 - p}{p^2} - \frac{1}{p^2} = \frac{1 - p}{p^2} = \frac{q}{p^2},$$

其中 $q = 1 - p$.

例 4.2.4 设随机变量 $X \sim \pi(\lambda)$, 求 $D(X)$.

解 由例 4.1.4 知, $E(X) = \lambda$. 因为

$$E(X^2) = \sum_{k=0}^{\infty} k^2 \frac{\lambda^k}{k!} \mathrm{e}^{-\lambda} = \lambda \sum_{k=1}^{\infty} k \frac{\lambda^{k-1}}{(k-1)!} \mathrm{e}^{-\lambda},$$

记 $i = k - 1$, 则

$$\begin{aligned}
E(X^2) &= \lambda \sum_{i=0}^{\infty} (i+1) \frac{\lambda^i}{i!} \mathrm{e}^{-\lambda} \\
&= \lambda \sum_{i=0}^{\infty} i \frac{\lambda^i}{i!} \mathrm{e}^{-\lambda} + \lambda \sum_{i=0}^{\infty} \frac{\lambda^i}{i!} \mathrm{e}^{-\lambda} \\
&= \lambda^2 + \lambda.
\end{aligned}$$

所以

$$D(X) = E\left(X^2\right) - [E(X)]^2 = \lambda^2 + \lambda - \lambda^2 = \lambda.$$

由此可知, 如果 $X \sim \pi(\lambda)$, 则

$$E(X) = D(X) = \lambda.$$

例 4.2.5 设随机变量 X 在区间 (a, b) 上服从均匀分布, 求 $D(X)$.

解 由例 4.1.5 知 $E(X) = \dfrac{a+b}{2}$, 因为

$$\begin{aligned}
E(X^2) &= \int_{-\infty}^{\infty} x^2 f(x) \mathrm{d}x = \int_{a}^{b} x^2 \frac{1}{b-a} \mathrm{d}x \\
&= \left. \frac{x^3}{3(b-a)} \right|_{a}^{b} \\
&= \frac{b^2 + ab + a^2}{3},
\end{aligned}$$

所以

$$D(X) = E\left(X^2\right) - [E(X)]^2 = \frac{b^2 + ab + a^2}{3} - \frac{(a+b)^2}{4} = \frac{(b-a)^2}{12}.$$

由此可知, 如果 X 在区间 (a, b) 上服从均匀分布, 则

$$E(X) = \frac{a+b}{2}, \quad D(X) = \frac{(b-a)^2}{12}.$$

例 4.2.6 设随机变量 X 服从参数为 $\theta(\theta > 0)$ 的指数分布, 求 $D(X)$.

解　由例 4.1.6 知, $E(X) = \theta$. 因为

$$
\begin{aligned}
E\left(X^2\right) &= \int_{-\infty}^{\infty} x^2 f(x)\mathrm{d}x = \int_0^{+\infty} x^2 \frac{1}{\theta} \mathrm{e}^{-\frac{x}{\theta}} \mathrm{d}x \\
&= -x^2 \mathrm{e}^{-\frac{x}{\theta}} \Big|_0^{+\infty} + \int_0^{+\infty} 2x \mathrm{e}^{-\frac{x}{\theta}} \mathrm{d}x \\
&= 2\theta \int_0^{+\infty} \frac{x}{\theta} \mathrm{e}^{-\frac{x}{\theta}} \mathrm{d}x \\
&= 2\theta E(X) \\
&= 2\theta^2,
\end{aligned}
$$

所以

$$
D(X) = E\left(X^2\right) - [E\left(X\right)]^2 = \theta^2.
$$

由此可知, 如果 X 服从参数为 θ 的指数分布, 则

$$
E(X) = \theta, \quad D(X) = \theta^2.
$$

例 4.2.7　设随机变量 $X \sim N\left(\mu, \sigma^2\right)$, 求 $D(X)$.

解　由例 4.1.7 知

$$
E(X) = \mu.
$$

根据方差的定义, 可得

$$
\begin{aligned}
D(X) &= E\left\{[X - E(X)]^2\right\} = \int_{-\infty}^{+\infty} (x - \mu)^2 f(x)\mathrm{d}x \\
&= \int_{-\infty}^{+\infty} (x - \mu)^2 \frac{1}{\sqrt{2\pi}\sigma} \mathrm{e}^{-\frac{(x-\mu)^2}{2\sigma^2}} \mathrm{d}x.
\end{aligned}
$$

令 $t = \dfrac{x - \mu}{\sigma}$, 则

$$
\begin{aligned}
D(X) &= \sigma^2 \int_{-\infty}^{+\infty} t^2 \frac{1}{\sqrt{2\pi}} \mathrm{e}^{-\frac{t^2}{2}} \mathrm{d}t \\
&= -\frac{\sigma^2}{\sqrt{2\pi}} \int_{-\infty}^{+\infty} t\mathrm{d}\mathrm{e}^{-\frac{t^2}{2}} \\
&= -\frac{\sigma^2}{\sqrt{2\pi}} \left[t\mathrm{e}^{-\frac{t^2}{2}} \Big|_{-\infty}^{+\infty} - \int_{-\infty}^{+\infty} \mathrm{e}^{-\frac{t^2}{2}} \mathrm{d}t \right] \\
&= \frac{\sigma^2}{\sqrt{2\pi}} \int_{-\infty}^{+\infty} \mathrm{e}^{-\frac{t^2}{2}} \mathrm{d}t \\
&= \sigma^2.
\end{aligned}
$$

由此可知, 如果 $X \sim N\left(\mu, \sigma^2\right)$, 则

$$E(X) = \mu, \quad D(X) = \sigma^2.$$

4.2.2 方差的性质

设 C 是常数, 随机变量 X 和 Y 的方差 $D(X)$ 和 $D(Y)$ 都存在. 根据方差的定义和数学期望的性质, 可得下面的方差性质.

性质 4.2.1 $D(C) = 0$.

性质 4.2.2 $D(CX) = C^2 D(X)$.

事实上,

$$
\begin{aligned}
D(CX) &= E\left\{[CX - E(CX)]^2\right\} = E\left\{[CX - CE(X)]^2\right\} \\
&= E\left\{C^2 [X - E(X)]^2\right\} = C^2 E\left\{[X - E(X)]^2\right\} \\
&= C^2 D(X).
\end{aligned}
$$

性质 4.2.3 $D(X + C) = D(X)$.

事实上,

$$
\begin{aligned}
D(X + C) &= E\left\{[(X + C) - E(X + C)]^2\right\} \\
&= E\left\{[X + C - E(X) - C]^2\right\} \\
&= E\left\{[X - E(X)]^2\right\} \\
&= D(X).
\end{aligned}
$$

性质 4.2.4 如果随机变量 X 和 Y 相互独立, 则有

$$D(X + Y) = D(X) + D(Y).$$

事实上,

$$
\begin{aligned}
D(X + Y) =& E\left\{[X + Y - E(X + Y)]^2\right\} \\
=& E\left\{[X + Y - E(X) - E(Y)]^2\right\} \\
=& E\left\{[X - E(X)]^2\right\} + 2E\left\{[X - E(X)]\right\} E\left\{[Y - E(Y)]\right\} \\
& + E\left\{[Y - E(Y)]^2\right\}.
\end{aligned}
$$

因为 X 与 Y 相互独立, 故 $X - E(X)$ 与 $Y - E(Y)$ 也相互独立, 由数学期望的性质 4.1.4, 得

$$D(X + Y) = D(X) + 2E\left[X - E(X)\right]E\left[Y - E(Y)\right] + D(Y)$$
$$= D(X) + D(Y).$$

由性质 4.2.2 和性质 4.2.4 可得：如果随机变量 X 和 Y 相互独立, 则有

$$D(X - Y) = D(X) + D(Y).$$

性质 4.2.5　随机变量 X 的方差 $D(X) = 0$ 的充分必要条件是：X 以概率 1 取常数 $C = E(X)$, 而

$$P\{X = C\} = 1.$$

证明从略.

性质 4.2.5 表明, 由 $D(X) = 0$ 不能得出 X 恒等于常数的结论.

4.2.3　随机变量的标准化

设随机变量 X 具有数学期望 $E(X) = \mu$ 及方差 $D(X) = \sigma^2 > 0$, 则称

$$X^* = \frac{X - \mu}{\sigma}$$

为 X 的标准化随机变量.

读者不难验证 $E\left(X^*\right) = 0,\ D\left(X^*\right) = 1$.

例如, 若 $X \sim N\left(\mu, \sigma^2\right)\left(\sigma^2 > 0\right)$, 则

$$X^* = \frac{X - \mu}{\sigma} \sim N(0, 1).$$

4.3　协方差与相关系数

对于二维随机变量 (X, Y) 而言, 如果 X 和 Y 的数学期望和方差都存在, 这时 $E(X), D(X), E(Y), D(Y)$ 分别反映了随机变量 X 和 Y 各自的部分特性. 然而二维随机变量的联合分布中还包含有 X 和 Y 之间相互关系的信息, 能不能像数学期望和方差那样, 用某些数值来刻画 X 和 Y 之间的联系的某些特性呢? 协方差和相关系数就是描述两个随机变量之间联系的数字特征.

4.3.1 协方差

在上一节方差性质 4.2.4 的证明中我们看到, 如果两个随机变量 X 和 Y 相互独立, 则有

$$E\{[X - E(X)][Y - E(Y)]\} = 0.$$

这表明, 当 $E\{[X - E(X)][Y - E(Y)]\} \neq 0$ 时, X 与 Y 不相互独立, 因而存在一定的关系, 我们可以用这个量作为描述 X 和 Y 之间相互关系的一个数字特征.

定义 4.3.1 设随机变量 X 和 Y 的数学期望 $E(X)$ 和 $E(Y)$ 都存在, 如果 $E\{[X - E(X)][Y - E(Y)]\}$ 存在, 则称之为随机变量 X 和 Y 的**协方差**, 记作 $\mathrm{cov}(X, Y)$, 即

$$\mathrm{cov}(X, Y) = E\{[X - E(X)][Y - E(Y)]\}.$$

将上式展开, 易得

$$\mathrm{cov}(X, Y) = E(XY) - E(X)E(Y).$$

这是计算随机变量 X 和 Y 协方差的常用公式.

根据协方差的定义容易验证 $\mathrm{cov}(X, Y)$ 具有以下性质.

性质 4.3.1 $\mathrm{cov}(X, Y) = \mathrm{cov}(Y, X)$.

性质 4.3.2 对常数 a 和 b, 有 $\mathrm{cov}(aX, bY) = ab\,\mathrm{cov}(X, Y)$.

性质 4.3.3 对于随机变量 X, Y 和 Z 有

$$\mathrm{cov}(X + Y, Z) = \mathrm{cov}(X, Z) + \mathrm{cov}(Y, Z).$$

事实上,

$$\begin{aligned}
\mathrm{cov}(X + Y, Z) &= E[(X + Y)Z] - E(X + Y)E(Z) \\
&= E(XZ) + E(YZ) - E(X)E(Z) - E(Y)E(Z) \\
&= [E(XZ) - E(X)E(Z)] + [E(YZ) - E(Y)E(Z)] \\
&= \mathrm{cov}(X, Z) + \mathrm{cov}(Y, Z).
\end{aligned}$$

例 4.3.1 设 $X \sim N(0, 1), Y = X^2$, 求 $\mathrm{cov}(X, Y)$.

解 因为 $X \sim N(0, 1)$, 所以 $E(X) = 0$. 又

$$\begin{aligned}
E(Y) &= \int_{-\infty}^{+\infty} x^2 \frac{1}{\sqrt{2\pi}} \mathrm{e}^{-\frac{x^2}{2}} \mathrm{d}x \\
&= -\frac{1}{\sqrt{2\pi}} \int_{-\infty}^{+\infty} x \mathrm{d}\mathrm{e}^{-\frac{x^2}{2}}
\end{aligned}$$

$$= -\frac{1}{\sqrt{2\pi}}\left[xe^{-\frac{x^2}{2}}\Big|_{-\infty}^{+\infty} - \int_{-\infty}^{+\infty} e^{-\frac{x^2}{2}}dx\right]$$

$$= \frac{1}{\sqrt{2\pi}}\int_{-\infty}^{+\infty} e^{-\frac{x^2}{2}}dx$$

$$= 1.$$

所以

$$\mathrm{cov}(X,Y) = E(XY) - E(X)E(Y)$$

$$= E\left(X^3\right) = \int_{-\infty}^{+\infty} x^3 \frac{1}{\sqrt{2\pi}} e^{-\frac{x^2}{2}} dx$$

$$= 0.$$

4.3.2 相关系数

定义 4.3.2 设两个随机变量 X 和 Y 的方差都存在且不等于零, 协方差 $\mathrm{cov}(X,Y)$ 存在, 则称 $\dfrac{\mathrm{cov}(X,Y)}{\sqrt{D(X)}\sqrt{D(Y)}}$ 为随机变量 X 和 Y 的**相关系数**, 记作 ρ_{XY}, 即

$$\rho_{XY} = \frac{\mathrm{cov}(X,Y)}{\sqrt{D(X)}\sqrt{D(Y)}}.$$

当 $\rho_{XY} = 0$ 时, 称 X,Y 不相关.

相关系数的统计意义可以通过相关系数的性质来了解.

性质 4.3.4 $|\rho_{XY}| \leqslant 1.$

事实上, 由柯西 - 施瓦茨不等式, 可得

$$[\mathrm{cov}(X,Y)]^2 = \{E\{[X - E(X)][Y - E(Y)]\}\}^2$$

$$\leqslant E\left\{[X - E(X)]^2\right\} E\left\{[Y - E(Y)]^2\right\}$$

$$= D(X)D(Y),$$

因此

$$|\mathrm{cov}(X,Y)| \leqslant \sqrt{D(X)}\sqrt{D(Y)},$$

$$|\rho_{XY}| = \left|\frac{\mathrm{cov}(X,Y)}{\sqrt{D(X)}\sqrt{D(Y)}}\right| \leqslant 1.$$

性质 4.3.5 如果随机变量 X 和 Y 相互独立, 则 $\rho_{XY} = 0.$

事实上, 若 X 与 Y 相互独立, 则 $\mathrm{cov}(X,Y) = 0$, 进而 $\rho_{XY} = 0.$

性质 4.3.6 $|\rho_{XY}| = 1$ 的充分必要条件是: 存在常数 a,b 使

$$P\{Y = a + bX\} = 1.$$

该定理的证明略, 有兴趣的读者可以参考有关文献.

由相关系数的性质可以看出, 相关系数表示随机变量 X 和 Y 的线性相关的程度. 当 $|\rho_{XY}| = 1$ 时, X 与 Y 之间的概率 1 存在线性关系. 当 $|\rho_{XY}|$ 较大时, 通常说 X 与 Y 线性相关的程度较好; 当 $|\rho_{XY}|$ 较小时, 就说 X 与 Y 线性相关的程度较差. 当 $\rho_{XY} > 0$ 时, 称 X 和 Y 正相关, 这时随着 X 值的增加, Y 的值也有增加的趋势; 当 $\rho_{XY} < 0$ 时, 称 X 与 Y 负相关, 这时随着 X 值的增加, Y 的值有减少的趋势.

由性质 4.3.5 可知, 如果 X 与 Y 相互独立, 则 $\rho = 0$, 即 X 和 Y 不相关. 反之, 如果 X 和 Y 不相关, X 与 Y 都未必相互独立, 例如例 4.3.1 中, $\mathrm{cov}(X, Y) = 0$, 进而 $\rho_{XY} = 0$, 即 X 与 Y 不相关, 但 X 与 Y 相互独立. 实际上, 不相关只是就线性关系而言的, 而相互独立是就一般关系而言的.

最后我们指出, 对于随机变量 X 和 Y, 以下的命题是等价的.

(1) $\mathrm{cov}(X, Y) = 0$.

(2) X 与 Y 不相关.

(3) $E(XY) = E(X)E(Y)$.

(4) $D(X + Y) = D(X) + D(Y)$.

这里假设上述命题中出现的数字特征都是存在的.

例 4.3.2 某箱装有 100 件产品, 其中一、二和三等品分别为 80、10 和 10 件, 现在从中随机抽取一件, 记

$$X_i = \begin{cases} 1, & \text{若抽到 } i \text{ 等品,} \\ 0, & \text{其他,} \end{cases} \qquad i = 1, 2, 3,$$

试求: (1) 随机变量 X_1 与 X_2 的联合分布;

(2) 随机变量 X_1 与 X_2 的相关系数 $\rho_{X_1 X_2}$.

解 (1) 设事件 $A_i =$ "抽到 i 等品" ($i=1, 2, 3$). 由题意知 A_1, A_2, A_3 两两互不相容.

$$P(A_1) = 0.8, \quad P(A_2) = P(A_3) = 0.1.$$

易得

$$P\{X_1 = 0, X_2 = 0\} = P(A_3) = 0.1, \qquad P\{X_1 = 0, X_2 = 1\} = P(A_2) = 0.1,$$
$$P\{X_1 = 1, X_2 = 0\} = P(A_1) = 0.8, \qquad P\{X_1 = 1, X_2 = 1\} = P(\varnothing) = 0.$$

(2) $E(X_1) = 0.8$, $E(X_2) = 0.1$;

$$D(X_1) = 0.8 \times 0.2 = 0.16, \qquad D(X_2) = 0.1 \times 0.9 = 0.09;$$

$$E(X_1 X_2) = 0 \times 0 \times 0.1 + 0 \times 1 \times 0.1 + 1 \times 0 \times 0.8 + 1 \times 1 \times 0 = 0;$$

$$\mathrm{cov}(X_1, X_2) = E(X_1 X_2) - E(X_1)E(X_2) = 0 - 0.8 \times 0.1 = -0.08;$$

$$\rho_{X_1 X_2} = \frac{\mathrm{cov}(X_1, X_2)}{\sqrt{D(X_1)}\sqrt{D(X_2)}} = \frac{-0.08}{\sqrt{0.16 \times 0.09}} = -\frac{2}{3}.$$

例 4.3.3 设二维随机变量 (X, Y) 在单位圆 $G = \{(x, y) | x^2 + y^2 < 1\}$ 内服从均匀分布, 求 ρ_{XY}.

解 因为 (X, Y) 在 G 内服从均匀分布, 故

$$f(x, y) = \begin{cases} \dfrac{1}{\pi}, & x^2 + y^2 < 1, \\ 0, & \text{其他.} \end{cases}$$

所以

$$E(XY) = \iint\limits_{x^2+y^2<1} xy \cdot \frac{1}{\pi}\mathrm{d}x\mathrm{d}y = \int_0^{2\pi} \mathrm{d}\theta \int_0^1 \frac{1}{\pi}r^3 \sin\theta\cos\theta\mathrm{d}r = 0,$$

$$E(X) = \iint\limits_{x^2+y^2<1} x \cdot \frac{1}{\pi}\mathrm{d}x\mathrm{d}y = \int_0^{2\pi} \mathrm{d}\theta \int_0^1 \frac{1}{\pi}r^2 \cos\theta\mathrm{d}r = 0,$$

$$E(Y) = \iint\limits_{x^2+y^2<1} y \cdot \frac{1}{\pi}\mathrm{d}x\mathrm{d}y = \int_0^{2\pi} \mathrm{d}\theta \int_0^1 \frac{1}{\pi}r^2 \sin\theta\mathrm{d}r = 0.$$

于是 $\mathrm{cov}(X, Y) = E(XY) - E(X)E(Y) = 0$, 从而

$$\rho_{XY} = 0.$$

例 4.3.4 设二维随机变量 (X, Y) 服从二维正态分布 $N\left(\mu_1, \mu_2, \sigma_1^2, \sigma_2^2, \rho\right)$, 则 X 与 Y 相互独立的充分必要条件是 X 与 Y 不相关.

证明 (X, Y) 的概率密度为

$$f(x, y) = \frac{1}{2\pi\sigma_1\sigma_2\sqrt{1-\rho^2}}\exp\left\{-\frac{1}{2(1-\rho^2)}\left[\frac{(x-\mu_1)^2}{\sigma_1^2}\right.\right.$$
$$\left.\left. -2\rho\frac{(x-\mu_1)(y-\mu_2)}{\sigma_1\sigma_2} + \frac{(y-\mu_2)^2}{\sigma_2^2}\right]\right\},$$
$$-\infty < x < +\infty, \quad -\infty < y < +\infty.$$

且两个边缘概率密度分别为

$$f_X(x) = \frac{1}{\sqrt{2\pi}\sigma_1}\mathrm{e}^{-\frac{(x-\mu_1)^2}{2\sigma_1^2}}, \quad -\infty < x < +\infty,$$

$$f_Y(x) = \frac{1}{\sqrt{2\pi}\sigma_2} e^{-\frac{(y-\mu_2)^2}{2\sigma_2^2}}, \quad -\infty < x < +\infty.$$

因此

$$E(X) = \mu_1, \quad E(Y) = \mu_2, \quad D(X) = \sigma_1^2, \quad D(Y) = \sigma_2^2.$$

而

$$
\begin{aligned}
\text{cov}(X,Y) =& E\{[X - E(X)]\}E\{[Y - E(Y)]\} \\
=& \int_{-\infty}^{+\infty} \int_{-\infty}^{+\infty} (x - \mu_1)(y - \mu_2) f(x,y) \mathrm{d}x\mathrm{d}y \\
=& \frac{1}{2\pi\sigma_1\sigma_2\sqrt{1-\rho^2}} \int_{-\infty}^{+\infty} \int_{-\infty}^{+\infty} (x - \mu_1)(y - \mu_2) \exp\left\{-\frac{(x-\mu_1)^2}{2\sigma_1^2}\right\} \\
& \times \exp\left\{-\frac{1}{2(1-\rho^2)}\left[\frac{y-\mu_2}{\sigma_2} - \rho\frac{x-\mu_1}{\sigma_1}\right]^2\right\} \mathrm{d}x\mathrm{d}y.
\end{aligned}
$$

令 $t = \dfrac{1}{\sqrt{1-\rho^2}}\left(\dfrac{y-\mu_2}{\sigma_2} - \rho\dfrac{x-\mu_1}{\sigma_1}\right), \quad u = \dfrac{x-\mu_1}{\sigma_1}$, 则有

$$
\begin{aligned}
\text{cov}(X,Y) =& \frac{1}{2\pi} \int_{-\infty}^{+\infty} \int_{-\infty}^{+\infty} \sigma_1\sigma_2\left(\sqrt{1-\rho^2}tu + \rho u^2\right) e^{-\frac{t^2}{2}} e^{-\frac{u^2}{2}} \mathrm{d}t\mathrm{d}u \\
=& \frac{\sigma_1\sigma_2\sqrt{1-\rho^2}}{2\pi} \int_{-\infty}^{+\infty} te^{-\frac{t^2}{2}} \mathrm{d}t \int_{-\infty}^{+\infty} ue^{-\frac{u^2}{2}} \mathrm{d}u \\
& + \rho\sigma_1\sigma_2 \int_{-\infty}^{+\infty} \frac{1}{\sqrt{2\pi}} e^{-\frac{t^2}{2}} \mathrm{d}t \int_{-\infty}^{+\infty} \frac{1}{\sqrt{2\pi}} u^2 e^{-\frac{u^2}{2}} \mathrm{d}u.
\end{aligned}
$$

由于

$$\int_{-\infty}^{+\infty} te^{-\frac{t^2}{2}} \mathrm{d}t = -te^{-\frac{t^2}{2}}\Big|_{-\infty}^{+\infty} = 0,$$

$$\int_{-\infty}^{+\infty} ue^{-\frac{u^2}{2}} \mathrm{d}u = 0, \quad \int_{-\infty}^{+\infty} \frac{1}{\sqrt{2\pi}} e^{-\frac{t^2}{2}} \mathrm{d}t = 1,$$

由例 4.2.7, 知

$$\int_{-\infty}^{+\infty} \frac{1}{\sqrt{2\pi}} u^2 e^{-\frac{u^2}{2}} \mathrm{d}u = 1,$$

因此得 $\text{cov}(X,Y) = \rho\sigma_1\sigma_2$. 所以

$$\rho_{XY} = \frac{\text{cov}(X,Y)}{\sqrt{D(X)}\sqrt{D(Y)}} = \frac{\rho\sigma_1\sigma_2}{\sigma_1\sigma_2} = \rho. \qquad \Box$$

由 3.2 节的讨论我们知道, 若 $(X,Y) \sim N(\mu_1, \mu_2, \sigma_1^2, \sigma_2^2, \rho)$, 则 X 与 Y 相互独立的充分必要条件是 $\rho = 0$, 由于 $\rho = \rho_{XY}$, 所以 X 与 Y 相互独立的充分必要条件是 X 与 Y 不相关.

在例 4.3.4 的证明中还得到, 二维正态随机变量 (X,Y) 的概率密度中的参数 ρ 就是 X 与 Y 的相关系数, 因此二维正态随机变量 (X,Y) 的概率分布完全由 X 和 Y 的数学期望、方差及 X 与 Y 的相关系数所确定.

4.4 矩

4.4.1 原点矩和中心矩

数学期望、方差、协方差是随机变量常用的数字特征, 它们都是一些特殊的矩, 矩是最广泛使用的数字特征, 在概率统计中占有重要的地位. 最常用的矩有两种: 原点矩、中心矩.

定义 4.4.1 设 X 和 Y 是随机变量. 如果

$$E(X^k), \quad k = 1, 2, \cdots$$

存在, 则称之为随机变量 X 的 **k 阶原点矩**; 如果

$$E\left\{[X - E(X)]^k\right\}, \quad k = 1, 2, \cdots$$

存在, 则称之为随机变量 X 的 **k 阶中心矩**; 如果

$$E\left(X^k Y^l\right), \quad k, l = 1, 2, \cdots$$

存在, 则称之为随机变量的 X 和 Y 的 $k+l$ 阶**混合原点矩**; 如果

$$E\left\{[X - E(X)]^k [Y - E(Y)]^l\right\}, \quad k, l = 1, 2, \cdots$$

存在, 则称之为随机变量 X 和 Y 的 $k+l$ 阶**混合中心矩**.

显然, 随机变量 X 和 Y 的数学期望 $E(X)$ 是 X 的一阶原点矩, 方差 $D(X)$ 是 X 的二阶中心矩, 协方差 $\mathrm{cov}(X,Y)$ 是随机变量 X 和 Y 的二阶混合中心矩.

例 4.4.1 设随机变量 $X \sim N\left(\mu, \sigma^2\right)$, 求 X 的二阶、三阶原点矩以及三阶、四阶中心矩.

解 因 $E(X) = \mu, D(X) = \sigma^2$, 故

$$E(X^2) = D(X) + [E(X)]^2 = \sigma^2 + \mu^2.$$

$$\begin{aligned}
E(X^3) &= \int_{-\infty}^{+\infty} x^3 \frac{1}{\sqrt{2\pi}\sigma} \mathrm{e}^{-\frac{(x-\mu)^2}{2\sigma^2}} \mathrm{d}x \\
&= -\frac{\sigma}{\sqrt{2\pi}\sigma}\left(x^2 \mathrm{e}^{-\frac{(x-\mu)^2}{2\sigma^2}}\Big|_{-\infty}^{+\infty} - 2\int_{-\infty}^{+\infty} x\mathrm{e}^{-\frac{(x-\mu)^2}{2\sigma^2}}\mathrm{d}x\right)
\end{aligned}$$

$$+ \frac{\mu}{\sqrt{2\pi}\sigma} \int_{-\infty}^{+\infty} x^2 e^{-\frac{(x-\mu)^2}{2\sigma^2}} dx$$

$$= 2\sigma^2\mu + \mu\left(\sigma^2 + \mu^2\right)$$

$$= \mu^3 + 3\mu\sigma^2.$$

$$E\left\{[X - E(X)]^3\right\} = E\left[(X - \mu)^3\right]$$

$$= \int_{-\infty}^{+\infty} (x-\mu)^3 \cdot \frac{1}{\sqrt{2\pi}\sigma} e^{-\frac{(x-\mu)^2}{2\sigma^2}} dx$$

$$\xlongequal{t=\frac{x-\mu}{\sigma}} \frac{\sigma^3}{\sqrt{2\pi}} \int_{-\infty}^{+\infty} t^3 e^{-\frac{t^2}{2}} dt$$

$$= 0.$$

$$E\left\{[X - E(X)]^4\right\} = E\left[(X - \mu)^4\right]$$

$$= \int_{-\infty}^{+\infty} (x-\mu)^4 \cdot \frac{1}{\sqrt{2\pi}\sigma} e^{-\frac{(x-\mu)^2}{2\sigma^2}} dx$$

$$\xlongequal{t=\frac{x-\mu}{\sigma}} \frac{\sigma^4}{\sqrt{2\pi}} \int_{-\infty}^{+\infty} t^4 e^{-\frac{t^2}{2}} dt$$

$$= -\frac{\sigma^4}{\sqrt{2\pi}} \left(t^3 e^{-\frac{t^2}{2}} \Big|_{-\infty}^{+\infty} - 3\int_{-\infty}^{+\infty} t^2 e^{-\frac{t^2}{2}} dt \right)$$

$$= 3\sigma^4 \int_{-\infty}^{+\infty} t^2 \cdot \frac{1}{\sqrt{2\pi}} e^{-\frac{t^2}{2}} dt$$

$$= 3\sigma^4.$$

4.4.2 协方差矩阵

定义 4.4.2 设二维随机变量 (X_1, X_2) 关于 X_1 和 X_2 的二阶中心矩和二阶混合中心矩

$$C_{ij} = E\left\{[X_i - E(X_i)][X_j - E(X_j)]\right\}, \quad i,j = 1,2$$

都存在, 则称矩阵

$$C = \begin{pmatrix} C_{11} & C_{12} \\ C_{21} & C_{22} \end{pmatrix}$$

为二维随机变量 (X_1, X_2) 的协方差矩阵.

设 n 为随机变量 $(X_1, X_2, \cdots, X_n)$ 关于 $X_1, X_2, \cdots, X_n$ 的二阶中心矩和二阶混合中心矩

$$C_{ij} = E\left\{[X_i - E(X_i)][X_j - E(X_j)]\right\}, \quad i,j = 1, 2, \cdots, n$$

都存在, 则称矩阵

$$C = \begin{pmatrix} C_{11} & C_{12} & \cdots & C_{1n} \\ C_{21} & C_{22} & \cdots & C_{2n} \\ \vdots & \vdots & & \vdots \\ C_{n1} & C_{n2} & \cdots & C_{nn} \end{pmatrix}$$

为 n 维随机变量 $(X_1, X_2, \cdots, X_n)$ 的**协方差矩阵**, 由于 $C_{ij} = C_{ji}(i \neq j, i, j = 1, 2, \cdots, n)$, 所以 C 是对称矩阵.

例 4.4.2　设二维随机变量 $(X_1, X_2) \sim N\left(\mu_1, \mu_2, \sigma_1^2, \sigma_2^2, \rho\right)$, 写出 (X_1, X_2) 的协方差矩阵.

解　由第 3 章的讨论知, $X_1 \sim N\left(\mu_1, \sigma_1^2\right), X_2 \sim N\left(\mu_2, \sigma_2^2\right)$, 因此

$$E(X_1) = \mu_1, \quad E(X_2) = \mu_2,$$
$$D(X_1) = E\left\{[X_1 - E(X_1)]^2\right\} = \sigma_1^2,$$
$$D(X_2) = E\left\{[X_2 - E(X_2)]^2\right\} = \sigma_2^2.$$

又由例 4.3.4 知

$$\begin{aligned}
\mathrm{cov}(X_1, X_2) &= \mathrm{cov}(X_2, X_1) \\
&= E\left\{[X_1 - E(X_1)][X_2 - E(X_2)]\right\} \\
&= \rho\sigma_1\sigma_2.
\end{aligned}$$

从而有

$$C_{11} = \sigma_1^2, \quad C_{12} = C_{21} = \rho\sigma_1\sigma_2, \quad C_{22} = \sigma_2^2.$$

所以 (X_1, X_2) 的协方差矩阵为

$$\begin{pmatrix} \sigma_1^2 & \rho\sigma_1\sigma_2 \\ \rho\sigma_1\sigma_2 & \sigma_2^2 \end{pmatrix}.$$

4.4.3　n 维正态分布

设 (X_1, X_2) 服从二维正态分布, 其概率密度为

$$f(x_1, x_2) = \frac{1}{2\pi\sigma_1\sigma_2\sqrt{1-\rho^2}}\exp\left\{-\frac{1}{2(1-\rho^2)}\left[\frac{(x_1-\mu_1)^2}{\sigma_1^2} \right.\right.$$
$$\left.\left. -2\rho\frac{(x_1-\mu_1)(x_2-\mu_2)}{\sigma_1\sigma_2} + \frac{(x_2-\mu_2)^2}{\sigma_2^2}\right]\right\}.$$

(X_1, X_2) 的协方差矩阵为

$$C = \begin{pmatrix} \sigma_1^2 & \rho\sigma_1\sigma_2 \\ \rho\sigma_1\sigma_2 & \sigma_2^2 \end{pmatrix},$$

其行列式 $|C| = \sigma_1^2\sigma_2^2(1 - \rho^2)$, C 的逆矩阵为

$$C^{-1} = \frac{1}{|C|} \begin{pmatrix} \sigma_2^2 & -\rho\sigma_1\sigma_2 \\ -\rho\sigma_1\sigma_2 & \sigma_1^2 \end{pmatrix}.$$

令

$$X = \begin{pmatrix} x_1 \\ x_2 \end{pmatrix}, \quad \mu = \begin{pmatrix} \mu_1 \\ \mu_2 \end{pmatrix},$$

则

$$(X - \mu)^{\mathrm{T}} C^{-1}(X - \mu)$$
$$= \frac{1}{|C|}(x_1 - \mu_1, x_2 - \mu_2) \begin{pmatrix} \sigma_2^2 & -\rho\sigma_1\sigma_2 \\ -\rho\sigma_1\sigma_2 & \sigma_1^2 \end{pmatrix} \begin{pmatrix} x_1 - \mu_1 \\ x_2 - \mu_2 \end{pmatrix}$$
$$= \frac{1}{1 - \rho^2} \left[\frac{(x_1 - \mu_1)^2}{\sigma_1^2} - 2\rho\frac{(x_1 - \mu_1)(x_2 - \mu_2)}{\sigma_1\sigma_2} + \frac{(x_2 - \mu_2)^2}{\sigma_2^2} \right].$$

因此二维正态随机变量 (X_1, X_2) 的概率密度可以写成

$$f(x_1, x_2) = \frac{1}{(2\pi)^{\frac{2}{2}} |C|^{\frac{1}{2}}} \exp\left\{ -\frac{1}{2}(X - \mu)^{\mathrm{T}} C^{-1}(X - \mu) \right\}.$$

设 $(X_1, X_2, \cdots, X_n)$ 为 n 维随机变量, 记

$$X = \begin{pmatrix} x_1 \\ x_2 \\ \vdots \\ x_n \end{pmatrix}, \quad \mu = \begin{pmatrix} \mu_1 \\ \mu_2 \\ \vdots \\ \mu_n \end{pmatrix} = \begin{pmatrix} E(X_1) \\ E(X_2) \\ \vdots \\ E(X_n) \end{pmatrix}.$$

如果 $(X_1, X_2, \cdots, X_n)$ 具有概率密度

$$f(x_1, x_2, \cdots, x_n) = \frac{1}{(2\pi)^{\frac{n}{2}} |C|^{\frac{1}{2}}} \exp\left\{ -\frac{1}{2}(X - \mu)^{\mathrm{T}} C^{-1}(X - \mu) \right\},$$

其中 C 为 $(X_1, X_2, \cdots, X_n)$ 的协方差矩阵, 则称 $(X_1, X_2, \cdots, X_n)$ 服从 n 维正态分布. 下面我们不加证明给出 n 维正态随机变量的性质.

性质 4.4.1 n 维随机变量 $(X_1, X_2, \cdots, X_n)$ 服从 n 维正态分布的充分必要条件是：$X_1, X_2, \cdots, X_n$ 的任意线性组合

$$k_1 X_1 + k_2 X_2 + \cdots + k_n X_n$$

都服从一维正态分布, 其中 $k_1, k_2, \cdots k_n$ 为任意常数.

性质 4.4.2 如果 $(X_1, X_2, \cdots, X_n)$ 服从 n 维正态分布, 设 $Y_1, Y_2, \cdots, Y_m$ 是 $X_i(i = 1, 2, \cdots, n)$ 的线性函数, 则 $(Y_1, Y_2, \cdots, Y_m)$ 也服从 m 维正态分布.

性质 4.4.3 设 $(X_1, X_2, \cdots, X_n)$ 服从 n 维正态分布, 则随机变量 $X_1, X_2, \cdots, X_n$ 相互独立与 $X_1, X_2, \cdots, X_n$ 两两不相关等价.

习　题　4

(A)

第 4 章小结

1. 甲、乙两人打靶所得分数分别记为 X 和 Y, 它们的概率分布依次为

X	0	1	2
P	0.1	0.2	0.6

Y	0	1	2
P	0.6	0.3	0.1

分别计算 $E(X)$ 和 $E(Y)$, 从而确定甲、乙二人成绩的好坏.

2. 一台设备由三大部件构成, 在设备运转中各部件需要调整的概率分别为 0.1、0.2 和 0.3. 假设各部件的状态相互独立, 以 X 表示需要调整的部件数, 求 X 的概率分布、数学期望和方差.

3. 若有 n 把看上去样子相同的钥匙, 其中只有一把能打开门上的锁, 用它们去试开门上的锁. 设取到每把钥匙是等可能的. 若每把钥匙试开一次后除去, 求试开次数 X 的数学期望.

4. 设随机变量 X 的密度函数为

$$f(x) = \begin{cases} A x^\alpha, & 0 < x < 1, \\ 0, & \text{其他}, \end{cases}$$

其中 A, α 为待定常数, 且 $\alpha > 0$, 又已知 $E(X) = 0.75$, 求 A, α.

5. 设随机变量 X 的概率密度为

$$f(x) = \begin{cases} a + b x^2, & 0 < x < 1, \\ 0, & \text{其他}. \end{cases}$$

并且 $E(X) = \dfrac{3}{5}$, 求 a, b 的值.

6. 设随机变量 X 的概率分布为

X	-2	0	2
P	0.4	0.3	0.3

试求 $E(X), E(X^2), E(3X^2 + 5), D(3X^2 + 5), D(-2X^2 - 8)$.

7. 设某商店对某种家用电器的销售采用先使用后付款的方式, 并规定凡使用寿命在 1 年以内付款 1500 元; 在 $1 \sim 2$ 年内付款 2000 元; 在 $2 \sim 3$ 年内付款 2500 元; 在 3 年以上付款 3000 元. 若该家用电器的使用寿命 (以年记)X 服从指数分布, 概率密度为

$$f(x) = \begin{cases} \dfrac{1}{10} e^{-\frac{x}{10}}, & x > 0, \\ 0, & x \leqslant 0, \end{cases}$$

试写出商店对此家用电器每台收款数 Y 的分布律, 并求 Y 的数学期望.

8. 设随机变量 X 的概率密度为

$$f(x) = \begin{cases} \dfrac{3x^2}{A^3}, & 0 < x < A, \\ 0, & \text{其他}. \end{cases}$$

若 $P\{X > 1\} = \dfrac{7}{8}$, 试确定 A 的值并求 $E(X)$.

9. 假设电子元件的寿命服从指数分布, 且该种电子元件的平均寿命为 1000 小时. 又已知制造一个这种元件的成本为 2.00 元, 售价为 6.00 元, 而且规定这种元件使用寿命不超过 900 小时可以退款, 问每制造一个这样的元件平均利润是多少?

10. 假设由自动线加工的某种零件的内径 X(单位: mm) 服从正态分布 $N(\mu, 1)$, 内径小于 10 或大于 12 为不合格品, 其余为合格品. 销售每件合格品获利, 销售每件不合格品亏损, 已知销售利润 T(单位: 元) 与销售零件的内径 X 有如下关系:

$$T = \begin{cases} -1, & X < 10, \\ 20, & 10 \leqslant X < 12, \\ -5, & X > 12. \end{cases}$$

问平均内径 μ 取何值时, 销售一个零件的平均利润最大?

11. 设随机变量 X 的概率密度为

$$f(x) = \begin{cases} e^{-x}, & x > 0, \\ 0, & x \leqslant 0. \end{cases}$$

求: $(1)Y = 2X$; $(2)Y = e^{-2x}$ 的数学期望.

12. 按规定, 某车站每天 $8:00 \sim 9:00, 9:00 \sim 10:00$ 都恰有一辆客车到站, 但到站的时刻是随机的, 且两者到站的时刻相互独立, 其规律是

到站时刻	$8:10$ $9:10$	$8:30$ $9:30$	$8:50$ $9:50$
概率	$\dfrac{1}{6}$	$\dfrac{3}{6}$	$\dfrac{2}{6}$

(1) 一旅客 $8:00$ 到车站, 求他候车时间的数学期望;

(2) 一旅客 $8:20$ 到车站, 求他候车时间的数学期望.

13. 设二维随机变量 (X, Y) 的概率密度为

$$f(x, y) = \begin{cases} 6xy, & 0 < y < 2(1-x), \quad 0 < x < 1, \\ 0, & \text{其他}. \end{cases}$$

求 $E(X)$ 及 $E(XY)$.

14. 设二维随机变量 (X, Y) 在区域 D 上服从均匀分布, 其中 D 是由 x 轴, y 轴及直线 $x + y + 1 = 0$ 所围成的区域, 求 $E(X), E(-3X + 2Y)$ 及 $E(XY)$.

15. 一汽车沿一条街道行驶, 需要通过三个均设有红绿信号灯的路口, 每个信号灯为红灯或绿灯与其他信号灯为红灯或绿灯相互独立, 且红绿两种信号显示的时间相等. 以 X 表示该汽车首次遇到红灯前已通过的路口的个数.

(1) 求 X 的概率分布;

(2) 求 $E\left(\dfrac{1}{1+X}\right)$.

16. 某人寿保险公司有 1000 人投保, 每人每年交保险金 10 元, 若投保者在该年内非自杀性死亡, 则获得赔偿金 1000 元.

(1) 若投保者在 1 年内非自杀死亡的概率为 p, 那么该公司 1 年赢利的期望值是多少? (该行政开支由国家支付.)

(2) 若投保者在 1 年内非自杀死亡的概率为 0.002, 那么每人至少要交多少保险金, 才能使保险公司赢利的期望值大于或等于零?

17. 设某企业生产线上产品合格率为 0.96, 不合格产品中只有 $\dfrac{3}{4}$ 的产品可进行再加工且再加工的合格率为 0.8, 其余均为废品, 每件合格品获利 80 元, 每件废品亏损 20 元, 为保证该企业每天平均利润不低于 2 万元, 问企业每天至少生产多少产品?

18. 设某产品的验收方案是从产品中任取 6 只, 若次品数小于或等于 1, 则该批产品通过验收; 否则不予通过. 若某厂该产品的次品率为 0.1, 试求在 10 次抽样验收中通过验收次数的数学期望.

19. 设随机变量 X 和 Y 相互独立, 它们的概率密度分别为

$$f_X(x) = \begin{cases} 1, & 0 < x < 1, \\ 0, & \text{其他}, \end{cases} \qquad f_Y(y) = \begin{cases} \mathrm{e}^{-y}, & y > 0, \\ 0, & y \leqslant 0. \end{cases}$$

求 $E(X^2 Y)$.

20. 设二元随机变量 (X, Y) 具有联合分布律

X \ Y	-2	-1	0	1	2
-1	0.1	0.1	0.05	0.1	0.1
0	0	0.05	0	0.05	0
1	0.1	0.1	0.05	0.1	0.1

试验证 X 与 Y 不相关, 且不相互独立.

21. 设二维随机变量 (X, Y) 在圆域 $D = \{(x, y) | x^2 + y^2 \leqslant R^2\}$ 上服从均匀分布.

(1) 求 X 和 Y 之间的相关系数;

(2) 问 X 和 Y 是否相互独立?

22. 设二维随机变量 (X, Y) 的概率密度为

$$f(x, y) = \begin{cases} A \sin(x + y), & (x, y) \in D, \\ 0, & \text{其他}. \end{cases}$$

其中 D 是矩形域 $\left\{ (x, y) | 0 \leqslant x \leqslant \dfrac{\pi}{2}, 0 \leqslant y \leqslant \dfrac{\pi}{2} \right\}$.

(1) 求系数 A;

(2) 求 $E(X)$ 及 $E(Y)$, $D(X)$ 及 $D(Y)$;

(3) 求 $\mathrm{cov}(X, Y)$ 及 ρ_{XY};

(4) 求协方差矩阵 C.

23. 假设一部机器在一天内发生故障的概率为 0.2, 机器发生故障则全天停止工作. 若一周 5 个工作日里无故障, 可获利 10 万元; 发生一次故障仍可获利 5 万元; 发生两次故障获利 0 万元; 发生三次或三次以上故障则亏损 2 万元, 求一周内的期望利润是多少?

24. 有两台同样的自动记录仪, 每台无故障工作的时间服从参数为 1/5 的指数分布. 首先开动其中一台, 当其发生故障时停用而另一台自行开动. 试求两台记录仪无故障工作的总时间 T 的概率密度 $f(x)$、数学期望和方差.

(B)

1. 在数轴上的区间 $(0,a)(a>0)$ 内任意选两点 M 和 N, 求线段 MN 长度的数学期望.

2. 游客乘电梯从底层到电视塔顶层观光, 电梯于每个整点的第 5 分钟, 第 25 分钟和第 55 分钟从底层起行. 假设一游客在早 8 点的第 X 分钟到达底层候梯处, 且 X 在 $[0,60]$ 上服从均匀分布, 求该游客等候时间的数学期望.

3. 设某种商品每周的需求量 X 是服从区间 $[10,30]$ 上均匀分布的随机变量, 而经销商店进货数量为区间 $[10,30]$ 中的某一整数, 商店每销一单位商品可获利 500 元; 若供大于求则削价处理, 每处理 1 单位商品亏损 100 元; 若供不应求, 则可以从外部调剂供应, 此时每一单位商品仅获利 300 元. 为了使商店的获利润期望值不少于 9280 元, 试确定最少进货量.

4. 设二维随机变量 (X,Y) 服从二维正态分布, 其概率密度为

$$f(x,y) = \frac{1}{2\pi}\mathrm{e}^{-\frac{x^2+y^2}{2}}, \quad -\infty < x < +\infty, -\infty < y < +\infty,$$

求 $Z = \sqrt{(X^2+Y^2)}$ 的数学期望和方差.

5. 一商店经销某种商品, 每周进货的数量 X 与顾客对该种商品的需求量 Y 是相互独立的随机变量, 且都服从区间 $[10,20]$ 上的均匀分布. 商店每售出一单位商品可得利润 1000 元; 若需求量超过进货量, 商店可从其他商店调剂供应, 这时每单位商品获利润为 500 元. 试计算此商店经销该种商品每周所得到利润的期望值.

第 4 章自测题

第5章　大数定律及中心极限定理

随机事件的概率是对大量的重复试验中随机事件的频率具有稳定性这一客观规律抽象的结果. 实际上, 不仅仅是随机事件的频率具有稳定性, 大量随机现象的一般平均结果也具有稳定性, 即不论个别随机现象的结果以及它们在进行过程中的个体特征如何, 大量随机现象的平均结果与各个随机现象的特征无关. 概率论中用来阐述大量随机现象平均结果的稳定性的理论称为大数定律.

在概率论的理论应用中, 正态分布占有特殊重要的地位. 在实际应用中, 许多随机变量是由于大量的相互独立的随机因素综合影响而成的, 这其中的每个因素在总的综合影响中所起的作用是微小的. 可以证明, 这样的随机变量近似服从正态分布, 这就是中心极限定理.

本章主要介绍切比雪夫 (Chebyshev) 不等式, 随机变量序列依概率收敛及大数定律, 随机变量序列依分布收敛及中心极限定理.

5.1　大　数　定　律

5.1.1　切比雪夫不等式

设随机变量 X 具有数学期望 $E(X) = \mu$ 和方差 $D(X) = \sigma^2$, 则对于任意给定的正数 ε, 有

$$P\{|X - \mu| \geqslant \varepsilon\} \leqslant \frac{\sigma^2}{\varepsilon^2},$$

这一不等式称为切比雪夫不等式, 它的等价形式是

5-1 Chebyshev
不等式

$$P\{|X - \mu| < \varepsilon\} \geqslant 1 - \frac{\sigma^2}{\varepsilon^2}.$$

证明　设 X 是离散型随机变量, 其概率分布为

$$P\{X = x_k\} = p_k, \quad k = 1, 2, \cdots,$$

根据概率的可加性, 可得

$$P\{|X - \mu| \geqslant \varepsilon\} = \sum_{|x_k - \mu| \geqslant \varepsilon} P\{X = x_k\} = \sum_{|x_k - \mu| \geqslant \varepsilon} p_k,$$

这时对一切满足不等式 $|x_k - \mu| \geqslant \varepsilon$ 的 x_k 求和, 由 $|x_k - \mu| \geqslant \varepsilon$, 得 $(x_k - \mu)^2 \geqslant \varepsilon^2$,
即

$$\frac{(x_k - \mu)^2}{\varepsilon^2} \geqslant 1,$$

从而有

$$\sum_{|x_k - \mu| \geqslant \varepsilon} p_k \leqslant \sum_{|x_k - \mu| \geqslant \varepsilon} \frac{(x_k - \mu)^2}{\varepsilon^2} p_k$$

$$= \frac{1}{\varepsilon^2} \sum_{|x_k - \mu| \geqslant \varepsilon} (x_k - \mu)^2 p_k$$

$$\leqslant \frac{1}{\varepsilon^2} \sum_{k=1}^{\infty} (x_k - \mu)^2 P\{X = x_k\}$$

$$= \frac{D(X)}{\varepsilon^2}.$$

设 X 是连续型随机变量, 其概率密度为 $f(x)$, 则有

$$P\{|X - \mu| \geqslant \varepsilon\} = \int_{|x - \mu| \geqslant \varepsilon} f(x)\mathrm{d}x$$

$$\leqslant \int_{|x - \mu| \geqslant \varepsilon} \frac{(x - \mu)^2}{\varepsilon^2} f(x)\mathrm{d}x$$

$$\leqslant \frac{1}{\varepsilon^2} \int_{-\infty}^{+\infty} (x - \mu)^2 f(x)\mathrm{d}x$$

$$= \frac{\sigma^2}{\varepsilon^2}.$$

因此

$$P\{|X - \mu| \geqslant \varepsilon\} \leqslant \frac{\sigma^2}{\varepsilon^2}. \qquad \Box$$

5.1.2   依概率收敛

在实际问题中, 概率接近 0 或 1 的事件是重要的. 实际推断原理指出, 概率很小的事件在一次试验中实际上是几乎不可能发生的. 换言之, 概率接近 1 的事件在一次试验中几乎一定发生. 研究概率接近于 0 或 1 的规律是概率论的基本问题之一.

定义 5.1.1   设 $X_1, X_2, \cdots, X_n, \cdots$ 是一个随机变量序列, a 是一个常数. 如果对于任意给定的正数 ε, 有

$$\lim_{n \to \infty} P\{|X_n - a| < \varepsilon\} = 1,$$

则称随机变量序列 $X_1, X_2, \cdots, X_n, \cdots$ 依概率收敛于 a, 记作 $X_n \xrightarrow{\;P\;} a$.

依概率收敛的随机变量序列具有以下性质:

设 $X_n \xrightarrow{\;P\;} a, Y_n \xrightarrow{\;P\;} b$, 函数 $g(x,y)$ 在点 (a,b) 连续, 则

$$g(X_n, Y_n) \xrightarrow{\;P\;} g(a,b).$$

5.1.3 大数定律

定理 5.1.1 (切比雪夫 (Chebyshev) 定理)　设随机变量 $X_1, X_2, \cdots, X_n, \cdots$ 相互独立 (即对于任意的 $n > 1, X_1, X_2, \cdots, X_n$ 相互独立), 分别具有数学期望

$$E(X_1), E(X_2), \cdots, E(X_n), \cdots$$

及方差

$$D(X_1), D(X_2), \cdots, D(X_n), \cdots,$$

并且方差是一致有上界的, 即存在正数 M, 使得

$$D(X_n) \leqslant M, \quad n = 1, 2, \cdots,$$

则对任意给定的正数 ε, 恒有

$$\lim_{n\to\infty} P\left\{ \left| \frac{1}{n} \sum_{k=1}^{n} X_k - \frac{1}{n} \sum_{k=1}^{n} E(X_k) \right| < \varepsilon \right\} = 1.$$

证明　因为

$$E\left(\frac{1}{n} \sum_{k=1}^{n} X_k \right) = \frac{1}{n} \sum_{k=1}^{n} E(X_k),$$

$$D\left(\frac{1}{n} \sum_{k=1}^{n} X_k \right) = \frac{1}{n^2} \sum_{k=1}^{n} D(X_k),$$

根据切比雪夫不等式, 得

$$P\left\{ \left| \frac{1}{n} \sum_{k=1}^{n} X_k - \frac{1}{n} \sum_{k=1}^{n} E(X_k) \right| < \varepsilon \right\} \geqslant 1 - \frac{\displaystyle\sum_{k=1}^{n} D(X_k)}{n^2 \varepsilon^2}.$$

由于方差一致有上界, 所以

$$\sum_{k=1}^{n} D(X_k) \leqslant nM,$$

从而得

$$1 \geqslant P\left\{\left|\frac{1}{n}\sum_{k=1}^{n}X_k - \frac{1}{n}\sum_{k=1}^{n}E(X_k)\right| < \varepsilon\right\} \geqslant 1 - \frac{M}{n\varepsilon^2}.$$

令 $n \to \infty$, 则有

$$\lim_{n\to\infty} P\left\{\left|\frac{1}{n}\sum_{k=1}^{n}X_k - \frac{1}{n}\sum_{k=1}^{n}E(X_k)\right| < \varepsilon\right\} = 1.$$

利用依概率收敛的概念, 切比雪夫定理可叙述成: 设随机变量 $X_1, X_2, \cdots,$ $X_n, \cdots$ 相互独立, 分别具有数学期望和方差, 并且方差一致有上界, 则 $X_1,$ $X_2, \cdots, X_n$ 的算术平均值与它们的数学期望的算术平均值之差当 $n \to \infty$ 时依概率收敛于零.   □

推论 5.1.1　设随机变量 $X_1, X_2, \cdots, X_n, \cdots$ 相互独立, 并且具有相同的数学期望 $E(X_k) = \mu$ 和相同的方差 $D(X_k) = \sigma^2 (k = 1, 2, \cdots)$, 则 $X_1, X_2, \cdots, X_n$ 的算术平均值 $\frac{1}{n}\sum_{k=1}^{n}X_k$ 当 $n \to \infty$ 时依概率收敛于数学期望 μ, 即对任意给定的正数 ε, 恒有

$$\lim_{n\to\infty} P\left\{\left|\frac{1}{n}\sum_{k=1}^{n}X_k - \mu\right| < \varepsilon\right\} = 1.$$

这一推论是实际问题中使用算术平均值的依据, 当我们要测量某一个量 a 时, 可以在不变的条件下重复测量 n 次, 得到 n 个结果 $x_1, x_2, \cdots, x_n$, 可以认为 $x_1, x_2, \cdots, x_n$ 分别是服从同一分布、有相同的数学期望 μ 和方差 σ^2 的随机变量 $X_1, X_2, \cdots, X_n$ 的试验数值. 由推论可知, 当 n 充分大时, 取 n 次测量结果 $X_1, X_2, \cdots, X_n$ 的算术平均值作为 a 的近似值, 发生的误差将很小.

定理 5.1.2 (伯努利 (Bernoulli) 定理)　设 n_A 是在 n 次独立重复试验中事件 A 发生的次数, p 是事件 A 在每次试验中发生的概率, 则对于任意给定的正数 ε, 有

$$\lim_{n\to\infty} P\left\{\left|\frac{n_A}{n} - p\right| < \varepsilon\right\} = 1.$$

证明　由于 n_A 是在 n 次独立重复试验中事件 A 发生的次数, 因此 n_A 是一个随机变量, 且服从二项分布 $B(n, p)$, 从而有 $E(n_A) = np, D(n_A) = np(1-p)$. 因为

$$E\left(\frac{n_A}{n}\right) = \frac{E(n_A)}{n} = p,$$
$$D\left(\frac{n_A}{n}\right) = \frac{D(n_A)}{n^2} = \frac{p(1-p)}{n},$$

根据切比雪夫不等式, 对任意给定的正数 ε, 有

$$P\left\{\left|\frac{n_A}{n} - p\right| < \varepsilon\right\} \geqslant 1 - \frac{p(1-p)}{n\varepsilon^2}.$$

令 $n \to \infty$, 则有

$$\lim_{n\to\infty} P\left\{\left|\frac{n_A}{n} - p\right| < \varepsilon\right\} = 1.$$

伯努利定理表明, 一个事件 A 在 n 次独立重复试验中发生的频率 $\frac{n_A}{n}$, 当 $n \to \infty$ 时依概率收敛于事件 A 发生的概率 p. 伯努利定理以严格的数学形式表达了频率的稳定性. 利用伯努利定理的等价形式

$$\lim_{n\to\infty} P\left\{\left|\frac{n_A}{n} - p\right| \geqslant \varepsilon\right\} = 0$$

可以看到, 当 n 很大时, 事件 A 在 n 次独立重复试验中发生的频率与 A 在一次试验中发生的概率有较大偏差的可能性很小. 根据实际推断原理, 在实际应用中, 当试验次数 n 很大时, 便可以利用事件 A 发生的频率代替事件 A 发生的概率. □

定理 5.1.3 (辛钦 (Khintchine) 定理) 设随机变量 $X_1, X_2, \cdots, X_n, \cdots$ 相互独立, 服从同一分布, 且具有数学期望 $E(X_k) = \mu \ (k = 1, 2, \cdots)$, 则对于任意给定的正数 ε, 有

$$\lim_{n\to\infty} P\left\{\left|\frac{1}{n}\sum_{k=1}^{n} X_k - \mu\right| < \varepsilon\right\} = 1.$$

证明 略. □

容易看出, 伯努利定理是辛钦定理的特殊情况.

由辛钦定理可知, 如果随机变量 $X_1, X_2, \cdots, X_n, \cdots$ 相互独立, 服从同一分布且具有数学期望 μ, 则前 n 个随机变量的算术平均值 $\frac{1}{n}\sum_{k=1}^{n} X_k$ 依概率收敛于它们的数学期望 μ. 如果 $E(X_k^l) = \mu_l (k = 1, 2, \cdots)$ 存在, 则 $\frac{1}{n}\sum_{k=1}^{n} X_k^l$ 依概率收敛于 $\mu_l = E(X_k^l)(k = 1, 2, \cdots)$. 这是数理统计中求参数时点估计法的矩估计法的理论基础.

5.2 中心极限定理

5.2.1 依分布收敛

定义 5.2.1 设随机变量 $X, X_1, X_2, \cdots, X_n, \cdots$ 的分布函数依次是

$$F(x), F_1(x), F_2(x), \cdots, F_n(x), \cdots,$$

如果对于 $F(x)$ 的每一个连续点 x, 都有

$$\lim_{n\to\infty} F_n(x) = F(x),$$

则称随机变量序列 $X_1, X_2, \cdots, X_n, \cdots$ 依分布收敛于 X, 记作 $X_n \xrightarrow{L} X$.

5.2.2　中心极限定理

定理 5.2.1(列维 - 林德伯格 (Levy-Lindberg)定理)　设随机变量 $X_1, X_2, \cdots, X_n, \cdots$ 相互独立, 服从同一分布, 且具有数学期望 $E(X_k) = \mu$ 和方差 $D(X_k) = \sigma^2 \neq 0 (k = 1, 2, \cdots)$, 随机变量

5-2 中心极限定理

$$Y_n = \frac{\sum\limits_{k=1}^{n} X_k - n\mu}{\sqrt{n}\,\sigma}$$

的分布函数为 $F_n(x)$, 即

$$F_n(x) = P\{Y_n \leqslant x\} = P\left\{ \frac{\sum\limits_{k=1}^{n} X_k - n\mu}{\sqrt{n}\,\sigma} \leqslant x \right\}, \quad -\infty < x < +\infty,$$

则对任意实数 x, 恒有

$$\lim_{n\to\infty} F_n(x) = \Phi(x) = \int_{-\infty}^{x} \frac{1}{\sqrt{2\pi}} \mathrm{e}^{-\frac{t^2}{2}} \mathrm{d}t.$$

证明　略.　　　　　　　　　　　　　　　　　　　　　　　　　□

此定理也可称为独立同分布的中心极限定理.

利用定义 5.2.1, 独立同分布的中心极限定理可叙述成: 如果随机变量 $X_1, X_2, \cdots, X_n, \cdots$ 相互独立, 服从同一分布, 且具有数学期望 $E(X_k) = \mu$ 和方差 $D(X_k) = \sigma^2 \neq 0$ $(k = 1, 2, \cdots)$, 则随机变量序列

$$Y_n = \frac{\sum\limits_{k=1}^{n} X_k - n\mu}{\sqrt{n}\,\sigma}, \quad n = 1, 2, \cdots$$

依分布收敛于服从标准正态分布的随机变量 u, 即 $Y_n \xrightarrow{L} u$.

例 5.2.1 某单位内部有 260 部电话分机, 每个分机有 4% 的时间使用外线. 各分机是否使用外线是相互独立的, 问总机要有多少条外线才能有 95% 的把握保证各个分机用外线时不必等候?

解 设

$$X_k = \begin{cases} 1, & \text{第}k\text{个分机使用外线}, \\ 0, & \text{第}k\text{个分机不使用外线}, \end{cases} \quad k = 1, 2, \cdots, 260.$$

依题意 $X_k \sim B(1, 0.04)$ $(k = 1, 2, \cdots, 260)$, 以 $X = \sum_{k=1}^{260} X_k$ 表示某一时刻同时使用外线的分机数, 又假设总机有 x 条外线.

依题意, x 应当满足 $P\{X < x\} = 0.95$, 也就是

$$P\left\{ \frac{X - n\mu}{\sqrt{n}\,\sigma} < \frac{x - n\mu}{\sqrt{n}\,\sigma} \right\} = 0.05.$$

根据独立同分布的中心极限定理, 得

$$\frac{X - n\mu}{\sqrt{n}\,\sigma} \text{近似服从} N(0, 1),$$

故

$$0.95 = P\left\{ \frac{X - n\mu}{\sqrt{n}\,\sigma} < \frac{x - n\mu}{\sqrt{n}\,\sigma} \right\} \approx \Phi\left(\frac{x - n\mu}{\sqrt{n}\,\sigma} \right).$$

查表得

$$\frac{x - n\mu}{\sqrt{n}\,\sigma} \approx 1.65.$$

将 $\mu = E(X_k) = p = 0.04, \sigma = \sqrt{D(X_k)} = \sqrt{p(1-p)} = \sqrt{0.04 \times 0.96}, k = 1, 2, \cdots, 260$ 代入上式得

$$\frac{x - 260 \times 0.04}{\sqrt{260 \times 0.04 \times 0.96}} \approx 1.65,$$

解得 $x \approx 15.61$. 取整数 $x = 16$, 所以总机至少需要 16 条外线.

下面介绍独立同分布中心极限定理的一种特殊结论.

定理 5.2.2 (棣莫弗 - 拉普拉斯 (DeMoivre-Laplace) 定理) 设随机变量 $Y_n (n = 1, 2, \cdots)$ 服从参数为 n, p 的二项分布, 即 $Y_n \sim B(n, p)$, 则对任意实数 x, 恒有

$$\lim_{n \to \infty} P\left\{ \frac{Y_n - np}{\sqrt{np(1-p)}} \leqslant x \right\} = \int_{-\infty}^{x} \frac{1}{\sqrt{2\pi}} \mathrm{e}^{-\frac{t^2}{2}} \mathrm{d}t.$$

证明　设随机变量 $X_1, X_2, \cdots, X_n, \cdots$ 相互独立, 且都服从 (0-1) 分布, 其概率分布为

$$P\{X_k = 0\} = 1 - p, \quad P\{X_k = 1\} = p, \quad 0 < p < 1, \quad k = 1, 2, \cdots.$$

由于

$$E(X_k) = p, \quad D(X_k) = p(1 - p),$$

根据独立同分布中心极限定理, 对任意实数 x, 恒有

$$\lim_{n \to \infty} P \left\{ \frac{\sum\limits_{k=1}^{n} X_n - np}{\sqrt{np(1-p)}} \leqslant x \right\} = \int_{-\infty}^{x} \frac{1}{\sqrt{2\pi}} e^{-\frac{t^2}{2}} dt.$$

由习题 3(A) 中第 26 题可知, 随机变量 $Y_n = \sum\limits_{k=1}^{n} X_k$ 服从参数为 n, p 的二项分布, 即 $Y_n \sim B(n, p)$, 因此有

$$\lim_{n \to \infty} P \left\{ \frac{Y_n - np}{\sqrt{np(1-p)}} \leqslant x \right\} = \int_{-\infty}^{x} \frac{1}{\sqrt{2\pi}} e^{-\frac{t^2}{2}} dt.$$

这一定理表明, 正态分布是二项分布的极限分布, 当 n 充分大时, 可以利用该定理近似计算二项分布的概率. □

例 5.2.2　某单位为了解人们对某决议的态度进行抽样调查. 设该单位每人赞成该决议的概率为 $p(0 < p < 1)$, p 未知, 且人们赞成与否相互独立. 问要调查多少人, 才能使赞成该决议的人数频率作为 p 的近似值, 其误差不超过 ± 0.01 的概率达 0.95 以上.

证明　设 Y_n 为调查的 n 个人中赞成该决议的人数, 则频率为 $\dfrac{Y_n}{n}$, 且 $Y_n \sim B(n, p)$, 问题是求得 n, 使

$$P \left\{ \left| \frac{Y_n}{n} - p \right| \leqslant 0.01 \right\} \geqslant 0.95,$$

即

$$P \left\{ \left| \frac{Y_n - np}{\sqrt{np(1-p)}} \right| \leqslant 0.01 \times \sqrt{\frac{n}{p(1-p)}} \right\} \geqslant 0.95.$$

由棣莫弗 - 拉普拉斯定理, 当 n 充分大时, 有

$$P \left\{ \left| \frac{Y_n - np}{\sqrt{np(1-p)}} \right| \leqslant 0.01 \times \sqrt{\frac{n}{p(1-p)}} \right\} \approx 2\varPhi \left(0.01 \times \sqrt{\frac{n}{p(1-p)}} \right) - 1.$$

即求 n 的值, 使

$$2\Phi\left(0.01 \times \sqrt{\frac{n}{p(1-p)}}\right) - 1 \geqslant 0.95,$$

即

$$\Phi\left(0.01 \times \sqrt{\frac{n}{p(1-p)}}\right) \geqslant 0.975,$$

查表得

$$0.01 \times \sqrt{\frac{n}{p(1-p)}} \geqslant 1.96,$$

解得 $n \geqslant (196)^2 p(1-p)$, 其中 $p, 1-p$ 未知, 但注意到 $p(1-p) \leqslant \dfrac{1}{4}$, 于是只要 n 满足

$$n \geqslant 196^2 \times \frac{1}{4} = 9604$$

即可. 这说明需要抽样调查的人数为 9604. □

例 5.2.3 某工厂有 200 台同类型机器, 由于工艺等原因, 每台机器实际工作时间只占全部工作时间的 75%, 各台机器工作相互独立. 求任一时刻有 144 至 160 台机器正在工作的概率.

解 用 X 表示任一时刻正在工作的机器台数, 由题意知 $X \sim B(200, 0.75)$. 由棣莫弗 - 拉普拉斯中心极限定理, 有

$$
\begin{aligned}
&P\{144 \leqslant X \leqslant 160\} \\
&= P\left\{\frac{144 - 200 \times 0.75}{\sqrt{200 \times 0.75 \times (1 - 0.75)}} \leqslant \frac{X - 200 \times 0.75}{\sqrt{200 \times 0.75 \times (1 - 0.75)}}\right. \\
&\qquad\left. \leqslant \frac{160 - 200 \times 0.75}{\sqrt{200 \times 0.75 \times (1 - 0.75)}}\right\} \\
&= P\left\{\frac{144 - 150}{\sqrt{37.5}} \leqslant \frac{X - 150}{\sqrt{37.5}} \leqslant \frac{160 - 150}{\sqrt{37.5}}\right\} \\
&= P\left\{\frac{X - 150}{\sqrt{37.5}} \leqslant 1.63\right\} - P\left\{\frac{X - 150}{\sqrt{37.5}} \leqslant -0.98\right\} \\
&\approx \Phi(1.63) - \Phi(-0.98) \\
&= \Phi(1.63) - [1 - \Phi(0.98)] \\
&= 0.9484 - (1 - 0.8365) \\
&= 0.7849.
\end{aligned}
$$

定理 5.2.3 (李雅普诺夫 (Liapunov) 定理)　设随机变量 $X_1, X_2, \cdots, X_n, \cdots$ 相互独立, 且具有数学期望和方差 $E(X_k) = \mu_k, D(X_k) = \sigma_k^2 \neq 0, k = 1, 2, \cdots$, 记 $B_n^2 = \sum_{k=1}^{n} \sigma_k^2$. 设随机变量

$$Z_n = \frac{\sum_{k=1}^{n} X_k - E\left(\sum_{k=1}^{n} X_k\right)}{\sqrt{D\left(\sum_{k=1}^{n} X_k\right)}} = \frac{\sum_{k=1}^{n} X_k - \sum_{k=1}^{n} \mu_k}{B_n},$$

Z_n 的分布函数为 $F_n(x)$, 即

$$F_n(x) = P\left\{ \frac{\sum_{k=1}^{n} X_k - \sum_{k=1}^{n} \mu_k}{B_n} \leqslant x \right\}, \quad -\infty < x < +\infty.$$

如果存在正数 δ, 使得当 $n \to \infty$ 时, 有

$$\frac{1}{B_n^{2+\delta}} \sum_{k=1}^{n} E\left(|X_k - \mu_k|^{2+\delta} \right) \to 0,$$

则对任意实数 x, 恒有

$$\lim_{n \to \infty} F_n(x) = \Phi(x) = \int_{-\infty}^{x} \frac{1}{\sqrt{2\pi}} \mathrm{e}^{-\frac{t^2}{2}} \mathrm{d}t.$$

证明　略.　　　　　　　　　　　　　　　　　　　　　　　　　□

在李雅普诺夫定理的条件下, 当 n 很大时, 随机变量

$$Z_n = \frac{\sum_{k=1}^{n} X_k - \sum_{k=1}^{n} \mu_k}{B_n}$$

近似服从标准正态分布 $N(0,1)$, 因此, 当 n 很大时, $\sum_{k=1}^{n} X_k = B_n Z_n + \sum_{k=1}^{n} \mu_k$ 近似服从正态分布 $N\left(\sum_{k=1}^{n} \mu_k, B_n^2 \right)$. 这就是说, 无论各随机变量 $X_k(k = 1, 2, \cdots)$ 服从什么分布, 只要满足李雅普诺夫定理的条件, 当 n 很大时, 这些随机变量的和 $\sum_{k=1}^{n} X_k$ 就近似服从正态分布. 在许多实际问题中, 所考察的随机变量往往可以表

示成很多个独立的随机变量的和. 例如, 一个试验中的测量误差是由许多观察不到的、可加的微小误差合成的; 一个城市的耗电量是大量用户耗电量的总和等, 它们都近似服从正态分布.

例 5.2.4 对敌人的防御地区进行 100 次轰炸, 每次轰炸命中目标的炸弹数目是一个随机变量, 其期望值为 2, 方差为 1.69. 求在 100 次轰炸中有 180 颗到 220 颗炸弹命中目标的概率.

解 令第 j 次轰炸命中目标的炸弹数为 X_j, 则 100 次轰炸中命中目标的炸弹数为

$$X = \sum_{j=1}^{100} X_j.$$

根据李雅普诺夫定理, X 渐进地服从正态分布, 且

$$E(X) = \sum_{j=1}^{100} E(X_j) = 200,$$

$$D(X) = \sum_{j=1}^{100} D(X_j) = 169, \quad \sqrt{D(X)} = 13.$$

所以

$$\begin{aligned}
P\{180 \leqslant X \leqslant 220\} &= P\{|X - 200| \leqslant 20\} \\
&= P\left\{ \frac{|X - 200|}{13} \leqslant \frac{20}{13} \right\} \\
&\approx 2\Phi(1.54) - 1 \\
&\approx 0.8764.
\end{aligned}$$

第 5 章小结

习 题 5

(A)

1. 利用切比雪夫不等式估计正态随机变量与其数学期望的偏差大于 2 倍的均方差的概率 P_1 及大于 3 倍的均方差的概率 P_2.

2. 掷 10 枚均匀的骰子, 求掷出点数之和在 30 与 40 之间的概率.

3. 某单位有 200 台分机电话, 每台使用外线通话的概率为 15%, 若每台分机是否使用外线通话是相互独立的. 问该单位电话总机至少需要安装多少外线, 才能以 95% 的概率保证每台分机随时与外线通话?

4. 射手打靶得 10 分的概率为 0.5, 得 9 分的概率为 0.3, 得 8 分, 7 分和 6 分的概率分别为 0.1, 0.05 和 0.05, 若此射手进行 100 次射击, 至少可得 950 分的概率是多少?

5. 为确定某城市成年男子中抽烟人所占的比例, 任意抽查 n 个成年男子, 结果其中有 m 个抽烟, 问 n 应多大时, 才能保证 $\dfrac{m}{n}$ 与 P 的误差小于 0.005 的概率大于 0.99?

6. 某商店负责供应某地区 1000 人商品, 某种商品在一段时间内每人需用一件的概率为 0.6, 假设在一段时间各人购买与否彼此无关, 问商店应预备多少件这种商品, 才能以 99.7% 的概率保证不会脱销 (假定该商品在某一段时间内每人最多可以买一件).

7. 已知在某十字路口, 一周事故发生数的数学期望为 2.2, 标准差为 1.4.

(1) 以 $\overline{X}$ 表示一年 (以 52 周计) 此十字路口事故发生数的算术平均, 试用中心极限定理求 $\overline{X}$ 的近似分布, 并求 $P\{\overline{X} < 2\}$;

(2) 求一年事故发生数小于 100 的概率.

8. 当掷一枚均匀硬币时, 问至少应当掷多少次才能保证正面出现的频率在 0.4 至 0.6 之间的概率不小于 0.9? 试用切比雪夫不等式和中心极限定理分别求解.

9. 某保险公司的老年人寿保险有 10000 人参加, 每人每年交 200 元, 若老人在该年内死亡, 公司付给家属 10000 元, 设老人死亡率为 0.017, 求保险公司在一年的这项保险中亏本的概率.

(B)

1. 一枚螺钉的重量是一个随机变量, 其期望是 1g, 标准差是 0.1g. 试求一盒 (100 枚) 同型螺钉的重量超过 102g 的概率.

2. 假设 $X_1, X_2, \cdots, X_n$ 是相互独立且服从相同分布的随机变量. 已知 $E(X_k^l) = \mu_l (l = 1, 2, 3, 4; k = 1, 2, \cdots, n)$, 证明: 当 n 充分大时, 随机变量 $Z_n = \dfrac{1}{n} \sum_{k=1}^{n} X_k^2$ 近似服从正态分布, 并指出其分布函数.

第 5 章自测题

第6章 数理统计的基本知识

数理统计以概率论为理论基础, 根据试验或观测到的数据, 研究如何利用有效的方法对这些已知数据进行整理、分析和推断, 从而对研究对象的性质和统计规律作出合理和科学的估计和判断.

数理统计起源于人口调查. 早在公元前 3000 年古代的巴比伦、中国和埃及就已进行人口调查, 由此可知数理统计的历史源远流长. 但现代数理统计的发展始于 19 世纪末 20 世纪初. 在 1856 年到 1863 年之间, 孟德尔 (Gregor Mendel) 从一个科学实验中发现了遗传学的统计规律, 1889 年左右高尔登 (F.Galton) 受达尔文 (Charles Darwin) 的《物种起源》一书的启发, 研究了平均值的偏差问题与回归问题, 对生物统计学作出了重要贡献.1890 年卡·皮尔逊 (Karl.Pearson) 受高尔登工作的激发, 开始把数学与概率论应用于达尔文的进化论, 从而开创了现代数理统计时代.

随着电子计算机技术的发展, 数理统计方法的应用越来越广泛, 已成为各学科从事科学研究及生产、经济等部门进行有效工作的必不可少的数学工具.

本章主要介绍数理统计的基本概念: 总体、样本、统计量与抽样分布, 然后介绍三种常用的统计分布: χ^2 分布、t 分布、F 分布的定义、性质及抽样分布的几个定理.

6.1 总体与样本

6.1.1 总体

总体、个体、样本是数理统计中三个最基本的概念. 我们把所研究对象的全体称为**总体**或**母体**. 总体中的每个元素称为**个体**. 例如为了研究某厂生产的一批灯泡质量的好坏, 规定使用寿命低于 1500 小时为次品, 则该批灯泡的全体就为总体, 每个灯泡就是个体.

总体中所包含的个体总数叫做**总体容量**. 总体中可以包含有限个个体, 也可以包含无限个个体, 分别称为**有限总体**和**无限总体**. 如果一个有限总体所包含的个体相当多, 则可以把它作为无限总体来处理. 例如, 一麻袋种子、一个国家的人口等.

在实际问题中, 人们关心的往往是个体的某一个或几个数量指标, 而不是个体的所有具体特征, 如上例中我们关心的是灯泡的使用寿命这一数量指标. 对于

选定的数量指标 X 而言, 每个个体所取的值是不同的, 且事先无法准确预言, 因而这一数量指标 X 是一个随机变量, 而 X 的分布就完全描述了总体中我们所关心的这一数量指标的分布情况. 由于我们关心的只是此数量指标, 因此以后就把总体与数量指标 X 等同起来 (如把所有灯泡的使用寿命看作一个总体, 每个灯泡的使用寿命看作一个个体), 并把数量指标 X 的分布称为总体的分布.

总体 X 的分布函数

$$F(x) = P\{X \leqslant x\}, \qquad -\infty < x < +\infty$$

称为总体的分布函数, 总体 X 的数字特征称为总体的数字特征.

6.1.2   样本

为了研究总体, 就必须对其个体进行试验与观测. 但在绝大多数情况下, 对个体的观测往往要付出一定的人力、物力和财力, 有些试验或观测具有破坏性 (例如, 观测灯泡使用寿命的长短), 因此, 通常人们只是从总体中抽取若干个体, 通过测定这些个体的值对总体进行推断.

从总体中抽取的待测个体组成的集合称为**样本**, 样本所包含的个体数目称为**样本容量**. 从总体 X 中抽取的容量为 n 的样本常记为 $X_1, X_2, \cdots, X_n$, 这里每个 X_i 都是一个随机变量, 因为第 i 个被抽到的个体 X_i 具有随机性, 其取值在观测前是无法知道的. 样本 $X_1, X_2, \cdots, X_n$ 的确切数值 $x_1, x_2, \cdots, x_n$ 称为**样本观测值**, 简称**样本值**.

样本 $X_1, X_2, \cdots, X_n$ 所有可能取值的全体称为样本空间, 它是 n 维空间或它的一个子集. 样本观测值 $x_1, x_2, \cdots, x_n$ 是样本空间的一个点, 为了有效地利用样本来推断总体, 从总体中抽取的样本, 必须满足下述两个条件:

(1) 独立性: 要求 $X_1, X_2, \cdots, X_n$ 是相互独立的随机变量, 即每个观测结果既不影响其他观测结果, 也不受其他观测结果的影响.

(2) 随机性: 即要求总体中每一个个体都有等机会被选入样本, 这便意味着每一个样品 $X_1, X_2, \cdots, X_n$ 与总体 X 具有相同的分布.

凡满足上述两条性质的样本称为**简单随机样本**, 本书中, 凡提到样本, 都是指简单随机样本.

对于有限总体, 若采用有放回的抽样观察, 则所得样本即为简单随机样本. 若采用不放回的抽样观察, 当样本容量相对于总体所含个体数目很小时, 也近似为简单随机样本. 对于无限总体, 有放回和不放回的抽样所得样本都是简单随机样本.

如果总体 X 的分布函数为 $F(x)$, 则样本 $X_1, X_2, \cdots X_n$ 的联合分布函数为

$$F(x_1, x_2, \cdots, x_n) = \prod_{i=1}^{n} F(x_i).$$

如总体 X 为离散型随机变量, 其概率分布为 $P\{X = x\} = p(x)$, 则样本 $X_1, X_2, \cdots, X_n$ 的联合概率分布为

$$P\{X_1 = x_1, X_2 = x_2, \cdots, X_n = x_n\} = \prod_{i=1}^{n} p(x_i).$$

如总体 X 为连续型随机变量, 其概率密度为 $f(x)$, 则样本 $X_1, X_2, \cdots, X_n$ 的联合概率密度为

$$f(x_1, x_2, \cdots, x_n) = \prod_{i=1}^{n} f(x_i).$$

例 6.1.1 设总体 X 服从参数为 λ 的泊松分布 $(X \sim \pi(\lambda))$, 则样本 $X_1, X_2, \cdots, X_n$ 的联合概率分布为

$$P\{X_1 = x_1, X_2 = x_2, \cdots, X_n = x_n\} = \prod_{i=1}^{n} \frac{\lambda^{x_i} \mathrm{e}^{-\lambda}}{x_i!},$$
$$x_i = 0, 1, 2, \cdots, \quad i = 1, 2, \cdots, n.$$

例 6.1.2 设总体 X 服从正态分布 $N(\mu, \sigma^2)$, 则样本 $X_1, X_2, \cdots, X_n$ 的联合概率密度为

$$f(x_1, x_2, \cdots, x_n) = \prod_{i=1}^{n} \frac{1}{\sqrt{2\pi}\,\sigma} \exp\left\{-\frac{1}{2}\left(\frac{x_i - \mu}{\sigma}\right)^2\right\}.$$

6.2 直方图与样本分布函数

6.2.1 直方图

在实际统计工作中, 首先接触到的是一系列数据. 数据的变异性系统地表现为数据的分布. 在研究连续型随机变量 X 的分布时, 通常需要作出样本的频率直方图 (简称直方图).

依据总体 X 的样本观测值

$$x_1, x_2, \cdots, x_n$$

作直方图的一般步骤如下:

(1) 找出 $x_1, x_2, \cdots, x_n$ 中的最小值 $x_{(1)}$ 和最大值 $x_{(n)}$, 即

$$x_{(1)} = \min\{x_1, x_2, \cdots, x_n\}, \quad x_{(n)} = \max\{x_1, x_2, \cdots, x_n\},$$

选取略小于 $x_{(1)}$ 的数 a 和略大于 $x_{(n)}$ 的数 b.

(2) 根据样本容量确定组数 k, 如果样本容量小, 则组数少些; 如果样本容量大, 则组数多些. 一般来说组数 k 取 $8 \sim 15$.

(3) 选取分点

$$a = t_0 < t_1 < \cdots < t_{i-1} < t_i < \cdots < t_k = b,$$

把区间 (a,b) 分为 k 个子区间,

$$(a, t_1), (t_1, t_2), \cdots, (t_{i-1}, t_i), \cdots, (t_{k-1}, b),$$

第 i 个子区间 (t_{i-1}, t_i) 的长度为

$$\Delta t_i = t_i - t_{i-1}, \quad i = 1, 2, \cdots, k.$$

各子区间的长度可以相等, 也可以不相等. 如果使各子区间的长度相等, 则有

$$\Delta t_i = \frac{b-a}{k}, \quad i = 1, 2, \cdots, k.$$

记 $\Delta t = \dfrac{b-a}{k}$, 并把 Δt 叫做组距, 此时分点

$$t_i = a + i\Delta t, \quad i = 1, 2, \cdots, k.$$

为了方便起见, 分点 t_i 应比样本观测值 x_i 多取一位小数.

(4) 数出 $x_1, x_2, \cdots, x_n$ 落在每个子区间 (t_{i-1}, t_i) 内的频数 n_i, 再算出频率

$$f_i = \frac{n_i}{n}, \quad i = 1, 2, \cdots, k.$$

(5) 在 Ox 轴上画出各个分点 $t_i(i = 0, 1, 2, \cdots, k)$, 并以各子区间 (t_{i-1}, t_i) 为底, 以 $y_i = \dfrac{f_i}{\Delta t_i}(i = 1, 2, \cdots, k)$ 为高作小矩形, 这样作出的所有小矩形就构成了直方图.

由于第 i 个矩形的面积

$$\Delta S_i = \Delta t_i \cdot \frac{f_i}{\Delta t_i} = f_i, \quad i = 1, 2, \cdots, k.$$

即第 i 个小矩形的面积等于样本观测值落在该子区间内的频率, 因此有

$$\sum_{i=1}^{k} \Delta S_i = \sum_{i=1}^{k} f_i = 1,$$

即所有小矩形面积的和等于 1.

因为当样本容量 n 充分大时, 随机变量 X 落在第 i 个小区间 (t_{i-1}, t_i) 内的频率近似等于其概率, 即

$$f_i \approx P\{t_{i-1} < X < t_i\}, \quad i = 1, 2, \cdots, k,$$

所以直方图大致反映了总体 X 的概率分布.

例 6.2.1   在相同的发射条件下, 测量 10min 内某种型号火箭引擎的推动力 (单位: 10^5 N), 现观测到如下 30 个数据:

$$\begin{array}{cccccc}
999.1 & 1003.2 & 1002.1 & 999.2 & 989.7 & 1006.7 \\
1012.3 & 996.4 & 1000.2 & 995.3 & 1008.7 & 993.4 \\
998.1 & 997.9 & 1003.1 & 1002.6 & 1001.8 & 996.5 \\
992.8 & 1006.5 & 1004.5 & 1000.3 & 1014.5 & 998.6 \\
989.4 & 1002.9 & 999.3 & 994.7 & 1007.6 & 1000.9
\end{array}$$

试根据这些数据作出直方图, 并根据直方图估计引擎动力服从什么分布?

解   首先从 $n = 30$ 个数据中找出最小值, $x_{(1)} = 989.4$ 和最大值 $x_{(n)} = 1014.5$, 取 $a = 987, b = 1017$. 组数 $k = 10$, 组距

$$\Delta t = \frac{1017 - 987}{10} = 3.$$

分组及频数如表 6.1 所示.

表   6.1

分组号	分组 (t_{i-1}, t_i)	频数 n_i	分组号	分组 (t_{i-1}, t_i)	频数 n_i
1	$(987, 990]$	2	6	$(1002, 1005]$	6
2	$(990, 993]$	1	7	$(1005, 1008]$	3
3	$(993, 996]$	3	8	$(1008, 1011]$	1
4	$(996, 999]$	5	9	$(1011, 1014]$	1
5	$(999, 1002]$	7	10	$(1014, 1017]$	1

以横轴表示引擎推动力, $a = 987 = t_0, t_1 = 990, t_2 = 993, \cdots, t_{10} = 1017 = b$, 各区间的长度 $\Delta t = 3$, 在 (t_{i-1}, t_i) 上作高为 $y_i = f_i/3$ 的矩形, 这 10 个并立的矩形就是所求的直方图. 注意到第 i 个矩形的高度是

$$y_i = \frac{f_i}{3} = \frac{1}{3} \cdot \frac{n_i}{n} = \frac{n_i}{90}, \quad i = 1, 2, \cdots, 10.$$

取纵坐标的单位长为 $\frac{1}{90}$, 则直方图中第 i 个矩形的高度就是 n_i 个单位, 如图 6.1.

有了直方图, 就可以大致画出概率密度曲线 (图 6.1 中光滑曲线), 可以看出它近似于正态分布的概率密度曲线.

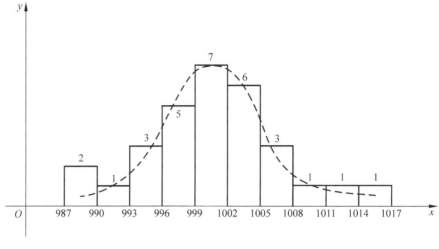

图   6.1

6.2.2   样本分布函数

设总体 X 的分布函数为 $F(x)$, 从总体 X 中抽取容量为 n 的样本, 样本观测值为 $x_1, x_2, \cdots, x_n$, 如果样本容量 n 较大, 则相同的观测值可能重复出现若干次. 假如在 n 个样本观测值 $x_1, x_2, \cdots, x_n$ 中有 k 个不同的值, 按由小到大的顺序依次记为

$$x_{(1)} < x_{(2)} < \cdots < x_{(k)}, \quad k \leqslant n,$$

并假设各个 $x_{(i)}$ 出现的频数为 n_i, 则各个 $x_{(i)}$ 出现的频率为

$$f_i = \frac{n_i}{n}, \quad i = 1, 2, \cdots, k, \quad k \leqslant n,$$

显然有

$$\sum_{i=1}^{k} n_i = n, \quad \sum_{i=1}^{k} f_i = 1.$$

设函数

$$F_n(x) = \begin{cases} 0, & x < x_{(1)}, \\ \sum\limits_{j=1}^{i} f_j, & x_{(i)} \leqslant x < x_{(i+1)}, \quad i = 1, 2, \cdots, k-1, \\ 1, & x \geqslant x_{(k)}, \end{cases}$$

称 $F_n(x)$ 为**样本分布函数**(或**经验分布函数**). $F_n(x)$ 的图形如图 6.2 所示.

易知样本分布函数 $F_n(x)$ 具有下述性质:

(1) $0 \leqslant F_n(x) \leqslant 1$;

(2) $F_n(x)$ 是非减函数;

(3) $F_n(-\infty) = 0, \quad F_n(+\infty) = 1$;

(4) $F_n(x)$ 在每个观测值 $x_{(i)}$ 处是右连续的, 点 $x_{(i)}$ 是 $F_n(x)$ 的跳跃间断点, $F_n(x)$ 在该点的跃度就是频率 $f_i (i = 1, 2, \cdots, k)$.

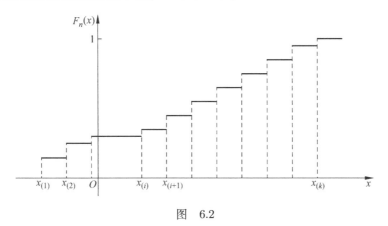

图 6.2

例 6.2.2 某射手进行 20 次重复独立射击, 其成绩如下:

环数	4	5	6	7	8	9	10
频数	2	0	4	9	0	3	2

试写出样本分布函数 $F_{20}(x)$, 并求出 $F_{20}(6.5)$.

解 样本容量 $n = 20$, 算出频率得

$$f_1 = \frac{2}{20}, \qquad f_2 = \frac{0}{20}, \qquad f_3 = \frac{4}{20}, \qquad f_4 = \frac{9}{20},$$

$$f_5 = \frac{0}{20}, \qquad f_6 = \frac{3}{20}, \qquad f_7 = \frac{2}{20},$$

由样本分布函数的定义, 得

$$F_{20}(x) = \begin{cases} 0, & x < 4, \\[2mm] \dfrac{2}{20}, & 4 \leqslant x < 6, \\[2mm] \dfrac{6}{20}, & 6 \leqslant x < 7, \\[2mm] \dfrac{15}{20}, & 7 \leqslant x < 9, \\[2mm] \dfrac{18}{20}, & 9 \leqslant x < 10, \\[2mm] 1, & x \geqslant 10. \end{cases}$$

从而 $F_{20}(6.5) = \dfrac{6}{20}$.

由例 6.2.2 可见, 对于给定的实数 $x(-\infty < x < +\infty)$, 当给出总体 X 的不同的样本观测值

$$x_1, x_2, \cdots, x_n \quad \text{及} \quad x_1', x_2', \cdots, x_n'$$

时, 相应的样本分布函数 $F_n(x)$ 的值有可能是不同的, 因此 $F_n(x)$ 是一个随机变量. 当给定样本观测值 $x_1, x_2, \cdots, x_n$ 时, $F_n(x)$ 是事件 $\{X \leqslant x\}$ 的频率, 由于总体 X 的分布函数 $F(x)$ 是事件 $\{X \leqslant x\}$ 的概率, 根据伯努利定理可知, 当 $n \to \infty$ 时, 对于任意的正数 ε 有

$$\lim_{n \to \infty} P\left\{|F_n(x) - F(x)| < \varepsilon\right\} = 1.$$

格利文科 (W.Glivenko)1933 年证明了比上式更深刻的结果.

定理 6.2.1(格利文科定理) 当 $n \to \infty$ 时, 样本分布函数 $F_n(x)$ 依概率 1 关于 x 均匀收敛于总体分布函数 $F(x)$, 即

$$P\left\{\lim_{n \to \infty} \sup_{-\infty < x < +\infty} |F_n(x) - F(x)| = 0\right\} = 1.$$

这一结论是我们在数理统计中依据样本来推断总体特征的理论基础.

6.3 统计量及其分布

样本是总体的代表, 获得样本观测值之后, 还要根据统计推断问题的需要进行加工、整理. 在实际工作中, 往往是针对具体问题构造样本的某种函数, 通过它提取样本中与总体有关的信息, 以推断总体的某些特性.

定义 6.3.1 设 $X_1, X_2, \cdots, X_n$ 是来自总体 X 的样本, $x_1, x_2, \cdots, x_n$ 是样本观测值. 如果 $g(t_1, t_2, \cdots, t_n)$ 为已知的 n 元函数, 则称 $g(X_1, X_2, \cdots, X_n)$ 为样本函数, 它是一个随机变量, 称 $g(x_1, x_2, \cdots, x_n)$ 为样本函数的观测值. 如果样本函数 $g(X_1, X_2, \cdots, X_n)$ 中不含有未知参数, 则称这种样本函数为**统计量**.

例如, 设 $X_1, X_2, \cdots, X_n$ 是从正态总体 $N(\mu, \sigma^2)$ 中抽取的样本, 其中 μ, σ^2 是未知参数, 则 $\dfrac{1}{n}(X_1 + X_2 + \cdots + X_n), X_1^2 + X_2^2 + \cdots + X_n^2$ 都是统计量, 而 $X_1 - \mu, \displaystyle\sum_{i=1}^{n} \dfrac{X_i}{\sigma}$ 都不是统计量.

下面介绍几种常用的统计量.

1. 样本均值

$$\bar{X} = \frac{1}{n} \sum_{i=1}^{n} X_i,$$

它的观测值为

$$\bar{x} = \frac{1}{n} \sum_{i=1}^{n} x_i.$$

例 6.3.1　设总体 $X \sim N(\mu, \sigma^2)$, $X_1, X_2, \cdots, X_n$ 是来自总体 X 的样本. 由于 $X_1, X_2, \cdots, X_n$ 相互独立, $X_i \sim N(\mu, \sigma^2)$, 因此, $X_1, X_2, \cdots, X_n$ 的线性函数 $\bar{X} = \frac{1}{n} \sum_{i=1}^{n} X_i$ 服从正态分布. 因为 $E(X_i) = \mu$, $D(X_i) = \sigma^2$, 所以 $E(\bar{X}) = \frac{1}{n} \sum_{i=1}^{n} E(X_i) = \mu$, $D(\bar{X}) = \frac{1}{n^2} \sum_{i=1}^{n} D(X_i) = \frac{\sigma^2}{n}$, 故 $\bar{X} \sim N\left(\mu, \frac{\sigma^2}{n}\right)$. $\bar{X}$ 的标准化随机变量服从标准正态分布, 即

$$\frac{\bar{X} - \mu}{\sigma/\sqrt{n}} \sim N(0, 1).$$

例 6.3.2　设 $X \sim N(\mu_1, \sigma_1^2)$, $Y \sim N(\mu_2, \sigma_2^2)$. 分别独立地从总体 X 和总体 Y 中抽取样本 $X_1, X_2, \cdots, X_{n_1}$ 及 $Y_1, Y_2, \cdots, Y_{n_2}$, 样本均值分别为 $\bar{X}$ 和 $\bar{Y}$, 由于 $X_1, X_2, \cdots, X_{n_1}$ 与 $Y_1, Y_2, \cdots, Y_{n_2}$ 相互独立, 因此 $\bar{X}$ 与 $\bar{Y}$ 相互独立, 且

$$\bar{X} \sim N\left(\mu_1, \frac{\sigma_1^2}{n_1}\right), \quad \bar{Y} \sim N\left(\mu_2, \frac{\sigma_2^2}{n_2}\right),$$

从而有

$$\bar{X} - \bar{Y} \sim N\left(\mu_1 - \mu_2, \frac{\sigma_1^2}{n_1} + \frac{\sigma_2^2}{n_2}\right),$$

所以

$$\frac{\bar{X} - \bar{Y} - (\mu_1 - \mu_2)}{\sqrt{\dfrac{\sigma_1^2}{n_1} + \dfrac{\sigma_2^2}{n_2}}} \sim N(0, 1).$$

例 6.3.3　某厂检验保温瓶的保温性能, 在瓶中灌满沸水, 24 小时后测定其保温温度为 T. 若已知 $T \sim N(62, 5^2)$. 试问:

(1) 从中随机地抽取 20 只进行测定, 其样本均值 $\bar{T}$ 低于 $60\,^\circ\mathrm{C}$ 的概率有多大?

(2) 若独立进行两次抽样测试, 各次分别抽取 20 只和 12 只, 那么两个样本平均值差的绝对值大于 $1\,^\circ\mathrm{C}$ 的概率是多少?

解　(1) 由 $T \sim N(62, 5^2)$ 及 $n = 20$ 得

$$\bar{T} \sim N\left(62, \frac{25}{20}\right), \quad 即 \bar{T} \sim N(62, 1.25).$$

由例 6.3.1 知

$$\frac{\bar{T}-62}{1.12} \sim N(0,1),$$

$$P\left\{\bar{T}< 60\right\} = P\left\{\frac{\bar{T}-62}{1.12} < \frac{60-62}{1.12}\right\}$$
$$= \Phi(-1.79) = 0.0367.$$

由此可见, 任取一容量为 20 的样本, 其平均保温温度低于 $60\,^{\circ}\mathrm{C}$ 的概率约为 3.67%.

(2) 设 $\bar{T}_1$ 是容量为 20 的样本平均值, $\bar{T}_2$ 是容量为 12 的样本平均值, 则

$$\bar{T}_1 \sim N\left(62, \frac{25}{20}\right), \quad \bar{T}_2 \sim N\left(62, \frac{25}{12}\right).$$

由例 6.3.2 知

$$\bar{T}_1 - \bar{T}_2 \sim N\left(62-62, \frac{25}{20}+\frac{25}{12}\right),$$

从而

$$\frac{\bar{T}_1 - \bar{T}_2}{\sqrt{\dfrac{25}{20}+\dfrac{25}{12}}} \sim N(0,1).$$

$$P\left\{\left|\bar{T}_1 - \bar{T}_2\right| > 1\right\}$$

$$= 1 - P\left\{-1 < \bar{T}_1 - \bar{T}_2 < 1\right\}$$

$$= 1 - P\left\{\frac{-1}{\sqrt{\dfrac{25}{20}+\dfrac{25}{12}}} < \frac{\bar{T}_1 - \bar{T}_2}{\sqrt{\dfrac{25}{20}+\dfrac{25}{12}}} < \frac{1}{\sqrt{\dfrac{25}{20}+\dfrac{25}{12}}}\right\}$$

$$= 1 - P\left\{-\sqrt{\dfrac{3}{10}} < \frac{\bar{T}_1 - \bar{T}_2}{\sqrt{\dfrac{10}{3}}} < \sqrt{\dfrac{3}{10}}\right\}$$

$$= 1 - \left[\Phi\left(\sqrt{\dfrac{3}{10}}\right) - \Phi\left(-\sqrt{\dfrac{3}{10}}\right)\right]$$

$$= 2\left[1 - \Phi\left(\sqrt{\dfrac{3}{10}}\right)\right] = 2\left[1 - \Phi(0.548)\right]$$

$$= 2(1 - 0.7088) = 0.5824.$$

即两次独立抽样的平均值相差 $1\,^\circ\mathrm{C}$ 以上的概率为 58.24%.

例 6.3.4 设总体 $X \sim N(30,16)$, 从总体 X 中抽取容量为 n 的样本, 要使 $P\left\{\left|\bar{X}-30\right| < 1\right\} \geqslant 0.95$, 问样本容量 n 至少应取多大?

解 由于

$$P\left\{\left|\bar{X}-30\right| < 1\right\}$$

$$=P\left\{-1 < \bar{X}-30 < 1\right\}$$

$$=P\left\{-\frac{1}{4}\sqrt{n} < \frac{\bar{X}-30}{4/\sqrt{n}} < \frac{1}{4}\sqrt{n}\right\}$$

$$=2\varPhi\left(0.25\sqrt{n}\right)-1,$$

要使 $P\left\{\left|\bar{X}-30\right| < 1\right\} \geqslant 0.95$, 则有

$$2\varPhi\left(0.25\sqrt{n}\right)-1 \geqslant 0.95,$$

$$\varPhi\left(0.25\sqrt{n}\right) \geqslant 0.975.$$

查标准正态分布表得

$$\varPhi(1.96) = 0.975.$$

由于 $\varPhi(x)$ 单调增加, 所以应有

$$0.25\sqrt{n} \geqslant 1.96,$$

即 $n \geqslant 61.4656$, 所以样本容量至少应取为 62.

2. 样本方差

$$S^2 = \frac{1}{n-1}\sum_{i=1}^{n}\left(X_i-\bar{X}\right)^2 = \frac{1}{n-1}\left(\sum_{i=1}^{n}X_i^2 - n\bar{X}^2\right),$$

它的观测值为

$$s^2 = \frac{1}{n-1}\sum_{i=1}^{n}\left(x_i-\bar{x}\right)^2 = \frac{1}{n-1}\left(\sum_{i=1}^{n}x_i^2 - n\bar{x}^2\right).$$

3. 样本标准差

$$S = \sqrt{S^2} = \sqrt{\frac{1}{n-1}\sum_{i=1}^{n}\left(X_i-\bar{X}\right)^2},$$

它的观测值为

$$s = \sqrt{s^2} = \sqrt{\frac{1}{n-1} \sum_{i=1}^{n} \left(x_i - \bar{x}\right)^2}.$$

4. 样本 k 阶原点矩

$$A_k = \frac{1}{n} \sum_{i=1}^{n} X_i^k, \quad k = 1, 2, \cdots,$$

它的观测值为

$$a_k = \frac{1}{n} \sum_{i=1}^{n} x_i^k, \quad k = 1, 2, \cdots.$$

5. 样本 k 阶中心矩

$$B_k = \frac{1}{n} \sum_{i=1}^{n} \left(X_i - \bar{X}\right)^k, \quad k = 1, 2, \cdots,$$

它的观测值为

$$b_k = \frac{1}{n} \sum_{i=1}^{n} \left(x_i - \bar{x}\right)^k, \quad k = 1, 2, \cdots.$$

显然, 样本一阶中心矩等于零, 即

$$B_1 = 0.$$

样本二阶中心矩 B_2 和样本方差 S^2 有如下关系：

$$B_2 = \frac{n-1}{n} S^2.$$

6. 样本偏度

$$\gamma_1 = \frac{b_3}{b_2^{\frac{3}{2}}}.$$

样本偏度 γ_1 反映了总体分布密度曲线的对称性信息. $\gamma_1 = 0$ 表示样本对称, $\gamma_1 > 0$ 表示分布右尾长, 即样本中有几个较大的数, 这反应总体分布是正偏的或右偏的, $\gamma_1 < 0$ 表示分布的左尾长, 即样本中有几个特小的数, 反映总体分布是负偏的或左偏的.

7. 样本峰度

$$\gamma_2 = \frac{b_4}{b_2^2} - 3.$$

样本峰度 γ_2 反映了总体分布密度曲线在其峰值附近的陡峭程度. 当 $\gamma_2 > 0$ 时, 分布密度曲线在其峰值附近比正态分布来得陡, 称为尖顶型; 当 $\gamma_2 < 0$ 时, 分布密度曲线在其峰值附近比正态分布来得平坦, 称为平顶型.

8. 样本最大值和样本最小值

$$X_{(n)} = \max\left(X_1, X_2, \cdots, X_n\right),$$
$$X_{(1)} = \min\left(X_1, X_2, \cdots, X_n\right),$$

它们的观测值依次为

$$x_{(n)} = \max\left(x_1, x_2, \cdots, x_n\right),$$
$$x_{(1)} = \max\left(x_1, x_2, \cdots, x_n\right).$$

设总体 X 的分布函数为 $F(x)$, 记 $X_{(n)}$ 和 $X_{(1)}$ 的分布函数依次为 $F_{\max}(x)$ 和 $F_{\min}(x)$, 则

$$
\begin{aligned}
F_{\max}(x) &= P\left\{\max\left(X_1, X_2, \cdots, X_n\right) \leqslant x\right\} \\
&= P\left\{X_1 \leqslant x, X_2 \leqslant x, \cdots, X_n \leqslant x\right\} \\
&= P\left\{X_1 \leqslant x\right\} P\left\{X_2 \leqslant x\right\} \cdots P\left\{X_n \leqslant x\right\} \\
&= \left[F(x)\right]^n, \\
F_{\min}(x) &= P\left\{\min\left(X_1, X_2, \cdots, X_n\right) \leqslant x\right\} \\
&= 1 - P\left\{\min\left(X_1, X_2, \cdots, X_n\right) > x\right\} \\
&= 1 - P\left\{X_1 \geqslant x\right\} P\left\{X_2 \geqslant x\right\} \cdots P\left\{X_n \geqslant x\right\} \\
&= 1 - \left[1 - F(x)\right]^n.
\end{aligned}
$$

例 6.3.5 从总体 $X \sim N(12, 4)$ 中随机地抽取一容量为 5 的样本 X_1, X_2, X_3, X_4, X_5, 求 $P\left\{\max\left(X_1, X_2, X_3, X_4, X_5\right) > 15\right\}$.

解 设总体 X 的分布函数为 $F(x)$, 则随机变量 $\max\left(X_1, X_2, X_3, X_4, X_5\right)$ 的分布函数为

$$F_{\max}(x) = \left[F(x)\right]^5,$$

于是有

$$
\begin{aligned}
&P\left\{\max\left(X_1, X_2, X_3, X_4, X_5\right) > 15\right\} \\
&= 1 - P\left\{\max\left(X_1, X_2, X_3, X_4, X_5\right) \leqslant 15\right\}
\end{aligned}
$$

$$=1 - F_{\max}(15) = 1 - [F(15)]^5$$

$$=1 - \left[\varPhi\left(\frac{15-12}{2}\right) \right]^5 = 1 - [\varPhi(1.5)]^5$$

$$=1 - 0.9332^5 = 0.2923.$$

设 $(X_1, Y_1), (X_2, Y_2), \cdots, (X_n, Y_n)$ 是来自二维总体 (X, Y) 的样本, 则

9. 样本协方差

$$S_{XY}^2 = \frac{1}{n-1} \sum_{i=1}^{n} \left(X_i - \bar{X} \right) \left(Y_i - \bar{Y} \right).$$

10. 样本相关系数

$$\rho_{XY} = \frac{S_{XY}^2}{S_X S_Y},$$

其中

$$S_X = \sqrt{\frac{1}{n-1} \sum_{i=1}^{n} \left(X_i - \bar{X} \right)^2}, \quad S_Y = \sqrt{\frac{1}{n-1} \sum_{i=1}^{n} \left(Y_i - \bar{Y} \right)^2}.$$

11. 样本中位数与样本分位数.

样本中位数也是一个很常见的统计量, 它也是次序统计量的函数, 通常如下定义. 设 $x_{(1)}, \cdots, x_{(n)}$ 是有序样本, 则样本中位数 $m_{\frac{1}{2}}$ 定义为

$$m_{\frac{1}{2}} = \begin{cases} x_{\left(\frac{n+1}{2}\right)}, & n\text{为奇数}, \\ \dfrac{1}{2}\left[x_{\left(\frac{n}{2}\right)} + x_{\left(\frac{n}{2}+1\right)} \right], & n\text{为偶数}. \end{cases}$$

如, 若 $n = 5$, $m_{\frac{1}{2}} = x_{(3)}$, $n = 6$, $m_{\frac{1}{2}} = \dfrac{1}{2}[x_{(3)} + x_{(4)}]$.

更一般地, 样本 P 分位数 m_P 可如下定义:

$$m_P = \begin{cases} x_{([nP+1])}, & \text{若 } nP \text{ 不是整数}, \\ \dfrac{1}{2}\left[x_{(nP)} + x_{(nP+1)} \right], & \text{若 } nP \text{ 是整数}, \end{cases}$$

其中 $[x]$ 表示 x 取整. 如 $n = 10$, $P = 0.35$, 则 $[nP + 1] = 4$.

6.4　常用统计量的分布

本节将介绍几个在数理统计中常用的来自正态总体的统计量的分布.

6.4.1 χ^2 分布

定义 6.4.1 设 $X_1, X_2, \cdots, X_n$ 是来自标准正态总体 $N(0,1)$ 的样本, 称统计量

$$\chi^2 = X_1^2 + X_2^2 + \cdots + X_n^2$$

为服从自由度为 n 的 χ^2 分布, 记作 $\chi^2 \sim \chi^2(n)$.

可以证明 $\chi^2(n)$ 分布的概率密度为

$$f(x) = \begin{cases} \dfrac{1}{2^{\frac{n}{2}} \Gamma\left(\dfrac{n}{2}\right)} x^{\frac{n}{2}-1} \mathrm{e}^{-\frac{x}{2}}, & x > 0, \\ 0, & x \leqslant 0, \end{cases}$$

其中 $\Gamma(t) = \displaystyle\int_0^{+\infty} x^{t-1} \mathrm{e}^{-x} \mathrm{d}x (t > 0)$ 为 Γ 函数.

图 6.3 画出了 $n = 1, n = 4$ 和 $n = 10$ 的 $\chi^2(n)$ 分布的概率密度曲线. 从图中可以看出, 当自由度 n 增大时, $\chi^2(n)$ 分布的密度函数的图形逐渐接近于正态分布的密度曲线.

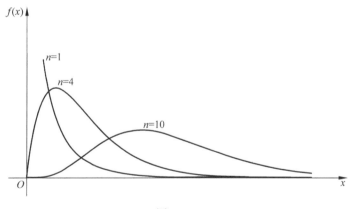

图 6.3

$\chi^2(n)$ 分布具有下列性质:

性质 6.4.1 若 $\chi^2 \sim \chi^2(n)$, 则 $E(\chi^2) = n, D(\chi^2) = 2n$.

证明 按 $\chi^2(n)$ 分布的定义有

$$\chi^2 = \sum_{i=1}^n X_i^2, \quad \text{其中} X_i \sim N(0,1), \quad i = 1, 2, \cdots, n,$$

$X_1, X_2, \cdots, X_n$ 相互独立, 且

$$E(X_i) = 0, \quad D(X_i) = 1.$$

从而有 $E\left(X_i^2\right) = E\left\{[X_i - E(X_i)]^2\right\} = D(X_i) = 1$, 所以

$$E\left(\chi^2\right) = \sum_{i=1}^{n} E\left(X_i^2\right) = n.$$

因为

$$E\left(X_i^4\right) = \int_{-\infty}^{+\infty} x^4 f(x)\mathrm{d}x = \frac{1}{\sqrt{2\pi}} \int_{-\infty}^{+\infty} x^4 \mathrm{e}^{-\frac{x^2}{2}} \mathrm{d}x = 3,$$

从而有

$$D\left(X_i^2\right) = E\left(X_i^4\right) - \left[E\left(X_i^2\right)\right]^2 = 3 - 1 = 2, \quad i = 1, 2, \cdots, n,$$

所以

$$D\left(\chi^2\right) = \sum_{i=1}^{n} D\left(X_i^2\right) = 2n. \qquad \Box$$

性质 6.4.2 设 $X \sim \chi^2(n_1), Y \sim \chi^2(n_2)$, 且 X 与 Y 相互独立, 则 $X + Y \sim \chi^2(n_1 + n_2)$.

证明 由于 X 与 Y 相互独立, 且

$$X \sim \Gamma\left(\frac{n_1}{2}, \frac{1}{2}\right), \quad Y \sim \Gamma\left(\frac{n_2}{2}, \frac{1}{2}\right),$$

由 Γ 分布的可加性知

$$X + Y \sim \Gamma\left(\frac{n_1 + n_2}{2}, \frac{1}{2}\right),$$

即 $X + Y \sim \chi^2(n_1 + n_2)$. $\qquad \Box$

根据性质 6.4.1 及独立同分布的中心极限定理可得下面性质.

性质 6.4.3 设 $\chi^2 \sim \chi^2(n)$, 则对任意实数 x 有

$$\lim_{n \to \infty} P\left\{\frac{\chi^2 - n}{\sqrt{2n}} \leqslant x\right\} = \frac{1}{\sqrt{2\pi}} \int_{-\infty}^{x} \mathrm{e}^{-\frac{t^2}{2}} \mathrm{d}t.$$

这个性质说明当 n 很大时, $\dfrac{\chi^2 - n}{\sqrt{2n}}$ 近似服从标准正态分布, 也就是自由度为 n 的 χ^2 分布近似于正态分布 $N(n, 2n)$.

定义 6.4.2 设 $\chi^2 \sim \chi^2(n)$, 对于给定的正数 $\alpha(0 < \alpha < 1)$, 称满足条件

$$P\left\{\chi^2 > \chi_\alpha^2(n)\right\} = \int_{\chi_\alpha^2(n)}^{+\infty} f(x)\mathrm{d}x = \alpha$$

的点 $\chi_\alpha^2(n)$ 为 $\chi^2(n)$ 分布的上 α 分位点 (数).

如图 6.4 所示, $\chi_\alpha^2(n)$ 就是使得图中阴影部分的面积为 α 时, 在 x 轴上所确定出来的点. 在书末附表中, 对确定的 α 与 n, 给出了查找 $\chi_\alpha^2(n)$ 的表. 例如对 $n = 7, \alpha = 0.05$ 有

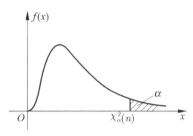

图 6.4

$$\chi_{0.05}^2(7) = 14.067,$$

即

$$P\left\{\chi^2 > 14.067\right\} = 0.05.$$

定理 6.4.1 设 $X_1, X_2, \cdots, X_n$ 是总体 $N\left(\mu, \sigma^2\right)$ 的样本, 则随机变量

$$\chi^2 = \frac{1}{\sigma^2} \sum_{i=1}^{n} (X_i - \mu)^2 \sim \chi^2(n).$$

证明 因为随机变量 $X_1, X_2, \cdots, X_n$ 相对独立, 且都与总体服从相同的正态分布 $N\left(\mu, \sigma^2\right)$, 所以将 X_i 标准化, 得

$$\frac{X_i - \mu}{\sigma} \sim N(0, 1), \quad i = 1, 2, \cdots, n,$$

且

$$\frac{X_1 - \mu}{\sigma}, \frac{X_2 - \mu}{\sigma}, \cdots, \frac{X_n - \mu}{\sigma}$$

相互独立, 根据定义 6.4.1 可得

$$\chi^2 = \frac{1}{\sigma^2} \sum_{i=1}^{n} (X_i - \mu)^2 = \sum_{i=1}^{n} \left(\frac{x_i - \mu}{\sigma}\right)^2 \sim \chi^2(n). \qquad \square$$

定理 6.4.2 设总体 X 服从正态分布 $N\left(\mu, \sigma^2\right)$, 从总体 X 中抽取样本 $X_1, X_2, \cdots, X_n$, 样本均值和样本方差分别为 $\overline{X}$ 和 S^2, 则:

(1) $\dfrac{(n-1)S^2}{\sigma^2} \sim \chi^2(n-1)$;

(2) $\overline{X}$ 与 S^2 相互独立.

证明从略.

6.4.2　t 分布

定义 6.4.3　设 $X \sim N(0,1), Y \sim \chi^2(n)$，且 X 与 Y 相互独立，称统计量

$$t = \frac{X}{\sqrt{\dfrac{Y}{n}}}$$

服从自由度为 n 的 t 分布，记作 $t \sim t(n)$.　　　　　　6-1 t 分布

可以证明 $t(n)$ 分布的概率密度为

$$f(x) = \frac{\Gamma\left(\dfrac{n+1}{2}\right)}{\sqrt{n\pi}\,\Gamma\left(\dfrac{n}{2}\right)}\left(1 + \frac{x^2}{n}\right)^{-\frac{n+1}{2}}, \quad -\infty < x < +\infty.$$

图 6.5 给出了自由度为 1, 4, 10 的 t 分布密度曲线的图形.

显然，t 分布的密度函数 $f(x)$ 关于 $x = 0$ 对称，并且

$$\lim_{n \to \infty} f(x) = \frac{1}{\sqrt{2\pi}} \mathrm{e}^{-\frac{x^2}{2}}, \quad -\infty < x < +\infty.$$

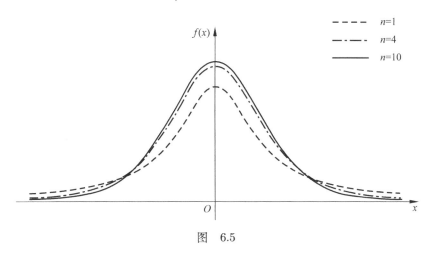

图　6.5

定义 6.4.4　设 $t \sim t(n)$，对于给定的正数 $\alpha(0 < \alpha < 1)$，称满足条件

$$P\{t > t_\alpha(n)\} = \int_{t_\alpha(n)}^{+\infty} f(x)\mathrm{d}x = \alpha$$

的点 $t_\alpha(n)$ 为 $t(n)$ 分布的上 α 分位点 (数).

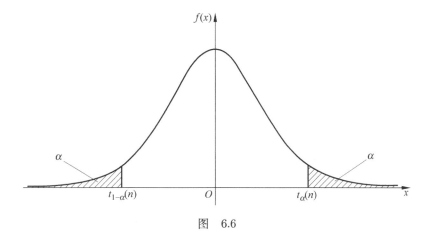

图 6.6

图 6.6 给出了 $t(n)$ 分布的上 α 分位点 $t_\alpha(n)$, 根据 $t(n)$ 分布概率密度的对称性, 可知

$$t_{1-\alpha}(n) = -t_\alpha(n).$$

当 n 很大时, $t_\alpha(n)$ 近似等于标准正态分布的上 α 分位点 u_α, 即 $t_\alpha(n) \approx u_\alpha$. 书末附表给出了 $t(n)$ 分布上 α 分位点 $t_\alpha(n)$ 的数值表. 例如, 对于 $n = 8, \alpha = 0.025$ 有 $t_{0.025}(8) = 2.306$.

定理 6.4.3 设总体 X 服从正态分布 $N(\mu, \sigma^2)$, 从总体 X 中抽取样本 $X_1, X_2, \cdots, X_n$, 样本均值和样本方差分别为 $\bar{X}$ 和 S^2, 则随机变量

$$t = \frac{\bar{X} - \mu}{S} \sqrt{n} \sim t(n-1).$$

证明 因为

$$u = \frac{\bar{X} - \mu}{\sigma} \sqrt{n} \sim N(0, 1),$$

$$\chi^2 = \frac{(n-1)S^2}{\sigma^2} \sim \chi^2(n-1),$$

根据定理 6.4.2 可知 $\bar{X}$ 与 S^2 相互独立, 从而可知 u 与 χ^2 相互独立, 根据定义 6.4.3 可得

$$t = \frac{u}{\sqrt{\dfrac{\chi^2}{n-1}}} = \frac{\dfrac{\bar{X} - \mu}{\sigma} \sqrt{n}}{\sqrt{\dfrac{(n-1)S^2}{\sigma^2(n-1)}}} = \frac{\bar{X} - \mu}{S} \sqrt{n} \sim t(n-1). \qquad \square$$

定理 6.4.4 设从两个正态总体 $N\left(\mu_1, \sigma^2\right)$ 和 $N\left(\mu_2, \sigma^2\right)$ 中分别独立地抽取样本, 样本容量依次为 n_1 和 n_2, 样本均值依次为 $\bar{X}$ 和 $\bar{Y}$, 样本方差依次为 S_1^2 和 S_2^2, 记

$$S_w = \sqrt{\frac{(n_1-1)S_1^2 + (n_2-1)S_2^2}{n_1+n_2-2}},$$

则随机变量

$$t = \frac{\bar{X} - \bar{Y} - (\mu_1 - \mu_2)}{S_w\sqrt{\dfrac{1}{n} + \dfrac{1}{n_2}}} \sim t\left(n_1 + n_2 - 2\right).$$

证明从略.

6.4.3　F 分布

定义 6.4.5 设 $X \sim \chi^2(n_1), Y \sim \chi^2(n_2)$, 且 X 与 Y 相互独立, 称统计量

$$F = \frac{X/n_1}{Y/n_2}$$

服从第一自由度为 n_1, 第二自由度为 n_2 的 F 分布, 记作 $F \sim F(n_1, n_2)$.

$F(n_1, n_2)$ 分布的概率密度函数为

$$f(x) = \begin{cases} \dfrac{\Gamma\left(\dfrac{n_1+n_2}{2}\right)}{\Gamma\left(\dfrac{n_1}{2}\right)\Gamma\left(\dfrac{n_2}{2}\right)}\left(\dfrac{n_1}{n_2}\right)^{\frac{n_1}{2}} x^{\frac{n_1}{2}-1}\left(1 + \dfrac{n_1}{n_2}x\right)^{-\frac{n_1+n_2}{2}}, & x > 0, \\ 0, & x \leqslant 0. \end{cases}$$

其图形如图 6.7 所示.

由 F 分布的定义可以看出, 若 $F \sim F(n_1, n_2)$, 则

$$\frac{1}{F} \sim F\left(n_2, n_1\right).$$

定义 6.4.6 设 $F \sim F(n_1, n_2)$, 对于给定的正数 $\alpha(0 < \alpha < 1)$, 称满足条件

$$P\{F > F_\alpha(n_1, n_2)\} = \int_{F_\alpha(n_1,n_2)}^{+\infty} f(x)\mathrm{d}x = \alpha$$

的点 $F_\alpha(n_1, n_2)$ 为 $F(n_1, n_2)$ 分布的上 α 分位点 (数).

图 6.8 给出了 $F(n_1, n_2)$ 分布的上 α 分位点 $F_\alpha(n_1, n_2)$.

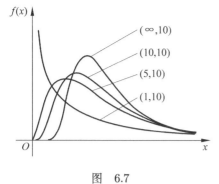

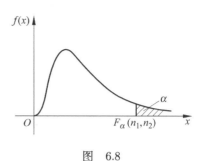

图 6.7   图 6.8

F 分布上 α 分位点具有性质:

$$F_{1-\alpha}(n_1, n_2) = \frac{1}{F_\alpha(n_2, n_1)}.$$

书后附表给出 $F(n_1, n_2)$ 分布上 α 分位点的数值表. 例如, 对于 $n_1 = 8, n_2 = 9, \alpha = 0.05$ 有

$$F_{0.05}(8, 9) = 3.23.$$

对于 $n_1 = 6, n_2 = 10, \alpha = 0.975$ 有

$$F_{0.975}(6, 10) = \frac{1}{F_{0.025}(10, 6)} = \frac{1}{5.46} = 0.183.$$

定理 6.4.5 设 $X_1, X_2, \cdots, X_{n_1}$ 是来自正态总体 $N\left(\mu_1, \sigma_1^2\right)$ 的样本, $Y_1, Y_2, \cdots, Y_{n_2}$ 是来自正态总体 $N\left(\mu_2, \sigma_2^2\right)$ 的样本, 并且这两个样本相互独立, 则随机变量

$$F = \frac{n_2}{n_1} \cdot \frac{\sigma_2^2}{\sigma_1^2} \cdot \frac{\sum\limits_{i=1}^{n_1} (X_i - \mu_1)^2}{\sum\limits_{j=1}^{n_2} (Y_j - \mu_2)^2} \sim F(n_1, n_2).$$

证明 根据定理 6.4.1 可得

$$\chi_1^2 = \frac{1}{\sigma_1^2} \sum_{i=1}^{n_1} (X_i - \mu_1)^2 \sim \chi^2(n_1), \quad \chi_2^2 = \frac{1}{\sigma_2^2} \sum_{j=1}^{n_2} (Y_j - \mu_2)^2 \sim \chi^2(n_2).$$

因为 X_i 与 $Y_j(i = 1, 2, \cdots, n_1, j = 1, 2, \cdots, n_2)$ 相互独立, 所以 χ_1^2 与 χ_2^2 相互独立. 由定义 6.4.5 可知

$$F = \frac{\chi_1^2/n_1}{\chi_2^2/n_2} = \frac{n_2}{n_1} \cdot \frac{\sigma_2^2}{\sigma_1^2} \cdot \frac{\sum\limits_{i=1}^{n_1} (X_i - \mu_1)^2}{\sum\limits_{j=1}^{n_2} (Y_j - \mu_2)^2} \sim F(n_1, n_2). \qquad \square$$

定理 6.4.6 设从两个正态总体 $N\left(\mu_1, \sigma_1^2\right)$ 和 $N\left(\mu_2, \sigma_2^2\right)$ 中分别独立地各抽取一个样本, 它们的样本容量分别为 n_1 和 n_2, 样本均值分别为 $\bar{X}$ 和 $\bar{Y}$, 样本方差分别是 S_1^2 和 S_2^2, 则随机变量

$$F = \frac{\sigma_2^2}{\sigma_1^2} \cdot \frac{S_1^2}{S_2^2} \sim F(n_1 - 1, n_2 - 1).$$

证明从略.

6-2 统计学三大
分布例题

第 6 章小结

习 题 6

(A)

1. 为研究加工某种零件的工时定额, 随机观察了 12 人次的加工工时, 测得加工时间数据如下 (单位: min):

9.0, 7.8, 8.2, 10.5, 7.5, 8.8, 10.0, 9.4, 8.5, 9.5, 8.4, 9.8.
试求样本平均值、样本方差和标准差.

2. 某食品厂为增强质量管理, 对某日生产的罐头抽查 100 个样品, 它们的净重数据 (单位: g) 如下:

342, 342, 346, 344, 343, 339, 336, 342, 347, 340, 340, 350, 340, 336, 341, 339,
346, 340, 346, 346, 345, 344, 350, 348, 342, 340, 356, 339, 348, 338, 342, 347, 347,
344, 348, 341, 340, 340, 342, 337, 344, 340, 344, 346, 342, 344, 345, 338, 341, 348,
345, 346, 344, 344, 344, 343, 345, 345, 350, 353, 345, 352, 350, 345, 343, 344, 343,
350, 343, 348, 342, 344, 345, 349, 332, 343, 340, 346, 342, 335, 349, 343, 344, 347,
341, 338, 342, 346, 343, 339, 341, 339, 343, 343, 345, 343, 350, 344, 346, 341.
试画出直方图, 它近似服从什么分布?

3. 从一批人中抽取 10 人, 测量他们每个人的身高, 得数据 (单位: cm) 如下:

173, 170, 148, 160, 168, 181, 151, 168, 154, 177.
求相应于这个样本观测值的样本分布函数.

4. 某厂加工的齿轮轴, 已知其直径 X 服从正态分布 $N(20, 0.05^2)$, 现从一批轴中任取 36 个检验, 问样本平均值 $\bar{X}$ 落在区间 $(19.98, 20.02)$ 内的概率是多少?

5. 已知某种纱的单纱强力服从正态分布 $N(240, 20^2)$, 现从中随机抽取容量为 100 的一个样本, 问其样本平均值与总体平均值之差的绝对值大于 5 的概率是多少? 若独立进行两次抽样, 容量分别是 36 和 64, 那么这两个样本平均值差的绝对值大于 10 的概率又是多少?

6. 设总体 $X \sim N(0, \sigma^2)$, 从中抽取样本 $X_1, X_2, X_3, X_4, X_5, X_6$, 设

$$Y = (X_1 + X_2 + X_3)^2 + (X_4 + X_5 + X_6)^2,$$

试确定常数 C, 使随机变量 CY 服从 χ^2 分布, 并求出此 χ^2 分布的自由度.

7. 设 $X_1, X_2, \cdots, X_8$ 是来自总体 $N(0, 0.2^2)$ 的样本, 试求 k, 使

$$P\left\{\sum_{i=1}^{8} X_i^2 < k\right\} = 0.95.$$

8. 某厂生产的灯泡使用寿命 $X \sim N(2500, 250^2)$, 现进行质量检查, 方法如下: 任意挑选若干个灯泡, 如果这些灯泡的平均寿命超过 2450(单位: h), 就认为该厂生产的灯泡质量合格, 若要使检查能通过的概率超过 99%, 至少应检查多少个灯泡?

9. 设总体 $X \sim N(72, 100)$, 为使样本均值大于 70 的概率等于 90%, 样本容量应取多大?

10. 从正态总体 $N(100, 4)$ 中抽取容量为 16 的样本, 样本均值为 $\bar{X}$, 问 k 取何值时, 使

$$P\left\{\left|\bar{X} - 100\right| < k\right\} = 0.95.$$

11. 设在总体 $N(\mu, \sigma^2)$ 中抽取一容量为 16 的样本, 这里 μ, σ^2 均为未知, S^2 为样本方差. 求:

(1) $P\left\{\dfrac{S^2}{\sigma^2} \leqslant 2.04\right\}$;　(2) $D(S^2)$.

12. 设 $X_1, X_2, \cdots, X_{16}$ 是来自正态总体 $N(0, 4)$ 的样本, 求

$$P\left\{\sum_{i=1}^{16} X_i^2 \leqslant 77.476\right\}.$$

13. 设 $X \sim t(n)$, 证明 $X^2 \sim F(1, n)$.

14. 设随机变量 X 与 Y 相互独立, 且 $X \sim N(\mu, \sigma^2)$, $\dfrac{Y}{\sigma^2} \sim \chi^2(n)$, 证明

$$t = \frac{X - \mu}{\sqrt{Y/n}} \sim t(n).$$

(B)

1. 设总体 X 服从 $N(0,1)$, 样本 X_1, X_2, X_3, X_4, X_5 来自总体 X, 试求常数 C, 使统计量 $\dfrac{C(X_1 + X_2)}{\sqrt{X_3^2 + X_4^2 + X_5^2}}$ 服从 t 分布.

2. 假设随机变量 X 服从分布 $F(n,n)$, 求证: $P\{X \leqslant 1\} = P\{X \geqslant 1\} = 0.5$.

3. 设 $X_1, X_2, \cdots, X_{n_1}, X_{n_1+1}, \cdots, X_{n_1+n_2}$ 为正态总体 $N(0, \sigma^2)$ 的容量为 $n_1 + n_2$ 的样本, 求下列统计量的分布:

$$(1)\ Y_1 = \frac{\sqrt{n_2} \displaystyle\sum_{i=1}^{n_1} X_i}{\sqrt{n_1} \sqrt{\displaystyle\sum_{j=n_1+1}^{n_1+n_2} X_j^2}}; \qquad (2)\ Y_2 = \frac{n_2 \displaystyle\sum_{i=1}^{n_1} X_i^2}{n_1 \displaystyle\sum_{j=n_1+1}^{n_1+n_2} X_j^2}.$$

4. 设总体 X_i 服从正态分布 $N(\mu, \sigma_i^2)$, 由来自 X_i 的简单随机样本得到样本均值 $\bar{X}_i$ 和样本方差 $S_i^2 (i=1,2)$, 且这两个样本相互独立, 记

$$a_i = \frac{S_i^2}{S_1^2 + S_2^2}, \quad i = 1, 2,$$

求统计量 $Y = a_1 \bar{X}_1 + a_2 \bar{X}_2$ 的数学期望.

5. 设总体 X_i 服从正态分布 $N(\mu_i, \sigma^2)$, 由来自 X_i 的样本容量为 n_i 的简单随机样本得到样本均值 $\bar{X}_i$ 和样本方差 $S_i^2 (i=1,2)$, 且这两个样本相互独立, 求 $Y = \dfrac{(n_1-1)S_1^2 + (n_2-1)S_2^2}{n_1 + n_2 - 2}$ 的数学期望和方差.

6. 设 $\bar{X}_n$ 和 S_n^2 分别是样本 $X_1, X_2, \cdots, X_n$ 的样本均值和样本方差. 现又获得第 $n+1$ 个观测值 X_{n+1}, 证明:

(1) $\bar{X}_{n+1} = \dfrac{n}{n+1} \bar{X}_n + \dfrac{X_{n+1}}{n+1}$;

(2) $S_{n+1}^2 = \dfrac{n-1}{n} S_n^2 + \dfrac{1}{n+1}\left(X_{n+1} - \bar{X}\right)^2$.

7. 设总体 X 服从几何分布, 即 $P(X=k) = q^{k-1}p$, $k = 1, 2, \cdots$, 其中 $0 < p < 1$, $q = 1 - p$, $X_1, X_2, \cdots, X_n$ 为总体 X 的样本. 求 $M = \max\{X_1, X_2, \cdots, X_n\}$, $N = \min\{X_1, X_2, \cdots, X_n\}$ 的概率分布.

第 6 章自测题

第7章 参数估计

从本章开始, 我们介绍统计推断, 它是数理统计的一个重要内容, 它包括估计问题和假设检验问题, 其中估计问题又分为参数估计和非参数估计. 本章将介绍参数估计的点估计和区间估计方法, 以及估计量的评选标准.

7.1 参数的点估计

设总体 X 的分布类型已知, 但是其中有一个或多个参数未知. 设 $X_1, X_2, \cdots,$ X_n 为总体 X 的样本, 参数估计就是讨论如何由样本 $X_1, X_2, \cdots, X_n$ 提供的信息对未知参数作出估计, 以及讨论如何建立一些准则对所作出的估计进行评价.

一般是构造出适当的统计量 $\hat{\theta}(X_1, X_2, \cdots, X_n)$, 当样本观测值为 $x_1, x_2, \cdots, x_n$ 时, 如果以 $\hat{\theta}(x_1, x_2, \cdots, x_n)$ 作为总体分布中未知参数 θ 的估计值, 这样的方法叫**点估计**, 并称 $\hat{\theta}(X_1, X_2, \cdots, X_n)$ 为 θ 的**点估计量**, $\hat{\theta}(x_1, x_2, \cdots, x_n)$ 为 θ 的**点估计值**. 如果总体分布中含有 r 个未知参数, 则要构造 r 个统计量作为 r 个未知参数的估计量.

7-1 点估计

点估计方法很多, 本章介绍两种常用的方法 —— 矩估计法和最大似然估计法.

7.1.1 矩估计法

设总体 X 的分布中含有 r 个未知参数 $\theta_1, \theta_2, \cdots, \theta_r$, 总体 X 的 $1, 2, \cdots, r$ 阶原点矩都存在. 一般地说, 它们都是 $\theta_1, \theta_2, \cdots, \theta_r$ 的未知函数, 即

$$\mu_k = \mu_k(\theta_1, \theta_2, \cdots, \theta_r) = E(X^k), \quad k = 1, 2, \cdots, r.$$

从总体 X 中抽取样本 $X_1, X_2, \cdots, X_n$, 根据辛钦大数定律可知, 当 $n \to \infty$ 时, 样本 k 阶原点矩 $A_k = \dfrac{1}{n} \sum_{i=1}^{n} X_i^k$ 依概率收敛于总体 X 的 k 阶原点矩 μ_k. 因此, 我们取样本 k 阶原点矩 A_k 作为总体 k 阶原点矩 μ_k 的估计量, 即

$$A_k = \mu_k = \mu_k(\theta_1, \theta_2, \cdots, \theta_r) = E(X^k), \quad k = 1, 2, \cdots, r.$$

这样就建立含有 $\theta_1, \theta_2, \cdots, \theta_r$ 的方程组

$$
\begin{cases}
\mu_1(\theta_1, \theta_2, \cdots, \theta_r) = A_1, \\
\mu_2(\theta_1, \theta_2, \cdots, \theta_r) = A_2, \\
\qquad\qquad\vdots \\
\mu_r(\theta_1, \theta_2, \cdots, \theta_r) = A_r.
\end{cases}
$$

解得

$$
\hat{\theta}_1 = \theta_1(A_1, A_2, \cdots, A_r),
$$

$$
\hat{\theta}_2 = \theta_2(A_1, A_2, \cdots, A_r),
$$

$$
\vdots
$$

$$
\hat{\theta}_r = \theta_r(A_1, A_2, \cdots, A_r).
$$

并把它们分别作为未知参数 $\theta_1, \theta_2, \cdots, \theta_r$ 的估计量, 叫做**矩估计量**. 这种求未知参数点估计的方法叫做**矩估计法**. 对于样本观测值 $x_1, x_2, \cdots, x_n$, 矩估计量的观测值为

$$
\hat{\theta}_1 = \theta_1(a_1, a_2, \cdots, a_r),
$$

$$
\hat{\theta}_2 = \theta_2(a_1, a_2, \cdots, a_r),
$$

$$
\vdots
$$

$$
\hat{\theta}_r = \theta_r(a_1, a_2, \cdots, a_r),
$$

叫做未知参数 $\theta_1, \theta_2, \cdots, \theta_r$ 的**矩估计值**.

例 7.1.1 已知某电话局在单位时间内收到用户呼唤次数这个总体 X 服从泊松分布, 即 X 的分布律为

$$
P(X = k) = \frac{\lambda^k}{k!} \mathrm{e}^{-\lambda}, \quad k = 0, 1, 2, \cdots,
$$

其中 λ 未知, 今获得样本值 $(x_1, x_2, \cdots, x_n)$, 求 λ 的矩估计值.

解 由于 $E(X) = \lambda$, 由方程

$$
A_1 = E(X) = \lambda
$$

可得

$$
\hat{\lambda} = A_1 = \overline{X} = \frac{1}{n} \sum_{i=1}^{n} X_i,
$$

代入 $(x_1, x_2, \cdots, x_n)$ 可得 λ 的矩估计值

$$\hat{\lambda} = \overline{x} = \frac{1}{n} \sum_{i=1}^{n} x_i.$$

注　由于 $E(X) = \lambda$, 所以估计 λ 值也就是估计在单位时间内平均收到的呼唤次数, 进而可以计算在单位时间内收到 k 次呼唤的概率.

例 7.1.2　设总体 X 的概率密度为

$$f(x) = \begin{cases} (\theta+1)x^\theta, & 0 < x < 1, \\ 0, & \text{其他}, \end{cases}$$

其中 $\theta > -1$ 是未知参数, $X_1, X_2, \cdots, X_n$ 是总体 X 的样本, 试求 θ 的矩估计量.

解　由于

$$E(X) = \int_{-\infty}^{+\infty} x f(x) \mathrm{d}x = \int_0^1 x(\theta+1)x^\theta \mathrm{d}x = \frac{\theta+1}{\theta+2},$$

$$A_1 = \frac{1}{n} \sum_{i=1}^{n} X_i = \overline{X},$$

由矩估计法得方程

$$\frac{\theta+1}{\theta+2} = \overline{X},$$

解得 θ 的矩估计量为

$$\hat{\theta} = \frac{2\overline{X}-1}{1-\overline{X}}.$$

例 7.1.3　设总体 X 的均值 μ 和方差 σ^2 都存在但未知, 从总体中抽取样本 $X_1, X_2, \cdots, X_n$, 求 μ 和 σ^2 的矩估计量.

解　因为

$$E(X) = \mu,$$

$$E(X^2) = D(X) + [E(X)]^2 = \sigma^2 + \mu^2,$$

由方程组

$$\begin{cases} E(X) = A_1, \\ E(X^2) = A_2, \end{cases}$$

即

$$\begin{cases} \mu = A_1, \\ \sigma^2 + \mu^2 = A_2, \end{cases}$$

解得 μ 和 σ 的矩估计量为

$$\hat{\mu} = \overline{X},$$

$$\hat{\sigma}^2 = \frac{1}{n}\sum_{i=1}^{n} X_i^2 - \overline{X}^2 = \frac{1}{n}\sum_{i=1}^{n}(X_i - \overline{X})^2.$$

注　此例说明在总体的均值 μ 和方差 σ^2 都存在时求 μ 和 σ^2 的矩估计量, 并不一定要知道总体服从什么概率分布. 无论总体服从什么概率分布, 总体均值 μ 的矩估计量都是样本均值, 总体方差 σ^2 的矩估计量都是样本二阶中心矩. 例如, 若总体 $X \sim \pi(\lambda)$, 则 $E(X) = D(X) = \lambda$, 因此未知参数 λ 有两个矩估计量:

$$\hat{\lambda} = \overline{X},$$

$$\hat{\lambda} = \frac{1}{n}\sum_{i=1}^{n}(X_i - \overline{X})^2.$$

可见总体中未知参数的矩估计量不具有唯一性.

点估计的矩估计法是由皮尔逊 (Pearson) 提出的, 它直观简便, 特别对总体数学期望和方差进行估计时不需要知道总体的分布, 但是它要求总体原点矩存在, 而有些随机变量 (如柯西 (Cauchy) 分布) 的原点矩不存在, 再有就是参数的矩估计有时不唯一.

7.1.2　最大似然估计法

如果一事件发生的概率为 p, 且 p 只能取 0.1 或 0.9. 现在在连续两次试验中, 该事件都发生了, 显然认为 $p = 0.9$ 是合理的. 两个人共同射击一个目标, 事先不知道谁的技术好, 让每人各打一发, 结果有一人击中, 于是我们便认为击中目标的比没有击中目标的技术好也是合理的. 这是最大似然估计法的基本思想, 即利用已知总体的概率分布和样本, 根据概率最大的事件在一次试验中最可能出现的原理, 求总体的概率分布 (或概率密度) 中所含未知参数的点估计方法.

下面我们仅就离散型总体和连续型总体这两种情况作进一步讨论.

1. 若总体 X 为离散型随机变量, 其概率分布的形式为 $P\{X = x\} = p(x;\theta)$, $\theta \in \Theta, \theta$ 为未知参数, Θ 为 θ 的取值范围, 称为参数空间, θ 可以是向量. 设 $X_1, X_2, \cdots, X_n$ 为 X 的样本, 则样本的联合概率分布为

$$P\{X_1 = x_1, X_2 = x_2, \cdots, X_n = x_n\} = \prod_{i=1}^{n} p(x_i;\theta).$$

在 θ 固定时, 上式表示 $(X_1, X_2, \cdots, X_n)$ 取值 $(x_1, x_2, \cdots, x_n)$ 的概率; 反之, 当样本值 $(x_1, x_2, \cdots, x_n)$ 给定时, 它可看作 θ 的函数, 我们把它记作 $L(\theta)$, 并称

$$L(\theta) = \prod_{i=1}^{n} p(x_i;\theta), \quad \theta \in \Theta$$

为**似然函数**. 似然函数 $L(\theta)$ 的值的大小意味着该样本值出现的可能性的大小, 既然已经得到样本值 $(x_1, x_2, \cdots, x_n)$, 那它出现的可能性应该是大的, 即似然函数值应该是大的. 因而我们选择 $L(\theta)$ 达到最大值的那个 $\hat{\theta}$ 作为 θ 的估计.

2. 若总体 X 为连续型随机变量, 其密度函数为 $f(x; \theta)$, 设 $X_1, X_2, \cdots, X_n$ 为 X 的样本, 相应的样本观测值为 $(x_1, x_2, \cdots, x_n)$, 则随机点 X_i 落在点 x_i 的长度为 Δx_i 的邻域内的概率近似等于 $f(x_i; \theta)\Delta x_i (i = 1, 2, \cdots, n)$, 而随机点 $(X_1, X_2, \cdots, X_n)$ 落在点 $(x_1, x_2, \cdots, x_n)$ 的边长分别为 $\Delta x_1, \Delta x_2, \cdots, \Delta x_n$ 的 n 维矩形邻域内的概率近似等于 $\prod\limits_{i=1}^{n} f(x_i; \theta)\Delta x_i$. 在 θ 固定时, 它是 $(X_1, X_2, \cdots, X_n)$ 在 $(x_1, x_2, \cdots, x_n)$ 处的密度, 它的大小与 $(X_1, X_2, \cdots, X_n)$ 落在 $(x_1, x_2, \cdots, x_n)$ 附近的概率的大小成正比. 而当样本值 $(x_1, x_2, \cdots, x_n)$ 给定时, 它是 θ 的函数, 我们仍把它记为 $L(\theta)$, 并称

$$L(\theta) = \prod_{i=1}^{n} f(x_i; \theta)\Delta x_i, \quad \theta \in \Theta$$

为**似然函数**. 由于 $\prod\limits_{i=1}^{n} \Delta x_i$ 与 θ 无关, 因此似然函数可取为

$$L(\theta) = \prod_{i=1}^{n} f(x_i; \theta), \quad \theta \in \Theta.$$

类似于上面的讨论, 我们选择使 $L(\theta)$ 达到最大值的 $\hat{\theta}$ 作为 θ 的估计.

如果 $\hat{\theta} \in \Theta$ 使得

$$L(\hat{\theta}) \geqslant L(\theta), \quad \theta \in \Theta,$$

则把 $\hat{\theta}$ 叫做 θ 的**最大似然估计值**. 这样得到的 $\hat{\theta}$ 与样本观测值 $x_1, x_2, \cdots, x_n$ 有关, 记 $\hat{\theta} = \hat{\theta}(x_1, x_2, \cdots, x_n)$, 如果把样本观测值换为样本 $X_1, X_2, \cdots, X_n$, 则得 $\hat{\theta} = \hat{\theta}(X_1, X_2, \cdots, X_n)$, 称为 θ 的**最大似然估计量**. 这种求未知参数估计量的方法叫做**最大似然估计法**.

求未知参数 θ 的最大似然估计值问题, 就是求似然函数 $L(\theta)$ 的极大值点的问题. 当 $L(\theta)$ 可导时, 要使 $L(\theta)$ 取得极大值, θ 必须满足方程

$$\frac{\mathrm{d}L(\theta)}{\mathrm{d}\theta} = 0,$$

这个方程称为**似然方程**. 在具体问题中, 容易验证所求得的驻点 $\theta = \hat{\theta}$ 是否为似然函数 $L(\theta)$ 的极大值点. 如果 $L(\theta)$ 有唯一驻点 $\theta = \hat{\theta}$, 则一般不加讨论而认为它就是 $L(\theta)$ 的极大值点, 即取 $\hat{\theta}$ 为 θ 的最大似然估计值. 由于对数函数 $\ln x$ 是单调增加函数, $L(\theta)$ 与 $\ln L(\theta)$ 在 θ 的同一值处取得极大值, 因此可以由方程

$$\frac{\mathrm{d}\ln L(\theta)}{\mathrm{d}\theta} = 0$$

求得 θ 的最大似然估计值. 这个方程叫做**对数似然方程**.

如果总体 X 的分布中含有 r 个未知参数 $\theta_1, \theta_2, \cdots, \theta_r$, 则似然函数是这些未知参数的函数 $L(\theta_1, \theta_2, \cdots, \theta_r)$, 求出 $L(\theta_1, \theta_2, \cdots, \theta_r)$ 或 $\ln L(\theta_1, \theta_2, \cdots, \theta_r)$ 关于 θ_k 的偏导数并令它们等于零, 得方程组

$$\frac{\partial L(\theta_1, \theta_2, \cdots, \theta_r)}{\partial \theta_k} = 0, \quad k = 1, 2, \cdots, r$$

或

$$\frac{\partial \ln L(\theta_1, \theta_2, \cdots, \theta_r)}{\partial \theta_k} = 0, \quad k = 1, 2, \cdots, r.$$

由这两个方程组之一可解出各个未知参数 θ_k 的最大似然估计值 $\hat{\theta}_k = \hat{\theta}_k(x_1, x_2, \cdots, x_n)$ 及相应的最大似然估计量 $\hat{\theta}_k = \hat{\theta}_k(X_1, X_2, \cdots, X_n)$, $k = 1, 2, \cdots, r$.

另外, 有时 $L(\theta)$ 不是 θ 的连续可导函数, 有时参数空间是有界区域, 此时不能用求解似然方程的方法, 一般利用定义进行判断分析求解.

例 7.1.4 设总体 $X \sim B(m, p)$, $X_1, X_2, \cdots, X_n$ 是来自总体 X 的一个样本, 求未知参数 p 的最大似然估计量.

解 总体 X 的概率分布为

$$P(X = x) = C_m^x p^x (1-p)^{m-x}, \quad x = 0, 1, 2, \cdots, m.$$

设 $x_1, x_2, \cdots, x_n$ 是样本 $X_1, X_2, \cdots, X_n$ 的一个样本值, 则似然函数为

$$L(p) = \prod_{i=1}^{n} \binom{m}{x_i} p^{x_i} (1-p)^{m-x_i}$$

$$= \left[\prod_{i=1}^{n} \binom{m}{x_i} \right] p^{\sum\limits_{i=1}^{n} x_i} (1-p)^{mn - \sum\limits_{i=1}^{n} x_i},$$

取对数, 得

$$\ln L(p) = \sum_{i=1}^{n} \ln C_m^{x_i} + \left(\sum_{i=1}^{n} x_i \right) \ln p$$

$$+ \left(mn - \sum_{i=1}^{n} x_i \right) \ln(1-p),$$

令

$$\frac{\mathrm{d} \ln L(p)}{\mathrm{d} p} = \frac{\sum\limits_{i=1}^{n} x_i}{p} - \frac{mn - \sum\limits_{i=1}^{n} x_i}{1-p} = 0,$$

解得 p 的最大似然估计值为

$$\hat{p} = \frac{\sum\limits_{i=1}^{n} x_i}{mn},$$

p 的最大似然估计量为

$$\hat{p} = \frac{\sum\limits_{i=1}^{n} X_i}{mn} = \frac{\overline{X}}{m}.$$

例 7.1.5 试求例 7.1.2 中未知参数 θ 的最大似然估计量.

解 设 $(x_1, x_2, \cdots, x_n)$ 为样本 $X_1, X_2, \cdots, X_n$ 的一个样本值, 则似然函数为

$$L(\theta) = \prod_{i=1}^{n} [(\theta+1)x_i^{\theta}] = (\theta+1)^n \left(\prod_{i=1}^{n} x_i \right)^{\theta},$$

取对数, 得

$$\ln L(\theta) = n \ln(\theta+1) + \theta \sum_{i=1}^{n} \ln x_i.$$

令

$$\frac{\mathrm{d}\ln L(\theta)}{\mathrm{d}\theta} = \frac{n}{\theta+1} + \sum_{i=1}^{n} \ln x_i = 0,$$

解得 θ 的最大似然估计值为

$$\hat{\theta} = -\frac{n}{\sum\limits_{i=1}^{n} \ln x_i} - 1,$$

θ 的最大似然估计量为

$$\hat{\theta} = -\frac{n}{\sum\limits_{i=1}^{n} \ln X_i} - 1.$$

此例说明矩估计与最大似然估计有时并不一致.

例 7.1.6 设总体 X 的概率分布为

X	0	1	2	3
p_i	θ^2	$2\theta(1-\theta)$	θ^2	$1-2\theta$

其中 $\theta \left(0 < \theta < \dfrac{1}{2} \right)$ 是未知参数, 利用总体 X 的如下样本值

$$3, 1, 3, 0, 3, 1, 2, 3,$$

求 θ 的矩估计值和最大似然估计值.

解 因为

$$E(X) = 0 \times \theta^2 + 1 \times 2\theta(1-\theta) + 2\theta^2 + 3(1-2\theta) = 3 - 4\theta,$$

由方程

$$E(X) = \mu_1,$$

即

$$3 - 4\theta = \mu_1,$$

解得 $\theta = \dfrac{3 - \mu_1}{4}$. 用样本值

$$\overline{x} = \frac{1}{8}(3 + 1 + 3 + 0 + 3 + 1 + 2 + 3) = 2$$

代替 μ_1, 得到 θ 的矩估计值为

$$\hat{\theta} = \frac{3-2}{4} = \frac{1}{4} = 0.25.$$

对于给定的样本值, 似然函数为

$$L(\theta) = \theta^2[2\theta(1-\theta)]^2\theta^2(1-2\theta)^4 = 4\theta^6(1-\theta)^2(1-2\theta)^4.$$

取对数得

$$\ln L(\theta) = \ln 4 + 6\ln\theta + 2\ln(1-\theta) + 4\ln(1-2\theta),$$

将上式对 θ 求导数, 得

$$\frac{\mathrm{d}\ln L(\theta)}{\mathrm{d}\theta} = \frac{6}{\theta} - \frac{2}{1-\theta} - \frac{8}{1-2\theta} = \frac{6 - 28\theta + 24\theta^2}{\theta(1-\theta)(1-2\theta)}.$$

令

$$\frac{\mathrm{d}\ln L(\theta)}{\mathrm{d}\theta} = \frac{6 - 28\theta + 24\theta^2}{\theta(1-\theta)(1-2\theta)} = 0,$$

并注意已知条件 $0 < \theta < \dfrac{1}{2}$, 可解得 θ 的最大似然估计值为

$$\hat{\theta} = \frac{7 - \sqrt{13}}{12} \approx 0.2829.$$

例 7.1.7 从一大批产品中随机抽取 n 件, 发现其中有 k 件次品, 求这批产品的次品率的最大似然估计.

解 设该批产品的次品率为 p. 从这批产品中随机地抽取一件产品时, 对这件产品的检验结果可以用随机变量

$$X = \begin{cases} 0, & \text{产品是合格品}, \\ 1, & \text{产品是次品} \end{cases}$$

表示, 则 X 服从 (0-1) 分布, 概率分布为

$$P\{X = x\} = p(x; p) = p^x (1-p)^{1-x}, \quad x = 0, 1.$$

以 X 为总体, 从中抽取样本观测值 $x_1, x_2, \cdots, x_n$, 则似然函数为

$$L(p) = \prod_{i=1}^{n} p^{x_i} (1-p)^{1-x_i} = p^{\sum\limits_{i=1}^{n} x_i} (1-p)^{n - \sum\limits_{i=1}^{n} x_i}$$

取对数, 得

$$\ln L(p) = \left(\sum_{i=1}^{n} x_i\right) \ln p + \left(n - \sum_{i=1}^{n} x_i\right) \ln(1-p).$$

由

$$\begin{aligned} \frac{\mathrm{d} \ln L(p)}{\mathrm{d}p} &= \frac{1}{p} \sum_{i=1}^{n} x_i - \frac{1}{1-p} \left(n - \sum_{i=1}^{n} x_i\right) \\ &= \frac{1}{p(1-p)} \left(\sum_{i=1}^{n} x_i - p \sum_{i=1}^{n} x_i - np + p \sum_{i=1}^{n} x_i\right) \\ &= \frac{1}{p(1-p)} \left(\sum_{i=1}^{n} x_i - np\right) = 0, \end{aligned}$$

解得 p 的最大似然估计值为

$$\hat{p} = \frac{1}{n} \sum_{i=1}^{n} x_i = \overline{x}.$$

由于 $\sum\limits_{i=1}^{n} x_i = k$, 所以这批产品的次品率的最大似然估计值为

$$\hat{p} = \frac{k}{n}.$$

如果 $n = 80$, $k = 2$, 则 $\hat{p} = 0.025$.

例 7.1.8 设总体 X 服从正态分布 $N(\mu, \sigma^2)$, 其中 μ 和 σ^2 都是未知参数, $X_1, X_2, \cdots, X_n$ 是来自总体 X 的样本, 求未知参数 μ 和 σ^2 的最大似然估计量.

解 设 $x_1, x_2, \cdots, x_n$ 是相应于样本 $X_1, X_2, \cdots, X_n$ 的样本观测值, 则似然函数为

$$
\begin{aligned}
L(\mu, \sigma^2) &= \prod_{i=1}^{n} \frac{1}{\sqrt{2\pi}\,\sigma} \mathrm{e}^{-\frac{(x_i - \mu)^2}{2\sigma^2}} \\
&= \left(\frac{1}{2\pi\sigma^2}\right)^{\frac{n}{2}} \exp\left\{-\frac{1}{2\sigma^2} \sum_{i=1}^{n} (x_i - \mu)^2\right\}.
\end{aligned}
$$

取对数, 得

$$
\ln L(\mu, \sigma^2) = -\frac{n}{2}[\ln(2\pi) + \ln \sigma^2] - \frac{1}{2\sigma^2} \sum_{i=1}^{n} (x_i - \mu)^2,
$$

将 $\ln L$ 分别对 μ 及 σ^2 求偏导数, 并令它们等于零, 得到方程组

$$
\begin{cases}
\dfrac{\partial \ln L}{\partial \mu} = \dfrac{1}{\sigma^2} \left(\displaystyle\sum_{i=1}^{n} x_i - n\mu\right) = 0, \\
\dfrac{\partial \ln L}{\partial \sigma^2} = -\dfrac{n}{2\sigma^2} + \dfrac{1}{2\sigma^4} \displaystyle\sum_{i=1}^{n} (x_i - \mu)^2 = 0.
\end{cases}
$$

解此方程组, 得到未知参数 μ 和 σ^2 的最大似然估计值分别是

$$
\begin{cases}
\hat{\mu} = \dfrac{1}{n} \displaystyle\sum_{i=1}^{n} x_i = \overline{x}, \\
\widehat{\sigma^2} = \dfrac{1}{n} \displaystyle\sum_{i=1}^{n} (x_i - \overline{x})^2.
\end{cases}
$$

μ 和 σ^2 的最大似然估计量分别是

$$
\begin{cases}
\hat{\mu} = \overline{X}, \\
\widehat{\sigma^2} = \dfrac{1}{n} \displaystyle\sum_{i=1}^{n} (X_i - \overline{X})^2.
\end{cases}
$$

由此可得标准差 σ 的最大似然估计量为

$$
\hat{\sigma} = \sqrt{\widehat{\sigma^2}} = \sqrt{\frac{1}{n} \sum_{i=1}^{n} (X_i - \overline{X})^2}.
$$

例 7.1.9 设 X 在区间 $[a, b]$ 上服从均匀分布, 从总体 X 中抽取样本 $X_1, X_2, \cdots, X_n$, 求未知参数 a 和 b 的最大似然估计量.

解 设 $x_1, x_2, \cdots, x_n$ 是相应于 $X_1, X_2, \cdots, X_n$ 的样本观测值, 则似然函数是

$$L(a,b) = \begin{cases} \dfrac{1}{(b-a)^n}, & a \leqslant x_i \leqslant b(i=1,2,\cdots,n), \\ 0, & \text{其他}. \end{cases}$$

记 $x_{(1)} = \min(x_1, x_2, \cdots, x_n)$, $x_{(n)} = \max(x_1, x_2, \cdots, x_n)$. 当 $a \leqslant x_i \leqslant b(i = 1, 2, \cdots, n)$, 即 $a \leqslant x_{(1)}, x_{(n)} \leqslant b$ 时, 有

$$0 < L(a,b) = \frac{1}{(b-a)^n} \leqslant \frac{1}{(x_{(n)} - x_{(1)})^n}.$$

可见似然函数 $L(a,b)$ 当 $a = x_{(1)}, b = x_{(n)}$ 时取得最大值 $\dfrac{1}{(x_{(n)} - x_{(1)})^n}$, 所以未知参数 a 和 b 的最大似然估计值分别为

$$\hat{a} = \min(x_1, x_2, \cdots, x_n), \quad \hat{b} = \max(x_1, x_2, \cdots, x_n),$$

a 和 b 的最大似然估计量分别为

$$\hat{a} = \min(X_1, X_2, \cdots, X_n), \quad \hat{b} = \max(X_1, X_2, \cdots, X_n).$$

7.2　估计量的评选标准

　　参数的点估计是构造一个统计量作为参数取值的估计. 矩估计和最大似然估计只是构造参数估计的两种方法. 前面我们可以看到, 如果采用不同的方法, 则可能得到不同的估计量, 即使使用同一方法也可以得到不同的估计量. 对于同一参数的多个估计量来说, 我们需要给出判断好坏的标准. 下面给出几个常用的评选标准.

7-2 估计量的
评选标准

　　在以下的讨论中, 设总体 X 的分布中含有未知参数 θ ($\theta \in \Theta$), $X_1, X_2, \cdots, X_n$ 是来自总体 X 的样本.

7.2.1　无偏性

　　由于未知参数 θ 的估计量 $\hat{\theta}$ 的取值由样本观测值确定, 具有随机性, 是一个随机变量. 因此, 用 $\hat{\theta}$ 去估计 θ 一般会有偏差. 我们自然希望 $\hat{\theta}$ 的取值总是在 θ 附近摆动, 不应该总是偏大或总是偏小. 也就是从平均意义上讲, 希望 $E(\hat{\theta})$ 与 θ 越接近越好. 当其差为零时, 便具有了无偏性的概念.

　　定义 7.2.1　设 $\hat{\theta} = \hat{\theta}(X_1, X_2, \cdots, X_n)$ 是未知参数 θ 的估计量, 如果 $E(\hat{\theta})$ 存在, 且对任意 $\theta \in \Theta$, 有

$$E(\hat{\theta}) = \theta,$$

则称 $\hat{\theta}$ 为 θ 的**无偏估计** (**量**), 也称以 $\hat{\theta}$ 作为 θ 的估计具有**无偏性**.

例 7.2.1 设 $X_1, X_2, \cdots, X_n$ 为来自总体 X 的样本, 总体 X 的均值为 μ, 方差为 σ^2, 证明:

(1) 样本均值 $\overline{X}$ 和样本方差 S^2 分别是 μ 和 σ^2 的无偏估计量;

(2) 样本的二阶中心矩 B_2 是 σ^2 的有偏估计量, 但它是 σ^2 的渐近无偏估计量.

证明 (1) 因为

$$E(X_i) = E(X) = \mu, \quad i = 1, 2, \cdots, n,$$

$$E(\overline{X}) = E\left(\frac{1}{n}\sum_{i=1}^{n} X_i\right) = \frac{1}{n}\sum_{i=1}^{n} E(X_i) = \mu,$$

故 $\hat{\mu} = \overline{X}$ 是 μ 的一个无偏估计量.

$$D(X_i) = D(X) = \sigma^2, \quad i = 1, 2, \cdots, n,$$

$$D(\overline{X}) = D\left(\frac{1}{n}\sum_{i=1}^{n} X_i\right) = \frac{\sigma^2}{n},$$

于是

$$
\begin{aligned}
E(S^2) &= E\left[\frac{1}{n-1}\sum_{i=1}^{n}(X_i - \overline{X})^2\right] \\
&= E\left[\frac{1}{n-1}\left(\sum_{i=1}^{n} X_i^2 - n\overline{X}^2\right)\right] \\
&= \frac{1}{n-1}\left[\sum_{i=1}^{n} E(X_i^2) - nE(\overline{X}^2)\right] \\
&= \frac{1}{n-1}\left\{\sum_{i=1}^{n}(\mu^2 + \sigma^2) - nD(\overline{X}) - n[E(\overline{X})]^2\right\} \\
&= \frac{1}{n-1}(n\sigma^2 - \sigma^2) \\
&= \sigma^2,
\end{aligned}
$$

故 S^2 是 σ^2 的一个无偏估计量.

(2) 因为

$$
\begin{aligned}
E(B_2) &= E\left[\frac{1}{n}\sum_{i=1}^{n}(X_i - \overline{X})^2\right] \\
&= E\left(\frac{n-1}{n}S^2\right)
\end{aligned}
$$

$$= \frac{n-1}{n} E(S^2)$$

$$= \frac{n-1}{n} \sigma^2 \neq \sigma^2,$$

故样本的二阶中心矩 B_2 不是 σ^2 的无偏估计量. 但

$$\lim_{n \to \infty} E \left[\frac{1}{n} \sum_{i=1}^{n} (X_i - \overline{X})^2 \right] = \lim_{n \to \infty} \left(\frac{n-1}{n} \sigma^2 \right) = \sigma^2,$$

因此它是 σ^2 的一个渐近无偏估计量. □

注 如果 $\hat{\theta}$ 是 θ 的无偏估计量, $g(\theta)$ 是 θ 的函数, 未必能推出 $g(\hat{\theta})$ 是 $g(\theta)$ 的无偏估计量. 例如总体 $X \sim N(\mu, \sigma^2)$, $\overline{X}$ 是 μ 的无偏估计量, 但 $\overline{X}^2$ 却不是 μ^2 的无偏估计量. 因为

$$E(\overline{X}^2) = D(\overline{X}) + [E(\overline{X})]^2 = \frac{\sigma^2}{n} + \mu^2,$$

而 $\sigma^2 > 0$, 所以 $E(\overline{X}^2) \neq \mu^2$.

例 7.2.2 设总体 X 的均值 μ 存在, 从总体 X 中抽取样本 X_1, X_2, X_3, 选取 μ 的三个估计量如下:

$$\hat{\mu}_1 = \frac{1}{2}(X_1 + X_2),$$

$$\hat{\mu}_2 = \frac{1}{3}(X_1 + X_2 + X_3),$$

$$\hat{\mu}_3 = \frac{1}{2}X_1 + \frac{1}{6}X_2 + \frac{1}{3}X_3,$$

证明 $\hat{\mu}_1, \hat{\mu}_2, \hat{\mu}_3$ 都是 μ 的无偏估计量.

证明 由 $E(X_i) = E(X) = \mu$ $(i = 1, 2, 3)$, 有

$$E(\hat{\mu}_1) = \frac{1}{2}[E(X_1) + E(X_2)] = \mu,$$

$$E(\hat{\mu}_2) = \frac{1}{3}[E(X_1) + E(X_2) + E(X_3)] = \mu,$$

$$E(\hat{\mu}_3) = \frac{1}{2}E(X_1) + \frac{1}{6}E(X_2) + \frac{1}{3}E(X_3) = \mu,$$

因此 $\hat{\mu}_1, \hat{\mu}_2, \hat{\mu}_3$ 都是 μ 的无偏估计量. □

例 7.2.3 设总体 X 的均值为 μ, 方差为 σ^2. 分别独立地从总体 X 抽取样本 $X_1, X_2, \cdots, X_m$ 及样本 $X_1', X_2', \cdots, X_n'$, 样本均值分别为 $\overline{X}$ 及 $\overline{X'}$. 令 $\hat{\mu} = k\overline{X} + k'\overline{X'}$.

(1) 当 k 和 k' 满足什么条件时, $\hat{\mu}$ 是 μ 的无偏估计?

(2) 当 k 和 k' 为何值时, (1) 中 μ 的无偏估计量 $\hat{\mu}$ 的方差最小?

解 (1) 因为

$$
\begin{aligned}
E(\hat{\mu}) &= E(k\overline{X} + k'\overline{X'}) \\
&= kE(\overline{X}) + k'E(\overline{X'}) \\
&= (k + k')\mu,
\end{aligned}
$$

因此, 为了使得 $\hat{\mu} = k\overline{X} + k'\overline{X'}$ 为 μ 的无偏估计, 应有

$$
k + k' = 1.
$$

(2) 由题设可知 $\overline{X}$ 与 $\overline{X'}$ 相互独立, 因此

$$
\begin{aligned}
D(\hat{\mu}) &= D(k\overline{X} + k'\overline{X'}) \\
&= k^2 D(\overline{X}) + (k')^2 D(\overline{X'}) \\
&= \left[\frac{k^2}{m} + \frac{(k')^2}{n}\right]\sigma^2 \\
&= \left[\frac{k^2}{m} + \frac{(1-k)^2}{n}\right]\sigma^2.
\end{aligned}
$$

令

$$
\begin{aligned}
\frac{\mathrm{d}D(\hat{\mu})}{\mathrm{d}k} &= \frac{\mathrm{d}}{\mathrm{d}k}\left[\frac{k^2}{m} + \frac{(1-k)^2}{n}\right]\sigma^2 \\
&= \left[\frac{2k}{m} - \frac{2(1-k)}{n}\right]\sigma^2 \\
&= 2\sigma^2 \cdot \frac{nk - m + mk}{mn} = 0,
\end{aligned}
$$

解得

$$
k = \frac{m}{m+n}, \quad k' = 1 - k = \frac{n}{m+n}.
$$

因为

$$
\frac{\mathrm{d}^2 D(\hat{\mu})}{\mathrm{d}k^2} = 2\sigma^2 \cdot \frac{m+n}{mn} > 0,
$$

所以当

$$
k = \frac{m}{m+n}, \quad k' = \frac{n}{m+n}
$$

时, μ 的无偏估计量 $\hat{\mu} = k\overline{X} + k'\overline{X'}(k + k' = 1)$ 的方差达到最小.

从上面两个例题我们看到, 总体的分布中的某一参数, 可以有多个无偏估计量, 那么如何比较这些无偏估计量的好坏呢?

7.2.2 有效性

有时一个参数存在许多无偏估计量, 如例 7.2.2, 选用哪一个好呢? 显然应该看它们中间哪一个取值更集中, 即方差小. 也就是说, 一个好的估计量应具有尽量小的方差. 由此引出了第二个标准 —— 有效性.

定义 7.2.2 设 $\widehat{\theta}_1 = \widehat{\theta}_1(X_1, X_2, \cdots, X_n)$ 与 $\widehat{\theta}_2 = \widehat{\theta}_2(X_1, X_2, \cdots, X_n)$ 都是未知参数 θ 的无偏估计量, 如果对于任意 $\theta \in \Theta$, 有

$$D(\widehat{\theta}_1) \leqslant D(\widehat{\theta}_2),$$

且至少有一个 $\theta \in \Theta$ 使得上述不等号严格成立, 则称 $\widehat{\theta}_1$ 比 $\widehat{\theta}_2$ **有效**.

例 7.2.4 在例 7.2.2 中设总体 X 的方差为 σ^2, 试比较三个无偏估计量中哪一个更有效.

解 由于 X_1, X_2, X_3 相互独立及 $D(X_i) = D(X) = \sigma^2 (i = 1, 2, 3)$, 因此有

$$D(\hat{\mu}_1) = D\left[\frac{1}{2}(X_1 + X_2)\right] = \frac{1}{4}[D(X_1) + D(X_2)] = \frac{1}{2}\sigma^2,$$

$$D(\hat{\mu}_2) = D\left[\frac{1}{3}(X_1 + X_2 + X_3)\right]$$
$$= \frac{1}{9}[D(X_1) + D(X_2) + D(X_3)] = \frac{1}{3}\sigma^2,$$

$$D(\hat{\mu}_3) = \frac{1}{4}D(X_1) + \frac{1}{36}D(X_2) + \frac{1}{9}D(X_3) = \frac{7}{18}\sigma^2,$$

可见

$$D(\hat{\mu}_2) < D(\hat{\mu}_3) < D(\hat{\mu}_1),$$

所以, 在 μ 的三个无偏估计量 $\hat{\mu}_1, \hat{\mu}_2, \hat{\mu}_3$ 中, $\hat{\mu}_2$ 更有效.

7.2.3 一致性

由于未知参数 θ 的估计量 $\widehat{\theta} = \widehat{\theta}(X_1, X_2, \cdots, X_n)$ 是样本 $X_1, X_2, \cdots, X_n$ 的函数, 因此 $\widehat{\theta}$ 依赖于样本容量 n, 记作

$$\widehat{\theta}_n = \widehat{\theta}_n(X_1, X_2, \cdots, X_n).$$

我们当然希望当 n 充分大时, $\widehat{\theta}_n$ 的值稳定在 θ 的附近.

定义 7.2.3 设 $\widehat{\theta}_n = \widehat{\theta}_n(X_1, X_2, \cdots, X_n)(n = 1, 2, \cdots)$ 是未知参数 θ 的估计量序列, 如果对于任意 $\theta \in \Theta$, 当 $n \to \infty$ 时 $\widehat{\theta}_n$ 依概率收敛于 θ, 即对于任意给定的正数 ε, 有

$$\lim_{n \to \infty} P\{|\widehat{\theta}_n - \theta| < \varepsilon\} = 1,$$

则把 $\widehat{\theta}_n = \widehat{\theta}_n(X_1, X_2, \cdots, X_n)$ 叫做未知参数 θ 的**一致估计量**(或**相合估计量**).

例 7.2.5　设总体 X 的均值为 μ, 方差为 σ^2, 从总体 X 中抽取容量为 n 的样本 $X_1, X_2, \cdots, X_n$. 证明: 样本均值

$$\overline{X}_n = \frac{1}{n} \sum_{i=1}^{n} X_i, \quad n = 1, 2, \cdots$$

是总体均值 μ 的一致估计量.

证明　因为 $X_1, X_2, \cdots, X_n$ 相互独立, 且与总体 X 有相同的分布, 故

$$E(X_i) = \mu, \quad D(X_i) = \sigma^2, \quad i = 1, 2, \cdots, n.$$

由切比雪夫大数定理知, 对于任意给定的正数 ε, 有

$$\lim_{n \to \infty} P \left\{ \left| \frac{1}{n} \sum_{i=1}^{n} X_i - \mu \right| < \varepsilon \right\} = 1,$$

即

$$\lim_{n \to \infty} P \left\{ \left| \overline{X}_n - \mu \right| < \varepsilon \right\} = 1,$$

所以 $\overline{X}_n$ 是 μ 的一致估计量. □

由辛钦大数定理可知, 样本的 k 阶原点矩 $A_k = \dfrac{1}{n} \sum_{i=1}^{n} X_i^k$ 是总体 X 的 k 阶原点矩 $\mu_k = E(X^k)(k = 1, 2, \cdots)$ 的一致估计量. 根据依概率收敛的随机变量序列的性质可知: 如果未知参数 θ 是 $\mu_1, \mu_2, \cdots, \mu_l$ 的连续函数 $\theta = g(\mu_1, \mu_2, \cdots, \mu_l)$, 则 θ 的矩估计量 $\widehat{\theta} = g(A_1, A_2, \cdots, A_l)$ 是 θ 的一致估计量.

在用一致性去判别估计量的好坏时, 样本容量要足够大才行.

例 7.2.6　设 θ 是总体 X 的分布中的未知参数, $X_1, X_2, \cdots, X_n$ 是来自总体 X 的样本, $\widehat{\theta}_n = \widehat{\theta}_n(X_1, X_2, \cdots, X_n)$ 是 θ 的无偏估计量, 且 $\lim\limits_{n \to \infty} D(\widehat{\theta}_n) = 0$, 证明 $\widehat{\theta}_n$ 为 θ 的一致估计量.

证明　因 $E(\widehat{\theta}_n) = \theta$, 根据切比雪夫不等式, 对于任意正数 ε, 有

$$P\{|\widehat{\theta}_n - \theta| \geqslant \varepsilon\} \leqslant \frac{D(\widehat{\theta}_n)}{\varepsilon^2}.$$

因为 $\lim\limits_{n \to \infty} D(\widehat{\theta}_n) = 0$, 故

$$\lim_{n \to \infty} P\{|\widehat{\theta}_n - \theta| \geqslant \varepsilon\} = 0,$$

即

$$\lim_{n \to \infty} P\{|\widehat{\theta}_n - \theta| < \varepsilon\} = 1,$$

所以 $\widehat{\theta}_n = \widehat{\theta}_n(X_1, X_2, \cdots, X_n)$ 为 θ 的一致估计量. □

7.3 参数的区间估计

前面讨论了参数的点估计, 当样本观测值给定以后, 点估计能给出未知参数 θ 一个确定的数值, 但无法知道它与 θ 的真值有没有误差, 误差是多少. 在实际问题中, 误差的大小往往是人们比较关心的, 例如通过产品抽样对废品率进行估计, 估计误差达到 1% 就可能对交易的某一方带来重大损失. 为此, 引入估计的另一种形式 —— 区间估计. 在区间估计理论中, 被广泛接受的一种观点是置信区间, 它是由奈曼 (Neyman) 于 1934 年提出的.

定义 7.3.1 设总体 X 的分布中含有一个未知参数 θ, $X_1, X_2, \cdots, X_n$ 是来自总体 X 的样本. 如果对于给定的概率 $1 - \alpha$ $(0 < \alpha < 1)$, 存在两个统计量 $\theta_1 = \theta_1(X_1, X_2, \cdots, X_n)$ 和 $\theta_2 = \theta_2(X_1, X_2, \cdots, X_n)$, 使得

$$P\{\theta_1 < \theta < \theta_2\} \geqslant 1 - \alpha,$$

则把 $1 - \alpha$ 叫做**置信度**或**置信水平**, 把随机区间 (θ_1, θ_2) 叫做未知参数 θ 的置信水平为 $1 - \alpha$ 的**置信区间**, 把 θ_1 和 θ_2 分别叫做置信水平为 $1 - \alpha$ 的双侧置信区间的**置信下限**和**置信上限**.

把这种估计未知参数的方法叫做**区间估计**.

当 X 是连续型随机变量时, 对于给定的 α, 我们总是按要求 $P\{\theta_1 < \theta < \theta_2\} = 1 - \alpha$ 求出置信区间. 而当 X 是离散型随机变量时, 对于给定的 α, 我们常常找不到区间 (θ_1, θ_2) 使 $P\{\theta_1 < \theta < \theta_2\}$ 恰为 $1 - \alpha$. 此时我们去找区间 (θ_1, θ_2) 使得 $P\{\theta_1 < \theta < \theta_2\}$ 至少为 $1 - \alpha$, 且尽可能地接近 $1 - \alpha$.

这里需要指出的是: 区间 (θ_1, θ_2) 是随机区间, 不同的样本观测值就得到不同的区间 (θ_1, θ_2). 当样本观测值给定后, 区间 (θ_1, θ_2) 可能包含 θ 的真值, 也可能不包含 θ 的真值, 而 $1 - \alpha$ 给出了随机区间 (θ_1, θ_2) 包含真值 θ 的可信程度. 例如若 $\alpha = 0.05$, 则置信度为 0.95, 这表明若重复抽样 100 次, 将得到 100 个不同的区间, 其中约有 95 个区间包含了真值 θ, 不包含真值 θ 的区间约有 5 个.

由定义 7.3.1 不难看出, 未知参数 θ 的置信水平为 $1 - \alpha$ 的置信区间不是唯一的. 置信区间的长度越短, 表明估计的精确度越高. 因此, 在给定置信水平的情况下, 我们总是寻求长度尽量短的置信区间.

寻找总体的分布中未知参数 θ 的置信区间的一般步骤如下:

(1) 构造样本 $X_1, X_2, \cdots, X_n$ 的一个函数, 它包含待估参数 θ, 而不包含任何其他未知参数, 设该函数为

$$T = T(X_1, X_2, \cdots, X_n; \theta),$$

且 T 的分布已知.

(2) 对于给定的置信水平 $1 - \alpha$, 根据 T 的分布找到两个常数 a 和 b, 使得

$$P\{a < T(X_1, X_2, \cdots, X_n; \theta) < b\} = 1 - \alpha.$$

(3) 求出随机事件 $\{a < T(X_1, X_2, \cdots, X_n; \theta) < b\}$ 的等价事件 $\{\theta_1(X_1, X_2, \cdots, X_n) < \theta < \theta_2(X_1, X_2, \cdots, X_n)\}$, 即

$$P\{\theta_1(X_1, X_2, \cdots, X_n) < \theta < \theta_2(X_1, X_2, \cdots, X_n)\} = 1 - \alpha,$$

其中 $\theta_1 = \theta_1(X_1, X_2, \cdots, X_n)$ 及 $\theta_2 = \theta_2(X_1, X_2, \cdots, X_n)$ 不含任何未知参数. 那么 (θ_1, θ_2) 就是 θ 的一个置信水平为 $1 - \alpha$ 的置信区间.

7.4   正态总体均值与方差的区间估计

7.4.1   单个正态总体均值与方差的区间估计

假设总体 $X \sim N(\mu, \sigma^2), X_1, X_2, \cdots, X_n$ 为从总体 X 中抽取的样本, $\overline{X}$ 为样本均值, S^2 为样本方差.

1. σ^2 已知, 求 μ 的置信水平为 $1 - \alpha$ 的置信区间

因为

$$\overline{X} \sim N\left(\mu, \frac{\sigma^2}{n}\right),$$

故

$$u = \frac{\overline{X} - \mu}{\sigma / \sqrt{n}} \sim N(0, 1).$$

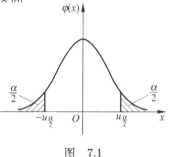

图   7.1

因为标准正态分布的概率密度曲线关于纵坐标轴对称, 所以, 对于给定的置信水平 $1 - \alpha$, 为使所求得的 μ 的置信区间为最短, 我们应选取区间 $(-u_{\frac{\alpha}{2}}, u_{\frac{\alpha}{2}})$(参看图 7.1), 使得

$$P\left\{-u_{\frac{\alpha}{2}} < \frac{\overline{X} - \mu}{\sigma / \sqrt{n}} < u_{\frac{\alpha}{2}}\right\} = 1 - \alpha,$$

即

$$P\left\{\overline{X} - u_{\frac{\alpha}{2}} \frac{\sigma}{\sqrt{n}} < \mu < \overline{X} + u_{\frac{\alpha}{2}} \frac{\sigma}{\sqrt{n}}\right\} = 1 - \alpha,$$

这里 $u_{\frac{\alpha}{2}}$ 是标准正态分布的上 $\dfrac{\alpha}{2}$ 分位数. 由此得 μ 的置信水平为 $1 - \alpha$ 的置信区间为

$$\left(\overline{X} - u_{\frac{\alpha}{2}} \frac{\sigma}{\sqrt{n}}, \overline{X} + u_{\frac{\alpha}{2}} \frac{\sigma}{\sqrt{n}}\right).$$

该置信区间的长度为

$$l = 2u_{\frac{\alpha}{2}}\frac{\sigma}{\sqrt{n}},$$

在 α 给定时, l 与 $\sqrt{n}$ 成反比, 为使 $l \leqslant a$, 必须有

$$n \geqslant \left(2u_{\frac{\alpha}{2}}\frac{\sigma}{a}\right)^2.$$

例 7.4.1 某车间生产的滚珠直径服从正态分布 $N(\mu, 0.6)$. 现从某天的产品中随机抽取 6 个, 量得直径如下 (单位：mm):

$$14.6, \quad 15.1, \quad 14.9, \quad 14.8, \quad 15.2, \quad 15.1.$$

试求平均直径 μ 的置信水平为 95% 的置信区间.

解 置信水平 $1 - \alpha = 0.95$, 所以 $\alpha = 0.05, \dfrac{\alpha}{2} = 0.025$. $u_{\frac{\alpha}{2}} = u_{0.025} = 1.96, n = 6, \sigma^2 = 0.6$. 由样本值得 $\overline{x} = 14.95$, 总体均值 μ 的置信水平 $1 - \alpha = 0.95$ 的置信区间为

$$\left(\overline{x} - u_{\frac{\alpha}{2}}\frac{\sigma}{\sqrt{n}}, \overline{x} + u_{\frac{\alpha}{2}}\frac{\sigma}{\sqrt{n}}\right)$$

$$= \left(14.95 - 1.96 \times \sqrt{\frac{0.6}{6}}, 14.95 + 1.96 \times \sqrt{\frac{0.6}{6}}\right)$$

$$= (14.75, 15.15).$$

2. σ^2 未知, 求 μ 的置信水平为 $1 - \alpha$ 的置信区间

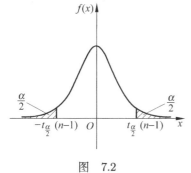

图 7.2

因为 σ^2 未知, 故引入随机变量

$$t = \frac{\overline{X} - \mu}{S/\sqrt{n}} \sim t(n-1).$$

因为 t 分布的概率密度曲线关于纵坐标轴对称, 所以, 对于给定的置信水平 $1 - \alpha$, 我们选取对称于原点的区间 $(-t_{\frac{\alpha}{2}}(n-1), t_{\frac{\alpha}{2}}(n-1))$ (参看图 7.2), 使得

$$P\left\{-t_{\frac{\alpha}{2}}(n-1) < \frac{\overline{X} - \mu}{S/\sqrt{n}} < t_{\frac{\alpha}{2}}(n-1)\right\} = 1 - \alpha,$$

即

$$P\left\{\overline{X} - t_{\frac{\alpha}{2}}(n-1)\frac{S}{\sqrt{n}} < \mu < \overline{X} + t_{\frac{\alpha}{2}}(n-1)\frac{S}{\sqrt{n}}\right\} = 1 - \alpha,$$

这里 $t_{\frac{\alpha}{2}}(n-1)$ 是自由度为 $n-1$ 的 t 分布的上 $\dfrac{\alpha}{2}$ 分位数. 由此得 μ 的置信水平为 $1-\alpha$ 的置信区间为

$$\left(\overline{X}-t_{\frac{\alpha}{2}}(n-1)\frac{S}{\sqrt{n}},\overline{X}+t_{\frac{\alpha}{2}}(n-1)\frac{S}{\sqrt{n}}\right).$$

例 7.4.2   某糖厂用自动包装机装糖, 设备包重量服从正态分布 $N(\mu,\sigma^2)$, 某日开工后测得 9 包重量为 (单位: kg):

$$99.3,\ 98.7,\ 100.5,\ 101.2,\ 98.3,\ 99.7,\ 99.5,\ 102.1,\ 100.5.$$

试求 μ 的置信水平为 0.95 的置信区间.

解   置信水平 $1-\alpha=0.95,\alpha=0.05,n=9$. 查 t 分布表得 $t_{\frac{\alpha}{2}}(n-1)=t_{0.025}(8)=2.306$. 由样本值算得 $\overline{x}=99.978,s^2=1.47$, 故 μ 的置信水平为 0.95 的置信区间为

$$\left(\overline{x}-t_{\frac{\alpha}{2}}(n-1)\frac{s}{\sqrt{n}},\overline{x}+t_{\frac{\alpha}{2}}(n-1)\frac{s}{\sqrt{n}}\right)$$
$$=\left(99.978-2.306\times\sqrt{\frac{1.47}{9}},99.978+2.306\times\sqrt{\frac{1.47}{9}}\right)$$
$$=(99.046,100.91).$$

3. μ 已知, 求 σ^2 的置信水平为 $1-\alpha$ 的置信区间

选取随机变量

$$\chi^2=\frac{1}{\sigma^2}\sum_{i=1}^{n}(X_i-\mu)^2\sim\chi^2(n).$$

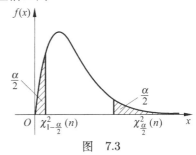

图   7.3

对于给定的置信水平 $1-\alpha$, 选取区间 $(\chi^2_{1-\frac{\alpha}{2}}(n),\chi^2_{\frac{\alpha}{2}}(n))$(参看图 7.3), 使得

$$P\left\{\chi^2_{1-\frac{\alpha}{2}}(n)<\frac{1}{\sigma^2}\sum_{i=1}^{n}(X_i-\mu)^2<\chi^2_{\frac{\alpha}{2}}(n)\right\}=1-\alpha,$$

即

$$P\left\{\frac{\sum\limits_{i=1}^{n}(X_i-\mu)^2}{\chi^2_{\frac{\alpha}{2}}(n)}<\sigma^2<\frac{\sum\limits_{i=1}^{n}(X_i-\mu)^2}{\chi^2_{1-\frac{\alpha}{2}}(n)}\right\}=1-\alpha,$$

由此得 σ^2 的置信水平为 $1-\alpha$ 的置信区间为

$$\left(\frac{\sum\limits_{i=1}^{n}(X_i-\mu)^2}{\chi^2_{\frac{\alpha}{2}}(n)}, \frac{\sum\limits_{i=1}^{n}(X_i-\mu)^2}{\chi^2_{1-\frac{\alpha}{2}}(n)} \right).$$

4. μ 未知, 求 σ^2 的置信水平为 $1-\alpha$ 的置信区间

选取随机变量

$$\chi^2 = \frac{(n-1)S^2}{\sigma^2} \sim \chi^2(n-1).$$

对于给定的置信水平 $1-\alpha$, 有

$$P\left\{ \chi^2_{1-\frac{\alpha}{2}}(n-1) < \frac{(n-1)S^2}{\sigma^2} < \chi^2_{\frac{\alpha}{2}}(n-1) \right\} = 1-\alpha,$$

即

$$P\left\{ \frac{(n-1)S^2}{\chi^2_{\frac{\alpha}{2}}(n-1)} < \sigma^2 < \frac{(n-1)S^2}{\chi^2_{1-\frac{\alpha}{2}}(n-1)} \right\} = 1-\alpha.$$

由此得 σ^2 的置信水平为 $1-\alpha$ 的置信区间为

$$\left(\frac{(n-1)S^2}{\chi^2_{\frac{\alpha}{2}}(n-1)}, \frac{(n-1)S^2}{\chi^2_{1-\frac{\alpha}{2}}(n-1)} \right).$$

σ 的置信水平为 $1-\alpha$ 的置信区间为

$$\left(\frac{\sqrt{n-1}S}{\sqrt{\chi^2_{\frac{\alpha}{2}}(n-1)}}, \frac{\sqrt{n-1}S}{\sqrt{\chi^2_{1-\frac{\alpha}{2}}(n-1)}} \right).$$

例 7.4.3 某车间生产钢丝, 设钢丝折断力服从正态分布. 现随机抽取 10 根, 检查折断力, 得数据如下 (单位: N):

$$578, 572, 570, 568, 572, 570, 570, 572, 596, 584.$$

求钢丝折断力方差的置信水平为 0.95 的置信区间.

解 这是一个未知期望的求方差的置信区间问题.

置信水平 $1-\alpha = 0.95, \alpha = 0.05, n = 10.$ 查 χ^2 分布表, 得 $\chi^2_{\frac{\alpha}{2}}(n-1) = \chi^2_{0.025}(9) = 19.0,$ $\chi^2_{1-\frac{\alpha}{2}}(n-1) = \chi^2_{0.975}(9) = 2.70.$ 由样本值算得 $\bar{x} = 575.2,$ $(n-1)s^2 = 681.6.$ σ^2 的置信水平为 $1-\alpha$ 的置信区间为

$$\left(\frac{(n-1)s^2}{\chi^2_{\frac{\alpha}{2}}(n-1)}, \frac{(n-1)s^2}{\chi^2_{1-\frac{\alpha}{2}}(n-1)} \right) = \left(\frac{681.6}{19.0}, \frac{681.6}{2.70} \right) = (35.87, 252.44).$$

7.4.2 两个正态总体均值差与方差比的区间估计

假设从两个正态总体 $N(\mu_1, \sigma_1^2)$ 和 $N(\mu_2, \sigma_2^2)$ 中分别独立地抽取样本 $X_1,$ $X_2, \cdots, X_{n_1}$ 和 $Y_1, Y_2, \cdots, Y_{n_2}$, 样本均值依次记为 $\overline{X}$ 和 $\overline{Y}$, 样本方差依次记为 S_1^2 和 S_2^2.

1. 求 $\mu_1 - \mu_2$ 的置信水平为 $1 - \alpha$ 的置信区间

(1) 当 σ_1^2, σ_2^2 均已知时, 因为 $\overline{X} - \overline{Y} \sim N\left(\mu_1 - \mu_2, \dfrac{\sigma_1^2}{n_1} + \dfrac{\sigma_2^2}{n_2}\right)$, 所以

$$u = \frac{\overline{X} - \overline{Y} - (\mu_1 - \mu_2)}{\sqrt{\dfrac{\sigma_1^2}{n_1} + \dfrac{\sigma_2^2}{n_2}}} \sim N(0, 1).$$

对给定的置信水平 $1 - \alpha$, 查标准正态分布表可得 $u_{\frac{\alpha}{2}}$, 使得

$$P\left\{-u_{\frac{\alpha}{2}} < \frac{\overline{X} - \overline{Y} - (\mu_1 - \mu_2)}{\sqrt{\dfrac{\sigma_1^2}{n_1} + \dfrac{\sigma_2^2}{n_2}}} < u_{\frac{\alpha}{2}}\right\} = 1 - \alpha,$$

即

$$P\left\{\overline{X} - \overline{Y} - u_{\frac{\alpha}{2}}\sqrt{\frac{\sigma_1^2}{n_1} + \frac{\sigma_2^2}{n_2}} < \mu_1 - \mu_2 < \overline{X} - \overline{Y} + u_{\frac{\alpha}{2}}\sqrt{\frac{\sigma_1^2}{n_1} + \frac{\sigma_2^2}{n_2}}\right\} = 1 - \alpha,$$

由此得 $\mu_1 - \mu_2$ 的置信水平为 $1 - \alpha$ 的置信区间为

$$\left(\overline{X} - \overline{Y} - u_{\frac{\alpha}{2}}\sqrt{\frac{\sigma_1^2}{n_1} + \frac{\sigma_2^2}{n_2}}, \quad \overline{X} - \overline{Y} + u_{\frac{\alpha}{2}}\sqrt{\frac{\sigma_1^2}{n_1} + \frac{\sigma_2^2}{n_2}}\right).$$

例 7.4.4 设总体 $X \sim N(\mu_1, 4)$, 总体 $Y \sim N(\mu_2, 6)$, 分别独立地从这两个总体中抽取样本, 样本容量依次为 16 和 24, 样本均值依次为 16.9 和 15.3, 求这两个总体均值差 $\mu_1 - \mu_2$ 的置信水平为 0.95 的置信区间.

解 由题设可知 $n_1 = 16$, $n_2 = 24$, $\bar{x} = 16.9$, $\bar{y} = 15.3$, $\sigma_1^2 = 4$, $\sigma_2^2 = 6$, $1 - \alpha = 0.95$, $\alpha = 0.05$, 查附表得 $u_{\frac{\alpha}{2}} = u_{0.025} = 1.96$. 从而得 $\mu_1 - \mu_2$ 的置信水平为 0.95 的置信区间为

$$\left(\bar{x} - \bar{y} - u_{\frac{\alpha}{2}}\sqrt{\frac{\sigma_1^2}{n_1} + \frac{\sigma_2^2}{n_2}}, \bar{x} - \bar{y} + u_{\frac{\alpha}{2}}\sqrt{\frac{\sigma_1^2}{n_1} + \frac{\sigma_2^2}{n_2}}\right)$$

$$= \left(16.9 - 15.3 - 1.96 \times \sqrt{\frac{4}{16} + \frac{6}{24}}, 16.9 - 15.3 + 1.96 \times \sqrt{\frac{4}{16} + \frac{6}{24}}\right)$$

$$= (0.214, 2.986).$$

(2) 当 $\sigma_1^2 = \sigma_2^2 = \sigma^2$ 未知时,

$$t = \frac{\overline{X} - \overline{Y} - (\mu_1 - \mu_2)}{S_w \sqrt{\dfrac{1}{n_1} + \dfrac{1}{n_2}}} \sim t(n_1 + n_2 - 2),$$

其中

$$S_w = \sqrt{\frac{(n_1 - 1)S_1^2 + (n_2 - 1)S_2^2}{n_1 + n_2 - 2}}.$$

对于给定的置信水平 $1 - \alpha$, 查附表可得 $t_{\frac{\alpha}{2}}(n_1 + n_2 - 2)$, 使得

$$P\left\{ -t_{\frac{\alpha}{2}}(n_1 + n_2 - 2) < \frac{\overline{X} - \overline{Y} - (\mu_1 - \mu_2)}{S_w \sqrt{\dfrac{1}{n_1} + \dfrac{1}{n_2}}} < t_{\frac{\alpha}{2}}(n_1 + n_2 - 2) \right\} = 1 - \alpha,$$

即

$$P\left\{ \overline{X} - \overline{Y} - t_{\frac{\alpha}{2}}(n_1 + n_2 - 2)S_w \sqrt{\frac{1}{n_1} + \frac{1}{n_2}} < \mu_1 - \mu_2 \right.$$

$$\left. < \overline{X} - \overline{Y} + t_{\frac{\alpha}{2}}(n_1 + n_2 - 2)S_w \sqrt{\frac{1}{n_1} + \frac{1}{n_2}} \right\} = 1 - \alpha,$$

所以 $\mu_1 - \mu_2$ 的置信水平为 $1 - \alpha$ 的置信区间是

$$\left(\overline{X} - \overline{Y} - t_{\frac{\alpha}{2}}(n_1 + n_2 - 2)S_w \sqrt{\frac{1}{n_1} + \frac{1}{n_2}}, \right.$$

$$\left. \overline{X} - \overline{Y} + t_{\frac{\alpha}{2}}(n_1 + n_2 - 2)S_w \sqrt{\frac{1}{n_1} + \frac{1}{n_2}} \right).$$

(3) 当 σ_1^2 和 σ_2^2 均未知, 但 $n_1 = n_2 = n$ 时, 记 $Z_i = X_i - Y_i$, 则 $Z_i \sim N(\mu_1 - \mu_2, \sigma_1^2 + \sigma_2^2)$, 且 $Z_1, Z_2, \cdots, Z_n$ 独立同分布, 所以 $Z_1, Z_2, \cdots, Z_n$ 可视为总体 $Z \sim N(\mu_1 - \mu_2, \sigma_1^2 + \sigma_2^2)$ 的样本且

$$\overline{Z} = \overline{X} - \overline{Y}, \quad S_Z^2 = \frac{1}{n-1} \sum_{i=1}^{n} (Z_i - \overline{Z})^2,$$

$$t = \frac{\overline{Z} - (\mu_1 - \mu_2)}{S_Z / \sqrt{n}} \sim t(n - 1).$$

类似于 7.4.1 节的 2, 可推得 $\mu_1 - \mu_2$ 的 $1 - \alpha$ 的置信区间为

$$\left(\overline{X} - \overline{Y} - t_{\frac{\alpha}{2}}(n - 1)\frac{S_Z}{\sqrt{n}}, \overline{X} - \overline{Y} + t_{\frac{\alpha}{2}}(n - 1)\frac{S_Z}{\sqrt{n}} \right).$$

例 7.4.5 为了估计磷肥对某种农作物增产的作用, 选 20 块条件大致相同的地块进行对比试验. 其中 10 块地施磷肥, 另外 10 块地不施磷肥, 得到单位面积的产量 (单位: kg) 如下:

施 磷 肥: 620, 570, 650, 600, 630, 580, 570, 600, 600, 580;

不施磷肥: 560, 590, 560, 570, 580, 570, 600, 550, 570, 550.

设施磷肥的地块单位面积产量 $X \sim N(\mu_1, \sigma^2)$, 不施磷肥的地块单位面积产量 $Y \sim N(\mu_2, \sigma^2)$. 求 $\mu_1 - \mu_2$ 的置信水平为 0.95 的置信区间.

解 由题设可知两个正态总体的方差 σ^2 相等但未知, 且 $n_1 = 10$, $n_2 = 10$, $1 - \alpha = 0.95$, $\alpha = 0.05$. 由已知样本值可算得 $\bar{x} = 600$, $\bar{y} = 570$, $s_1^2 = \dfrac{6400}{9}$, $s_2^2 = \dfrac{2400}{9}$, $s_w = \sqrt{\dfrac{(n_1-1)s_1^2 + (n_2-1)s_2^2}{n_1 + n_2 - 2}} = 22$, 查表得 $t_{\frac{\alpha}{2}}(n_1 + n_2 - 2) = t_{0.025}(18) = 2.1009$, 因此 $\mu_1 - \mu_2$ 的置信水平为 0.95 的置信区间为

$$\left(\bar{x} - \bar{y} - s_w \sqrt{\frac{1}{n_1} + \frac{1}{n_2}} t_{\frac{\alpha}{2}}(n_1 + n_2 - 2), \bar{x} - \bar{y} + s_w \sqrt{\frac{1}{n_1} + \frac{1}{n_2}} t_{\frac{\alpha}{2}}(n_1 + n_2 - 2) \right)$$

$$= \left(600 - 570 - 22 \times \sqrt{\frac{1}{10} + \frac{1}{10}} \times 2.1009, \ 600 - 570 + 22 \times \sqrt{\frac{1}{10} + \frac{1}{10}} \times 2.1009 \right)$$

$$= (9, 51).$$

该问题也可利用 (3) 的方法, 求 $\mu_1 - \mu_2$ 的置信水平为 0.95 的置信区间.

2. 求 $\dfrac{\sigma_1^2}{\sigma_2^2}$ 的置信水平为 $1 - \alpha$ 的置信区间

(1) 当 μ_1 和 μ_2 都已知时, 则

$$F = \frac{n_2}{n_1} \frac{\sigma_2^2}{\sigma_1^2} \frac{\sum\limits_{i=1}^{n_1}(X_i - \mu_1)^2}{\sum\limits_{j=1}^{n_2}(Y_j - \mu_2)^2} \sim F(n_1, n_2).$$

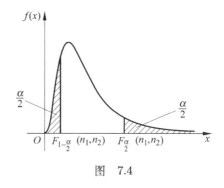

图 7.4

对于给定的置信水平 $1 - \alpha$, 选取区间 $(F_{1-\frac{\alpha}{2}}(n_1, n_2), F_{\frac{\alpha}{2}}(n_1, n_2))$ (参看图 7.4), 使得

$$P\left\{ F_{1-\frac{\alpha}{2}}(n_1, n_2) < \frac{n_2}{n_1} \frac{\sigma_2^2}{\sigma_1^2} \frac{\sum\limits_{i=1}^{n_1}(X_i - \mu_1)^2}{\sum\limits_{j=1}^{n_2}(Y_j - \mu_2)^2} < F_{\frac{\alpha}{2}}(n_1, n_2) \right\} = 1 - \alpha,$$

即

$$P\left\{\frac{n_2\sum\limits_{i=1}^{n_1}(X_i-\mu_1)^2}{n_1\sum\limits_{j=1}^{n_2}(Y_j-\mu_2)^2}\frac{1}{F_{\frac{\alpha}{2}}(n_1,n_2)}<\frac{\sigma_1^2}{\sigma_2^2}<\frac{n_2\sum\limits_{i=1}^{n_1}(X_i-\mu_1)^2}{n_1\sum\limits_{j=1}^{n_2}(Y_j-\mu_2)^2}\frac{1}{F_{1-\frac{\alpha}{2}}(n_1,n_2)}\right\}$$

$$=1-\alpha.$$

因为

$$\frac{1}{F_{1-\frac{\alpha}{2}}(n_1,n_2)}=F_{\frac{\alpha}{2}}(n_2,n_1),$$

所以 $\dfrac{\sigma_1^2}{\sigma_2^2}$ 的置信水平为 $1-\alpha$ 的置信区间为

$$\left(\frac{n_2\sum\limits_{i=1}^{n_1}(X_i-\mu_1)^2}{n_1\sum\limits_{j=1}^{n_2}(Y_j-\mu_2)^2}\frac{1}{F_{\frac{\alpha}{2}}(n_1,n_2)},\quad\frac{n_2\sum\limits_{i=1}^{n_1}(X_i-\mu_1)^2}{n_1\sum\limits_{j=1}^{n_2}(Y_j-\mu_2)^2}F_{\frac{\alpha}{2}}(n_2,n_1)\right).$$

如果 $\dfrac{\sigma_1^2}{\sigma_2^2}$ 的置信区间的下限大于 1, 则以置信水平 $1-\alpha$ 认为 $\sigma_1^2>\sigma_2^2$; 如果 $\dfrac{\sigma_1^2}{\sigma_2^2}$ 的置信区间的上限小于 1, 则以置信水平 $1-\alpha$ 认为 $\sigma_1^2<\sigma_2^2$.

例 7.4.6 设 $X\sim N(24,\sigma_1^2)$, $Y\sim N(20,\sigma_2^2)$. 从总体 X 和 Y 中分别独立地抽取样本如下:

$$\text{总体 } X:\quad 23,\quad 22,\quad 26,\quad 24,\quad 22,\quad 25;$$
$$\text{总体 } Y:\quad 22,\quad 18,\quad 19,\quad 23,\quad 17.$$

求 $\dfrac{\sigma_1^2}{\sigma_2^2}$ 的置信水平为 0.95 的置信区间.

解 已知 $\mu_1=24$, $n_1=6$; $\mu_2=20$, $n_2=5$. 由样本值可算得

$$\sum_{i=1}^{6}(x_i-24)^2=14,\quad\sum_{j=1}^{5}(y_j-20)^2=27.$$

因 $1-\alpha=0.95$, 故 $\alpha=0.05$. 查附表, 可得

$$F_{0.025}(6,5)=6.98,\quad F_{0.025}(5,6)=5.99.$$

从而可得 $\dfrac{\sigma_1^2}{\sigma_2^2}$ 的置信水平为 0.95 的置信区间为

$$\left(\frac{5 \times 14}{6 \times 27 \times 6.98}, \frac{5 \times 14 \times 5.99}{6 \times 27}\right) = (0.06, 2.59).$$

(2) 当 μ_1 和 μ_2 都未知时, 则

$$F = \frac{\sigma_2^2}{\sigma_1^2} \cdot \frac{S_1^2}{S_2^2} \sim F(n_1 - 1, n_2 - 1).$$

对于置信水平 $1 - \alpha$, 查附表可得

$$F_{1-\frac{\alpha}{2}}(n_1 - 1, n_2 - 1) = \frac{1}{F_{\frac{\alpha}{2}}(n_2 - 1, n_1 - 1)}$$

和

$$F_{\frac{\alpha}{2}}(n_1 - 1, n_2 - 1),$$

使得

$$P\left\{F_{1-\frac{\alpha}{2}}(n_1 - 1, n_2 - 1) < \frac{\sigma_2^2}{\sigma_1^2}\frac{S_1^2}{S_2^2} < F_{\frac{\alpha}{2}}(n_1 - 1, n_2 - 1)\right\} = 1 - \alpha,$$

即

$$P\left\{\frac{S_1^2}{S_2^2}\frac{1}{F_{\frac{\alpha}{2}}(n_1 - 1, n_2 - 1)} < \frac{\sigma_1^2}{\sigma_2^2} < \frac{S_1^2}{S_2^2}\frac{1}{F_{1-\frac{\alpha}{2}}(n_1 - 1, n_2 - 1)}\right\} = 1 - \alpha.$$

由此可得 $\dfrac{\sigma_1^2}{\sigma_2^2}$ 的置信水平为 $1 - \alpha$ 的置信区间为

$$\left(\frac{S_1^2}{S_2^2}\frac{1}{F_{\frac{\alpha}{2}}(n_1 - 1, n_2 - 1)}, \frac{S_1^2}{S_2^2}\frac{1}{F_{1-\frac{\alpha}{2}}(n_1 - 1, n_2 - 1)}\right),$$

或

$$\left(\frac{S_1^2}{S_2^2}\frac{1}{F_{\frac{\alpha}{2}}(n_1 - 1, n_2 - 1)}, \frac{S_1^2}{S_2^2}F_{\frac{\alpha}{2}}(n_2 - 1, n_1 - 1)\right).$$

例 7.4.7　为了考察温度对某物体断裂强力的影响, 在 70℃ 和 80℃ 分别重复做了 8 次试验, 测得断裂强力数据如下 (单位：Pa)：

70℃：　20.5, 18.8, 19.8, 20.9, 21.5, 19.5, 21.0, 21.2;

80℃：　17.7, 20.3, 20.0, 18.8, 19.0, 20.1, 20.2, 19.1.

假定 70℃ 下的断裂强力用 X 表示, 且服从 $N(\mu_1, \sigma_1^2)$ 分布; 80℃ 下的断裂强力用 Y 表示, 且服从 $N(\mu_2, \sigma_2^2)$ 分布, 试求方差比 $\dfrac{\sigma_1^2}{\sigma_2^2}$ 的置信水平为 90% 的置信区间.

解 由样本值算得

$$\overline{x} = 20.4, \quad s_1^2 = 0.8857, \quad \overline{y} = 19.4, \quad s_2^2 = 0.8286,$$

由 $n_1 = n_2 = 8, 1 - \alpha = 0.90, \alpha = 0.10$, 查 F 分布表得

$$F_{\frac{\alpha}{2}}(n_1 - 1, n_2 - 1) = F_{0.05}(7, 7) = 3.79,$$

$$F_{1 - \frac{\alpha}{2}}(n_1 - 1, n_2 - 1) = \frac{1}{F_{\frac{\alpha}{2}}(n_2 - 1, n_1 - 1)} = \frac{1}{F_{0.05}(7, 7)} = \frac{1}{3.79} = 0.2639.$$

从而 $\dfrac{\sigma_1^2}{\sigma_2^2}$ 的置信水平为 90% 的置信区间为

$$\left(\frac{0.8857}{0.8286} \times 0.2639, \frac{0.8857}{0.8286} \times 3.79 \right) = (0.2821, 4.0512).$$

7.4.3 单侧置信区间

在许多实际问题中, 人们只对未知参数 θ 的置信下限或置信上限感兴趣. 例如, 估计元件、设备的使用寿命, 我们关心平均寿命的下限是多少. 对大批产品的废品率的估计, 我们希望废品率越低越好, 此时关心的是废品率的上限是多少.

定义 7.4.1 设总体 X 的分布中含有未知参数 θ, 从总体 X 中抽取样本 X_1, $X_2, \cdots, X_n$. 对于给定的置信水平 $1 - \alpha$ $(0 < \alpha < 1)$, 如果统计量 $\theta_1 = \theta_1(X_1, X_2, \cdots, X_n)$ 满足

$$P\{\theta > \theta_1\} \geqslant 1 - \alpha,$$

则称随机区间 $(\theta_1, +\infty)$ 是 θ 的置信水平为 $1 - \alpha$ 的**单侧置信区间**, θ_1 称为 θ 的置信水平为 $1 - \alpha$ 的**单侧置信下限**.

如果统计量 $\theta_2 = \theta_2(X_1, X_2, \cdots, X_n)$ 满足

$$P\{\theta < \theta_2\} \geqslant 1 - \alpha,$$

则称随机区间 $(-\infty, \theta_2)$ 为 θ 的置信水平为 $1 - \alpha$ 的**单侧置信区间**, θ_2 称为 θ 的置信水平为 $1 - \alpha$ 的**单侧置信上限**.

下面仅对正态总体方差未知的情形给出均值的单侧置信区间的求法, 其余情形留给读者自己完成.

设 $X \sim N(\mu, \sigma^2)$, σ^2 未知, $X_1, X_2, \cdots, X_n$ 是来自总体 X 的样本, 对给定的置信水平 $1 - \alpha$, 求 μ 的单侧置信区间.

选取与求 μ 的双侧置信区间完全相同的随机变量

$$t = \frac{\overline{X} - \mu}{S/\sqrt{n}} \sim t(n-1).$$

由

$$P\left\{\frac{\overline{X} - \mu}{S/\sqrt{n}} < t_\alpha(n-1)\right\} = 1 - \alpha,$$

可得

$$P\left\{\mu > \overline{X} - \frac{S}{\sqrt{n}}t_\alpha(n-1)\right\} = 1 - \alpha,$$

于是得到 μ 的置信水平为 $1 - \alpha$ 的单侧置信区间为

$$\left(\overline{X} - \frac{S}{\sqrt{n}}t_\alpha(n-1), +\infty\right),$$

即 μ 的置信水平为 $1 - \alpha$ 的单侧置信下限为

$$\mu_1 = \overline{X} - \frac{S}{\sqrt{n}}t_\alpha(n-1).$$

另外, 由于 t 分布关于 y 轴对称, 所以 $t_\alpha(n-1) = -t_{1-\alpha}(n-1)$, 故

$$P\{t > t_{1-\alpha}(n-1)\} = P\{t > -t_\alpha(n-1)\} = 1 - \alpha,$$

即

$$P\left\{\frac{\overline{X} - \mu}{S/\sqrt{n}} > -t_\alpha(n-1)\right\} = 1 - \alpha,$$

$$P\left\{\mu < \overline{X} + \frac{S}{\sqrt{n}}t_\alpha(n-1)\right\} = 1 - \alpha.$$

于是 μ 的具有单侧置信上限的单侧置信区间为

$$\left(-\infty, \overline{X} + \frac{S}{\sqrt{n}}t_\alpha(n-1)\right).$$

例 7.4.8 从某批灯泡中随机抽取 10 只作寿命试验, 测得 $\overline{x} = 1500\text{h}, s = 20\text{h}$. 设灯泡寿命服从正态分布, 试求平均寿命的置信水平为 0.95 的单侧置信下限.

解 已知 $n = 10, \overline{x} = 1500, s = 20$, 又 $1 - \alpha = 0.95, \alpha = 0.05$, 查 t 分布表得 $t_{0.05} = 1.8331$, 故平均寿命的置信水平为 0.95 的单侧置信区间为

$$\left(1500 - \frac{20}{\sqrt{10}} \times 1.8331, +\infty\right) = (1488.41, +\infty).$$

单侧置信下限为 1488.41.

7.4.4 大样本置信区间

在样本容量充分大时, 可以用渐近分布来构造近似的置信区间. 一个典型的例子是关于比例 P 的置信区间.

设 $X_1, X_2, \cdots, X_n$ 是来自二点分布 $B(1, P)$ 的样本, 现要求 P 的 $1 - \alpha$ 置信区间. 由中心极限定理知, 样本均值 $\overline{X}$ 的渐近分布为 $N\left(P, \dfrac{P(1 - P)}{n}\right)$, 因此有

$$u = \frac{\overline{X} - P}{\sqrt{\dfrac{P(1 - P)}{n}}} \sim N(0, 1).$$

利用标准正态分布的 $1 - \dfrac{\alpha}{2}$ 分位数 $u_{1-\frac{\alpha}{2}}$ 可得

$$P\left\{\left|\frac{\overline{X} - P}{\sqrt{\dfrac{P(1 - P)}{n}}}\right| \leqslant u_{1-\frac{\alpha}{2}}\right\} \approx 1 - \alpha,$$

括号里的事件等价于

$$(\overline{X} - P)^2 \leqslant u_{1-\frac{\alpha}{2}}^2 \frac{P(1 - P)}{n}.$$

记 $\lambda = u_{1-\frac{\alpha}{2}}^2$, 上述不等式可化为

$$\left(1 + \frac{\lambda}{n}\right) P^2 - \left(2\overline{X} + \frac{\lambda}{n}\right) P + \overline{X}^2 \leqslant 0,$$

左侧的二次多项式的判别式

$$\left(2\overline{X} + \frac{\lambda}{n}\right)^2 - 4\left(1 + \frac{\lambda}{n}\right)\overline{X}^2 = \frac{4\overline{X}(1 - \overline{X})}{n} + \frac{\lambda^2}{n^2} > 0.$$

故此二次多项式是开口向上并与 x 轴有两个交点的曲线 (见图 7.5). 记此两个交点为 P_L 和 P_U, 则有

$$P(P_L \leqslant P \leqslant P_U) \approx 1 - \alpha,$$

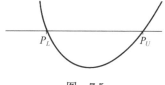

图 7.5

这里 P_L 和 P_U 是该二次多项式的两个根, 它们可表示为

$$P = \frac{1}{1 + \dfrac{\lambda}{n}}\left(\overline{X} + \frac{\lambda}{2n} \pm \sqrt{\frac{\overline{X}(1 - \overline{X})}{n} + \frac{\lambda^2}{4n^2}}\right).$$

由于 n 比较大, 在实用中通常略去 $\dfrac{\lambda}{n}$ 项, 于是可将置信区间近似为

$$\left[\overline{X} - u_{1-\frac{\alpha}{2}} \sqrt{\frac{\overline{X}(1-\overline{X})}{n}}, \ \overline{X} + u_{1-\frac{\alpha}{2}} \sqrt{\frac{\overline{X}(1-\overline{X})}{n}} \ \right].$$

例 7.4.9　对某事件 A 作 120 次观察, A 发生 36 次, 试给出事件 A 发生概率 P 的 0.95 置信区间.

解　此处 $n = 120$, $\overline{X} = \dfrac{36}{120} = 0.3$, 而 $u_{0.975} = 1.96$, 于是 P 的 0.95(双侧) 置信下限和置信上限分别是

$$P_L = 0.3 - 1.96 \sqrt{\frac{0.3 \times 0.7}{120}} = 0.218,$$

$$P_U = 0.3 + 1.96 \sqrt{\frac{0.3 \times 0.7}{120}} = 0.382,$$

故所求的置信区间为 $[0.218,\ 0.382]$.

例 7.4.10　某传媒公司欲调查电视台某综艺节目收视率 P, 为使得 P 的 $1-\alpha$ 置信区间长度不超过 d_0, 问应调查多少用户?

解　这是关于二点分布比例 P 的置信区间问题, 由上面给出的置信区间知, $1-\alpha$ 的置信区间长度为 $2u_{1-\frac{\alpha}{2}} \sqrt{\dfrac{\overline{X}(1-\overline{X})}{n}}$. 这是一个随机变量, 但由于 $\overline{X} \in (0,1)$, 所以对任意的观测值有 $\overline{X}(1-\overline{X}) \leqslant 0.5^2$, 这也就是说 P 的 $1-\alpha$ 的置信区间长度不会超过 $\dfrac{u_{1-\frac{\alpha}{2}}}{\sqrt{n}}$. 现要求 P 的 $1-\alpha$ 的置信区间长度不超过 d_0, 只需要 $\dfrac{u_{1-\frac{\alpha}{2}}}{\sqrt{n}} \leqslant d_0$ 即可, 从而

$$n \geqslant \left(\frac{u_{1-\frac{\alpha}{2}}}{d_0} \right)^2.$$

若取 $d_0 = 0.04$, $\alpha = 0.05$, 则 $n \geqslant 2401$. 这表明, 要使收视率 P 的 0.95 置信区间的长度不超过 0.04, 则需要对 2401 个用户做调查.

第 7 章小结

习 题 7

(A)

1. 某工厂生产一批铆钉, 现要检验铆钉头部直径, 从这批产品中随机抽取 12 只, 测得头部直径 (单位 : mm) 如下:

$$13.30, \ 13.38, \ 13.40, \ 13.43, \ 13.32, \ 13.48,$$

$$13.54, \ 13.31, \ 13.34, \ 13.47, \ 13.44, \ 13.50.$$

设铆钉头部直径 X 服从正态分布 $N(\mu, \sigma^2)$, 试求 μ 和 σ^2 的矩估计值.

2. 设总体 X 的分布密度为

$$f(x) = \begin{cases} \dfrac{2}{\theta^2}(\theta - x), & 0 < x < \theta, \\ 0, & \text{其他}, \end{cases}$$

$(X_1, X_2, \cdots, X_n)$ 为总体 X 的样本, 试求 θ 的矩估计量.

3. 设总体 X 具有概率分布

X	1	2	3
P	θ^2	$2\theta(1-\theta)$	$(1-\theta)^2$

其中 $\theta(0 < \theta < 1)$ 是未知参数. 已知来自总体 X 的样本值

$$1, \ 2, \ 1,$$

求 θ 的矩估计值和最大似然估计值.

4. 设总体 X 服从参数为 λ 的泊松分布, 其中 $\lambda > 0$ 未知, $X_1, X_2, \cdots, X_n$ 为来自总体 X 的一个样本.

(1) 求 λ 的矩估计量和最大似然估计量;

(2) 求概率 $p = P\{X = 0\}$ 的最大似然估计量.

5. 设总体 $X \sim N(\mu, \sigma^2)$, 对于容量为 n 的样本, 求使得 $P\{X \geqslant \theta\} = 0.05$ 的参数 θ 的最大似然估计量.

6. 设总体 X 服从 $[0, \theta]$ 上的均匀分布

$$f(x; \theta) = \begin{cases} \dfrac{1}{\theta}, & 0 \leqslant x \leqslant \theta, \\ 0, & \text{其他}. \end{cases}$$

(1) 试求 θ 的矩估计量和最大似然估计量;

(2) 设从 X 中抽取一容量为 7 的样本, 其观察值为

$$1,\ 3,\ 0.6,\ 1.7,\ 2.2,\ 0.3,\ 1.1.$$

试求 $E(X)$ 和 $D(X)$ 的矩估计量和最大似然估计量的值.

7. 设 $X \sim N(\mu,\sigma^2)$, $X_1,X_2,\cdots,X_n$ 是来自总体 X 的样本, 试确定常数 C, 使 $C\sum\limits_{i=1}^{n-1}(X_{i+1}-X_i)^2$ 为 σ^2 的无偏估计.

8. 设 X_1,X_2,X_3 是来自总体 X 的样本, 如果 X 的均值 $E(X)$ 和方差 $D(X)$ 都存在, 证明: 估计量

$$\widehat{\mu_1} = \frac{2}{3}X_1 + \frac{1}{6}X_2 + \frac{1}{6}X_3,$$

$$\widehat{\mu_2} = \frac{1}{4}X_1 + \frac{1}{8}X_2 + \frac{5}{8}X_3,$$

$$\widehat{\mu_3} = \frac{1}{7}X_1 + \frac{3}{14}X_2 + \frac{9}{14}X_3,$$

都是总体 X 的均值 $E(X)$ 的无偏估计量, 并判断哪一个估计量更有效.

9. 假设某市每月死于交通事故的人数 X 服从参数为 λ 的泊松分布, $\lambda > 0$ 为未知参数, 现有以下样本值

$$3,\ 2,\ 0,\ 5,\ 4,\ 3,\ 1,\ 0,\ 7,\ 2,\ 0,\ 2.$$

试求月无死亡的概率的最大似然估计值.

10. 从某面粉厂生产的袋装面粉中抽取 4 袋, 测得重量 (单位：kg) 如下:

$$24.6,\ 25.4,\ 24.8,\ 25.2.$$

假设袋装面粉的重量 $X \sim N(\mu,0.3^2)$, 试求 μ 的置信水平为 0.95 的置信区间.

11. 设总体 $X \sim N(\mu,9)$, $X_1,X_2,\cdots,X_n$ 是来自总体 X 的样本, 欲使 μ 的置信水平为 90% 的置信区间的长度 L 不超过 2, 问样本容量 n 至少应取多少?

12. 某车间生产滚珠, 已知滚珠直径 $X \sim N(\mu,\sigma^2)$, 其中 σ^2 未知. 从这批滚珠中取出 6 个, 测得直径为 (单位：mm) 如下:

$$14.6,\ 15.1,\ 14.9,\ 14.8,\ 15.2,\ 15.1.$$

求 μ 的置信水平为 0.95 的置信区间.

13. 设按某种工艺生产的金属纤维的长度 $X \sim N(\mu,\sigma^2)$, 现抽取 15 根纤维, 测得平均长度为 $\bar{x} = 5.4$, 样本方差为 $s^2 = 0.16$, 试求 μ 与 σ 的置信水平为 95% 的置信区间.

14. 投资的利润回收率常常用来衡量投资的风险, 随机地调查 26 个年回收利润率 (%), 得样本标准差 $s = 15(\%)$. 设回收利润率服从正态分布, 求它的均方差的置信水平为 95% 的置信区间.

15. 对农作物两个品种 A, B 计算了 8 个地区的亩产量, 产量如下 (单位: kg):

品种A:　86, 87, 56, 93, 84, 93, 75, 79;

品种B:　79, 58, 91, 77, 82, 74, 80, 66.

假定两个品种的亩产量均服从正态分布, 且方差相等, 试求两品种平均亩产量之差的置信水平为 0.95 的置信区间.

16. 某自动车床加工同类型套筒, 假设套筒的直径服从正态分布, 现从两个不同班次的产品中各自抽检 5 个套筒, 测定它们的直径, 得如下数据:

A班:　2.066, 2.063, 2.068, 2.060, 2.067;

B班:　2.058, 2.057, 2.063, 2.059, 2.060.

试求两班所加工的套筒直径的方差比 $\dfrac{\sigma_A^2}{\sigma_B^2}$ 的置信水平为 90% 的置信区间.

17. 为了研究某种汽车轮胎的磨损特性, 随机地选择 16 只轮胎, 每只轮胎行驶到磨坏为止, 记录所行驶的路程 (单位: km) 如下:

41250, 40187, 43175, 41010, 39265, 41872, 42654, 41287,

38970, 40200, 42550, 41095, 40680, 43500, 39775, 40400.

假设这些数据来自正态总体 $N(\mu, \sigma^2)$, 其中 μ, σ^2 未知, 试求 μ 的置信水平为 0.95 的单侧置信下限.

18. 从一批某种型号电子管中抽取容量为 10 的样本, 计算出标准差 $s = 45h$. 设整批电子管寿命服从正态分布, 试求这批电子管寿命标准差 σ 的单侧置信上限 (置信水平为 0.95).

19. 税务管理官员认为, 一些企业有偷税漏税行为. 在对由 800 个企业构成的随机样本的检查中, 发现有 144 个企业有偷税漏税行为. 请根据 99% 的置信水平估计偷税漏税企业比例的置信区间.

(B)

1. 设 $X_1, X_2, \cdots, X_n$ 是来自参数未知的正态总体 X 的样本.

(1) 试求 $P\{X \leqslant t\}$ 的最大似然估计量;

(2) 已知某种白炽灯泡寿命服从正态分布, 在某天所生产的该种灯泡中随机抽取 10 只, 测得寿命 (单位 : h) 为

$$1067,\ 919,\ 1196,\ 785,\ 1126,\ 936,\ 918,\ 1156,\ 920,\ 948.$$

若总体参数都未知, 试用最大似然法估计这天生产的灯泡能使用 1300h 以上的概率.

2. 假设随机变量 X 在区间 $[0, \theta]$ 上服从均匀分布, 其中端点 θ 是未知参数, 设 $X_1, X_2, \cdots, X_n$ 是来自总体 X 的样本, $X_{(n)} = \max\{X_1, X_2, \cdots, X_n\}$ 是最大似然估计量, 我们用 $X_{(n)}$ 作 θ 的估计量, 试将其修正为无偏估计量.

3. 设总体 $X \sim N(\mu_1, \sigma^2)$, 总体 $Y \sim N(\mu_2, \sigma^2)$, 从两个总体中分别抽取容量为 n_1 和 n_2 的两个独立的样本, 其样本方差分别为 S_1^2 和 S_2^2.

(1) 证明: 对于任意常数 a 和 $b(a+b=1)$, $Z = aS_1^2 + bS_2^2$ 都是 σ^2 的无偏估计;

(2) 确定常数 a 和 $b(a+b=1)$, 使 $D(Z)$ 达到最小.

4. 设总体 X 服从指数分布, 其概率密度为

$$f(x) = \begin{cases} \dfrac{1}{\theta} \mathrm{e}^{-\frac{x}{\theta}}, & x > 0, \theta > 0, \\ 0, & \text{其他}, \end{cases}$$

从总体中抽取一容量为 n 的样本 $X_1, X_2, \cdots, X_n$.

(1) 证明: $\dfrac{2n\overline{X}}{\theta} \sim \chi^2(2n)$;

(2) 求 θ 的置信水平为 $1 - \alpha$ 的单侧置信下限;

(3) 某种元件的寿命 (单位: h) 服从上述指数分布, 现从中抽得一容量为 $n = 16$ 的样本, 测得样本均值为 50h, 试求元件的平均寿命的置信水平为 0.90 的单侧置信下限.

第 7 章自测题

第8章 假设检验

统计推断的另一类重要问题是假设检验问题. 在总体的分布未知或只知其形式, 但不知其中的参数的情况下, 为了推断总体的某些性质, 提出关于总体的分布或总体分布中的参数的某种假设, 然后根据抽样得到的样本观测值, 运用统计分析的方法, 检验这种假设是否正确, 从而决定接受或拒绝所提出的假设, 这就是本章要讨论的假设检验问题.

8.1 假设检验的基本概念

为了说明假设检验的基本思想和基本概念, 我们先看几个实际例子.

例 8.1.1 某厂生产的一批产品, 其出厂标准为: 次品率不超过 4%. 现抽测 60 件产品, 发现有 3 件次品, 问这批产品能否出厂?

8-1 假设检验
基本原理

解 设这批产品的次品率为 p. 我们的问题是依据样本的次品率为 $\dfrac{3}{60} = 5\%$ 这一信息来推断这批产品的次品率 p 是否超过 4%.

我们先假设 $p \leqslant 0.04$(记作 H_0), 然后根据样本信息, 按照某种原则决定接受 H_0 或者拒绝 H_0.

先考虑 $p = 0.04$ 的情况. 用 A 表示事件 "在抽出的 60 件产品中有 3 件次品", 则当 $p = 0.04$ 时, 有

$$P(A) = C_{60}^3 \, p^3(1-p)^{57} \approx 0.000006.$$

上述结果说明, 在假设 $p = 0.04$ 成立的条件下, 事件 A 的概率是很小的. 从平均意义上讲, 在 1000000 次抽取的样本中仅有 6 次会发生这种情形. 如果 $p < 0.04$, 那么事件 A 发生的概率就更小. 根据实际推断原理可知, 小概率事件在一次试验中实际上是几乎不发生的. 现在, 在一次试验中小概率事件 A 竟然发生了, 因此我们有理由认为原先提出的假设 $p \leqslant 0.04$ 是不合理的, 即应该拒绝这个假设, 认为 p 是大于 0.04 的. 所以按规定, 这批产品不能出厂.

例 8.1.2 某厂宣称已采取大力措施治理废水污染, 根据经验, 废水中所含某种有毒物质的浓度 X(单位: mg/kg) 服从正态分布. 现环保部门抽测了 9 个水样, 测得样本平均值 $\overline{x} = 17.4$, 样本标准差 $s = 2.4$, 以往该厂废水中有毒物质的平均浓度为 18.2, 试问有毒物质的浓度有无显著变化?

本例中, $X \sim N(\mu, \sigma^2), \mu, \sigma^2$ 未知. 直观上看, 有毒物质的浓度有所降低, 但这种差异也有可能是抽样的随机性造成的. 我们可以先提出假设: 有毒物质的浓度无显著变化, 即 $\mu = 18.2$, 然后根据样本去判断假设是否成立.

例 8.1.3   随机抽测 50 名男孩的体重, 希望确定男孩的体重 X 是否服从正态分布.

设 $F(x)$ 为 X 的分布函数, 同样先提出假设: $F(x)$ 是 $N(\mu, \sigma^2)$ 分布, 然后利用样本去判断假设是否成立.

上述各例所述问题的共同点是: 对总体分布函数的类型或分布函数中的参数, 提出一个明确的假设, 称之为**原假设**或**零假设**, 记为 H_0. 与原假设对立的假设称为**备择假设**或**对立假设**, 记为 H_1. 为了推断原假设 H_0 是否正确, 我们先假定 H_0 成立, 在此条件下, 利用样本观测值对实际问题进行分析. 如果发生了小概率事件, 我们就有理由怀疑作为小概率事件发生前提的原假设 H_0 的正确性, 这时我们就拒绝原假设 H_0(相当于接受备择假设 H_1). 反之, 就没有理由拒绝 H_0, 这时就接受 H_0(相当于拒绝备择假设 H_1). 一般地, 在假设检验中将小概率值记为 $\alpha(0 < \alpha < 1)$, 称为**显著性水平**. α 通常取为 $0.01, 0.05$ 或 0.1.

例 8.1.4   某味精厂用一台包装机包装味精, 每袋重量 X(单位: g) 服从正态分布 $N(\mu, \sigma^2)$. 根据质量要求每袋重量为 100g. 由以往的经验知道 X 的均方差 $\sigma = 0.5$g, 现从某天包装的味精中抽取 9 袋, 测得它们的重量为 (单位: g)

$$99.3, 100.0, 99.4, 99.3, 99.7, 99.4, 99.8, 100.2, 99.5.$$

问这一天包装机的工作是否正常?(取显著性水平 $\alpha = 0.05$)

解   回答包装机工作是否正常的问题相当于检验总体均值是否等于 100g. 本例就是要在显著性水平 $\alpha = 0.05$ 下检验假设

$$H_0: \mu = \mu_0 = 100, \quad H_1: \mu \neq 100.$$

我们知道样本均值 $\overline{X}$ 是总体均值 μ 的无偏估计. 因此 $|\overline{X} - \mu|$ 应该比较小, 于是 $\dfrac{|\overline{X} - \mu|}{\sigma/\sqrt{n}}$ 也应该较小. 为此, 我们可以适当选取一个常数 k, 当 $\dfrac{|\overline{X} - \mu|}{\sigma/\sqrt{n}} \geqslant k$ 时, 就有理由怀疑原假设 H_0 的正确性, 应该拒绝 H_0.

在 H_0 成立的前提下, $X \sim N(100, 0.5^2)$, 从而统计量

$$u = \frac{\overline{X} - \mu_0}{\sigma/\sqrt{n}} \sim N(0, 1).$$

为了确定 k 的值, 对给定的显著性水平 $\alpha = 0.05$, 我们令

$$P\left\{ \frac{|\overline{X} - \mu_0|}{\sigma/\sqrt{n}} \geqslant k \right\} = \alpha,$$

根据标准正态分布 $N(0,1)$ 上 α 分位点的定义, 可得

$$k = u_{\frac{\alpha}{2}}.$$

如果统计量 u 的观测值满足 $|u| = \dfrac{|\overline{x} - \mu_0|}{\sigma/\sqrt{n}} \geqslant u_{\frac{\alpha}{2}}$, 则意味着概率为 $\alpha = 0.05$ 的小概率事件发生了, 根据实际推断原理, 我们拒绝假设 H_0, 接受假设 H_1; 如果 $|u| < u_{\frac{\alpha}{2}}$, 则接受假设 H_0.

在本例中, $n = 9$, $\sigma = 0.5$, $\overline{x} = 99.62$, $\mu_0 = 100$, $\alpha = 0.05$, $u_{\frac{\alpha}{2}} = u_{0.025} = 1.96$, 于是有

$$|u| = \frac{|99.52 - 100|}{0.5/\sqrt{9}} = 2.28.$$

由于 $|u| = 2.28 > 1.96$, 因此, 我们拒绝原假设 H_0: $\mu = 100$, 即认为包装机工作不正常.

为了检验假设 H_0, 需要根据样本 $X_1, X_2, \cdots, X_n$ 适当地构选一个统计量 $\left(\text{如 } u = \dfrac{\overline{X} - \mu_0}{\sigma/\sqrt{n}}\right)$, 称这个统计量为**检验统计量**.

如果当检验统计量取某个区域 W 中的值时, 我们就拒绝原假设 H_0, 则称这个区域 W 为原假设 H_0 的**拒绝域**.

本例中取显著性水平 $\alpha = 0.05$, 若改变 α 的值, 如取 $\alpha = 0.01$, 则可得 $u_{\frac{\alpha}{2}} = 2.58$. 这时, $|u| = 2.28 < 2.58 = u_{\frac{\alpha}{2}}$, 就没有理由拒绝原假设 H_0, 故接受 H_0: $\mu = 100$, 认为包装机工作正常. 可见同一问题, 取不同的显著性水平, 常常可以得到不同的结论, 那么到底哪一个结论正确呢?

事实上, 对假设检验的判断, 由于通过样本来推断总体的性质, 而抽取样本具有随机性, 因此存在错判的可能. 错判的种类可分为两种:

第一种是原假设本来是正确的而作出了拒绝的判断, 此类错误称为**第一类错误**或 "弃真" 错误. 由于仅当小概率事件发生时才拒绝原假设, 因此犯第一类错误的概率不超过显著性水平 α, 即 $\alpha = P$ (拒绝 $H_0|H_0$ 为真).

第二种是原假设实际上不正确而作出了接受的判断, 称这类错误为**第二类错误**或 "取伪" 错误. 用 β 表示犯第二类错误的概率, 即 $\beta = P$ (接受 $H_0|H_1$ 为真).

在实际应用中, 上述两类错误都会带来损失. 为了减少损失, 我们当然希望 α 和 β 都很小. 但是在样本容量确定后, 如果减少犯某一类错误的概率, 则犯另一类错误的概率往往会增大. 只有增加样本容量, 才能够使犯两类错误的概率都减小. 在给定样本容量的情况下, 我们在作假设检验时总是控制犯第一类错误的概率不超过给定的显著性水平 α, 而不考虑犯第二类错误的概率 β. 这类假设检验的问题, 称为**显著性检验**.

犯第一类错误的概率 α 和犯第二类错误的概率 β 可以用同一个函数表示, 即所谓的势函数 (或功效函数). 势函数是假设检验中最重要的概念之一. 它的定义如下:

定义 8.1.1　设检验问题

$$H_0 : \theta \in \Theta_0, \qquad H_1 : \theta \in \Theta_1$$

的拒绝域为 W, 则样本观测值 X 落在拒绝域 W 内的概率称为该检验的势函数, 记为

$$g(\theta) = P_0(X \in W), \qquad \theta \in \Theta = \Theta_0 \cup \Theta_1.$$

显然, 势函数 $g(\theta)$ 是定义在参数空间 Θ 上的一个函数

$$g(\theta) = \begin{cases} \alpha(\theta), & \theta \in \Theta_0, \\ 1 - \beta(\theta), & \theta \in \Theta_1. \end{cases}$$

即, 当 $\theta \in \Theta_0$ 时, $g(\theta) = \alpha(\theta) = \alpha$ 为犯第一类错误的概率.

只对总体分布中的未知参数提出假设, 然后进行检验的问题, 称为**参数检验**.

定义 8.1.2　对检验问题

$$H_0 : \theta \in \Theta_0, \qquad H_1 : \theta \in \Theta_1,$$

如果一个检验满足对任意的 $\theta \in \Theta_0$, 都有

$$g(\theta) \leqslant \alpha,$$

则称该检验是**显著性水平为 α 的显著性检验**, 简称为**水平为 α 的检验**.

在对总体分布中的参数 θ 进行检验时, 如果原假设为 $H_0 : \theta = \theta_0$, 备择假设为 $H_1 : \theta \neq \theta_0$, 我们称这类检验问题为**双边检验**. 对假设

$$H_0 : \theta = \theta_0 \ (\theta \geqslant \theta_0), \quad H_1 : \theta < \theta_0$$

进行检验, 称为**左边检验**. 对假设

$$H_0 : \theta = \theta_0 \ (\theta \leqslant \theta_0), \quad H_1 : \theta > \theta_0$$

进行检验, 称为**右边检验**. 左边检验与右边检验统称为**单边检验**.

一般地, 假设检验可以按下述步骤进行:

(1) 根据实际问题的要求, 提出原假设 H_0 和备择假设 H_1;

(2) 根据 H_0 的内容, 选取适当的检验统计量, 并在 H_0 成立的条件下确定该统计量的分布;

(3) 对给定的显著性水平 α, 根据统计量的分布, 查找出临界值, 从而确定拒绝域 W;

(4) 根据样本值算出检验统计量的观察值, 记为 s, 当 $s \in W$ 时, 拒绝原假设 H_0; 否则接受原假设 H_0.

8.2　单个正态总体的参数假设检验

在本节的讨论中, 假设 $X \sim N(\mu, \sigma^2), X_1, X_2, \cdots, X_n$ 是来自总体 X 的样本, 样本均值为 $\overline{X}$, 样本方差为 S^2.

8.2.1　单个正态总体均值的假设检验

1. σ^2 已知, 关于 μ 的假设检验 —— u 检验

这里要在 σ^2 已知的条件下检验假设

8-2 单正态总体
的参数假设检验

$$H_0: \mu = \mu_0, \quad H_1: \mu \neq \mu_0.$$

取检验统计量为

$$u = \frac{\overline{X} - \mu_0}{\sigma/\sqrt{n}} \sim N(0, 1).$$

对于给定的显著性水平 α, 查附表可得 $u_{\frac{\alpha}{2}}$, 使得 $P\left\{\dfrac{|\overline{X} - \mu_0|}{\sigma/\sqrt{n}} \geqslant u_{\frac{\alpha}{2}}\right\} = \alpha$, 因此这一假设检验问题的拒绝域为

$$W = \{|u| \geqslant u_{\frac{\alpha}{2}}\}.$$

由样本观测值 $x_1, x_2, \cdots, x_n$ 算得 $u = \dfrac{\overline{x} - \mu_0}{\sigma/\sqrt{n}}$, 如果有 $|u| \geqslant u_{\frac{\alpha}{2}}$, 则拒绝 $H_0: \mu = \mu_0$, 此时认为均值 μ 与 μ_0 之间有显著差异; 如果有 $|u| < u_{\frac{\alpha}{2}}$, 则接受 H_0, 认为 μ 与 μ_0 无显著差异.

进行左边检验, 即对假设

$$H_0: \mu = \mu_0 \quad (\mu \geqslant \mu_0), \quad H_1: \mu < \mu_0$$

进行检验时, 所使用的检验统计量是

$$u = \frac{\overline{X} - \mu_0}{\sigma/\sqrt{n}} \sim N(0, 1).$$

对于给定的显著性水平 α, 查附表可得 u_α, 使得

$$P\left\{\frac{\overline{X}-\mu_0}{\sigma/\sqrt{n}} \leqslant -u_\alpha\right\} = \alpha,$$

因此原假设 H_0 的拒绝域为

$$W = \{u \leqslant -u_\alpha\}.$$

同样, 进行右边检验即对假设

$$H_0: \mu = \mu_0 \quad (\mu \leqslant \mu_0), \quad H_1: \mu > \mu_0$$

进行检验时, 检验统计量是

$$u = \frac{\overline{X}-\mu_0}{\sigma/\sqrt{n}} \sim N(0,1).$$

对于给定的显著性水平 α, 查附表 1 可得 u_α, 使得

$$P\left\{\frac{\overline{X}-\mu_0}{\sigma/\sqrt{n}} \geqslant u_\alpha\right\} = \alpha,$$

因此原假设 H_0 的拒绝域为

$$W = \{u \geqslant u_\alpha\}.$$

上述检验所用的统计量 $u = \dfrac{\overline{X}-\mu_0}{\sigma/\sqrt{n}}$ 服从标准正态分布, 我们称这类检验为 **u 检验**.

2. σ^2 未知, 关于 μ 的假设检验 —— t 检验

这里要在 σ^2 未知的条件下检验假设

$$H_0: \mu = \mu_0, \quad H_1: \mu \neq \mu_0.$$

由于 σ^2 未知, 取检验统计量为

$$t = \frac{\overline{X}-\mu_0}{S/\sqrt{n}} \sim t(n-1).$$

对于给定的显著性水平 α, 查附表可得 $t_{\frac{\alpha}{2}}(n-1)$, 使得

$$P\left\{\frac{|\overline{X}-\mu_0|}{S/\sqrt{n}} \geqslant t_{\frac{\alpha}{2}}(n-1)\right\} = \alpha.$$

因此原假设 H_0 的拒绝域为

$$W = \{|t| \geqslant t_{\frac{\alpha}{2}}(n-1)\}.$$

类似于 1 中的讨论, 可得左边检验

$$H_0\colon \mu = \mu_0(\mu \geqslant \mu_0), \quad H_1\colon \mu < \mu_0$$

的拒绝域为

$$W = \{t \leqslant -t_\alpha(n-1)\}.$$

右边检验

$$H_0\colon \mu = \mu_0(\mu \leqslant \mu_0), \quad H_1\colon \mu > \mu_0$$

的拒绝域为

$$W = \{t \geqslant t_\alpha(n-1)\}.$$

上述检验所使用的统计量服从 t 分布, 我们称这类检验为 **t 检验**.

例 8.2.1 某车床加工一种零件, 要求长度为 150mm. 今从一大批加工后的这种零件中抽取 9 个, 测得长度 (单位: mm) 如下:

$$147, 150, 149, 154, 152, 153, 148, 151, 155.$$

如果零件长度服从正态分布, 问这批零件是否合格?(取 $\alpha = 0.05$)

解 这里是在总体方差 σ^2 未知的情况下, 检验假设

$$H_0\colon \mu = 150, \quad H_1\colon \mu \neq 150.$$

已知 $n = 9$. 在 H_0 成立时, 统计量

$$t = \frac{\overline{X} - 150}{S/\sqrt{9}} \sim t(8).$$

对于 $\alpha = 0.05$, 查 t 分布表, 得

$$t_{\frac{\alpha}{2}}(n-1) = t_{0.025}(8) = 2.3060.$$

原假设 H_0 的拒绝域为

$$W = \{|t| \geqslant 2.3060\}.$$

由给定的样本值, 求得

$$\overline{x} = 151, \quad s^2 = 7.5, \quad s = 2.739,$$

$$t = \frac{\overline{x} - 150}{s/\sqrt{9}} = \frac{151 - 150}{2.739} \times 3 = 1.095.$$

因为

$$|t| = 1.095 < 2.3060 = t_{0.025}(8),$$

所以接受 H_0, 即在显著性水平 $\alpha = 0.05$ 下认为这批零件合格.

例 8.2.2　已知某厂生产的灯泡寿命 X(单位: h) 服从正态分布 $N(\mu, 200^2)$, 根据经验, 灯泡的平均寿命不超过 1500h. 现测试了 25 只采用新工艺生产的灯泡的寿命, 测得其平均值为 1575h, 试问新工艺是否提高了灯泡的寿命?(显著性水平 $\alpha = 0.05$)

解　根据问题的特点, 检验假设

$$H_0: \mu = 1500, \quad H_1: \mu > 1500.$$

已知 $n = 25$, 在 H_0 成立时, 统计量

$$u = \frac{\overline{X} - 1500}{200/\sqrt{25}} \sim N(0, 1).$$

对于 $\alpha = 0.05$, 查附表得 $u_\alpha = 1.645$. 原假设 H_0 的拒绝域为

$$W = \{u > u_\alpha\} = \{u > 1.645\}.$$

由题意 $\overline{x} = 1575$, 求得

$$u = \frac{1575 - 1500}{200/\sqrt{25}} = 1.875,$$

由于 $u = 1.875 > 1.645 = u_\alpha$, 故拒绝 H_0, 接受 H_1, 即认为新工艺提高了灯泡的寿命.

8.2.2　单个正态总体方差的假设检验

1. μ 已知, 关于 σ^2 的假设检验 —— χ^2 检验

这里要在 μ 已知的条件下检验假设

$$H_0: \sigma^2 = \sigma_0^2, \quad H_1: \sigma^2 \neq \sigma_0^2.$$

由于

$$\chi^2 = \frac{1}{\sigma_0^2} \sum_{i=1}^{n}(X_i - \mu)^2 \sim \chi^2(n),$$

对于给定的显著性水平 α, 查附表可得 $\chi^2_{1-\frac{\alpha}{2}}(n)$ 与 $\chi^2_{\frac{\alpha}{2}}(n)$, 使得

$$P\left\{\chi^2_{1-\frac{\alpha}{2}}(n) < \frac{1}{\sigma_0^2} \sum_{i=1}^{n}(X_i - \mu)^2 < \chi^2_{\frac{\alpha}{2}}(n)\right\} = 1 - \alpha,$$

即

$$P\left(\left\{\frac{1}{\sigma_0^2} \sum_{i=1}^{n}(X_i - \mu)^2 \leqslant \chi^2_{1-\frac{\alpha}{2}}(n)\right\} \bigcup \left\{\frac{1}{\sigma_0^2} \sum_{i=1}^{n}(X_i - \mu)^2 \geqslant \chi^2_{\frac{\alpha}{2}}(n)\right\}\right) = \alpha.$$

从而得到 H_0 的拒绝域为

$$W = \{\chi^2 \leqslant \chi^2_{1-\frac{\alpha}{2}}(n) \text{或} \chi^2 \geqslant \chi^2_{\frac{\alpha}{2}}(n)\}.$$

2. μ 未知, 关于 σ^2 的假设检验

我们要在 μ 未知的条件下检验假设

$$H_0: \sigma^2 = \sigma_0^2, \quad H_1: \sigma^2 \neq \sigma_0^2.$$

由于

$$\chi^2 = \frac{(n-1)S^2}{\sigma_0^2} \sim \chi^2(n-1),$$

对于给定的显著性水平 α, 查附表可得 $\chi^2_{1-\frac{\alpha}{2}}(n-1)$ 与 $\chi^2_{\frac{\alpha}{2}}(n-1)$, 使得

$$P\{\chi^2 \leqslant \chi^2_{1-\frac{\alpha}{2}}(n-1) \text{或} \chi^2 \geqslant \chi^2_{\frac{\alpha}{2}}(n-1)\} = \alpha.$$

从而得到 H_0 的拒绝域为

$$W = \{\chi^2 \leqslant \chi^2_{1-\frac{\alpha}{2}}(n-1) \text{或} \chi^2 \geqslant \chi^2_{\frac{\alpha}{2}}(n-1)\}.$$

上述检验所使用的统计量服从 χ^2 分布, 这种检验法称为**χ^2 检验**.

关于方差 σ^2 的单边检验见表 8.1.

例 8.2.3 美国民政部门对某住宅区住户的消费情况进行的调查报告中, 抽取 9 户为样本, 其每年开支除去税款和住宅等费用外, 依次为 (单位: 万美元)

$$4.9, \ 5.3, \ 6.5, \ 5.2, \ 7.4, \ 5.4, \ 6.8, \ 5.4, \ 6.3.$$

假定住户消费数据服从正态分布 $N(\mu, \sigma^2)$, 给定 $\alpha = 0.05$, 试问: 所有住户消费数据的总体方差 $\sigma^2 = 0.3$ 是否可信?

解 该问题是要检验假设

$$H_0: \sigma^2 = 0.3, \quad H_1: \sigma^2 \neq 0.3.$$

已知 $n = 9, \mu$ 未知, 检验统计量为

$$\chi^2 = \frac{(n-1)S^2}{\sigma_0^2} = \frac{8S^2}{0.3} \sim \chi^2(8).$$

原假设 H_0 的拒绝域为

$$W = \{\chi^2 \leqslant \chi^2_{1-\frac{\alpha}{2}}(8) \text{或} \chi^2 > \chi^2_{\frac{\alpha}{2}}(8)\}.$$

表 8.1

	原假设 H_0	检验统计量	H_0 为真时统计量的分布	对立假设	拒绝域
1	$\mu = \mu_0$ (σ^2 已知)	$u = \dfrac{\overline{X} - \mu_0}{\sigma}\sqrt{n}$	$N(0,1)$	$\mu > \mu_0$ $\mu < \mu_0$ $\mu \neq \mu_0$	$u \geq u_\alpha$ $u \leq -u_\alpha$ $\|u\| \geq u_{\alpha/2}$
2	$\mu = \mu_0$ (σ^2 未知)	$t = \dfrac{\overline{X} - \mu_0}{S}\sqrt{n}$	$t(n-1)$	$\mu > \mu_0$ $\mu < \mu_0$ $\mu \neq \mu_0$	$t \geq t_\alpha(n-1)$ $t \leq -t_\alpha(n-1)$ $\|t\| \geq t_{\alpha/2}(n-1)$
3	$\sigma^2 = \sigma_0^2$ (μ 已知)	$\chi^2 = \dfrac{1}{\sigma_0^2}\sum\limits_{i=1}^{n}(X_i - \mu)^2$	$\chi^2(n)$	$\sigma^2 > \sigma_0^2$ $\sigma^2 < \sigma_0^2$ $\sigma^2 \neq \sigma_0^2$	$\chi^2 \geq \chi_\alpha^2(n)$ $\chi^2 \leq \chi_{1-\alpha}^2(n)$ $\chi^2 \leq \chi_{1-\alpha/2}^2(n)$ 或 $\chi^2 \geq \chi_{\alpha/2}^2(n)$
4	$\sigma^2 = \sigma_0^2$ (μ 未知)	$\chi^2 = \dfrac{(n-1)S^2}{\sigma_0^2}$	$\chi^2(n-1)$	$\sigma^2 > \sigma_0^2$ $\sigma^2 < \sigma_0^2$ $\sigma^2 \neq \sigma_0^2$	$\chi^2 \geq \chi_\alpha^2(n-1)$ $\chi^2 \leq \chi_{1-\alpha}^2(n-1)$ $\chi^2 \leq \chi_{1-\alpha/2}^2(n-1)$ 或 $\chi^2 \geq \chi_{\alpha/2}^2(n-1)$
5	$\mu_1 - \mu_2 = \delta$ (σ_1^2, σ_2^2 已知)	$u = \dfrac{\overline{X} - \overline{Y} - \delta}{\sqrt{\dfrac{\sigma_1^2}{n_1} + \dfrac{\sigma_2^2}{n_2}}}$	$N(0,1)$	$\mu_1 - \mu_2 > \delta$ $\mu_1 - \mu_2 < \delta$ $\mu_1 - \mu_2 \neq \delta$	$u \geq u_\alpha$ $u \leq -u_\alpha$ $\|u\| \geq u_{\alpha/2}$
6	$\mu_1 - \mu_2 = \delta$ ($\sigma_1^2 = \sigma_2^2 = \sigma^2$ 未知)	$t = \dfrac{\overline{X} - \overline{Y} - \delta}{S_w\sqrt{\dfrac{1}{n_1} + \dfrac{1}{n_2}}}$	$t(n_1 + n_2 - 2)$	$\mu_1 - \mu_2 > \delta$ $\mu_1 - \mu_2 < \delta$ $\mu_1 - \mu_2 \neq \delta$	$t \geq t_\alpha(n_1 + n_2 - 2)$ $t \leq -t_\alpha(n_1 + n_2 - 2)$ $\|t\| \geq t_{\alpha/2}(n_1 + n_2 - 2)$
7	$\sigma_1^2 = \sigma_2^2$ (μ_1, μ_2 已知)	$F = \dfrac{\sum\limits_{i=1}^{n_1}(X_i - \mu_1)^2}{\sum\limits_{j=1}^{n_2}(Y_j - \mu_2)^2}\cdot\dfrac{n_2}{n_1}$	$F(n_1, n_2)$	$\sigma_1^2 > \sigma_2^2$ $\sigma_1^2 < \sigma_2^2$ $\sigma_1^2 \neq \sigma_2^2$	$F \geq F_\alpha(n_1, n_2)$ $F \leq F_{1-\alpha}(n_1, n_2)$ $F \leq F_{1-\alpha/2}(n_1, n_2)$ 或 $F \geq F_{\alpha/2}(n_1, n_2)$
8	$\sigma_1^2 = \sigma_2^2$ (μ_1, μ_2 未知)	$F = \dfrac{S_1^2}{S_2^2}$	$F(n_1 - 1, n_2 - 1)$	$\sigma_1^2 > \sigma_2^2$ $\sigma_1^2 < \sigma_2^2$ $\sigma_1^2 \neq \sigma_2^2$	$F \geq F_\alpha(n_1 - 1, n_2 - 1)$ $F \leq F_{1-\alpha}(n_1 - 1, n_2 - 1)$ $F \leq F_{1-\alpha/2}(n_1 - 1, n_2 - 1)$ 或 $F \geq F_{\alpha/2}(n_1 - 1, n_2 - 1)$

由样本值算得

$$\chi^2 = \frac{8S^2}{0.3} = \frac{6.05}{0.3} = 20.17,$$

对 $\alpha = 0.05$ 查附表, 得

$$\chi^2_{1-\frac{\alpha}{2}}(8) = 2.18, \quad \chi^2_{\frac{\alpha}{2}}(8) = 17.535.$$

由于 $\chi^2 = 20.17 > 17.535 = \chi^2_{\frac{\alpha}{2}}(8)$, 故拒绝原假设 H_0, 即认为所有住户的消费数据的总体方差 $\sigma^2 = 0.3$ 不可信.

有时根据实际问题, 对于均值 μ 与方差 σ^2 都要进行检验.

例 8.2.4 某工厂用自动生产线生产金属丝, 假定金属丝的折断力 X(单位：N) 服从正态分布, 其合格标准为：平均值为 580N, 方差不超过 64. 某日开工后, 抽取 9 根作折断检测, 测得结果如下：

$$578, \ 572, \ 570, \ 568, \ 572, \ 570, \ 596, \ 586, \ 568.$$

试问：此日自动生产线是否工作正常?(显著性水平 $\alpha = 0.05$)

解 先检验假设

$$H_0: \mu = 580, \quad H_1: \mu \neq 580.$$

这里 $n = 9, \sigma^2$ 未知. 检验统计量为

$$t = \frac{\overline{X} - \mu_0}{S/\sqrt{n}} = \frac{\overline{X} - 580}{S/\sqrt{9}} \sim t(n-1).$$

拒绝域为

$$W = \{|t| \geqslant t_{\frac{\alpha}{2}}(n-1)\}.$$

对给定的 $\alpha = 0.05$, 查表得 $t_{0.025}(8) = 2.306$, 由样本数据计算可得

$$\overline{x} = 575.56, \quad s^2 = 86.02,$$

$$t = \frac{575.56 - 580}{\sqrt{86.02}/\sqrt{9}} \approx -1.436.$$

由于 $|t| = 1.436 < 2.306 = t_{\frac{\alpha}{2}}(n-1)$, 故接受原假设 H_0, 即认为自动生产线没有系统误差.

再检验假设

$$H_0': \sigma^2 \leqslant 64, \quad H_1': \sigma^2 > 64.$$

这里 μ 未知, $\sigma_0^2 = 64$. 对给定的 $\alpha = 0.05$, 查表得 $\chi^2_{0.05}(8) = 15.507$, 计算可得

$$\chi^2 = \frac{(n-1)S^2}{\sigma_0^2} = \frac{8 \times 86.02}{64} \approx 10.573.$$

拒绝域为

$$W = \{\chi^2 \geqslant \chi^2_\alpha(n-1)\}.$$

由于 $\chi^2 = 10.573 < 15.507 = \chi^2_\alpha(n-1)$, 故接受原假设 H'_0, 即认为自动生产线工作稳定.

综上所述, 可以认为自动生产线工作正常.

8.3　两个正态总体的参数假设检验

在本节的讨论中, 假设 $X \sim N(\mu_1, \sigma_1^2)$, $Y \sim N(\mu_2, \sigma_2^2)$, 样本 $X_1, X_2, \cdots, X_{n_1}$ 与样本 $Y_1, Y_2, \cdots, Y_{n_2}$ 分别来自总体 X 与总体 Y, 这两个样本相互独立, 它们的样本均值与样本方差依次为

$$\overline{X} = \frac{1}{n_1}\sum_{i=1}^{n_1}X_i, \quad \overline{Y} = \frac{1}{n_2}\sum_{j=1}^{n_2}Y_j,$$

$$S_1^2 = \frac{1}{n_1 - 1}\sum_{i=1}^{n_1}(X_i - \overline{X})^2,$$

$$S_2^2 = \frac{1}{n_2 - 1}\sum_{j=1}^{n_2}(Y_j - \overline{Y})^2.$$

8.3.1　两个正态总体均值差的假设检验

1. 方差 σ_1^2 与 σ_2^2 已知时, 均值差 $\mu_1 - \mu_2$ 的假设检验

给定显著性水平 α, 我们来检验假设

$$H_0: \mu_1 - \mu_2 = \delta, \quad H_1: \mu_1 - \mu_2 \neq \delta.$$

如果 $\delta = 0$, 则原假设为 $H_0: \mu_1 = \mu_2$, 备择假设为 $H_1: \mu_1 \neq \mu_2$. 在 $H_0: \mu_1 - \mu_2 = \delta$ 成立的条件下, 统计量

$$u = \frac{\overline{X} - \overline{Y} - \delta}{\sqrt{\dfrac{\sigma_1^2}{n_1} + \dfrac{\sigma_2^2}{n_2}}} \sim N(0, 1).$$

查附表可得 $u_{\frac{\alpha}{2}}$, 使得

$$P\left\{\frac{|\overline{X} - \overline{Y} - \delta|}{\sqrt{\dfrac{\sigma_1^2}{n_1} + \dfrac{\sigma_2^2}{n_2}}} \geqslant u_{\frac{\alpha}{2}}\right\} = \alpha.$$

从而得到 H_0 的拒绝域为

$$W = \{|u| \geqslant u_{\frac{\alpha}{2}}\}.$$

2. 方差 $\sigma_1^2 = \sigma_2^2 = \sigma^2$ 未知时, 均值差 $\mu_1 - \mu_2$ 的假设检验

我们要检验假设

$$H_0: \mu_1 - \mu_2 = \delta, \quad H_1: \mu_1 - \mu_2 \neq \delta.$$

当 H_0 成立时, 统计量

$$t = \frac{\overline{X} - \overline{Y} - \delta}{S_w\sqrt{\dfrac{1}{n_1} + \dfrac{1}{n_2}}} \sim t(n_1 + n_2 - 2),$$

其中 $S_w^2 = \dfrac{(n_1-1)S_1^2 + (n_2-1)S_2^2}{n_1 + n_2 - 2}$, $S_w = \sqrt{S_w^2}$.

对于给定的显著性水平 α, 查附表可得 $t_{\frac{\alpha}{2}}(n_1 + n_2 - 2)$, 使得

$$P\{|t| \geqslant t_{\frac{\alpha}{2}}(n_1 + n_2 - 2)\} = \alpha.$$

从而得到 H_0 的拒绝域为

$$W = \{|t| \geqslant t_{\frac{\alpha}{2}}(n_1 + n_2 - 2)\}.$$

例 8.3.1 对某种物品在处理前与处理后分别抽样分析含脂率如下.

处理前: 0.19, 0.18, 0.21, 0.30, 0.41, 0.12, 0.27;

处理后: 0.15, 0.13, 0.07, 0.24, 0.19, 0.06, 0.08, 0.12.

假设处理前后的含脂率都服从正态分布, 且方差不变, 试在 $\alpha = 0.05$ 的显著性水平上推断处理前后含脂率的平均值有无显著变化.

解 本题 σ_1^2, σ_2^2 未知, 但 $\sigma_1^2 = \sigma_2^2$. 在显著性水平 $\alpha = 0.05$ 下, 检验假设

$$H_0: \mu_1 = \mu_2, \quad H_1: \mu_1 \neq \mu_2.$$

检验统计量为

$$t = \frac{\overline{X} - \overline{Y}}{S_w\sqrt{\dfrac{1}{n_1} + \dfrac{1}{n_2}}} \sim t(n_1 + n_2 - 2),$$

拒绝域为

$$W = \{|t| \geqslant t_{\frac{\alpha}{2}}(n_1 + n_2 - 2)\}.$$

由样本值算得

处理前: $\quad n_1 = 7, \quad \overline{x} = 0.24, \quad s_1^2 = 0.0091;$

处理后: $\quad n_2 = 8, \quad \overline{y} = 0.13, \quad s_2^2 = 0.0039.$

从而算得

$$t = \frac{\overline{x} - \overline{y}}{S_w \sqrt{\dfrac{1}{n_1} + \dfrac{1}{n_2}}} = 2.68,$$

其中 $S_w^2 = \dfrac{(n_1 - 1)S_1^2 + (n_2 - 1)S_2^2}{n_1 + n_2 - 2}$, $S_w = \sqrt{S_w^2}$.

对于 $\alpha = 0.05$, 查 t 分布表, 得 $t_{\frac{\alpha}{2}}(n_1 + n_2 - 2) = t_{0.025}(13) = 2.1604$. 由于 $|t| = 2.68 > 2.1604 = t_{\frac{\alpha}{2}}(n_1 + n_2 - 2)$, 故拒绝 H_0, 即认为处理前后的含脂率的平均值有显著变化.

如果此例中让我们推断: 处理后的物品含脂率是否比处理前的低? 则要检验的假设为

$$H_0\colon \mu_1 = \mu_2, \quad H_1\colon \mu_1 > \mu_2.$$

这是单边检验问题, 单边检验的拒绝域见表 8.1.

8.3.2 两个正态总体方差比的假设检验

1. 均值 μ_1 与 μ_2 已知时, 方差比 $\dfrac{\sigma_1^2}{\sigma_2^2}$ 的假设检验

以下我们给出 $\dfrac{\sigma_1^2}{\sigma_2^2} = 1$ 的假设检验, 即检验假设

$$H_0\colon \sigma_1^2 = \sigma_2^2, \quad H_1\colon \sigma_1^2 \neq \sigma_2^2.$$

检验 $\sigma_1^2 = \sigma_2^2$ 也叫做**检验方差齐性**.

在 H_0 成立的条件下, 统计量

$$F = \frac{n_2 \displaystyle\sum_{i=1}^{n_1} (X_i - \mu_1)^2}{n_1 \displaystyle\sum_{j=1}^{n_2} (Y_j - \mu_2)^2} \sim F(n_1, n_2).$$

对于给定的显著性水平 α, 查 F 分布表, 可得 $F_{\frac{\alpha}{2}}(n_1, n_2)$ 和 $F_{1-\frac{\alpha}{2}}(n_1, n_2)$, 使得

$$P\{F \leqslant F_{1-\frac{\alpha}{2}}(n_1, n_2) \text{ 或 } F \geqslant F_{\frac{\alpha}{2}}(n_1, n_2)\} = \alpha,$$

从而得到 H_0 的拒绝域为

$$W = \{F \leqslant F_{1-\frac{\alpha}{2}}(n_1, n_2) \text{ 或 } F \geqslant F_{\frac{\alpha}{2}}(n_1, n_2)\}.$$

由于

$$F_{1-\frac{\alpha}{2}}(n_1, n_2) = \frac{1}{F_{\frac{\alpha}{2}}(n_2, n_1)},$$

所以拒绝域也可以写成

$$W = \left\{ F \leqslant \frac{1}{F_{\frac{\alpha}{2}}(n_2, n_1)} \text{ 或 } F \geqslant F_{\frac{\alpha}{2}}(n_1, n_2) \right\}.$$

2. 均值 μ_1 与 μ_2 未知时, 方差比 $\dfrac{\sigma_1^2}{\sigma_2^2}$ 的假设检验

我们在 μ_1 与 μ_2 未知的条件下, 检验假设

$$H_0\colon \sigma_1^2 = \sigma_2^2, \quad H_1\colon \sigma_1^2 \neq \sigma_2^2.$$

取检验统计量为

$$F = \frac{S_1^2}{S_2^2} \sim F(n_1 - 1, n_2 - 1).$$

对于给定的显著性水平 α, 查附表可得 $F_{\frac{\alpha}{2}}(n_1 - 1, n_2 - 1)$ 和 $F_{1-\frac{\alpha}{2}}(n_1 - 1, n_2 - 1)$, 使得

$$P\{F \leqslant F_{1-\frac{\alpha}{2}}(n_1 - 1, n_2 - 1) \text{ 或 } F \geqslant F_{\frac{\alpha}{2}}(n_1 - 1, n_2 - 1)\} = \alpha.$$

从而可得 H_0 的拒绝域为

$$W = \{F \leqslant F_{1-\frac{\alpha}{2}}(n_1 - 1, n_2 - 1) \text{ 或 } F \geqslant F_{\frac{\alpha}{2}}(n_1 - 1, n_2 - 1)\},$$

或者写成

$$W = \left\{ F \leqslant \frac{1}{F_{\frac{\alpha}{2}}(n_2 - 1, n_1 - 1)} \text{ 或 } F \geqslant F_{\frac{\alpha}{2}}(n_1 - 1, n_2 - 1) \right\}.$$

上述检验所使用的统计量服从 F 分布, 这种检验法称为 **F检验**.

为了方便于查找, 我们将关于正态总体参数的显著性检验列于表 8.1 中, 表中 $S_w^2 = \dfrac{(n_1 - 1)S_1^2 + (n_2 - 1)S_2^2}{n_1 + n_2 - 2}$, $S_w = \sqrt{S_w^2}$.

例 8.3.2 从某锌矿的东、西两支矿脉中, 各抽取样本容量分别为 9 与 8 的样本进行测试, 得样本含锌平均数及样本方差如下.

$$\text{东支:} \quad n_1 = 9, \quad \bar{x} = 0.230, \quad s_1^2 = 0.1337;$$

$$\text{西支:} \quad n_2 = 8, \quad \bar{y} = 0.269, \quad s_2^2 = 0.1736.$$

若东、西两支矿脉的含锌量都服从正态分布, 问东、西两支矿脉含锌量的平均值是否可以看作一样?(取 $\alpha = 0.05$)

解 假设东、西两支矿脉的含锌量分别为 X, Y, 并且 $X \sim N(\mu_1, \sigma_1^2), Y \sim N(\mu_2, \sigma_2^2)$, 其中 $\mu_1, \mu_2, \sigma_1^2, \sigma_2^2$ 均未知. 这里需要检验的是 $\mu_1 = \mu_2$, 但由于不知道两个总体的方差是否相等, 因此要先检验假设

$$H_0\colon \sigma_1^2 = \sigma_2^2, \quad H_1\colon \sigma_1^2 \neq \sigma_2^2.$$

取检验统计量为

$$F = \frac{S_2^2}{S_1^2} \sim F(n_2 - 1, n_1 - 1).$$

拒绝域为

$$W = \{F \leqslant F_{1-\frac{\alpha}{2}}(n_2 - 1, n_1 - 1) \text{或} F \geqslant F_{\frac{\alpha}{2}}(n_2 - 1, n_1 - 1)\},$$

对于显著性水平 $\alpha = 0.05, n_1 = 9, n_2 = 8$, 查 F 分布表, 得

$$F_{\frac{\alpha}{2}}(n_2 - 1, n_1 - 1) = F_{0.025}(7, 8) = 4.53,$$

$$F_{1-\frac{\alpha}{2}}(n_2 - 1, n_1 - 1) = F_{0.975}(7, 8) = \frac{1}{F_{0.025}(8, 7)} = 0.02.$$

又因

$$F = \frac{S_2^2}{S_1^2} = \frac{0.1736}{0.1337} = 1.2984,$$

由于 $0.02 < F = 1.2984 < 4.53$, 所以接受 H_0, 即认为 $\sigma_1^2 = \sigma_2^2$.

再检验假设

$$H_0'\colon \mu_1 = \mu_2, \quad H_1'\colon \mu_1 \neq \mu_2.$$

检验统计量为

$$t = \frac{\overline{X} - \overline{Y}}{S_w \sqrt{\dfrac{1}{n_1} + \dfrac{1}{n_2}}} \sim t(n_1 + n_2 - 2),$$

拒绝域为

$$W = \{|t| \geqslant t_{\frac{\alpha}{2}}(n_1 + n_2 - 2)\}.$$

由 $n_1 = 9, n_2 = 8, \alpha = 0.05$, 查表得

$$t_{\frac{\alpha}{2}}(n_1 + n_2 - 2) = t_{0.025}(15) = 2.1315.$$

又

$$S_w^2 = \frac{(9-1)s_1^2 + (8-1)s_2^2}{9 + 8 - 2} = 0.1523,$$

则

$$t = \frac{\overline{x} - \overline{y}}{S_w \sqrt{\dfrac{1}{n_1} + \dfrac{1}{n_2}}} = \frac{0.230 - 0.269}{\sqrt{0.1523} \sqrt{\dfrac{1}{9} + \dfrac{1}{8}}} = -0.2056,$$

因为 $|t| = 0.2056 < 2.1315 = t_{0.025}(15)$, 所以接受 H_0, 即认为东、西两支矿脉的平均含锌量可以看作一样, 无显著差异, 样本均值 $\overline{x}$ 与 $\overline{y}$ 之间的差异可以认为是由随机性所导致的, 而不是系统偏差.

8.4 非参数假设检验

前面介绍了各种统计假设的参数检验方法, 这些方法都假定总体服从正态分布. 但在实际问题中, 有时不能预知总体服从什么分布, 这里就需要根据样本来检验关于总体分布的各种假设, 这就是分布的假设检验问题. 在数理统计学中把不依赖于分布的统计方法称为**非参数统计方法**. 本节讨论的问题就是非参数假设检验问题 —— 皮尔逊 (Pearson)χ^2 检验 (或分布拟合检验).

我们的问题是: 在总体 X 的分布未知时, 检验总体的分布函数 $F(x)$ 是否与已知的函数 $F_0(x)$ 有显著差别, 即检验假设

$$H_0\colon F(x) = F_0(x), \quad H_1\colon F(x) \neq F_0(x).$$

其中对立假设 H_1 可以不写.

如果总体为离散型随机变量, 则上述假设相当于

$$H_0\colon 总体X的概率分布为P\{X = x_i\} = p_i, \ \ i = 1, 2, \cdots.$$

如果总体为连续型随机变量, 则相当于检验假设

$$H_0\colon 总体X的概率密度为f(x) = f_0(x) \quad (f_0(x)为已知的概率密度函数).$$

为了检验假设 H_0, 将 X 的可能取值的全体分成 k 个两两不相交的子集 $A_1, A_2, \cdots, A_k$, 并数出来自总体 X 的样本值 $x_1, x_2, \cdots, x_n$ 这 n 个数字落入 A_i 的个数 (称为**实际频数**)$n_i(i = 1, 2, \cdots, k)$, 则在对总体 X 进行 n 次独立观测时所得观测值落入 A_i 的频率为 $f_i = \dfrac{n_i}{n}$. 如果假设 H_0 成立, 则可算得在一次试验中 X 落入 A_i 的概率 $p_i = P\{X \in A_i\}$, 从而可算得 np_i(称为**理论频数**)$(i = 1, 2, \cdots, k)$. 例如, 在总体 X 是连续型随机变量时, 可以在实数轴上取 $k-1$ 个点 $t_1 < t_2 < \cdots < t_{k-1}$, 把实数轴分成 k 个区间:

$$(-\infty, t_1], (t_1, t_2], \cdots, (t_{k-1}, +\infty).$$

对于总体 X 的一个样本观测值 $x_1, x_2, \cdots, x_n$, 计算出 $x_1, x_2, \cdots, x_n$ 落入第 i 个区间 $(t_{i-1}, t_i]$ 的个数 n_i, 即可得到实际频数, 则落入该区间的频率 $f_i = \dfrac{n_i}{n}(i = 1, 2, \cdots, k)$. 如果假设 H_0 成立, 即 $F(x) = F_0(x)$, 则 X 落入第 i 个区间内的概率为

$$p_i = P\{t_{i-1} < X \leqslant t_i\} = F_0(t_i) - F_0(t_{i-1}), \quad i = 1, 2, \cdots, k.$$

在这里, 视 t_0 为 $-\infty$, 视 t_k 为 $+\infty$. 由此可算得理论频数 $np_i(i = 1, 2, \cdots, k)$.

由频率与概率的关系, 如果原假设 H_0 成立, 则当试验次数 n 很大时, $\left(\dfrac{n_i}{n} - p_i\right)^2$ 应该比较小, 比值

$$\frac{\left(\dfrac{n_i}{n} - p_i\right)^2}{\dfrac{p_i}{n}} = \frac{(n_i - np_i)^2}{np_i}, \quad i = 1, 2, \cdots, k$$

也应该较小, 因此

$$\chi^2 = \sum_{i=1}^{k} \frac{(n_i - np_i)^2}{np_i} = \sum_{i=1}^{k} \frac{n_i^2}{np_i} - n$$

比较小才合理. 当 χ^2 超过某个常数时就应该拒绝 H_0. 上式称为**皮尔逊统计量**.

1900 年皮尔逊证明了, 在假设 H_0 成立的条件下, 不论 $F_0(x)$ 服从什么分布, 当样本容量 n 充分大 ($n \geqslant 50$) 时, 皮尔逊统计量

$$\chi^2 = \sum_{i=1}^{k} \frac{(n_i - np_i)^2}{np_i}$$

总是近似地服从自由度为 $k - 1$ 的 χ^2 分布.

对于给定的显著性水平 α, 查附表可得 $\chi_\alpha^2(k - 1)$, 使得当 n 很大时有

$$P\{\chi^2 \geqslant \chi_\alpha^2(k - 1)\} \approx \alpha,$$

因此原假设 H_0 的拒绝域为

$$W = \{\chi^2 \geqslant \chi_\alpha^2(k - 1)\}.$$

如果 $F_0(x)$ 中含有 r 个未知参数 θ_1, θ_2, $\cdots$, θ_r, 即总体 X 的分布函数为 $F_0(x; \theta_1, \theta_2, \cdots, \theta_r)$, 则应先求出 $\theta_1, \theta_2, \cdots, \theta_r$ 的最大似然估计 $\hat{\theta}_1, \hat{\theta}_2, \cdots, \hat{\theta}_r$, 再求出概率 p_i 的估计值

$$\hat{p}_i = P\{X \in A_i\}, \quad i = 1, 2, \cdots, k.$$

在上面的举例中, 有

$$\hat{p}_i = F_0(t_i; \hat{\theta}_1, \hat{\theta}_2, \cdots, \hat{\theta}_r) - F_0(t_{i-1}; \hat{\theta}_1, \hat{\theta}_2, \cdots, \hat{\theta}_r), \quad i = 1, 2, \cdots, k.$$

可以证明, 当 n 充分大时, 统计量

$$\chi^2 = \sum_{i=1}^{k} \frac{(n_i - n\hat{p}_i)^2}{n\hat{p}_i} = \sum_{i=1}^{k} \frac{n_i^2}{n\hat{p}_i} - n$$

近似地服从自由度为 $k - r - 1$ 的 χ^2 分布. 此时假设

$$H_0: F(x) = F_0(x; \hat{\theta}_1, \hat{\theta}_2, \cdots, \hat{\theta}_r)$$

的拒绝域为

$$W = \{\chi^2 \geqslant \chi_\alpha^2(k - r - 1)\}.$$

在使用上述皮尔逊 χ^2 检验法时, 通常应取 $n \geqslant 50$, 且每个 $np_i \geqslant 5$(或 $n\hat{p}_i \geqslant 5$)($i = 1, 2, \cdots, k$). 如果某些子集 (区间) 的 np_i(或 $n\hat{p}_i$) 太小, 则应适当地把相邻的若干子集 (区间) 合并起来, 使合并后的 np_i(或 $n\hat{p}_i$) 超过 5, 此时应注意相应地减少自由度.

例 8.4.1 某盒中装有偶数个球, 分为黑、白两色. 现有放回地摸球, 记录下直到摸到白球为止所需的摸球次数. 重复执行上述试验 100 次, 结果如下:

抽取次数	1	2	3	4	$\geqslant 5$
频数	43	31	15	6	5

试由此判断盒中白球与黑球的个数是否相等?(显著性水平 $\alpha = 0.05$)

解 设 X 为首次摸到白球时所需的摸球次数, 则 X 服从几何分布

$$P\{X = i\} = (1-p)^{i-1}p, \quad i = 1, 2, \cdots,$$

其中 p 为盒中的白球所占的比例.

本题是要判断盒中黑球与白球个数是否相等, 即检验假设

$$H_0: p = \frac{1}{2}, \quad H_1: p \neq \frac{1}{2} \quad (H_1\text{可略}).$$

当 H_0 成立时,

$$p_i = P\{X = i\} = \left(\frac{1}{2}\right)^i, \quad i = 1, 2, 3, 4,$$

$$p_5 = P\{X \geqslant 5\} = 1 - \sum_{i=1}^{4} \left(\frac{1}{2}\right)^i = \left(\frac{1}{2}\right)^4.$$

计算得

$$p_1 = \frac{1}{2}, \quad p_2 = \frac{1}{4}, \quad p_3 = \frac{1}{8}, \quad p_4 = \frac{1}{16}, \quad p_5 = \frac{1}{16}.$$

由题意 $n = 100, k = 5, n_1 = 43, n_2 = 31, n_3 = 15, n_4 = 6, n_5 = 5$, 由此可得

$$\chi^2 = \sum_{i=1}^{k} \frac{(n_i - np_i)^2}{np_i} = 3.2.$$

对于给定的显著性水平 $\alpha = 0.05$, 查附表, 得

$$\chi^2_\alpha(k-1) = \chi^2_{0.05}(4) = 9.488.$$

由于 $\chi^2 = 3.2 < 9.488 = \chi^2_\alpha(k-1)$, 故不能拒绝 H_0, 即认为盒中的白球与黑球个数相等.

例 8.4.2　在同样长的时间间隔内观察某交叉路口通过的汽车数量, 共观察了 100 次, 得结果如下:

i	0	1	2	3	4	5	6	7	8	9	10	11	$\geqslant 12$
n_i	6	5	16	17	21	11	9	9	2	1	2	1	0

其中频数 n_i 是观察到有 i 辆汽车通过的次数. 从理论分析认为: 在各时间间隔内观察到的汽车数 X 应服从泊松分布, 即

$$P\{X = i\} = \frac{\lambda^i \mathrm{e}^{-\lambda}}{i!}, \quad i = 0, 1, 2, \cdots.$$

问这一假设是否符合实际?(取 $\alpha = 0.05$)

解　本题是在显著性水平 $\alpha = 0.05$ 下, 检验假设

$$H_0: P\{X = i\} = \frac{\lambda^i \mathrm{e}^{-\lambda}}{i!}, \quad i = 0, 1, 2, \cdots,$$

其中 λ 为未知参数. 由最大似然估计法得

$$\hat{\lambda} = \bar{x} = \frac{1}{100} \sum_{i=0}^{11} i n_i = 4.$$

当 H_0 成立时, X 的所有可能取值为 $0, 1, 2, \cdots$, 将这些值按表 8.2 分成两两不相交的子集 $A_0, A_1, A_2, \cdots, A_{12}$, 则有

$$\hat{p}_i = \hat{P}\{X = i\} = \frac{\hat{\lambda}^i \mathrm{e}^{-\hat{\lambda}}}{i!} = \frac{4^i \mathrm{e}^{-4}}{i!}, \quad i = 0, 1, 2, \cdots,$$

$$n\hat{p}_i = 100 \cdot \frac{4^i \mathrm{e}^{-4}}{i!}, \quad i = 0, 1, 2, \cdots.$$

将计算结果列于表 8.2 中, 并将 $n\hat{p}_i$ 小于 5 的组予以合并, 如大括号所示, 合并后的组数为 $k = 8$.

表 8.2

i	A_i	n_i	$n\hat{p}_i$	$n_i^2/n\hat{p}_i$
0	A_0	6	1.83 } 9.16	13.210
1	A_1	5	7.33	
2	A_2	16	14.65	17.474
3	A_3	17	19.54	14.790
4	A_4	21	19.54	22.569
5	A_5	11	15.63	7.742
6	A_6	9	10.42	7.774
7	A_7	9	5.95	13.613
8	A_8	2	2.98	
9	A_9	1	1.32	
10	A_{10}	2	0.53 } 5.11	7.045
11	A_{11}	1	0.19	
$\geqslant 12$	A_{12}	0	0.09	
$\sum$		100	100	104.217

由此可得

$$\chi^2 = \sum_{i=1}^{8} \frac{n_i^2}{n\hat{p}_i} - n = 104.217 - 100 = 4.217.$$

由于估计了 $r = 1$ 个未知参数, 所以检验统计量 χ^2 的自由度为 $k - r - 1 = 8 - 1 - 1 = 6$.

对于显著性水平 $\alpha = 0.05$, 查附表 4 可得 $\chi_\alpha^2(k - r - 1) = \chi_{0.05}^2(6) = 12.592$, 由此可得 H_0 的拒绝域为

$$W = \{\chi^2 \geqslant 12.592\}.$$

因为 $\chi^2 = 4.217 < 12.592$, 所以接受 H_0, 即认为 X 服从参数为 4 的泊松分布 $\pi(4)$.

例 8.4.3 某高校随机抽检了 100 名新生的身高 (单位: cm), 结果如表 8.3 所示. 问是否可以认为新生身高 X 服从正态分布?(取 $\alpha = 0.05$)

表 8.3

身高	153	156	157	159	160	161	162	163
人数	1	3	2	1	4	6	7	6

身高	164	165	166	167	168	169	170	171
人数	10	8	7	5	7	5	6	3

身高	172	173	174	176	178	180	181
人数	4	7	3	2	1	1	1

解 本题是在显著性水平 0.05 下检验假设

$$H_0: X \sim N(\mu, \sigma^2),$$

即 X 的概率密度为

$$f(x) = \frac{1}{\sqrt{2\pi}\sigma} \exp\left\{-\frac{(x-\mu)^2}{2\sigma^2}\right\}, \quad -\infty < x < +\infty.$$

这里 $n = 100$. 首先用最大似然法估计未知参数 μ 和 σ^2, 有

$$\hat{\mu} = \bar{x} = \frac{1}{100}\sum_{j=1}^{100} x_j = 166.33,$$

$$\widehat{\sigma^2} = \frac{1}{100}\sum_{j=1}^{100}(x_j - \bar{x})^2 = 28.06,$$

$$\hat{\sigma} = \sqrt{\widehat{\sigma^2}} = \sqrt{28.06} = 5.2972.$$

从而

$$f(x) = \frac{1}{\sqrt{2\pi} \times 5.2972} \exp\left\{-\frac{(x-166.33)^2}{2 \times 28.06}\right\}.$$

将连续型随机变量 X 的可能取值 $(-\infty, +\infty)$ 按表 8.4 分成 10 个子区间 $A_i = (a_i, a_{i+1}](i = 1, 2, \cdots, 10)$, 则有

$$\hat{p}_i = \hat{P}\{a_i < X \leqslant a_{i+1}\} = \hat{F}(a_{i+1}) - \hat{F}(a_i)$$

$$= \Phi\left(\frac{a_{i+1} - 166.33}{5.2972}\right) - \Phi\left(\frac{a_i - 166.33}{5.2972}\right),$$

$$i = 1, 2, \cdots, 10.$$

表 8.4

A_i	n_i	$\hat{p}_i$	$n\hat{p}_i$	$n_i^2/n\hat{p}_i$
A_1: $-\infty < X \leqslant 155.5$	1	0.0207	2.07 ⎫ 6.94	5.1873
A_2: $155.5 < X \leqslant 158.5$	5	0.0487	4.87 ⎭	
A_3: $158.5 < X \leqslant 161.5$	11	0.1120	11.20	10.8036
A_4: $161.5 < X \leqslant 164.5$	23	0.1837	18.37	28.7970
A_5: $164.5 < X \leqslant 167.5$	20	0.2220	22.20	18.0180
A_6: $167.5 < X \leqslant 170.5$	18	0.1972	19.72	16.4300
A_7: $170.5 < X \leqslant 173.5$	14	0.1270	12.70	15.4331
A_8: $173.5 < X \leqslant 176.5$	5	0.0611	6.11 ⎫	
A_9: $176.5 < X \leqslant 179.5$	1	0.0211	2.11 ⎬ 8.87	7.2153
A_{10}: $X > 179.5$	2	0.0065	0.65 ⎭	
$\sum$	100	1.0000	100.00	101.8843

例如

$$\hat{p}_1 = \hat{P}\{X \leqslant 155.5\} = \Phi\left(\frac{155.5 - 166.33}{5.2972}\right)$$

$$= \Phi(-2.04) = 0.0207,$$

$$\hat{p}_2 = \hat{P}\{155.5 < X \leqslant 158.5\}$$

$$= \Phi\left(\frac{158.5 - 166.33}{5.2972}\right) - \Phi(-2.04)$$

$$= \Phi(-1.48) - 0.0207 = 0.0694 - 0.0207$$

$$= 0.0487.$$

将结果列于表 8.4. 将表中 $n\hat{p}_i < 5$ 的组进行合并, 如大括号所示, 合并后的组数为 $k = 7$, 算得

$$\chi^2 = \sum_{i=1}^{7} \frac{n_i^2}{n\hat{p}_i} - n = 101.8843 - 100 = 1.8843.$$

由于估计了 $r = 2$ 个未知参数, 所以 χ^2 的自由度为 $k - r - 1 = 7 - 2 - 1 = 4$. 对于显著性水平 $\alpha = 0.05$, 查 χ^2 分布表, 得 $\chi^2_\alpha(k - r - 1) = \chi^2_{0.05}(4) = 9.488$, 由此得拒绝域为

$$W = \{\chi^2 \geqslant 9.488\}.$$

因为 $\chi^2 = 1.8843 < 9.488 = \chi^2_{0.05}(4)$, 所以在显著性水平 $\alpha = 0.05$ 下接受假设 H_0, 即可以认为某高校新生的身高服从正态分布.

8.5 其他分布参数的假设检验

8.5.1 指数分布参数的假设检验

指数分布是一类重要的分布, 有广泛的应用. 设 $X_1, X_2, \cdots, X_n$ 是来自指数分布 $\mathrm{Exp}\left(\dfrac{1}{\theta}\right)$ 的样本, θ 为其均值. 现考虑关于 θ 的如下检验问题:

$$H_0 : \theta \leqslant \theta_0, \qquad H_1 : \theta > \theta_0. \tag{8.5.1}$$

拒绝域的自然形式是 $W = \{\overline{X} \geqslant C\}$, 下面讨论 $\overline{X}$ 的分布.

为了寻找检验统计量, 我们考察参数 θ 的充分统计量 $\overline{X}$. 在 $\theta = \theta_0$ 时, $n\overline{X} = \sum_{i=1}^{n} X_i \sim G_a\left(n, \dfrac{1}{\theta_0}\right)$, 由伽马分布性质可知

$$\chi^2 = \frac{2n\overline{X}}{\theta_0} \sim \chi^2(2n), \tag{8.5.2}$$

于是可用 χ^2 作为检验统计量并利用 $\chi^2(2n)$ 的分位数建立检验的拒绝域, 对检验问题 (8.5.1), 拒绝域为

$$W = \{\chi^2 \geqslant \chi^2_{1-\alpha}(2n)\}. \tag{8.5.3}$$

关于 θ 的另两种检验问题的处理方法是类似的, 对检验问题

$$H_0 : \theta \geqslant \theta_0, \qquad H_1 : \theta < \theta_0, \tag{8.5.4}$$

$$H_0 : \theta = \theta_0, \qquad H_1 : \theta \neq \theta_0, \tag{8.5.5}$$

检验统计量仍然是 (8.5.2) 的 χ^2, 拒绝域分别为

$$W = \{\chi^2 \leqslant \chi^2_{\alpha}(2n)\},$$

$$W = \{\chi^2 \leqslant \chi^2_{\frac{\alpha}{2}}(2n) \ \text{或} \ \chi^2 \geqslant \chi^2_{1-\frac{\alpha}{2}}(2n)\}.$$

例 8.5.1　设要检验某种原件的平均寿命不小于 6000h, 假定元件寿命为指数分布. 现取 5 个元件收入试验, 观测到如下 5 个失效时间 (单位: h)

$$395, \quad 4094, \quad 119, \quad 11572, \quad 6133,$$

这是一个假设检验问题, 检验的假设为

$$H_0 : \theta \geqslant 6000, \qquad H_1 : \theta < 6000,$$

经计算 $\overline{X} = 4462.6$, 故检验统计量为

$$\chi^2 = \frac{10\overline{X}}{\theta_0} = \frac{10 \times 4462.6}{6000} = 7.4377,$$

若取 $\alpha = 0.05$, 则查表知 $\chi^2_{0.05}(10) = 3.94$, 由于 $\chi^2 > \chi^2_{0.05}(10)$, 故接受原假设, 可以认为平均寿命不低于 6000h.

8.5.2　二项分布参数的假设检验

二项分布参数的假设检验问题, 都可以写成如下形式

$$H_0 : p = p_0 \leftrightarrow H_1 : p \neq p_0 \ \text{(双边检验)},$$

或

$$H_0 : p \geqslant p_0 \leftrightarrow H_1 : p < p_0 \ \text{(左侧单边检验)},$$

$$H_0 : p \leqslant p_0 \leftrightarrow H_1 : p > p_0 \ \text{(右侧单边检验)}.$$

构造的检验统计量为 $Y = \sum\limits_{i=1}^{n} X_i$, 显然 $Y \sim B(n, p)$. 在样本容量比较小的情况下, 可以直接由二项分布的概率密度函数, 计算拒绝域的临界值点.

假设显著性水平为 α, 那么左侧单边检验的临界值则是满足如下不等式的最大 k 值:

$$P(Y \leqslant k \mid p = p_0) = \sum_{y=0}^{k} C_n^y p_0^y (1 - p_0)^{n-y} \leqslant \alpha;$$

右侧单边检验的拒绝有的临界值是满足如下不等式的最小 k 值:

$$P(Y \geqslant k \mid p = p_0) = \sum_{y=k}^{n} C_n^y p_0^y (1 - p_0)^{n-y} \leqslant \alpha;$$

双侧检验的两个临界值则分别满足如下两个方程:

$$P(Y \leqslant k_1 \mid p = p_0) = \sum_{y=0}^{k_1} C_n^y p_0^y (1 - p_0)^{n-y} \leqslant \frac{\alpha}{2};$$

$$P(Y \geqslant k_2 \mid p = p_0) = \sum_{y=k_2}^{n} C_n^y p_0^y (1 - p_0)^{n-y} \leqslant \frac{\alpha}{2}.$$

在大样本场合, 要根据上面的不等式确定拒绝域的临界值, 计算量将非常大. 这时可以根据大样本场合, 二项分布近似正态分布的特征, 利用正态分布得到近似临界值, 即

$$Y \sim B(n, p) \sim N(np, np(1 - p)).$$

利用正态分布的属性, 容易推导出, 右侧单边检验的拒绝域为

$$W = \{\sum_{i=1}^{n} X_i \geqslant np_0 + z_{1-\alpha}\sqrt{np_0(1 - p_0)}\},$$

左侧单边检验的拒绝域为

$$W = \{\sum_{i=1}^{n} X_i \leqslant np_0 - z_{1-\alpha}\sqrt{np_0(1 - p_0)}\},$$

双边检验的拒绝域为

$$W = \{\sum_{i=1}^{n} X_i \leqslant np_0 - z_{1-\frac{\alpha}{2}}\sqrt{np_0(1 - p_0)}\}$$

$$\cup \{\sum_{i=1}^{n} X_i \geqslant np_0 + z_{1-\frac{\alpha}{2}}\sqrt{np_0(1 - p_0)}\}.$$

例 8.5.2　以女士饮茶为例. 假如现在有人随机配制了 100 杯奶茶, 让这位女士鉴别奶和茶的配置顺序. 该女士准确识别了 K 杯, 请问在 $\alpha = 0.05$ 时, K 至少要大于多少, 才可以认为该女士具有特殊味觉, 能显著区分奶茶的配置顺序?

解　这位女士每次品茶的结果 X_i 服从两点分布 $B(1, p)$. 由于普通人通常没有能力鉴别奶和茶的放置顺序, 即 $p = \dfrac{1}{2}$, 所以原假设和备择假设为

$$H_0:\ p \leqslant \frac{1}{2} \leftrightarrow H_1:\ p > \frac{1}{2}.$$

我们构造的检验统计量为 $Y = \sum\limits_{i=1}^{n} X_i$, 显然 $Y \sim B(n, p)$, 拒绝域为

$$W = \{(x_1, \cdots, x_n),\ Y = \sum_{i=1}^{n} x_i \geqslant k\}.$$

假设显著性水平为 α, 那么拒绝域的临界值为满足如下不等式的最小 k 值:

$$P\left(Y \geqslant k \mid p = \frac{1}{2}\right) = \sum_{y=k}^{n} C_n^y \left(\frac{1}{2}\right)^n \leqslant \alpha.$$

已知 $n = 100$, 这时要根据上面的不等式确定最小 k 值, 计算量将非常大. 这时可以根据大样本场合, 二项分布近似正态分布的特征, 利用正态分布得到近似临界值, 即

$$Y \sim B(100, 0.5) \stackrel{\cdot}{\sim} N(50, 25),$$

拒绝域满足

$$P\left(Y \geqslant k \mid p = \frac{1}{2}\right) = 1 - \Phi\left(\frac{k - 50}{\sqrt{25}}\right) \leqslant \alpha.$$

本例中 $\alpha = 0.05$, 则拒绝域为

$$W = \{Y \geqslant 50 + z_{0.95}\sqrt{25} = 50 + 1.645 \times 5 = 58.225\},$$

即该女士至少要在 100 杯奶茶中准确识别出 58 杯的配置顺序, 才能以 95% 的把握认为该女士具有特殊味觉, 能显著区分奶茶的配置顺序.

8.5.3　泊松分布参数的假设检验

泊松分布参数的假设检验问题和二项分布参数的假设检验问题非常类似. 在小样本场合可以根据泊松分布的概念密度函数直接求出拒绝域的临界值, 而在大样本场合, 则可以根据泊松分布近似正态分布, 借助服从正态分布的检验统计量求出拒绝域的临界值.

例 8.5.3 假设某市每天发生的车祸数量服从均值为 3 的泊松分布. 现在该市颁布了新的交通法规, 在该法规颁布后连续 5 天, 观察每天车祸发生数量, 得到 5 天的车祸总数为 10, 试在 $\alpha = 0.05$ 时, 检验这个法规的出台是否有效减少了该市车祸发生数量?

解 由于该市车祸发生数量长期服从均值为 3 的泊松分布, 现在颁布了新的法规, 可能会对车祸发生数量产生影响, 但是这种影响是否显著存在未经证明, 所以本例中原假设和备择假设应该设为

$$H_0: \lambda = 3 \leftrightarrow H_1: \lambda < 3.$$

已知 λ 为总体均值, 既可以选择样本均值 $\overline{X}$, 也可以选择样本观察总数 $T = \sum_{i=1}^{n} X_i$ 作为检验统计量. 在此不妨选择 T 作为检验统计量

$$T \sim P(n\lambda).$$

本例中, 在原假设成立时, $T \sim P(15)$. 该检验统计量的样本观察值为 $T_0 = 10$.

显然, 该检验问题的拒绝域为

$$W = \{(x_1, \cdots, x_n): T \leqslant c\}.$$

拒绝域的临界值为使下列不等式成立的最大 c 值:

$$P(T \leqslant c) < \alpha.$$

(1) 根据泊松分布的概率密度函数求拒绝域临界值. 根据泊松分布的概率密度函数算得表 8.5.

表 8.5

k	$P(T = k \mid \lambda = 3)$	$P(T \leqslant k \mid \lambda = 3)$
0	$3.05902\mathrm{E} - 07$	$3.05902\mathrm{E} - 07$
1	$4.58853\mathrm{E} - 06$	$4.89444\mathrm{E} - 06$
2	$3.4414\mathrm{E} - 05$	$3.93084\mathrm{E} - 05$
3	0.000172070	0.000211379
4	0.000645263	0.000856641
5	0.001935788	0.002792429
6	0.004839470	0.007631900
7	0.010370294	0.018002193
8	0.019444300	0.037446493
9	0.032407167	0.069853661

在 $\alpha = 0.05$ 时, 拒绝域的临界值为 $c = 8$. 由于 $T_0 = 10$, 落入接受域, 这说明我们没有足够的把握认为这个政策出台后, 能有效减少该市车祸发生数量.

(2) 根据泊松分布近似正态分布求拒绝域临界值.

因为

$$T = \sum_{i=1}^{n} X_i \sim P(n\lambda) \stackrel{\cdot}{\sim} N(n\lambda, n\lambda),$$

拒绝域为

$$W = \{(x_1, \cdots, x_n): \ T \leqslant c\},$$

则正态分布假定下, 临界值 c 满足

$$P(T \leqslant c) < \alpha.$$

已知 $n = 5$, $\lambda = 3$, $z_{0.95} = 1.645$, 所以临界值为

$$c = n\lambda - z_{0.95}\sqrt{n\lambda} = 15 - 1.645\sqrt{15} = 8.63.$$

在正态近似场合和泊松分布场合得到的临界值一致, 均为 $c = 8$. 由于 $T = 10$, 落入接受域, 这说明 $\alpha = 0.05$ 时, 我们没有足够的把握认为这个政策出台后, 能有效减少该市车祸发生数量.

8.6 区间估计与假设检验之间的关系

置信区间与假设检验之间有明显的联系, 先考察置信区间与双边检验之间的对应关系.

设 $X_1, \cdots, X_n$ 是来自总体的样本, $x_1, \cdots, x_n$ 是相应的样本值, Θ 是参数 θ 的可能取值范围.

设 $(\theta_1(X_1, \cdots, X_n)), (\theta_2(X_1, \cdots, X_n))$ 是参数 θ 的一个置信水平为 $1 - \alpha$ 的置信区间, 则对任意 $\theta \in \Theta$, 有

$$P_\theta\{\theta_1(X_1, \cdots, X_n) < \theta < \theta_2(X_1, \cdots, X_n)\} \geqslant 1 - \alpha.$$

考虑显著性水平为 α 的双边检验问题.

$$H_0: \ \theta = \theta_0, \qquad H_1: \ \theta \neq \theta_0,$$

由 $P_{\theta_0}\{\theta_1(X_1, \cdots, X_n) < \theta_0 < \theta_2(X_1, \cdots, X_n)\} \geqslant 1 - \alpha$, 即有

$$P_{\theta_0}\{(\theta_0 \leqslant \theta_1(X_1, \cdots, X_n)) \cup (\theta_0 > \theta_2(X_1, \cdots, X_n))\} \leqslant 1 - \alpha.$$

按显著性水平为 α 的假设检验的拒绝域的定义, 检验问题的拒绝域为

$$\theta_0 \leqslant \theta_1(x_1, \cdots, x_n) \quad \text{或} \quad \theta_0 \geqslant \theta_2(x_1, \cdots, x_n),$$

接受域为

$$\theta_1(x_1, \cdots, x_n) < \theta_0 < \theta_2(x_1, \cdots, x_n).$$

这就是说, 当我们要检验假设 $H_0: \theta = \theta_0$, $H_1: \theta \neq \theta_0$ 时, 先求出 θ 的置信水平为 $1 - \alpha$ 的置信区间 (θ_1, θ_2), 然后考察 θ_0 是否落在区间 (θ_1, θ_2), 若 $\theta \in (\theta_1, \theta_2)$, 则接受 H_0, 若 $\theta_0 \notin (\theta_1, \theta_2)$, 则拒绝 H_0.

反之, 对于任意 $\theta_0 \in \varTheta$, 考虑显著性水平为 α 的假设检验问题:

$$H_0: \theta = \theta_0, \qquad H_1: \theta \neq \theta_0,$$

假设它的接受域为

$$\theta_1(x_1, \cdots, x_n) < \theta_0 < \theta_2(x_1, \cdots, x_n),$$

即有

$$P_{\theta_0}\{\theta_1(X_1, \cdots, X_n) < \theta_0 < \theta_2(X_1, \cdots, X_n)\} \geqslant 1 - \alpha.$$

由 θ_0 的任意性, 由上式知对于任意 $\theta \in \varTheta$ 有

$$P_{\theta}\{\theta_1(X_1, \cdots, X_n) < \theta < \theta_2(X_1, \cdots, X_n)\} \geqslant 1 - \alpha.$$

因此 $(\theta_1(X_1, \cdots, X_n), \theta_2(X_1, \cdots, X_n))$ 是参数 θ 的一个置信水平为 $1 - \alpha$ 的置信区间.

这就是说, 为求出参数 θ 的置信水平为 $1 - \alpha$ 的置信区间 (θ_1, θ_2), 我们要先求出显著性水平为 α 的假设检验问题: $H_0: \theta = \theta_0$, $H_1: \theta \neq \theta_0$ 的接受域:$\theta_1(x_1, \cdots, x_n) < \theta_0 < \theta_2(x_1, \cdots, x_n)$, 那么 $(\theta_1(X_1, \cdots, X_n), \theta_2(X_1, \cdots, X_n))$ 就是 θ 的置信水平为 $1 - \alpha$ 的置信区间.

类似可以得到, 置信水平为 $1 - \alpha$ 的单侧置信区间 $(-\infty, \theta_2(X_1, \cdots, X_n))$ 与显著性水平为 α 的左边检验问题 $H_0: \theta \geqslant \theta_0$, $H_1: \theta < \theta_0$ 的对应关系. 即若已求得单侧置信区间 $(-\infty, \theta_2(X_1, \cdots, X_n))$, 则当 $\theta_0 \in (-\infty, \theta_2(X_1, \cdots, X_n))$ 时, 接受 H_0, 当 $\theta_0 \notin (-\infty, \theta_2(X_1, \cdots, X_n))$ 时, 拒绝 H_0. 反之, 若已求得检验问题 $H_0: \theta \geqslant \theta_0$, $H_1: \theta < \theta_0$ 的接受域为:$-\infty < \theta_0 < \theta_2(x_1, \cdots, x_n))$, 则可得 θ 的一个单侧置信区间 $(-\infty, \theta_2(X_1, \cdots, X_n))$.

同样, 置信水平 $1 - \alpha$ 的单侧置信区间 $(\theta_1(X_1, \cdots, X_n), \infty)$ 与显著性水平为 α 的右边检验问题 $H_0: \theta \leqslant \theta_0$, $H_1: \theta > \theta_0$ 也有类似的对应关系. 即若已求得单侧置信区间 $(\theta_1(X_1, \cdots, X_n), \infty)$, 则当 $\theta_0 \in (\theta_1(X_1, \cdots, X_n), \infty)$ 时, 接受 H_0,

当 $\theta_0 \notin (\theta_1(X_1, \cdots, X_n), \infty)$ 时, 拒绝 H_0. 反之, 若已求得检验问题 H_0 : $\theta \leqslant \theta_0$, $H_1 : \theta > \theta_0$ 的接受域为:$(\theta_1(x_1, \cdots, x_n) \leqslant \theta_0 < \infty)$, 则可得 θ 的一个单侧置信区间 $(\theta_1(X_1, \cdots, X_n), < \infty)$.

例 8.6.1　设 $X \sim N(\mu, 1)$, μ 未知, $\alpha = 0.05$, $n = 16$, 且由样本算得 $\overline{x} = 5.20$, 于是得到参数 μ 的一个置信水平为 0.95 的置信区间

$$\left(\overline{x} - \frac{1}{\sqrt{16}} u_{\frac{\alpha}{2}}, \ \overline{x} + \frac{1}{\sqrt{16}} u_{\frac{\alpha}{2}} \right) = (4.71, 5.69).$$

现在考虑检验问题 H_0 : $\mu = 5.5$, $H_1 : \mu \neq 5.5$, 由于 $5.5 \in (4.71, 5.69)$, 故接受 H_0.

例 8.6.2　数据如上例, 试求右边检验问题 $H_0 : \mu \leqslant \mu_0$, $H_1 : \mu > \mu_0$ 的接受域, 并求 μ 的单侧置信下限.$(\alpha = 0.05)$

解　检验问题的拒绝域为 $u = \dfrac{\overline{x} - \mu_0}{\dfrac{1}{\sqrt{16}}} \geqslant u_\alpha$, 或即 $\mu_0 \leqslant 4.79$, 于是检验问题的接受域为 $\mu_0 > 4.79$, 这样就得到 μ 的单侧置信区间 $(4.79, \infty)$, 单侧置信下限为 4.79.

第 8 章小结

习　题　8

(A)

1. 已知某炼铁厂铁水含碳量服从正态分布 $N(4.55, 0.108^2)$, 现在测定了 9 炉铁水, 其平均含碳量为 4.484. 如果估计方差没有变化, 可否认为现在生产的铁水平均含碳量仍为 4.55?$(\alpha = 0.05)$

2. 某厂计划投资 1 万元广告费以提高某种商品的销售量. 一位商店经理认为此项计划可使平均每周销售量达到 450 件. 实行此计划一个月后, 调查了 17 家商店, 计算得平均每家每周的销售量为 418 件, 标准差为 84 件. 已知销售量 X 服从正态分布 $N(\mu, \sigma^2)$, 问在显著性水平 $\alpha = 0.05$ 下, 可否认为此项计划达到了该商店经理的预计效果?

3. 某超市为了增加销售额, 对营销方式、管理人员等进行了一系列调整, 调整后随机抽查了 9 天的日销售额 (单位: 万元), 结果如下:

$$56.4, \ 54.2, \ 50.6, \ 53.7, \ 55.9, \ 48.3, \ 57.4, \ 58.7, \ 55.3.$$

根据统计, 调整前的日平均销售额为 51.2 万元, 假定日销售额服从正态分布, 试问调整措施的效果是否显著?$(\alpha = 0.05)$

4. 市质检局接到投诉后, 对某金商进行质量调查. 现从其出售的标志 18K 的项链中抽取 9 件进行检测, 检测标准为: 标准值 18K 且标准差不得超过 0.3K, 检测结果如下:

$$17.3, \ 16.6, \ 17.9, \ 18.2, \ 17.4, \ 16.3, \ 18.5, \ 17.2, \ 18.1.$$

假定项链的含金量服从正态分布, 试问检测结果能否认定金商出售的产品存在质量问题?$(\alpha = 0.01)$

5. 根据过去几年农产品产量的调查资料, 某县小麦亩产量服从方差为 56.25 的正态分布. 今年随机抽取了 10 块地, 测得小麦亩产量分别为 (单位: 斤):

$$969, \ 695, \ 743, \ 836, \ 748, \ 558, \ 675, \ 631, \ 654, \ 685.$$

根据上述数据, 能否认为该县小麦亩产量的方差没有发生变化?$(\alpha = 0.05)$

6. 某厂生产的某种元件的使用寿命服从正态分布 $N(\mu, \sigma^2)$, 其中 $\sigma = 40$h. 从现在生产出的一大批这种元件中随机地抽取 9 件, 测得使用寿命的平均值 $\bar{x}$ 较以往正常生产的均值 μ 大 20h. 设总体方差不变, 问在显著性水平 $\alpha = 0.01$ 下, 能否认为这批元件的使用寿命有显著提高?

7. 设有甲、乙两种零件, 彼此可以代用, 但乙种零件比甲种制造简单、造价低. 从甲、乙两种零件中各自独立地随机抽出 5 件, 测得使用寿命 (单位: h) 为

甲种零件: 88, 87, 92, 90, 91;
乙种零件: 89, 89, 90, 84, 88.

假设甲、乙两种零件的使用寿命均服从正态分布, 且方差相等, 试问两种零件的使用寿命有无显著差异?(取 $\alpha = 0.05$)

8. 在相同的条件下对甲、乙两种品牌的洗涤剂分别进行去污试验, 测得去污率 (%) 结果如下:

甲: 79.4, 80.5, 76.2, 82.7, 77.8, 75.6;

乙: 73.4, 77.5, 79.3, 75.1, 74.7.

假定两品牌的去污率均服从正态分布且方差相同, 试问两品牌的去污率有无明显差异?($\alpha = 0.05$)

9. 砖厂有两座砖窑, 某日从甲窑随机地抽取砖 7 块, 从乙窑抽取 6 块, 测得抗折强度如下 (单位: kg):

$$甲: 20.51,\ 25.56,\ 20.78,\ 37.27,\ 36.26,\ 25.97,\ 24.62;$$

$$乙: 32.56,\ 26.66,\ 25.64,\ 33.00,\ 34.87, 31.03.$$

设抗折强度服从正态分布, 若给定 $\alpha = 0.1$, 试问两窑砖抗折强度的方差有无显著差异?

10. 某地九月份气温 $X \sim N(\mu, \sigma^2)$, 观察 9 天, 得 $\bar{x} = 30℃$, $s = 0.9℃$.

(1) 求此地九月份平均气温的置信区间; (置信水平 $1 - \alpha = 0.95$)

(2) 能否据此样本认为该地区九月份平均气温为 $31.5℃$?($\alpha = 0.05$)

11. 某电话站在一小时内接到用户呼叫次数按每分钟记录如下:

呼叫次数	0	1	2	3	4	5	6	$\geqslant 7$
频数	8	16	17	10	6	2	1	0

试问这个分布能否看作泊松分布?($\alpha = 0.05$)

12. 随机抽取 200 只某电子元件进行寿命试验, 测得元件的寿命 (单位: h) 的数据分布如下:

元件寿命	$\leqslant 200$	$(200, 300]$	$(300, 400]$	$(400, 500]$	> 500
频数	94	25	22	17	42

根据计算, 平均寿命为 325h, 试检验寿命是否服从指数分布?($\alpha = 0.1$)

13. 在某汽车零件制造厂生产的一批零件中随机抽取 100 只, 测得零件直径 (单位: mm), 得均值为 11, 方差为 $(0.032)^2$, 并将 100 个数据分组统计如下:

组限	只数	组限	只数
$(10.93, 10.95)$	5	$(11.01, 11.03)$	17
$(10.95, 10.97)$	8	$(11.03, 11.05)$	6
$(10.97, 10.99)$	20	$(11.05, 11.07)$	6
$(10.99, 11.01)$	34	$(11.07, 11.09)$	4

试检验零件直径是否服从正态分布? ($\alpha = 0.05$)

14. 保险学中一般假定非寿险保单的持有者在保单固定的有效期内, 因事故要求索赔的次数服从参数为 λ 的泊松分布, 保险公司为合理地厘定保险费, 需要

对未知参数 λ 作统计推断. 下面是随机抽取的同一非寿险险种的 4000 张保单的索赔情况, 假定每张保单具有相同的有效期.

索赔次数	0	1	2	3
保单数	3288	642	66	4

(1) 试利用上述抽样结果求 λ 的最大似然估计;

(2) 运用大样本的统计推断方法检验假设

$$H_0: \lambda = 0.2, \quad H_1: \lambda \neq 0.2. \quad (\alpha = 0.10)$$

(B)

1. 设 $X_1, X_2, \cdots, X_n$ 是来自正态总体 $N(\mu, \sigma^2)$ 的简单随机样本, 参数 μ 和 σ^2 未知且 $\overline{X} = \dfrac{1}{n}\sum_{i=1}^{n} X_i$, $\theta^2 = \sum_{i=1}^{n}(X_i - \overline{X})^2$. 若检验假设

$$H_0: \mu = 0, \quad H_1: \mu \neq 0,$$

则使用的检验统计量 $T = \underline{\qquad}$.

2. 某厂生产一批产品, 规定次品率不超过 5% 才允许出厂. 现从这批产品中抽查 50 件, 发现有 4 件是次品, 试用两种方法判定这批产品能否出厂? $(\alpha = 0.05)$

3. 设总体 X 服从二项分布 $B(n, p)$, 检验假设

$$H_0: p = 0.6, \quad H_1: p = 0.3,$$

若 H_0 的拒绝域为

$$W = \{X \leqslant C_1\} \cup \{X \geqslant C_2\},$$

对 $n = 10, C_1 = 1, C_2 = 9$, 求犯第一类错误的概率 α 和犯第二类错误的概率 β.

4. 将一枚骰子掷 120 次, 得点数频数分布如下:

点数	1	2	3	4	5	6
频数	23	26	21	20	15	15

检验这枚骰子六个面是否匀称. $(\alpha = 0.05)$

第 8 章自测题

*第 9 章　回归分析

回归分析是数理统计中的重要方法之一, 它是研究变量之间相互关系的. 在现实问题中处于同一过程的一些变量往往相互依赖和相互制约, 它们之间的相互关系大致可分为两类:

一种叫做确定性关系, 变量之间的关系可用函数关系来表达. 例如自由落体运动的速度与时间的关系由 $v = gt$ 来确定.

回归分析导言

另一种关系叫做非确定性关系, 也叫相关关系. 这种关系表现为这些变量之间有一定的依赖关系, 但这种关系不能用精确的函数来表示. 例如, 某种日用商品的销售量与当地人口有关, 人口越多, 销售量越大, 但人口与销售量之间并无确定性的数值对应关系. 又如人的收入与支出密切相关, 但也不能完全由收入确定支出.

相关关系的不确定性, 是因为变量中有随机变量. 研究一个随机变量与一些普通变量 (自变量) 之间的相互关系的统计方法称为**回归分析**. 只有一个自变量的回归分析叫做**一元回归分析**, 多于一个自变量的回归分析叫做**多元回归分析**.

回归分析主要包括三方面内容:

(1) 提供建立有相关关系的变量之间的数学关系式 (通常称为**经验公式**) 的一般方法;

(2) 判别所建立的经验公式是否有效, 并从影响随机变量的诸变量中判别哪些变量的影响是显著的;

(3) 利用所得的经验公式进行预测和控制.

9.1　一元线性回归分析

9.1.1　回归分析的基本概念

设 x 是一个普通变量 (也叫做自变量), Y 是与 x 有相关关系的随机变量. 如果对于每个确定的 x, Y 服从一个确定的概率分布, 且 Y 的数学期望存在, 则一般来说这个数学期望值是关于 x 的函数, 记为 $\mu(x)$, 即

$$\mu(x) = E(Y),$$

称此函数为 Y 关于 x 的**回归函数**, 称方程

$$\tilde{y} = \mu(x)$$

为 Y 关于 x 的**回归方程**, 回归方程的图形称为 Y 关于 x 的**回归曲线**.

假设 Y 与 x 有如下相关关系:

$$Y = a + bx + \varepsilon, \tag{9.1.1}$$

其中 a, b 为常数, ε 是一个随机变量且服从正态分布 $N(0, \sigma^2)$, 即 $\varepsilon \sim N(0, \sigma^2)$. (9.1.1) 式称为**一元线性回归模型**. 当 x 取固定数值时, Y 服从正态分布 $N(a + bx, \sigma^2)$, 即 $Y \sim N(a + bx, \sigma^2)$, Y 的数学期望为

$$E(Y) = a + bx,$$

回归方程为

$$\tilde{y} = a + bx. \tag{9.1.2}$$

称此方程为 Y 关于 x 的**回归直线方程**, 其中 b 称为**回归系数**. 回归直线方程反映出 Y 的数学期望随 x 变化的规律.

9.1.2 常数 a, b 的最小二乘估计

对变量 x 和随机变量 Y 作 n 次独立试验或观测. 假定 x 所取的 n 个值 $x_1, x_2, \cdots, x_n$ 不完全相同, 对应于 x 的每个数值 x_i, 把对 Y 进行独立观测的结果记为 Y_i, 把测得的 Y 的一个对应值记为 y_i $(i = 1, 2, \cdots, n)$, 于是得到 n 对数据 $(x_1, y_1), (x_2, y_2), \cdots, (x_n, y_n)$.

在平面直角坐标系中, 画出坐标为 $(x_i, y_i)(i = 1, 2, \cdots, n)$ 的 n 个点, 所得的图像称为**散点图**. 如果散点图中的 n 个点分布在一条直线附近 (如图 9.1), 则直观上可以认为 x 与 Y 的关系符合一元线性回归模型 (9.1.1), 以及

$$Y_i = a + bx_i + \varepsilon_i,$$

其中 $\varepsilon_i \sim N(0, \sigma^2)(i = 1, 2, \cdots, n)$, 且 $\varepsilon_1, \varepsilon_2, \cdots, \varepsilon_n$ 相互独立.

显然 $Y_i \sim N(a + bx_i, \sigma^2)$ $(i = 1, 2, \cdots, n)$, 且 $Y_1, Y_2, \cdots, Y_n$ 相互独立. 我们把

$$(x_1, Y_1), (x_2, Y_2), \cdots, (x_n, Y_n)$$

叫做一个样本, 把

$$(x_1, y_1), (x_2, y_2), \cdots, (x_n, y_n)$$

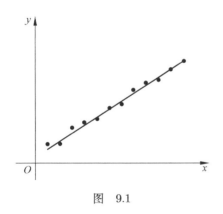

图 9.1

叫做一个样本值.

问题是如何确定 (9.1.2) 中的 a, b 的值? 因为 y_i 是在点 x_i 上的观测值, 如果给定了 a, b 的估计值 $\hat{a}, \hat{b}$, 计算在 x_i 点处的因变量值得 $\hat{y}_i = \hat{a} + \hat{b} x_i (i = 1, 2, \cdots, n)$.

显然 $\hat{y}_i$ 与 y_i 之间存在误差 $y_i - \hat{y}_i (i = 1, 2, \cdots, n)$, 根据 "最小二乘" 原理, 系数 a, b 的估计应使误差平方和

$$Q = \sum_{i=1}^{n} (y_i - \hat{y}_i)^2 = \sum_{i=1}^{n} (y_i - a - bx_i)^2$$

为最小. 即选择 $\hat{a}, \hat{b}$, 使

$$Q = \sum_{i=1}^{n} (y_i - \hat{a} - \hat{b} x_i)^2 = \min \sum_{i=1}^{n} (y_i - a - bx_i)^2,$$

称 $\hat{a}, \hat{b}$ 分别为 a 与 b 的**最小二乘估计**.

为此将 Q 分别对 a, b 求偏导数并令它们等于零, 得

$$\begin{cases} \dfrac{\partial Q}{\partial a} = -2 \sum_{i=1}^{n} (y_i - a - bx_i) = 0, \\[2mm] \dfrac{\partial Q}{\partial b} = -2 \sum_{i=1}^{n} (y_i - a - bx_i) x_i = 0, \end{cases}$$

整理后得到

$$\begin{cases} na + b \sum_{i=1}^{n} x_i = \sum_{i=1}^{n} y_i, \\[2mm] a \sum_{i=1}^{n} x_i + b \sum_{i=1}^{n} x_i^2 = \sum_{i=1}^{n} x_i y_i. \end{cases} \tag{9.1.3}$$

方程组 (9.1.3) 称为**正规方程组**. 记

$$\overline{x} = \frac{1}{n} \sum_{i=1}^{n} x_i, \quad \overline{y} = \frac{1}{n} \sum_{i=1}^{n} y_i,$$

上述正规方程组可以写成

$$\begin{cases} a + b\overline{x} = \overline{y}, \\[2mm] na\overline{x} + b \sum_{i=1}^{n} x_i^2 = \sum_{i=1}^{n} x_i y_i. \end{cases}$$

因为 $x_1, x_2, \cdots, x_n$ 不完全相同, 所以系数行列式

$$\begin{vmatrix} 1 & \overline{x} \\ n\overline{x} & \sum_{i=1}^{n} x_i^2 \end{vmatrix} = \sum_{i=1}^{n} x_i^2 - n\overline{x}^2 = \sum_{i=1}^{n} (x_i - \overline{x})^2 \neq 0,$$

从而正规方程组 (9.1.3) 有惟一解. 将这组惟一解作为 a, b 的估计值, 得

$$
\begin{cases}
\hat{b} = \dfrac{\displaystyle\sum_{i=1}^{n} x_i y_i - n\overline{x}\,\overline{y}}{\displaystyle\sum_{i=1}^{n} x_i^2 - n\overline{x}^2} = \dfrac{\displaystyle\sum_{i=1}^{n}(x_i - \overline{x})(y_i - \overline{y})}{\displaystyle\sum_{i=1}^{n}(x_i - \overline{x})^2}, \\[2mm]
\hat{a} = \overline{y} - \hat{b}\overline{x}.
\end{cases}
$$

若记

$$
l_{xx} = \sum_{i=1}^{n}(x_i - \overline{x})^2 = \sum_{i=1}^{n} x_i^2 - \frac{1}{n}\left(\sum_{i=1}^{n} x_i\right)^2,
$$

$$
l_{yy} = \sum_{i=1}^{n}(y_i - \overline{y})^2 = \sum_{i=1}^{n} y_i^2 - \frac{1}{n}\left(\sum_{i=1}^{n} y_i\right)^2,
$$

$$
l_{xy} = \sum_{i=1}^{n}(x_i - \overline{x})(y_i - \overline{y})
$$

$$
= \sum_{i=1}^{n} x_i y_i - \frac{1}{n}\left(\sum_{i=1}^{n} x_i\right)\left(\sum_{i=1}^{n} y_i\right),
$$

则有

$$
\hat{b} = \frac{l_{xy}}{l_{xx}}.
$$

把 $\hat{a}, \hat{b}$ 代入回归直线方程 $\tilde{y} = a + bx$, 并把 $\tilde{y}$ 换成它的估计值 $\hat{y}$, 得到

$$
\hat{y} = \hat{a} + \hat{b}x.
$$

称此方程为 Y 关于 x 的**经验回归直线方程**, 简称为**回归直线方程**或**线性回归方程**, 它的图像称为**经验回归直线**, 其中 $\hat{b}$ 称为**经验回归系数**. 此式可以作为回归直线方程的估计. 对于每个 x_i, 由方程 $\hat{y} = \hat{a} + \hat{b}x$ 可以确定一个回归值 $\hat{y}_i = \hat{a} + \hat{b}x_i$, 这个回归值 $\hat{y}_i$ 与实际观测值 y_i 之差 $y_i - \hat{y}_i = y_i - \hat{a} - \hat{b}x_i$ 刻画了点 (x_i, y_i) 与经验回归直线 $\hat{y} = \hat{a} + \hat{b}x$ 的偏离程度.

将 $\hat{a} = \overline{y} - \hat{b}\overline{x}$ 代入经验回归直线方程, 可得

$$
\hat{y} - \overline{y} = \hat{b}(x - \overline{x}).
$$

此式表明, 根据样本值 $(x_1, y_1), (x_2, y_2), \cdots, (x_n, y_n)$ 得到的经验回归直线通过散点图的几何中心 $(\overline{x}, \overline{y})$.

为了简化计算, 可以利用平移坐标轴的方法, 适当选择邻近 $(\overline{x}, \overline{y})$ 的点 (x_0, y_0) 为新原点. 设

$$
x_i' = x_i - x_0, \quad y_i' = y_i - y_0,
$$

则有

$$\overline{x} = \overline{x}' + x_0, \quad \overline{y} = \overline{y}' + y_0,$$

$$l_{xx} = l_{x'x'}, \quad l_{yy} = l_{y'y'}, \quad l_{xy} = l_{x'y'}.$$

例 9.1.1　某建筑实验室在作陶粒混凝土强度试验中, 考虑每 m^3 混凝土的水泥用量 (单位: kg) 对 28 天后的混凝土抗压强度 (单位: kg/cm^2) 的影响. 测得数据如下:

水泥用量x/kg	150	160	170	180	190	200
抗压强度y/(kg/cm^2)	56.9	58.3	61.6	64.6	68.1	71.3
水泥用量x/kg	210	220	230	240	250	260
抗压强度y/(kg/cm^2)	74.1	77.4	80.2	82.6	86.4	89.7

这里 x 是普通变量, y 是随机变量, 求 y 对 x 的线性回归方程.

解　首先画出散点图 (如图 9.2). 12 个点 (x_i, y_i) $(i = 1, 2, \cdots, n)$ 大致位于一条直线上, 可以认为 y 与 x 的关系符合线性回归模型 (9.1.1).

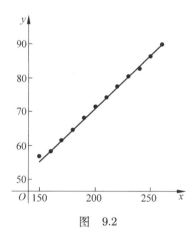

图　9.2

此处 $n = 12$, 计算得

$$\sum_{i=1}^{12} x_i = 2470, \quad \sum_{i=1}^{12} y_i = 871.2,$$

$$\sum_{i=1}^{12} x_i^2 = 521900, \quad \sum_{i=1}^{12} x_i y_i = 183526,$$

$$\sum_{i=1}^{12} y_i^2 = 64572.94,$$

从而得

$$\overline{x} = 205.83, \quad \overline{y} = 72.6,$$

$$l_{xx} = \sum_{i=1}^{12} x_i^2 - \frac{1}{12} \left(\sum_{i=1}^{12} x_i \right)^2 = 521900 - \frac{1}{12} \times 2470^2 = 13491.7,$$

$$l_{xy} = \sum_{i=1}^{12} x_i y_i - \frac{1}{12}\left(\sum_{i=1}^{12} x_i\right)\left(\sum_{i=1}^{12} y_i\right)$$

$$= 1835.26 - \frac{1}{12} \times 2470 \times 871.2 = 4204,$$

$$l_{yy} = \sum_{i=1}^{12} y_i^2 - \frac{1}{12}\left(\sum_{i=1}^{12} y_i\right)^2 = 64572.94 - \frac{1}{12} \times 871.2^2 = 1323.82,$$

$$\hat{b} = \frac{l_{xy}}{l_{xx}} = \frac{4204}{13491.7} = 0.3116,$$

$$\hat{a} = \overline{y} - \hat{b}\overline{x} = 72.6 - 0.3116 \times 205.83 = 8.462,$$

因此回归直线方程为

$$\hat{y} = \hat{a} + \hat{b}x = 8.462 + 0.3116x.$$

若将 a, b 的最小二乘估计值中的 y_i 换成 $Y_i, \overline{y}$ 换成 $\overline{Y}$, 得到 a, b 的最小二乘估计量为

$$\begin{cases} \hat{b} = \dfrac{\sum\limits_{i=1}^{n}(x_i - \overline{x})(Y_i - \overline{Y})}{\sum\limits_{i=1}^{n}(x_i - \overline{x})^2}, \\ \hat{a} = \overline{Y} - \hat{b}\overline{x}. \end{cases}$$

由 $Y_i = a + bx_i + \varepsilon_i$ 及 $\varepsilon_i \sim N(0, \sigma^2)$, 可得到下面定理.

定理 9.1.1 设 $\hat{a}, \hat{b}$ 分别为 a, b 的最小二乘估计量, 则有:

(1) $\hat{a}, \hat{b}$ 分别为 a, b 的无偏估计量;

(2) $\hat{b} \sim N\left(b, \dfrac{\sigma^2}{l_{xx}}\right)$;

(3) $\hat{a} \sim N\left(a, \left(\dfrac{1}{n} + \dfrac{\overline{x}^2}{l_{xx}}\right)\sigma^2\right)$;

(4) $\hat{Y} = \hat{a} + \hat{b}x \sim N\left(a + bx, \left(\dfrac{1}{n} + \dfrac{(x - \overline{x})^2}{l_{xx}}\right)\sigma^2\right)$.

证明 (1) 由于

$$\hat{b} = \frac{\sum\limits_{i=1}^{n}(x_i - \overline{x})(Y_i - \overline{Y})}{\sum\limits_{i=1}^{n}(x_i - \overline{x})^2}$$

$$= \frac{1}{l_{xx}}\left[\sum_{i=1}^{n}(x_i - \overline{x})Y_i - \overline{Y}\sum_{i=1}^{n}(x_i - \overline{x})\right]$$

$$= \frac{1}{l_{xx}} \sum_{i=1}^{n} (x_i - \overline{x}) Y_i$$

$$= \sum_{i=1}^{n} \frac{x_i - \overline{x}}{l_{xx}} Y_i,$$

即 $\hat{b}$ 是 $Y_1, Y_2, \cdots, Y_n$ 的线性组合, 且 $Y_1, Y_2, \cdots, Y_n$ 相互独立, 所以 $\hat{b}$ 也服从正态分布.

$$E(\hat{b}) = \sum_{i=1}^{n} \frac{x_i - \overline{x}}{l_{xx}} E(Y_i).$$

因为 $Y_i = a + bx_i + \varepsilon_i$, 所以 $E(Y_i) = a + bx_i$. 故

$$E(\hat{b}) = \sum_{i=1}^{n} \frac{x_i - \overline{x}}{l_{xx}} (a + bx_i)$$

$$= a \sum_{i=1}^{n} \frac{x_i - \overline{x}}{l_{xx}} + b \sum_{i=1}^{n} \frac{(x_i - \overline{x}) x_i}{l_{xx}}$$

$$= b.$$

因此, $\hat{b}$ 是 b 的无偏估计.

由 $\hat{a} = \overline{Y} - \hat{b}\overline{x}$ 知, $\hat{a}$ 也是 $Y_1,$ $Y_2,$ $\cdots,$ Y_n 的线性组合, 所以 $\hat{a}$ 也服从正态分布.

$$E(\hat{a}) = E(\overline{Y} - \hat{b}\overline{x}) = E(\overline{Y}) - E(\hat{b}\overline{x})$$

$$= \frac{1}{n} \sum_{i=1}^{n} E(Y_i) - \overline{x} E(\hat{b})$$

$$= a + b\overline{x} - b\overline{x} = a.$$

故 $\hat{a}$ 也是 a 的无偏估计.

(2) 由 $Y_i = a + bx_i + \varepsilon_i$ 知

$$D(Y_i) = D(a + bx_i + \varepsilon_i) = \sigma^2, \quad i = 1, 2, \cdots, n.$$

所以

$$D(\hat{b}) = \sum_{i=1}^{n} \left(\frac{x_i - \overline{x}}{l_{xx}} \right)^2 D(Y_i)$$

$$= \frac{\sum_{i=1}^{n} (x_i - \overline{x})^2}{l_{xx}^2} D(Y_i) = \frac{\sigma^2}{l_{xx}}.$$

故

$$\hat{b} \sim N \left(b, \frac{\sigma^2}{l_{xx}} \right).$$

(3) 因为

$$\hat{a} = \overline{Y} - \hat{b}\overline{x} = \sum_{i=1}^{n} \left[\frac{1}{n} - \frac{x_i - \overline{x}}{l_{xx}} \overline{x} \right] Y_i,$$

所以

$$D(\hat{a}) = \sum_{i=1}^{n} \left[\frac{1}{n} - \frac{x_i - \overline{x}}{l_{xx}} \overline{x} \right]^2 D(Y_i)$$

$$= \sigma^2 \sum_{i=1}^{n} \left[\frac{1}{n^2} - \frac{2}{n} \frac{x_i - \overline{x}}{l_{xx}} \overline{x} + \frac{(x_i - \overline{x})^2}{l_{xx}^2} \overline{x}^2 \right]$$

$$= \sigma^2 \left[\frac{1}{n} - \frac{2\overline{x}}{nl_{xx}} \sum_{i=1}^{n}(x_i - \overline{x}) + \frac{\overline{x}^2}{l_{xx}^2} \sum_{i=1}^{n}(x_i - \overline{x})^2 \right]$$

$$= \sigma^2 \left(\frac{1}{n} + \frac{\overline{x}^2}{l_{xx}} \right).$$

故

$$\hat{a} \sim N \left(a, \left(\frac{1}{n} + \frac{\overline{x}^2}{l_{xx}} \right) \sigma^2 \right).$$

(4) 因为 $\hat{Y} = \hat{a} + \hat{b}x$, 所以

$$E(\hat{Y}) = E(\hat{a} + \hat{b}x) = a + bx = E(Y),$$

这说明 $\hat{Y} = \hat{a} + \hat{b}x$ 是 $E(Y)$ 的无偏估计. 由于

$$\text{cov}(\hat{a}, \hat{b}) = \text{cov}(\overline{Y} - \hat{b}\overline{x}, \hat{b})$$

$$= \text{cov}(\overline{Y}, \hat{b}) - \text{cov}(\hat{b}\overline{x}, \hat{b})$$

$$= \text{cov} \left(\frac{1}{n} \sum_{i=1}^{n} Y_i, \sum_{i=1}^{n} \frac{x_i - \overline{x}}{l_{xx}} Y_i \right) - \overline{x}\text{cov}(\hat{b}, \hat{b})$$

$$= \sum_{i=1}^{n} \frac{x_i - \overline{x}}{nl_{xx}} D(Y_i) - \overline{x}D(\hat{b})$$

$$= \sum_{i=1}^{n} \frac{x_i - \overline{x}}{nl_{xx}} \sigma^2 - \overline{x} \frac{\sigma^2}{l_{xx}}$$

$$= -\frac{\overline{x}}{l_{xx}} \sigma^2,$$

于是

$$D(\hat{Y}) = D(\hat{a}) + x^2 D(\hat{b}) + 2x\text{cov}(\hat{a}, \hat{b}) = \left(\frac{1}{n} + \frac{(x - \overline{x})^2}{l_{xx}} \right) \sigma^2,$$

故

$$\hat{Y} \sim N\left(a + bx, \left(\frac{1}{n} + \frac{(x - \bar{x})^2}{l_{xx}}\right)\sigma^2\right). \qquad \square$$

上述定理表明, $\hat{a}, \hat{b}$ 及 $\hat{Y}$ 作为 $a, b, E(Y)$ 的无偏估计量, 其波动大小不仅与 $D(\varepsilon) = \sigma^2$ 有关, 还与观测数据中变量 x 的波动程度有关. 若诸 x_i 与 $\bar{x}$ 比较接近, 则 $\hat{a}, \hat{b}$ 及 $\hat{Y}$ 的波动程度将会很大, 这不是我们所希望的. 所以在估计模型参数时, 样本值应当尽量取得分散些. 另外, 还可看到, 观测数据个数 n 增大时, 相应方差也要减少. 这些对我们安排试验都有一定的指导意义.

9.1.3   回归系数的显著性检验和置信区间

在一元线性回归模型中, 回归方程 $E(Y)$ 是 x 的线性函数, 如果 x 的变化与 Y 无关, 则说明 $E(Y)$ 与 x 无关, 即有 $b = 0$; 反之, 若 $b = 0$, 则回归方程是一个常数, 从而 x 的变化对 Y 不产生影响. 如果模型 (9.1.1) 能真实地反映 x 与 Y 的关系, 则应有 $b \neq 0$. 因此我们需要检验假设

$$H_0\colon b = 0, \quad H_1\colon b \neq 0.$$

如果接受 H_0, 则认为回归效果不显著, 即认为 Y 与 x 不存在线性关系; 如果拒绝 H_0, 则认为回归效果显著, 即认为 Y 与 x 的线性相关关系是显著的.

考察 $Y_1, Y_2, \cdots, Y_n$ 的**离差平方和**

$$S_{\text{总}} = \sum_{i=1}^{n}(Y_i - \overline{Y})^2 = l_{YY},$$

它反映了 $Y_1, Y_2, \cdots, Y_n$ 之间的差异. 记

$$\hat{Y}_i = \hat{a} + \hat{b}x_i, \quad i = 1, 2, \cdots, n,$$

则有

$$
\begin{aligned}
S_{\text{总}} &= \sum_{i=1}^{n}(Y_i - \overline{Y})^2 \\
&= \sum_{i=1}^{n}(Y_i - \hat{Y}_i + \hat{Y}_i - \overline{Y})^2 \\
&= \sum_{i=1}^{n}(Y_i - \hat{Y}_i)^2 + \sum_{i=1}^{n}(\hat{Y}_i - \overline{Y})^2 \\
&\quad + 2\sum_{i=1}^{n}(Y_i - \hat{Y}_i)(\hat{Y}_i - \overline{Y}).
\end{aligned}
$$

由于 $\hat{a}$ 和 $\hat{b}$ 是正规方程组的解, 从而有

$$\sum_{i=1}^{n}(Y_i - \hat{Y}_i)(\hat{Y}_i - \overline{Y})$$

$$= \sum_{i=1}^{n}(Y_i - \hat{a} - \hat{b}x_i)(\hat{a} + \hat{b}x_i - \overline{Y})$$

$$= (\hat{a} - \overline{Y})\sum_{i=1}^{n}(Y_i - \hat{a} - \hat{b}x_i) + \hat{b}\sum_{i=1}^{n}(Y_i - \hat{a} - \hat{b}x_i)x_i$$

$$= 0,$$

所以

$$S_{总} = \sum_{i=1}^{n}(Y_i - \hat{Y}_i)^2 + \sum_{i=1}^{n}(\hat{Y}_i - \overline{Y})^2.$$

记

$$S_{余} = \sum_{i=1}^{n}(Y_i - \hat{Y}_i)^2, \quad S_{回} = \sum_{i=1}^{n}(\hat{Y}_i - \overline{Y})^2,$$

则

$$S_{总} = S_{余} + S_{回}.$$

称 $S_{余}$ 为**剩余平方和**, 称 $S_{回}$ 为**回归平方和**.

注意到

$$\frac{1}{n}\sum_{i=1}^{n}\hat{Y}_i = \frac{1}{n}\sum_{i=1}^{n}(\hat{a} + \hat{b}x_i) = \hat{a} + \hat{b}\overline{x} = \overline{Y},$$

$$S_{回} = \sum_{i=1}^{n}(\hat{Y}_i - \overline{Y})^2 = \sum_{i=1}^{n}(\hat{a} + \hat{b}x_i - \hat{a} - \hat{b}\overline{x})^2$$

$$= \hat{b}^2\sum_{i=1}^{n}(x_i - \overline{x})^2 = \hat{b}^2 l_{xx},$$

由此可见, $S_{回}$ 是 $\hat{Y}_1, \hat{Y}_2, \cdots, \hat{Y}_n$ 的离差平方和, 它反映了 $\hat{Y}_1, \hat{Y}_2, \cdots, \hat{Y}_n$ 的分散程度. 这种分散程度不仅与 $x_1, x_2, \cdots, x_n$ 的分散程度有关, 还与回归直线的斜率 $\hat{b}$ 有关, $S_{回}$ 的大小反映了自变量 x 的重要程度. 剩余平方和 $S_{余}$ 反映了 Y_i 对经验回归直线的偏离程度, 这种偏离是由于试验误差以及其他未加控制的因素引起的, 它的大小反映了试验误差及其他因素对试验结果的影响.

关于 $S_{余}$ 和 $S_{回}$, 有下面的定理 (证明从略).

定理 9.1.2 设

$$Y_i = a + bx_i + \varepsilon_i, \varepsilon_i \sim N(0, \sigma^2), \quad i = 1, 2, \cdots, n,$$

且 $\varepsilon_1, \varepsilon_2, \cdots, \varepsilon_n$ 相互独立, 记

$$\overline{x} = \frac{1}{n} \sum_{i=1}^{n} x_i, \quad \overline{Y} = \frac{1}{n} \sum_{i=1}^{n} Y_i.$$

证明:

(1) 当 $b = 0$ 时, $\dfrac{S_{回}}{\sigma^2} \sim \chi^2(1)$;

(2) $\dfrac{S_{余}}{\sigma^2} \sim \chi^2(n-2)$;

(3) $S_{回}$ 与 $S_{余}$ 相互独立.

证明　由于

$$\frac{S_{余}}{\sigma^2} \sim \chi^2(n-2),$$

因此

$$E\left(\frac{S_{余}}{\sigma^2}\right) = n - 2,$$

从而有

$$E\left(\frac{S_{余}}{n-2}\right) = \sigma^2.$$

由此可得 σ^2 的无偏估计量

$$\hat{\sigma}^2 = \frac{S_{余}}{n-2}.$$

因为

$$S_{总} = S_{余} + S_{回},$$

所以

$$
\begin{aligned}
S_{余} &= S_{总} - S_{回} \\
&= \sum_{i=1}^{n} (Y_i - \overline{Y})^2 - \hat{b}^2 l_{xx} = l_{YY} - \frac{l_{xY}^2}{l_{xx}^2} l_{xx} \\
&= \frac{l_{xx} l_{YY} - l_{xY}^2}{l_{xx}}.
\end{aligned}
$$
　　　　　　　　□

根据定理 9.1.2 可知 $S_{回}$ 与 $S_{余}$ 相互独立, 而 $S_{回} = \hat{b}^2 l_{xx}$, 因此 $\hat{b}$ 与 $S_{余}$ 相互独立. 由 t 分布的定义, 我们有

$$t = \frac{\dfrac{\hat{b} - b}{\sigma} \sqrt{l_{xx}}}{\sqrt{\dfrac{S_{余}}{\sigma^2(n-2)}}} = \frac{\hat{b} - b}{\hat{\sigma}} \sqrt{l_{xx}} \sim t(n-2),$$

其中

$$\hat{\sigma} = \sqrt{\frac{S_{余}}{n-2}} = \sqrt{\frac{l_{xx}l_{YY} - l_{xY}^2}{(n-2)l_{xx}}}.$$

当 H_0 为真, 即 $b = 0$ 时, 有

$$t = \frac{\hat{b}}{\hat{\sigma}}\sqrt{l_{xx}} \sim t(n-2).$$

以此作为检验统计量, 对于给定的显著性水平 α, 我们有如下结论:

(1) 如果对立假设为 H_1: $b \neq 0$, 则原假设 H_0 的拒绝域为

$$W = \{|t| \geqslant t_{\frac{\alpha}{2}}(n-2)\};$$

(2) 如果对立假设为 H_1: $b > 0$, 则原假设 H_0 的拒绝域为

$$W = \{t \geqslant t_{\alpha}(n-2)\};$$

(3) 如果对立假设为 H_1: $b < 0$, 则原假设 H_0 的拒绝域为

$$W = \{t \leqslant -t_{\alpha}(n-2)\}.$$

例 9.1.2 检验例 9.1.1 的回归效果是否显著.(取显著性水平 $\alpha = 0.05$)

解 在显著性水平 $\alpha = 0.05$ 下, 检验假设

$$H_0: b = 0, \quad H_1: b \neq 0.$$

取检验统计量为

$$t = \frac{\hat{b}}{\hat{\sigma}}\sqrt{l_{xx}}.$$

对于显著性水平 $\alpha = 0.05$, 查 t 分布表, 得 $t_{\frac{\alpha}{2}}(n-2) = t_{0.025}(10) = 2.2281$. 原假设 H_0 的拒绝域为

$$W = \{|t| \geqslant 2.281\}.$$

因为

$$t = \frac{\hat{b}}{\hat{\sigma}}\sqrt{l_{xx}}$$

$$= \frac{\hat{b}}{\sqrt{\frac{l_{xx}l_{yy} - l_{xy}^2}{(n-2)l_{xx}}}}\sqrt{l_{xx}}$$

$$= \frac{0.3116}{\sqrt{\dfrac{13491.7 \times 1323.82 - 4204^2}{10 \times 13491.7}}} \sqrt{13491.7}$$

$$= 30.75 > 2.2281,$$

所以拒绝 H_0: $b = 0$, 即认为回归效果是显著的.

下面介绍用相关系数检验假设

$$H_0\colon b = 0, \quad H_1\colon b \neq 0$$

的方法. 取检验统计量为样本相关系数

$$R = \frac{\sum\limits_{i=1}^{n}(x_i - \overline{x})(Y_i - \overline{Y})}{\sqrt{\sum\limits_{i=1}^{n}(x_i - \overline{x})^2 \sum\limits_{i=1}^{n}(Y_i - \overline{Y})^2}} = \frac{l_{xY}}{\sqrt{l_{xx}l_{YY}}},$$

由观测数据 $(x_1, y_1), (x_2, y_2), \cdots, (x_n, y_n)$, 得到 R 的观测值为

$$r = \frac{\sum\limits_{i=1}^{n}(x_i - \overline{x})(y_i - \overline{y})}{\sqrt{\sum\limits_{i=1}^{n}(x_i - \overline{x})^2 \sum\limits_{i=1}^{n}(y_i - \overline{y})^2}} = \frac{l_{xy}}{\sqrt{l_{xx}l_{yy}}}.$$

$|r|$ 越大, 说明 x 与 Y 的线性相关关系越显著, 因此, 当 $|r|$ 较大时, 就拒绝原假设 H_0. 对于给定的显著性水平 α, 假设 H_0 的拒绝域为

$$W = \{|r| > r_{\alpha}(n-2)\}.$$

$r_{\alpha}(n-2)$ 的具体数值可以由附表查得.

在例 9.1.2 中, 对于显著性水平 $\alpha = 0.05$, 查附表得 $r_{0.05}(12 - 2) = 0.576$. 因为

$$r = \frac{l_{xy}}{\sqrt{l_{xx}l_{yy}}} = 0.99475,$$

而 $r = 0.99475 > 0.576$, 所以拒绝 H_0, 即认为回归效果是显著的.

最后当拒绝原假设 H_0 时, 我们给出回归系数 b 的置信区间. 由于

$$\frac{\hat{b} - b}{\hat{\sigma}} \sqrt{l_{xx}} \sim t(n-2),$$

其中 $\hat{\sigma} = \sqrt{\dfrac{S_{\text{余}}}{n-2}} = \sqrt{\dfrac{l_{xx}l_{YY} - l_{xY}^2}{(n-2)l_{xx}}}$，对于给定的置信水平 $1-\alpha$，有

$$P\left\{\frac{|\hat{b} - b|}{\hat{\sigma}}\sqrt{l_{xx}} < t_{\frac{\alpha}{2}}(n-2)\right\} = 1-\alpha,$$

即

$$P\left\{\hat{b} - \frac{\hat{\sigma}}{\sqrt{l_{xx}}}t_{\frac{\alpha}{2}}(n-2) < b < \hat{b} + \frac{\hat{\sigma}}{\sqrt{l_{xx}}}t_{\frac{\alpha}{2}}(n-2)\right\} = 1-\alpha,$$

因此回归系数 b 的置信水平为 $1-\alpha$ 的置信区间为

$$\left(\hat{b} - \frac{\hat{\sigma}}{\sqrt{l_{xx}}}t_{\frac{\alpha}{2}}(n-2), \hat{b} + \frac{\hat{\sigma}}{\sqrt{l_{xx}}}t_{\frac{\alpha}{2}}(n-2)\right).$$

9.1.4 预测与控制

如果随机变量 Y 与自变量 x 之间的线性相关关系显著，则经验回归直线方程 $\hat{y} = \hat{a} + \hat{b}x$ 大致反映了 Y 与 x 之间的变化规律. 但是，因为 Y 与 x 之间的关系不是确定性的，所以对于任意给定的 x 的一个值 x_0，我们不可能精确地知道 Y 对应的值 y_0. 将 $x = x_0$ 代入线性回归方程，只能得到 y_0 的估计值

$$\hat{y}_0 = \hat{a} + \hat{b}x_0.$$

我们当然希望知道，如果用 $\hat{y}_0$ 作为 y_0 的估计值，它的精确性与可信程度如何呢? 为此，我们要对 y_0 进行区间估计，即对于给定的置信水平 $1-\alpha$，求出 y_0 的置信区间，称为**预测区间**. 下面我们推导 Y_0 的预测区间.

因为 Y_0 是当 $x = x_0$ 时对 Y 进行独立观测的结果，所以 Y_0 与已经得到的对 Y 的独立观测结果 $Y_1, Y_2, \cdots, Y_n$ 相互独立. 由 $Y_0 = a + bx_0 + \varepsilon_0$，其中 $\varepsilon_0 \sim N(0, \sigma^2)$，可知

$$Y_0 \sim N(a + bx_0, \sigma^2).$$

记

$$u = Y_0 - \hat{Y}_0 = Y_0 - \hat{a} - \hat{b}x_0.$$

由定理 9.1.1 知

$$\hat{Y}_0 \sim N\left(a + bx_0, \left(\frac{1}{n} + \frac{(x_0 - \overline{x})^2}{l_{xx}}\right)\sigma^2\right).$$

设当 $x = x_0$ 时对 Y 进行独立观测的结果为随机变量 Y_0，y_0 是 Y_0 的一个观测值，所以 u 也服从正态分布，且

$$E(u) = E(Y_0) - E(\hat{Y}_0) = 0,$$

$$D(u) = D(Y_0) + D(\hat{Y}_0) = \left[1 + \frac{1}{n} + \frac{(x_0 - \overline{x})^2}{l_{xx}}\right]\sigma^2.$$

记 $D(u) = \sigma_u^2$, 则有

$$u = Y_0 - \hat{Y}_0 \sim N(0, \sigma_u^2),$$

从而有

$$\frac{u}{\sigma_u} \sim N(0, 1).$$

因为 $S_{\text{余}}$ 分别与 $\hat{a}, \hat{b}, Y_0$ 相互独立, 且 $\dfrac{S_{\text{余}}}{\sigma^2} \sim \chi^2(n-2)$, 所以

$$\frac{u/\sigma_u}{\sqrt{\dfrac{S_{\text{余}}}{(n-2)\sigma^2}}} \sim t(n-2),$$

即

$$\frac{Y_0 - \hat{a} - \hat{b}x_0}{\hat{\sigma}\sqrt{1 + \dfrac{1}{n} + \dfrac{(x_0 - \overline{x})^2}{l_{xx}}}} \sim t(n-2).$$

对于给定的置信水平 $1 - \alpha$, 有

$$P\left\{\frac{\left|Y_0 - \hat{a} - \hat{b}x_0\right|}{\hat{\sigma}\sqrt{1 + \dfrac{1}{n} + \dfrac{(x_0 - \overline{x})^2}{l_{xx}}}} \leqslant t_{\frac{\alpha}{2}}(n-2)\right\} = 1 - \alpha,$$

即

$$P\left\{\hat{a} + \hat{b}x_0 - \delta(x_0) < Y_0 < \hat{a} + \hat{b}x_0 + \delta(x_0)\right\} = 1 - \alpha,$$

其中

$$\delta(x_0) = \hat{\sigma}t_{\frac{\alpha}{2}}(n-2)\sqrt{1 + \dfrac{1}{n} + \dfrac{(x_0 - \overline{x})^2}{l_{xx}}}.$$

区间

$$(\hat{a} + \hat{b}x_0 - \delta(x_0), \hat{a} + \hat{b}x_0 + \delta(x_0))$$

称为 Y_0 的置信水平为 $1 - \alpha$ 的**预测区间**. 将样本值

$$(x_1, y_1), (x_2, y_2), \cdots, (x_n, y_n)$$

代入到 Y_0 的预测区间的下限和上限, 将 x_0 换成自变量 x, 则可以得到两条曲线 (如图 9.3)

$$y = y_1(x) = \hat{a} + \hat{b}x - \delta(x),$$
$$y = y_2(x) = \hat{a} + \hat{b}x + \delta(x).$$

Y 的观测值 y 相应于 x 的预测区间是过 x 轴上点 x, 平行于 y 轴的直线夹在上述两条曲线之间的部分在 y 轴上的投影区间 (y_1, y_2), 它的长度为 $2\delta(x)$. 当 $x = \bar{x}$ 时, 预测区间长度最短.

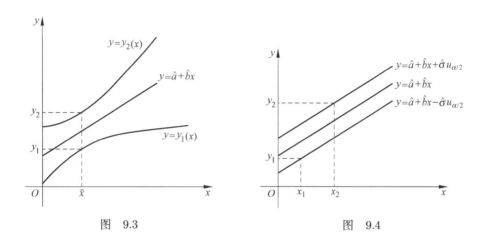

图 9.3   图 9.4

当 x 离 $\bar{x}$ 较近且 n 充分大时, 有

$$\delta(x) \approx \hat{\sigma} u_{\frac{\alpha}{2}},$$

曲线 $y = y_1(x)$ 和 $y = y_2(x)$ 分别近似于直线 (如图 9.4)

$$y = \hat{a} + \hat{b}x - \hat{\sigma} u_{\frac{\alpha}{2}},$$
$$y = \hat{a} + \hat{b}x + \hat{\sigma} u_{\frac{\alpha}{2}}.$$

例如 Y 的相应于 x 的置信水平为 0.95 的预测区间近似为

$$(\hat{a} + \hat{b}x - 1.96\hat{\sigma}, \hat{a} + \hat{b}x + 1.96\hat{\sigma}).$$

控制是预测的反问题, 即如果要求 Y 的观测值落在指定的区间 (y_1, y_2) 内, 应当把 x 的取值控制在什么范围内?

对于给定的置信水平 $1 - \alpha$, 则 x 的控制区间可以用图 9.4 的对应关系来确定. 令

$$y_1 = \hat{a} + \hat{b}x_1 - \hat{\sigma} u_{\alpha/2},$$
$$y_2 = \hat{a} + \hat{b}x_2 + \hat{\sigma} u_{\alpha/2}.$$

从中分别解出 x_1, x_2, 当 $\hat{b} > 0$ 时, 控制区间为 (x_1, x_2); 当 $\hat{b} < 0$ 时, 控制区间为 (x_2, x_1). 要实现控制, 区间 (y_1, y_2) 的长度应大于 $2u_{\frac{\alpha}{2}}$.

例 9.1.3 在某种产品表面进行腐蚀刻线试验, 得到腐蚀深度 y 与腐蚀时间 x 对应的一组数据如下:

x_i/s	5	10	15	20	30	40	50	60	70	90	120
$y_i/\mathrm{\mu m}$	6	10	10	13	16	17	19	23	25	29	46

(1) 预测腐蚀时间为 75s 时, 腐蚀深度的范围.$(1-\alpha = 95\%)$

(2) 对于 $1-\alpha = 95\%$, 若要求腐蚀深度在 $10 \sim 20\mathrm{\mu m}$ 之间, 问腐蚀时间应如何控制?

解 (1) 先求出回归直线方程

$$\hat{y} = \hat{a} + \hat{b}x.$$

利用所给数据, $n = 11$, 由最小二乘估计得

$$\hat{a} = 5.36, \quad \hat{b} = 0.304,$$

所以

$$\hat{y} = 5.36 + 0.304x.$$

把 $x_0 = 75$ 代入回归直线方程, 得

$$\hat{y}_0 = 5.36 + 0.304 \times 75 = 28.16,$$

$$\delta(x_0) = \hat{\sigma} t_{\frac{\alpha}{2}}(n-2)\sqrt{1 + \frac{1}{n} + \frac{(x_0 - \overline{x})^2}{l_{xx}}}$$

$$= 2.24 \times 2.26\sqrt{1 + \frac{1}{11} + \frac{(75 - 46.36)^2}{13014.55}}$$

$$= 5.44,$$

所以腐蚀时间为 $x_0 = 75\mathrm{s}$ 时, 腐蚀深度 y_0 的预测区间为

$$(\hat{y}_0 - \delta(x_0), \hat{y}_0 + \delta(x_0)) = (28.16 - 5.44, 28.16 + 5.44) = (22.72, 33.60).$$

(2) 当要求腐蚀深度在 $10 \sim 20\mathrm{\mu m}$ 之间时, 令

$$10 = 5.36 + 0.304x_1 - 1.96 \times 2.24,$$

$$20 = 5.36 + 0.304x_2 + 1.96 \times 2.24,$$

解得

$$x_1 = 29.70, \quad x_2 = 33.72,$$

即 x 应控制在区间 $(29.70, 33.72)$ 内.

9.2　可线性化的非线性回归方程

在许多实际问题中, 变量 Y 与变量 x 的相关关系是非线性的. 对这类问题的回归分析要用到非线性回归分析的方法, 非线性回归分析的讨论比线性回归分析要复杂得多. 本节我们只介绍其中最简单的一种类型 —— 可以利用变量代换的方法, 将非线性回归分析化为一元线性回归分析的问题.

下面介绍一些常见的曲线如何经变量代换化成直线的例子.

(1) 双曲线 $y = a + \dfrac{b}{x}$, 作变量代换 $t = \dfrac{1}{x}, z = y$, 则 z 与 t 有线性关系

$$z = a + bt.$$

对于曲线 $\dfrac{1}{y} = a + \dfrac{b}{x}$, 可作代换 $t = \dfrac{1}{x}, z = \dfrac{1}{y}$, 于是有 $z = a + bt$.

(2) 幂函数曲线 $y = ax^b$, 如图 9.5, 作变量代换 $t = \ln x, z = \ln y$, 则 z 与 t 有线性关系

$$z = a' + bt \quad (a' = \ln a).$$

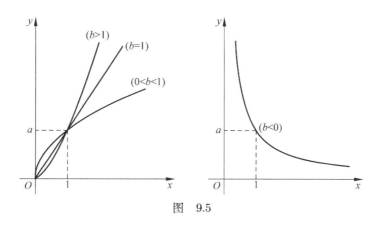

图　9.5

(3) 指数函数曲线 $y = ae^{bx}$, 如图 9.6, 作变量代换 $t = x, z = \ln y$, 则 z 与 t 有线性关系

$$z = a' + bt \quad (a' = \ln a).$$

(4) 倒指数曲线 $y = ae^{\frac{b}{x}}$, 如图 9.7, 作变量代换 $t = \dfrac{1}{x}, z = \ln y$, 则 z 与 t 有线性关系

$$z = a' + bt \quad (a' = \ln a).$$

(5) 对数曲线 $y = a + b\ln x$, 如图 9.8, 作变量代换 $t = \ln x, z = y$, 则 z 与 t 有线性关系

$$z = a + bt.$$

(6) S 形曲线 $y = \dfrac{1}{a + be^{-x}}$, 如图 9.9, 作变量代换 $t = e^{-x}$, $z = \dfrac{1}{y}$, 则 z 与 t 有线性关系

$$z = a + bt.$$

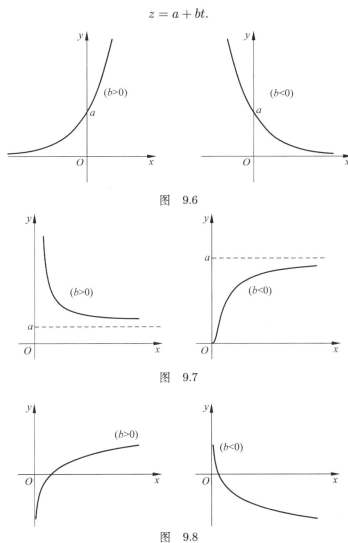

图 9.6

图 9.7

图 9.8

例 9.2.1 现测得电化电刷的接触电压降与所通过的电流强度, 数据如下:

电流强度 x	2.5	5.0	7.5	10.0	12.5	15.0	17.5	20.0	22.5
接触电压降 y	0.65	1.25	1.70	2.08	2.40	2.54	2.66	2.82	3.00

试求变量 x 与 y 之间的关系式, 并在显著性水平 $\alpha = 0.01$ 下检验回归效果是否显著.

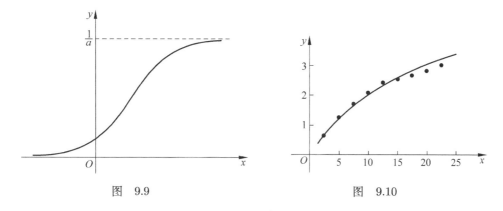

图 9.9   图 9.10

解 按实测数据画出散点图 (如图 9.10). 从图 9.10 中可看出, 接触电压降随电流强度的增加而增加, 且最初增加较快, 以后逐渐减慢趋于稳定. 根据这个特点, 我们选用曲线

$$\frac{1}{y} = a + b\frac{1}{x}$$

来表示接触电压降 y 与电流强度 x 之间的关系. 令

$$y' = \frac{1}{y}, \quad x' = \frac{1}{x},$$

则有

$$y' = a + bx'.$$

成为一元线性回归问题, 具体计算如表 9.1.

表 **9.1**

编号	x	y	$x' = \dfrac{1}{x}$	$y' = \dfrac{1}{y}$	x'^2	y'^2	$x'y'$
1	2.5	0.65	0.400	1.538	0.160	2.365	0.615
2	5.0	1.25	0.200	0.800	0.040	0.640	0.160
3	7.5	1.70	0.133	0.588	0.018	0.346	0.078
4	10.0	2.08	0.100	0.481	0.010	0.231	0.048
5	12.5	2.40	0.080	0.417	0.006	0.174	0.033
6	15.0	2.54	0.067	0.394	0.004	0.155	0.026
7	17.5	2.66	0.057	0.376	0.003	0.141	0.021
8	20.0	2.82	0.050	0.355	0.003	0.126	0.018
9	22.5	3.00	0.044	0.333	0.002	0.111	0.015
$\sum$			1.131	5.282	0.246	4.289	1.014

由此可得 $n = 9$, $\overline{x'} = 0.126$, $\overline{y'} = 0.587$, $l_{x'x'} = 0.104$, $l_{x'y'} = 0.350$, $l_{y'y'} = 1.189$,

$$\hat{b} = \frac{l_{x'y'}}{l_{x'x'}} = 3.365, \quad \hat{a} = \overline{y'} - \hat{b}\overline{x'} = 0.163.$$

于是得回归方程

$$y' = 0.163 + 3.365x'.$$

下面在显著性水平 $\alpha = 0.01$ 下检验假设

$$H_0\colon b = 0, \quad H_1\colon b \neq 0.$$

我们采用相关系数法进行检验. 现在 $n = 9, n - 2 = 7$, 查相关系数检验表, 可得 $r_\alpha(n-2) = r_{0.01}(7) = 0.7977$. 因为 r 的观测值

$$r = \frac{l_{x'y'}}{\sqrt{l_{x'x'}l_{y'y'}}} = 0.995,$$

所以 $|r| = 0.995 > r_{0.01} = 0.7977$, 故拒绝 H_0, 即认为 y' 与 x' 的线性回归效果显著.

将 $y' = \dfrac{1}{y}, x' = \dfrac{1}{x}$ 代入 $y' = 0.163 + 3.365x'$ 得

$$\frac{1}{y} = 0.163 + 3.365\frac{1}{x}.$$

在曲线回归中, 比较困难的是选择合适的曲线类型. 有的曲线也不一定经变换就能化成直线形状, 这就引出了解决曲线回归的另一种方法 —— 多项式回归.

下面介绍一个多项式回归的例子.

例 9.2.2 某种弹簧受到外力 x(单位: N) 作用后, 长度为 Y(单位: cm), 现有一组观测数据如下:

外力 x	0	2	4	6	8	10	12	14	16	18	20
长度 y	0.6	2.0	4.4	7.5	11.8	17.1	23.3	31.2	39.6	49.7	61.4

试求长度 Y 对所受外力 x 的回归方程.

解 画出散点图, 见图 9.11. 可以看出 Y 关于 x 的回归曲线呈现出抛物线的形状, 因此设 Y 关于 x 的回归方程为

$$\tilde{y} = b_0 + b_1 x + b_2 x^2.$$

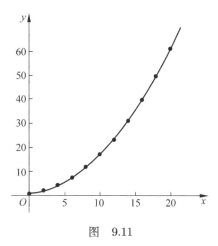

图　9.11

利用最小二乘法来求未知参数 b_0, b_1, b_2 的估计值, 为此, 作离差平方和

$$Q = \sum_{i=1}^{11}(y_i - b_0 - b_1 x_i - b_2 x_i^2)^2.$$

令

$$
\begin{cases}
\dfrac{\partial Q}{\partial b_0} = -2\sum_{i=1}^{11}(y_i - b_0 - b_1 x_i - b_2 x_i^2) = 0, \\[2mm]
\dfrac{\partial Q}{\partial b_1} = -2\sum_{i=1}^{11}(y_i - b_0 - b_1 x_i - b_2 x_i^2)x_i = 0, \\[2mm]
\dfrac{\partial Q}{\partial b_2} = -2\sum_{i=1}^{11}(y_i - b_0 - b_1 x_i - b_2 x_i^2)x_i^2 = 0,
\end{cases}
$$

整理得正规方程组为

$$
\begin{cases}
nb_0 + \left(\displaystyle\sum_{i=1}^{11} x_i\right)b_1 + \left(\displaystyle\sum_{i=1}^{11} x_i^2\right)b_2 = \displaystyle\sum_{i=1}^{11} y_i, \\[4mm]
\left(\displaystyle\sum_{i=1}^{11} x_i\right)b_0 + \left(\displaystyle\sum_{i=1}^{11} x_i^2\right)b_1 + \left(\displaystyle\sum_{i=1}^{11} x_i^3\right)b_2 = \displaystyle\sum_{i=1}^{11} x_i y_i, \\[4mm]
\left(\displaystyle\sum_{i=1}^{11} x_i^2\right)b_0 + \left(\displaystyle\sum_{i=1}^{11} x_i^3\right)b_1 + \left(\displaystyle\sum_{i=1}^{11} x_i^4\right)b_2 = \displaystyle\sum_{i=1}^{11} x_i^2 y_i.
\end{cases}
$$

将观测数据代入上面的方程组, 得

$$
\begin{cases}
11b_0 + 110b_1 + 1540b_2 = 248.6, \\
110b_0 + 1540b_1 + 24200b_2 = 3804.6, \\
1540b_0 + 24200b_1 + 405328b_2 = 63084.4.
\end{cases}
$$

由此解得

$$\hat{b}_0 = 0.9727, \quad \hat{b}_1 = 0.2165, \quad \hat{b}_2 = 0.1390.$$

于是, 所求的回归方程为

$$\hat{y} = 0.9727 + 0.2165x + 0.1390x^2.$$

9.3　多元线性回归分析

在许多实际问题中, 往往需要研究多个变量之间的相关关系. 比如某种商品的销售额不仅受到投入的广告费用的影响, 还与产品的价格、质量、消费者的收入状况等诸多因素有关系. 研究一个变量同其他多个变量之间的关系的主要方法是运用多元回归分析.

设随机变量 Y 与普通自变量 $x_1, x_2, \cdots, x_m$ 满足线性关系

$$Y = b_0 + b_1 x_1 + b_2 x_2 + \cdots + b_m x_m + \varepsilon,$$

其中, $b_0, b_1, \cdots, b_m$ 是待定系数, ε 是随机误差, 且 $\varepsilon \sim N(0, \sigma^2)$. 对于自变量任意取定的一组数值 $x_{1t}, x_{2t}, \cdots, x_{mt}$, 相应地得到随机变量

$$Y_t = b_0 + b_1 x_{1t} + b_2 x_{2t} + \cdots + b_m x_{mt} + \varepsilon_t,$$
$$t = 1, 2, \cdots, n,$$

其中, $\varepsilon_1, \varepsilon_2, \cdots, \varepsilon_n$ 相互独立且服从同一正态分布 $N(0, \sigma^2)$. 这就是**多元线性回归模型**.

对于自变量 $x_1, x_2, \cdots, x_m$ 和随机变量 Y 的 n 组观测值

$$(x_{1t}, x_{2t}, \cdots, x_{mt}, y_t), \quad t = 1, 2, \cdots, n,$$

我们称使得函数

$$Q(b_0, b_1, \cdots, b_m)$$
$$= \sum_{t=1}^{n} [y_t - (b_0 + b_1 x_{1t} + b_2 x_{2t} + \cdots + b_m x_{mt})]^2$$

取得最小值的 $\hat{b}_0, \hat{b}_1, \cdots, \hat{b}_m$ 为系数 $b_0, b_1, \cdots, b_m$ 的**最小二乘估计**.

为求 $b_0, b_1, \cdots, b_m$, 我们令

$$\begin{cases} \dfrac{\partial Q}{\partial b_0} = -\sum_{t=1}^{n} [y_t - (b_0 + b_1 x_{1t} + b_2 x_{2t} + \cdots + b_m x_{mt})] = 0, \\[2mm] \dfrac{\partial Q}{\partial b_1} = -\sum_{t=1}^{n} [y_t - (b_0 + b_1 x_{1t} + b_2 x_{2t} + \cdots + b_m x_{mt})] x_{1t} = 0, \\[2mm] \qquad \vdots \\[2mm] \dfrac{\partial Q}{\partial b_m} = -\sum_{t=1}^{n} [y_t - (b_0 + b_1 x_{1t} + b_2 x_{2t} + \cdots + b_m x_{mt})] x_{mt} = 0. \end{cases}$$

上述方程称为**正规方程组**. 整理得

$$
\begin{cases}
nb_0 + b_1 \sum\limits_{t=1}^{n} x_{1t} + \cdots + b_m \sum\limits_{t=1}^{n} x_{mt} = \sum\limits_{t=1}^{n} y_t, \\
b_0 \sum\limits_{t=1}^{n} x_{1t} + b_1 \sum\limits_{t=1}^{n} x_{1t}^2 + \cdots + b_m \sum\limits_{t=1}^{n} x_{1t}x_{mt} = \sum\limits_{t=1}^{n} x_{1t}y_t, \\
\qquad \vdots \\
b_0 \sum\limits_{t=1}^{n} x_{mt} + b_1 \sum\limits_{t=1}^{n} x_{mt}x_{1t} + \cdots + b_m \sum\limits_{t=1}^{n} x_{mt}^2 = \sum\limits_{t=1}^{n} x_{mt}y_t.
\end{cases}
$$

记

$$
\bar{y} = \frac{1}{n} \sum_{t=1}^{n} y_t, \quad \overline{x_i} = \frac{1}{n} \sum_{t=1}^{n} x_{it},
$$

$$
l_{ij} = l_{ji} = \sum_{t=1}^{n} (x_{it} - \overline{x}_i)(x_{jt} - \overline{x}_j) = \sum_{t=1}^{n} x_{it}x_{jt} - n\overline{x}_i\overline{x}_j,
$$

$$
l_{iy} = \sum_{t=1}^{n} (x_{it} - \overline{x}_i)(y_t - \overline{y}) = \sum_{t=1}^{n} x_{it}y_t - n\overline{x}_i\overline{y},
$$

$$
i, j = 1, 2, \cdots, m.
$$

则正规方程组可以写成

$$
\begin{cases}
b_0 = \bar{y} - \overline{x}_1 b_1 - \cdots - \overline{x}_m b_m, \\
l_{11}b_1 + l_{12}b_2 + \cdots + l_{1m}b_m = l_{1y}, \\
l_{21}b_1 + l_{22}b_2 + \cdots + l_{2m}b_m = l_{2y}, \\
\qquad \vdots \\
l_{m1}b_1 + l_{m2}b_2 + \cdots + l_{mm}b_m = l_{my}.
\end{cases}
$$

此方程组的解 $\hat{b}_0, \hat{b}_1, \cdots, \hat{b}_n$ 就是待定系数 $b_0, b_1, \cdots, b_m$ 的最小二乘估计值. 用

$$
\hat{b}_0 + \hat{b}_1 x_1 + \hat{b}_2 x_2 + \cdots + \hat{b}_m x_m
$$

作为

$$
b_0 + b_1 x_1 + b_2 x_2 + \cdots + b_m x_m
$$

的估计, 并记为 $\hat{y}$, 即

$$
\hat{y} = \hat{b}_0 + \hat{b}_1 x_1 + \hat{b}_2 x_2 + \cdots + \hat{b}_m x_m.
$$

上式称为 Y 关于 $x_1, x_2, \cdots, x_m$ 的 **m元线性回归方程**.

与一元线性回归分析一样, 为了考察 Y 与 $x_1, x_2, \cdots, x_m$ 之间是否具有线性相关关系

$$
Y = b_0 + b_1 x_1 + \cdots + b_m x_m + \varepsilon, \quad \varepsilon \sim N(0, \sigma^2),
$$

需要检验假设

$$H_0: b_1 = b_2 = \cdots = b_m = 0,$$

$$H_1: b_1, b_2, \cdots, b_m \text{不全为零}.$$

如果在显著性水平 α 下拒绝 H_0, 则认为整体回归效果显著; 否则认为整体回归效果不显著.

为了进行上述检验, 我们把 m 元线性回归方程 $\hat{y} = \hat{b}_0 + \hat{b}_1 x_1 + \cdots + \hat{b}_m x_m$ 诸系数 $\hat{b}_i$ 中的 y_t 与 $\overline{y}$ 分别换成 $Y_t(t = 1, 2, \cdots, n)$ 与 $\overline{Y}$, 则得到回归系数 $b_0, b_1, \cdots, b_m$ 的最小二乘估计量 $\hat{b}_i(i = 0, 1, 2, \cdots, m)$.

记

$$\hat{Y}_t = \hat{b}_0 + \hat{b}_1 x_{1t} + \cdots + \hat{b}_m x_{mt}, \quad t = 1, 2, \cdots, n,$$

作**离差平方和**

$$S_{\text{总}} = l_{YY} = \sum_{t=1}^{n} (Y_t - \overline{Y})^2,$$

记

$$S_{\text{回}} = \sum_{t=1}^{n} (\hat{Y}_t - \overline{Y})^2, \quad S_{\text{余}} = \sum_{t=1}^{n} (Y_t - \hat{Y}_t)^2,$$

则有分解式

$$S_{\text{总}} = S_{\text{回}} + S_{\text{余}},$$

称 $S_{\text{回}}$ 为**回归平方和**, 称 $S_{\text{余}}$ 为**剩余平方和**. 对于 $S_{\text{回}}$, 有

$$
\begin{aligned}
S_{\text{回}} &= \sum_{t=1}^{n} (\hat{Y}_t - \overline{Y})^2 \\
&= \sum_{t=1}^{n} [\hat{b}_0 + \hat{b}_1 x_{1t} + \hat{b}_2 x_{2t} + \cdots + \hat{b}_m x_{mt} \\
&\qquad - (\hat{b}_0 + \hat{b}_1 \overline{x}_1 + \hat{b}_2 \overline{x}_2 + \cdots + \hat{b}_m \overline{x}_m)]^2 \\
&= \sum_{t=1}^{n} [\hat{b}_1 (x_{1t} - \overline{x}_1) + \hat{b}_2 (x_{2t} - \overline{x}_2) + \cdots + \hat{b}_m (x_{mt} - \overline{x}_m)]^2 \\
&= \sum_{t=1}^{n} \sum_{i=1}^{m} \sum_{j=1}^{m} \hat{b}_i \hat{b}_j (x_{it} - \overline{x}_i)(x_{jt} - \overline{x}_j) \\
&= \sum_{i=1}^{m} \sum_{j=1}^{m} \hat{b}_i \hat{b}_j l_{ij} = \sum_{i=1}^{m} \hat{b}_i l_{iY} \\
&= \hat{b}_1 l_{1Y} + \hat{b}_2 l_{2Y} + \cdots + \hat{b}_m l_{mY}.
\end{aligned}
$$

因此

$$S_余 = S_总 - S_回$$

$$= l_{YY} - \sum_{i=1}^{m} \hat{b}_i l_{iY}.$$

可以证明

$$\frac{S_余}{\sigma^2} \sim \chi^2(n-m-1),$$

于是有

$$E\left(\frac{S_余}{n-m-1}\right) = \sigma^2.$$

记

$$\widehat{\sigma^2} = \frac{S_余}{n-m-1},$$

则 $\widehat{\sigma^2}$ 是 σ^2 的无偏估计.

在 H_0 成立的情况下, 可以证明

$$\frac{S_回}{\sigma^2} \sim \chi^2(m),$$

且 $S_回$ 与 $S_余$ 相互独立, 从而可得假设 H_0 的检验统计量

$$F = \frac{S_回/m}{S_余/(n-m-1)} = \frac{\dfrac{S_回}{m\sigma^2}}{\dfrac{S_余}{(n-m-1)\sigma^2}} \sim F(m, n-m-1).$$

对于给定的显著性水平 α, 假设 H_0 的拒绝域为

$$W = \{F \geqslant F_\alpha(m, n-m-1)\}.$$

例 9.3.1 某气象台为预报该地某月平均气温 Y, 选择了与之有密切关系的四个气象要素作为预报因子, 以历史上 22 年的资料作为样本, 见表 9.2. 试用多元线性回归分析的方法, 求以下各问.

(1) 求月平均气温的预报方程;

(2) 检验整体回归效果是否显著; (取 $\alpha = 0.05$)

(3) 当 $x_1 = 0, x_2 = -9, x_3 = 9, x_4 = 34$ 时, 求当月平均气温的预报值.

解 (1) 设平均气温 Y 关于四个气象要素 x_1, x_2, x_3, x_4 的回归方程为 $Y = b_0 + b_1 x_1 + b_2 x_2 + b_3 x_3 + b_4 x_4 + \varepsilon$.

表   9.2

样本号＼变量	x_1	x_2	x_3	x_4	y
1	4	21	1	26	23.9
2	4	12	0	31	24.6
3	0	10	7	37	22.4
4	0	−25	6	28	20.8
5	7	9	6	30	21.9
6	4	12	5	33	22.5
7	4	5	5	33	23.6
8	2	19	7	27	23.1
9	0	17	4	34	23.0
10	0	9	4	35	23.2
11	2	2	3	29	24.7
12	0	−2	9	34	22.0
13	8	−4	4	36	21.1
14	1	−35	2	29	23.0
15	0	−35	5	29	23.1
16	0	8	4	36	24.1
17	1	10	4	34	22.6
18	0	−11	4	28	22.5
19	0	−6	5	37	21.4
20	2	11	1	35	21.2
21	0	−33	5	29	22.4
22	1	−3	1	29	25.1
平均值	$\overline{x}_1 = 1.8182$	$\overline{x}_2 = -0.4091$	$\overline{x}_3 = 4.1818$	$\overline{x}_4 = 31.7727$	$\overline{y} = 22.8273$

利用最小二乘估计, 代入表 9.2 中的数据, 得到正则方程组为

$$\begin{cases} 22.8273 - 1.8182b_1 + 0.4091b_2 - 4.1818b_3 - 31.7727b_4 = b_0, \\ 119.2727b_1 + 283.3636b_2 - 20.2727b_3 - 6.9091b_4 = -3.8909, \\ 283.3636b_1 + 6301.3182b_2 - 77.3636b_3 + 365.9546b_4 = 99.4455, \\ -20.2727b_1 - 77.3636b_2 + 103.2727b_3 + 30.9091b_4 = -26.1091, \\ -6.9091b_1 + 365.9546b_2 + 30.9091b_3 + 255.8636b_4 = -26.9636, \end{cases}$$

解得

$$\hat{b}_0 = 27.8325, \quad \hat{b}_1 = -0.1402, \quad \hat{b}_2 = 0.0263,$$
$$\hat{b}_3 = -0.2249, \quad \hat{b}_4 = -0.1196.$$

回归方程为

$$\hat{y} = 27.8325 - 0.1402x_1 + 0.0263x_2 - 0.2249x_3 - 0.1196x_4.$$

(2) 检验假设

$$H_0: b_1 = b_2 = b_3 = b_4 = 0.$$

检验统计量为

$$F = \frac{S_{回}/4}{S_{余}/17} \sim F(4, 17).$$

对于给定的显著性水平 $\alpha = 0.05$, 查附表得

$$F_{0.05}(4, 17) = 2.96.$$

原假设 H_0 的拒绝域为

$$W = \{F \geqslant 2.96\}.$$

由于

$$s_{总} = \sum_{t=1}^{22}(y_t - \overline{y})^2 = 29.4836,$$

$$s_{回} = \sum_{i=1}^{4} \hat{b}_i l_{iy} = 12.2533,$$

于是有

$$s_{余} = s_{总} - s_{回} = 17.2303,$$

$$F = \frac{12.2533/4}{17.2303/17} = 3.022 > 2.96,$$

所以拒绝 H_0, 即认为 Y 与 x_1, x_2, x_3, x_4 的线性相关关系显著.

(3) 把 $x_1 = 0, x_2 = -9, x_3 = 9, x_4 = 34$ 代入回归方程得

$$\hat{y} = 21.5053,$$

即当月的平均气温的预报值为 21.5℃.

习 题 9

1. 树的平均高度 h 与树的胸径 d 之间有密切联系, 根据表中所给数据试求出 h 对 d 的线性回归方程, 并进行回归显著性检验. ($\alpha = 0.05$)

胸径d_i/cm	15	20	25	30	35	40	45	50
平均树高h_i/m	13.9	17.1	20	22.4	24	25.6	27	28.3

2. 为了考察某一化学反应过程中, 温度 x(单位：℃) 对产品得率 $Y(\%)$ 的影响, 测得数据如下：

x	100	110	120	130	140	150	160	170	180	190
y	45	51	54	61	66	70	74	78	85	89

(1) 求 Y 关于 x 的回归直线方程;

(2) 在 $\alpha = 0.05$ 下检验回归效果是否显著;

(3) 求 b 的置信水平为 0.95 的置信区间;

(4) 当 $x_0 = 125$ 时, 求 y_0 的置信水平为 0.95 的预测区间.

3. 现有同一年度 8 个不同国家的人均年耗能量 y(单位：标煤 kg) 和人均年国民生产总值 x(单位：美元) 数据如下：

国家	1	2	3	4	5	6	7	8
x	600	2700	2900	4200	3100	5400	8600	10300
y	1000	700	1400	2000	2500	2700	2500	4000

(1) 求 y 对 x 的线性回归方程;

(2) 对回归方程作显著性检验; $(\alpha = 0.05)$

(3) 预测当人均国民生产总值 $x_0 = 3000$ 美元时, 人均年耗能量 y_0 的置信水平为 0.95 的预测区间.

4. 假设 x 是一个可控变量, y 是一个随机变量, 且服从正态分布. 现在不同的 x 值下, 分别对 y 进行观测, 得如下数据：

x	0.25	0.37	0.44	0.55	0.60	0.62	0.68	0.70	0.73
y	2.57	2.31	2.12	1.92	1.75	1.71	1.60	1.51	1.50
x	0.75	0.82	0.84	0.87	0.88	0.90	0.95	1.00	
y	1.41	1.33	1.31	1.25	1.20	1.19	1.15	1.00	

(1) 求 y 对 x 的经验回归方程;

(2) 在 $\alpha = 0.05$ 下检验方程效果的显著性;

(3) 为了把 y 限制在区间 $(1.08, 1.68)$ 内, 需要把 x 的值控制在什么范围? $(\alpha = 0.05)$

5. 某种轿车的价格 (单位：美元) 资料如下：试求 y 关于 x 的回归方程.

使用年数 x	1	2	3	4	5	6	7	8	9	10
平均价格 y	2651	1943	1494	1087	765	538	484	290	226	204

6. 某地区 1975 年 -1982 年的啤酒销售资料如下: 试用指数函数 $Q = ke^{bt}$ 来描述啤酒销售量的增长趋势, 并预测 1983 年的啤酒销售量. (取 1975 年 $t = 1$)

年度	1975	1976	1977	1978	1979	1980	1981	1982
销售量/ 万 t	1.54	1.68	1.80	1.98	2.18	2.35	2.56	2.84

7. 为了研究某种商品的需求量 Y 与该商品的价格 x_1 及消费者的收入 x_2 之间的关系, 有统计资料如下:

价格 x_{1t}	5	7	6	6	8	7	5	4	3	9
收入 x_{2t}	1000	600	1200	500	300	400	1300	1100	1300	300
需求量 y_t	100	75	80	70	50	65	90	100	110	60

假设 Y 与 x_1, x_2 之间有线性关系

$$Y = b_0 + b_1 x_1 + b_2 x_2 + \varepsilon,$$

其中 $\varepsilon \sim N(0, \sigma^2)$, 试求 Y 关于 x_1, x_2 的回归方程.

8. 已知某种半成品在生产过程中的废品率 y 与它的某种化学成分 x 有关. 经验表明, 近似地有 $y = b_0 + b_1 x + b_2 x^2$. 今测得一组数据如下, 求 y 对 x 的经验回归方程.

$y/\%$	1.30	1.00	0.73	0.90	0.81	0.70	0.60	0.50
$x/\%$	0.34	0.36	0.37	0.38	0.39	0.39	0.39	0.40
$y/\%$	0.44	0.56	0.30	0.42	0.35	0.40	0.41	0.60
$x/\%$	0.40	0.41	0.42	0.43	0.43	0.45	0.47	0.48

第 9 章自测题

*第 10 章 方 差 分 析

方差分析是数理统计的基本方法之一, 是工农业生产和科学研究中分析数据的一种重要工具. 在生产实践和科学试验中, 影响一事物的因素往往很多, 而比较各种因素对事物产生的影响的大小, 便是人们经常遇到的问题. 例如, 农作物的产量受到品种、施肥量、气温、降水量等因素的影响. 为了增加产量, 就

方差分析导言

要在这些众多的因素中找出影响最显著的因素, 并指出它们各在什么状态下对增加产量最为有利, 从而挑选最优的因素水平. 我们把考察的指标称为**试验指标**(如农作物的产量). 影响试验指标的条件称为**因素**(如品种, 施肥量, 气温等); 因素所处的状态称为**水平**. 方差分析就是在有关因素中找出有显著影响的那些因素的一种方法.

本章将介绍单因素试验的方差分析和双因素试验的方差分析.

10.1　单因素试验的方差分析

如果一项试验中只有一个因素在改变, 而其他因素保持不变, 则称此试验为**单因素试验**.

以后用 X 表示试验指标, 用 $A, B, \cdots$ 表示在试验中变化的因素, 用 $A_1, A_2, \cdots, A_k$ 表示因素 A 的 k 个不同的水平.

例 10.1.1　比较研究某种农作物的四个不同品种对产量的影响. 选取 16 块大小相同、肥沃程度相近的土地, 每个品种选种四块, 采用相同的耕种方式, 测得产量结果如下:

品　种	产　　量			
A_1	202	215	225	218
A_2	237	215	205	226
A_3	340	325	315	334
A_4	250	267	242	254

我们希望由此来判断农作物的品种对产量是否有显著影响?

这里的试验指标是农作物的产量, 因素是品种 (A), 有 4 个水平 A_1, A_2, A_3, A_4. 假定四个不同品种的农作物的产量为四个不同的总体, 分别记为 X_1, X_2, X_3, X_4. 并且每个总体都服从正态分布且方差相同, 即 $X_i \sim N(\mu_i, \sigma^2)(i = 1, 2, 3, 4)$. 于是

问题就归结为检验四种不同品种对产量的影响是否显著, 相当于检验假设

$$H_0: \mu_1 = \mu_2 = \mu_3 = \mu_4$$

是否成立. 如果接受 H_0, 则认为没有显著影响, 反之, 则认为有显著影响.

如果因素 A 只有两个水平, 则是比较两个正态总体均值是否相等的检验, 在第 8 章中已解决了这类问题.

下面讨论单因素多水平重复试验的方差分析的一般方法.

设因素 A 有 k 个不同的水平 $A_1, A_2, \cdots, A_k$. 在每个水平 A_i 下, 总体 X_i 服从正态分布 $N(\mu_i, \sigma^2)$ $(i = 1, 2, \cdots, k), X_1, X_2, \cdots, X_k$ 相互独立并具有相同的方差 σ^2. 从各个总体 X_i 中独立地随机抽取容量为 n_i 的样本 $(X_{i1}, X_{i2}, \cdots, X_{in_i})$ $(i = 1, 2, \cdots, k)$, 得到样本观测值 (试验数据) 如表 10.1 所示.

表 10.1

水平	试 验 数 据			
A_1	x_{11}	x_{12}	$\cdots$	x_{1n_1}
A_2	x_{21}	x_{22}	$\cdots$	x_{2n_2}
$\vdots$	$\vdots$	$\vdots$		$\vdots$
A_k	x_{k1}	x_{k2}	$\cdots$	x_{kn_k}

根据这 k 组观测值检验因素 A 的影响是否显著, 也就是检验假设

$$H_0: \mu_1 = \mu_2 = \cdots = \mu_k,$$
$$H_1: \mu_1, \mu_2, \cdots, \mu_k \text{不全相等}.$$

设试验总次数为 n, 则

$$n = \sum_{i=1}^{k} n_i.$$

记第 i 组样本的**组平均值**为 $\overline{X}_i$, 则

$$\overline{X}_i = \frac{1}{n_i} \sum_{j=1}^{n_i} X_{ij}, \quad i = 1, 2, \cdots, k.$$

于是, 全体样本的**总平均值**为

$$\overline{X} = \frac{1}{n} \sum_{i=1}^{k} \sum_{j=1}^{n_i} X_{ij} = \frac{1}{n} \sum_{i=1}^{k} n_i \overline{X}_i.$$

考虑全体数据 $X_{ij}(j = 1, 2, \cdots, n_i; \ i = 1, 2, \cdots, k)$ 对于总平均值 $\overline{X}$ 的**总离差平方和**

$$S_T = \sum_{i=1}^{k} \sum_{j=1}^{n_i} (X_{ij} - \overline{X})^2.$$

由于

$$S_T = \sum_{i=1}^{k} \sum_{j=1}^{n_i} [(X_{ij} - \overline{X}_i) + (\overline{X}_i - \overline{X})]^2$$

$$= \sum_{i=1}^{k} \sum_{j=1}^{n_i} (X_{ij} - \overline{X}_i)^2 + \sum_{i=1}^{k} \sum_{j=1}^{n_i} (\overline{X}_i - \overline{X})^2$$

$$+ 2 \sum_{i=1}^{k} \sum_{j=1}^{n_i} (X_{ij} - \overline{X}_i)(\overline{X}_i - \overline{X}),$$

而

$$\sum_{i=1}^{k} \sum_{j=1}^{n_i} (\overline{X}_i - \overline{X})^2 = \sum_{i=1}^{k} n_i (\overline{X}_i - \overline{X})^2,$$

$$\sum_{i=1}^{k} \sum_{j=1}^{n_i} (X_{ij} - \overline{X}_i)(\overline{X}_i - \overline{X}) = \sum_{i=1}^{k} (\overline{X}_i - \overline{X}) \sum_{j=1}^{n_i} (X_{ij} - \overline{X}_i)$$

$$= \sum_{i=1}^{k} (X_i - \overline{X})(n_i \overline{X}_i - n_i \overline{X}_i) = 0,$$

因此

$$S_T = \sum_{i=1}^{k} \sum_{j=1}^{n_i} (X_{ij} - \overline{X})^2$$

$$= \sum_{i=1}^{k} \sum_{j=1}^{n_i} (X_{ij} - \overline{X}_i)^2 + \sum_{i=1}^{k} n_i (\overline{X}_i - \overline{X})^2.$$

记

$$S_E = \sum_{i=1}^{k} \sum_{j=1}^{n_i} (X_{ij} - \overline{X}_i)^2,$$

它表示各个数据 X_{ij} 对本组平均值 $\overline{X}_i$ 的离差平方和的总和, 反映了试验过程中各种随机因素引起的试验误差, 称为**组内离差平方和**或**误差平方和**. 记

$$S_A = \sum_{i=1}^{k} n_i (\overline{X}_i - \overline{X})^2,$$

它表示各组平均值 $\overline{X}_i$ 对总平均值 $\overline{X}$ 的离差平方和, 反映了各组样本之间的差异程度, 即因素 A 的不同水平 A_i 的效应的差异程度, 称为**组间离差平方和**或 A 的**效应平方和**. 我们有

$$S_T = S_E + S_A.$$

对于来自正态总体 $N(\mu_i, \sigma^2)$ 的样本 $X_{i1}, X_{i2}, \cdots, X_{in_i}$, 根据第 6 章定理 6.4.2 可知

$$\frac{1}{\sigma^2} \sum_{j=1}^{n_i} (X_{ij} - \overline{X}_i)^2 \sim \chi^2(n_i - 1), \quad i = 1, 2, \cdots, k.$$

由 χ^2 分布的可加性可得

$$\frac{S_E}{\sigma^2} = \frac{1}{\sigma^2} \sum_{i=1}^{k} \sum_{j=1}^{n_i} (X_{ij} - \overline{X}_i)^2 \sim \chi^2(n - k).$$

如果假设 H_0 是正确的, 即 $\mu_1 = \mu_2 = \cdots = \mu_k = \mu$, 则所有的数据 $X_{ij}(j = 1, 2, \cdots, n_i;\ i = 1, 2, \cdots, k)$ 可以看成是来自同一正态总体 $N(\mu, \sigma^2)$. 因为各个 $X_{ij}(j = 1, 2, \cdots, n_i;\ i = 1, 2, \cdots, k)$ 是相互独立的, 由第 6 章定理 6.4.2 可知

$$\frac{S_T}{\sigma^2} = \frac{1}{\sigma^2} \sum_{i=1}^{k} \sum_{j=1}^{n_i} (X_{ij} - \overline{X})^2 \sim \chi^2(n - 1).$$

此外, 可以证明 (在此从略) 统计量 S_A 与 S_E 相互独立, 并且有

$$\frac{S_A}{\sigma^2} = \frac{1}{\sigma^2} \sum_{i=1}^{k} n_i (\overline{X}_i - \overline{X})^2 \sim \chi^2(k - 1).$$

令

$$\overline{S}_A = \frac{S_A}{k - 1}, \quad \overline{S}_E = \frac{S_E}{n - k},$$

称 $\overline{S}_A$ 为**组间平均离差平方和**, 称 $\overline{S}_E$ 为**组内平均离差平方和**.

当假设 H_0 成立时, 统计量

$$F = \frac{\dfrac{S_A}{\sigma^2(k - 1)}}{\dfrac{S_E}{\sigma^2(n - k)}} = \frac{\overline{S}_A}{\overline{S}_E} \sim F(k - 1, n - k).$$

如果因素 A 的各个水平对试验指标的影响相差不大, 则组间平方和 S_A 较小, 因而 $F = \overline{S}_A / \overline{S}_E$ 也较小; 如果因素 A 的各个水平对试验指标的影响显著不同, 则组间平方和 S_A 较大, 从而 F 也较大. 所以, 我们可以利用 F 值的大小来检验原假设 H_0.

对于给定的显著性水平 α, 由 F 分布表查得 $F_\alpha(k-1, n-k)$. 如果根据样本观测值算得的 F 的观测值满足 $F \geqslant F_\alpha(k-1, n-k)$, 则在显著性水平 α 下拒绝假设 H_0, 即认为因素 A 对试验指标有显著影响; 如果 $F < F_\alpha(k-1, n-k)$, 则接受假设 H_0, 即认为因素 A 对试验指标的影响不显著.

由于不论假设 H_0 是否正确, 都有

$$\frac{S_E}{\sigma^2} \sim \chi^2(n-k),$$

因此

$$E\left(\frac{S_E}{n-k}\right) = E(\overline{S}_E) = \sigma^2.$$

如果取 $\widehat{\sigma^2} = \overline{S}_E$ 作为未知参数 σ^2 的估计量, 则 $\widehat{\sigma^2} = \overline{S}_E$ 是 σ^2 的无偏估计.

由于样本均值是总体均值的无偏估计, 因此可选取

$$\hat{\mu}_i = \overline{X}_i$$

作为未知参数 $\mu_i (i = 1, 2, \cdots, k)$ 的无偏估计量.

为计算方便, 记

$$P = \frac{1}{n}\left(\sum_{i=1}^{k}\sum_{j=1}^{n_i} X_{ij}\right)^2,$$

$$Q = \sum_{i=1}^{k}\frac{1}{n_i}\left(\sum_{j=1}^{n_i} X_{ij}\right)^2,$$

$$R = \sum_{i=1}^{k}\sum_{j=1}^{n_i} X_{ij}^2,$$

易知

$$S_T = R - P,$$
$$S_A = Q - P,$$
$$S_E = R - Q.$$

对于样本观测值 x_{ij} $(j = 1, 2, \cdots, n_i;\ i = 1, 2, \cdots, k)$, 上述计算过程可列表进行 (表 10.2), 并把计算结果填入表 10.3, 表 10.3 称为**单因素试验的方差分析表**.

为了使计算简化, 可以将所有的 x_{ij} 都减去同一常数 c. 容易证明, 这并不影响离差平方和的计算结果.

表 10.2

水平	试验数据 x_{ij}	n_i	$\sum\limits_{j=1}^{n_i} x_{ij}$	$\dfrac{1}{n_i}\left(\sum\limits_{j=1}^{n_i} x_{ij}\right)^2$	$\sum\limits_{j=1}^{n_i} x_{ij}^2$
A_1	$x_{11}\ x_{12}\cdots x_{1n_1}$	n_1	$\sum\limits_{j=1}^{n_1} x_{1j}$	$\dfrac{1}{n_1}\left(\sum\limits_{j=1}^{n_1} x_{1j}\right)^2$	$\sum\limits_{j=1}^{n_1} x_{1j}^2$
A_2	$x_{21}\ x_{22}\cdots x_{2n_2}$	n_2	$\sum\limits_{j=1}^{n_2} x_{2j}$	$\dfrac{1}{n_2}\left(\sum\limits_{j=1}^{n_2} x_{2j}\right)^2$	$\sum\limits_{j=1}^{n_2} x_{2j}^2$
$\vdots$	$\vdots\ \vdots\ \ \vdots$	$\vdots$	$\vdots$	$\vdots$	$\vdots$
A_k	$x_{k1}\ x_{k2}\cdots x_{kn_k}$	n_k	$\sum\limits_{j=1}^{n_k} x_{kj}$	$\dfrac{1}{n_k}\left(\sum\limits_{j=1}^{n_k} x_{kj}\right)^2$	$\sum\limits_{j=1}^{n_k} x_{kj}^2$
$\sum\limits_{i=1}^{k}$		$n=\sum\limits_{i=1}^{k} n_i$	$\sum\limits_{i=1}^{k}\sum\limits_{j=1}^{n_i} x_{ij}$	$\sum\limits_{i=1}^{k}\dfrac{1}{n_i}\left(\sum\limits_{j=1}^{n_i} x_{ij}\right)^2$	$\sum\limits_{i=1}^{k}\sum\limits_{j=1}^{n_i} x_{ij}^2$
P,Q,R		$P=\dfrac{1}{n}\left(\sum\limits_{i=1}^{k}\sum\limits_{j=1}^{n_i} x_{ij}\right)^2$		$Q=\sum\limits_{i=1}^{k}\dfrac{1}{n_i}\left(\sum\limits_{j=1}^{n_i} x_{ij}\right)^2$	$R=\sum\limits_{i=1}^{k}\sum\limits_{j=1}^{n_i} x_{ij}^2$

表 10.3

方差来源	离差平方和	自由度	平均离差平方和	F值
组间	$S_A = Q - P$	$k-1$	$\overline{S}_A = \dfrac{S_A}{k-1}$	$F = \dfrac{\overline{S}_A}{\overline{S}_E}$
组内	$S_E = R - Q$	$n-k$	$\overline{S}_E = \dfrac{S_E}{n-k}$	
总和	$S_T = R - P$	$n-1$		

例 10.1.2 为了考察工艺 (记作 A) 对灯泡寿命的影响, 从四种不同的工艺 (分别记为 A_1, A_2, A_3, A_4) 生产的灯泡中分别抽取一些灯泡, 测得寿命 (单位: h) 如下:

工艺	寿		命		
A_1	1620	1670	1700	1750	1800
A_2	1580	1600	1640	1720	
A_3	1460	1540	1620		
A_4	1500	1550	1610	1680	

试问不同的工艺对灯泡的寿命是否有显著影响?($\alpha = 0.05$)

解 把所有数据都减去 1600, 然后列表计算得到表 10.4.

表 10.4

水平	试 验 数 据					n_i	$\sum_{j=1}^{n_i} x_{ij}$	$\frac{1}{n_i}\left(\sum_{j=1}^{n_i} x_{ij}\right)^2$	$\sum_{j=1}^{n_i} x_{ij}^2$
A_1	20	70	100	150	200	5	540	58320	77800
A_2	−20	0	40	120		4	140	4900	16400
A_3	−140	−60	20			3	−180	10800	23600
A_4	−100	−50	10	80		4	−60	900	19000
$\sum$						16	440	74920	136800
						$P = 12100$		$Q = 74920$	$R = 136800$

把有关计算结果填入方差分析表, 得到表 10.5.

表 10.5

来 源	离差平方和	自由度	平均离差平方和	F值
组 间	62820	3	20940	4.06
组 内	61880	12	5157	
总 和	124700	15		

如果给定显著性水平 $\alpha = 0.05$, 则可由附表 5 查得 $F_{0.05}(3,12) = 3.49$. 因为 $F = 4.06 > 3.49 = F_{0.05}(3,12)$, 所以在显著性水平 0.05 下认为由不同的工艺生产的灯泡寿命有显著差异.

利用表 10.4 的计算结果, 可以得到如下各未知参数的估计值:

$$\widehat{\sigma^2} = S_e = 5157,$$

$$\hat{\mu}_1 = \overline{x}_1 = 1600 + \frac{540}{5} = 1708,$$

$$\hat{\mu}_2 = \overline{x}_2 = 1600 + \frac{140}{4} = 1635,$$

$$\hat{\mu}_3 = \overline{x}_3 = 1600 - \frac{180}{3} = 1540,$$

$$\hat{\mu}_4 = \overline{x}_4 = 1600 - \frac{60}{4} = 1585.$$

由此可见, 用第一种工艺生产的灯泡的寿命是最长的.

10.2 双因素试验的方差分析

本节我们来考虑双因素试验的方差分析. 在一些双因素试验中, 有时会出现这种情况: 不仅各个因素对试验结果有影响, 而且因素之间还会联合起来对试验结果产生影响. 这种影响称为各因素间的**交互作用**. 因此, 在双因素试验中, 除了考察每个因素的各个水平对试验结果的影响外, 有时还应考察两个因素的各个水平之间如何搭配才能使试验结果更理想.

为了说明得更清楚, 我们先考虑无交互作用的情况, 然后再考虑有交互作用的情况.

10.2.1　无交互作用的双因素试验的方差分析

设在某一试验中有两个因素 A, B 作用于试验指标. 因素 A 有 l 个水平 $A_1, A_2, \cdots, A_l$, 因素 B 有 m 个水平 $B_1, B_2, \cdots, B_m$. 把在因素 A 的水平 A_i 与因素 B 的水平 B_j 的组合 (A_i, B_j) 下进行试验所得到的结果 (试验指标) 看成是总体 X_{ij}, 假设 $X_{ij} \sim N(\mu_{ij}, \sigma^2)$ $(i = 1, 2, \cdots, l; j = 1, 2, \cdots, m)$, 所有这些总体都具有相同的方差 σ^2. 假设在每对组合 (A_i, B_j) 下各进行一次试验, 所有这些试验都是独立的, 得到样本容量为 1 的样本, 仍然记为 X_{ij}, 其样本观测值为 x_{ij} $(i = 1, 2, \cdots, l; j = 1, 2, \cdots, m)$, 把它们列于表 10.6 中.

表　10.6

观测值 B A	B_1	B_2	$\cdots$	B_m
A_1	x_{11}	x_{12}	$\cdots$	x_{1m}
A_2	x_{21}	x_{22}	$\cdots$	x_{2m}
$\vdots$	$\vdots$	$\vdots$		$\vdots$
A_l	x_{l1}	x_{l2}	$\cdots$	x_{lm}

如果因素 A 和 B 的影响都不显著, 则所有的观测值 x_{ij} 可以看作是来自于同一正态总体. 因此, 要考察因素 A 或因素 B 对试验指标的影响是否显著, 就要检验假设

$$H_0: \mu_{11} = \cdots = \mu_{1m} = \cdots = \mu_{ij} = \cdots = \mu_{l1} = \cdots = \mu_{lm},$$

$$H_1: \mu_{ij} 不全相等,$$

$$i = 1, 2, \cdots, l; \quad j = 1, 2, \cdots, m.$$

设在水平 A_i 下样本均值为 $\overline{X}_{i\cdot}$, 即

$$\overline{X}_{i\cdot} = \frac{1}{m} \sum_{j=1}^{m} X_{ij}, \quad i = 1, 2, \cdots, l,$$

在水平 B_j 下样本均值为 $\overline{X}_{\cdot j}$, 即

$$\overline{X}_{\cdot j} = \frac{1}{l} \sum_{i=1}^{l} X_{ij}, \quad j = 1, 2, \cdots, m,$$

则样本的总平均值为

$$\overline{X} = \frac{1}{lm} \sum_{i=1}^{l} \sum_{j=1}^{m} X_{ij} = \frac{1}{l} \sum_{i=1}^{l} \overline{X}_{i\cdot} = \frac{1}{m} \sum_{j=1}^{m} \overline{X}_{\cdot j}.$$

类似于单因素试验的方差分析, 把总的离差平方和

$$S_T = \sum_{i=1}^{l}\sum_{j=1}^{m}(X_{ij} - \overline{X})^2$$

进行分解, 可以得到

$$
\begin{aligned}
S_T &= \sum_{i=1}^{l}\sum_{j=1}^{m}[(X_{ij} - \overline{X}_{i\cdot} - \overline{X}_{\cdot j} + \overline{X}) \\
&\quad + (\overline{X}_{i\cdot} - \overline{X}) + (\overline{X}_{\cdot j} - \overline{X})]^2 \\
&= \sum_{i=1}^{l}\sum_{j=1}^{m}(X_{ij} - \overline{X}_{i\cdot} - \overline{X}_{\cdot j} + \overline{X})^2 \\
&\quad + \sum_{i=1}^{l}\sum_{j=1}^{m}(\overline{X}_{i\cdot} - \overline{X})^2 + \sum_{i=1}^{l}\sum_{j=1}^{m}(\overline{X}_{\cdot j} - \overline{X})^2 \\
&= \sum_{i=1}^{l}\sum_{j=1}^{m}(X_{ij} - \overline{X}_{i\cdot} - \overline{X}_{\cdot j} + \overline{X})^2 \\
&\quad + m\sum_{i=1}^{l}(\overline{X}_{i\cdot} - \overline{X})^2 + l\sum_{j=1}^{m}(\overline{X}_{\cdot j} - \overline{X})^2 \\
&= S_E + S_A + S_B,
\end{aligned}
$$

其中

$$S_E = \sum_{i=1}^{l}\sum_{j=1}^{m}(X_{ij} - \overline{X}_{i\cdot} - \overline{X}_{\cdot j} + \overline{X})^2$$

称为**误差离差平方和**, 它反映了由于各种随机因素引起的试验误差; 而

$$S_A = m\sum_{i=1}^{l}(\overline{X}_{i\cdot} - \overline{X})^2$$

称为**因素 A 的离差平方和**, 它反映了因素 A 的不同水平 $A_i(i = 1, 2, \cdots, l)$ 的效应的差异程度; 称

$$S_B = l\sum_{j=1}^{m}(\overline{X}_{\cdot j} - \overline{X})^2$$

为**因素 B 的离差平方和**, 它反映了因素 B 的不同水平 $B_j(j = 1, 2, \cdots, m)$ 的效应的差异程度.

如果假设 H_0 是正确的, 则所有的样本 X_{ij} $(i = 1, 2, \cdots, l;\ j = 1, 2, \cdots, m)$ 可以看成来自同一正态总体 $N(\mu, \sigma^2)$, 其中 $\mu = \mu_{11} = \cdots = \mu_{lm}$. 根据第 6 章定理 6.4.2 可知

$$\frac{S_T}{\sigma^2} = \frac{1}{\sigma^2} \sum_{i=1}^{l} \sum_{j=1}^{m} (X_{ij} - \overline{X})^2 \sim \chi^2(lm-1).$$

由于

$$\overline{X}_{i\cdot} \sim N(\mu, \frac{\sigma^2}{m}), \quad i = 1, 2, \cdots, l,$$

且

$$\frac{1}{l} \sum_{i=1}^{l} \overline{X}_{i\cdot} = \overline{X},$$

所以

$$\frac{S_A}{\sigma^2} = \frac{m \sum_{i=1}^{l} (\overline{X}_{i\cdot} - \overline{X})^2}{\sigma^2} = \frac{\sum_{i=1}^{l} (\overline{X}_{i\cdot} - \overline{X})^2}{\dfrac{\sigma^2}{m}} \sim \chi^2(l-1).$$

由于

$$\overline{X}_{\cdot j} \sim N(\mu, \frac{\sigma^2}{l}), \quad j = 1, 2, \cdots, m,$$

且

$$\frac{1}{m} \sum_{j=1}^{m} \overline{X}_{\cdot j} = \overline{X},$$

所以

$$\frac{S_B}{\sigma^2} = \frac{l \sum_{j=1}^{m} (\overline{X}_{\cdot j} - \overline{X})^2}{\sigma^2} = \frac{\sum_{j=1}^{m} (\overline{X}_{\cdot j} - \overline{X})^2}{\dfrac{\sigma^2}{l}} \sim \chi^2(m-1).$$

此外, 可以证明 S_A, S_B, S_E 相互独立, 并且

$$\frac{S_E}{\sigma^2} \sim \chi^2((l-1)(m-1)).$$

把 S_A, S_B 及 S_E 分别除以相应的自由度, 得到因素 A、因素 B 及误差的平均离差平方和

$$\overline{S}_A = \frac{S_A}{l-1}, \quad \overline{S}_B = \frac{S_B}{m-1}, \quad \overline{S}_E = \frac{S_E}{(l-1)(m-1)},$$

由 F 分布的定义可知

$$F_A = \frac{\overline{S}_A}{\overline{S}_E} = \frac{\dfrac{S_A/\sigma^2}{l-1}}{\dfrac{S_E/\sigma^2}{(l-1)(m-1)}} \sim F(l-1, (l-1)(m-1)),$$

$$F_B = \frac{\overline{S}_B}{\overline{S}_E} \sim F(m-1, (l-1)(m-1)).$$

对于给定的显著性水平 α, 查 F 分布表得到 $F_\alpha(l-1,(l-1)(m-1))$ 及 $F_\alpha(m-1,(l-1)(m-1))$. 当由样本观测值算得的 F_A 的观测值满足 $F_A \geqslant F_\alpha(l-1,(l-1)(m-1))$ 时, 认为因素 A 对试验指标有显著影响; 当 $F_A < F_\alpha(l-1,(l-1)(m-1))$ 时, 认为因素 A 对试验指标的影响不显著. 类似地可以得到关于因素 B 对试验指标的影响是否显著的结论.

为了计算方便, 设

$$P = \frac{1}{lm}\left(\sum_{i=1}^{l}\sum_{j=1}^{m}X_{ij}\right)^2, \quad Q_A = \frac{1}{m}\sum_{i=1}^{l}\left(\sum_{j=1}^{m}X_{ij}\right)^2,$$

$$Q_B = \frac{1}{l}\sum_{j=1}^{m}\left(\sum_{i=1}^{l}X_{ij}\right)^2, \quad R = \sum_{i=1}^{l}\sum_{j=1}^{m}X_{ij}^2,$$

易知

$$S_T = R - P, \quad S_A = Q_A - P,$$

$$S_B = Q_B - P, \quad S_E = R - Q_A - Q_B + P.$$

对于样本观测值 $x_{ij}(i=1,2,\cdots,l;j=1,2,\cdots,m)$, 上述计算过程列于表 10.7, 计算出 S_A, S_B, S_E 及 S_T, 再写出双因素试验的方差分析表 (表 10.8).

表　10.7

A ＼ B	B_1	B_2	$\cdots$	B_m	$\sum\limits_{j=1}^{m}$	$\left(\sum\limits_{j=1}^{m}\right)^2$	$\sum\limits_{j=1}^{m}x_{ij}^2$
A_1	x_{11}	x_{12}	$\cdots$	x_{1m}	$\sum\limits_{j=1}^{m}x_{1j}$	$\left(\sum\limits_{j=1}^{m}x_{1j}\right)^2$	$\sum\limits_{j=1}^{m}x_{1j}^2$
A_2	x_{21}	x_{22}	$\cdots$	x_{2m}	$\sum\limits_{j=1}^{m}x_{2j}$	$\left(\sum\limits_{j=1}^{m}x_{2j}\right)^2$	$\sum\limits_{j=1}^{m}x_{2j}^2$
$\vdots$	$\vdots$	$\vdots$		$\vdots$	$\vdots$	$\vdots$	$\vdots$
A_l	x_{l1}	x_{l2}	$\cdots$	x_{lm}	$\sum\limits_{j=1}^{m}x_{lj}$	$\left(\sum\limits_{j=1}^{m}x_{lj}\right)^2$	$\sum\limits_{j=1}^{m}x_{lj}^2$
$\sum\limits_{i=1}^{l}$	$\sum\limits_{i=1}^{l}x_{i1}$	$\sum\limits_{i=1}^{l}x_{i2}$	$\cdots$	$\sum\limits_{i=1}^{l}x_{im}$	$\sum\limits_{i=1}^{l}\sum\limits_{j=1}^{m}x_{ij}$	$\sum\limits_{i=1}^{l}\left(\sum\limits_{j=1}^{m}x_{ij}\right)^2$	$\sum\limits_{i=1}^{l}\sum\limits_{j=1}^{m}x_{ij}^2$
$\left(\sum\limits_{i=1}^{l}\right)^2$	$\left(\sum\limits_{i=1}^{l}x_{i1}\right)^2$	$\left(\sum\limits_{i=1}^{l}x_{i2}\right)^2$	$\cdots$	$\left(\sum\limits_{i=1}^{l}x_{im}\right)^2$	$\sum\limits_{j=1}^{m}\left(\sum\limits_{i=1}^{l}x_{ij}\right)^2$		

表 10.8

方差来源	离差平方和	自由度	平均离差平方和	F 值
因素 A	S_A	$l-1$	$\overline{S}_A = \dfrac{S_A}{l-1}$	$F_A = \dfrac{\overline{S}_A}{\overline{S}_E}$
因素 B	S_B	$m-1$	$\overline{S}_B = \dfrac{S_B}{m-1}$	$F_B = \dfrac{\overline{S}_B}{\overline{S}_E}$
误差	S_E	$(l-1)(m-1)$	$\overline{S}_E = \dfrac{S_E}{(l-1)(m-1)}$	
总和	S_T	$lm-1$		

例 10.2.1 一火箭使用了四种燃料、三种推进器做射程试验. 每种燃料与每种推进器的组合做一次试验, 得火箭射程 (单位: n mile) 如表 10.9 所示. 试在显著性水平 $\alpha = 0.1$ 下检验各燃料之间、各推进器之间有无显著差异.

解 从表 10.9 可算得 $S_T = 11113.4167, S_A = 157.59, S_B = 223.8467, S_E = 731.98$, 得方差分析表如表 10.10.

由于 $F_{0.1}(3,6) = 3.29 > 0.43$ 及 $F_{0.1}(2,6) = 3.46 > 0.92$, 所以可以认为各燃料的差异或各推进器的差异对火箭射程的影响都不显著.

表 10.9

推进器(B) 燃料(A)	B_1	B_2	B_3
A_1	58.2	56.2	65.3
A_2	49.1	54.1	51.6
A_3	60.1	70.9	39.2
A_4	75.8	58.2	48.7

表 10.10

方差来源	离差平方和	自由度	平均离差平方和	F值
因素 A	157.59	3	52.53	0.43
因素 B	223.8467	2	111.92	0.92
误差	761.98	6	121.99	
总和	11113.4167	11		

10.2.2 有交互作用的双因素试验的方差分析

设因素 A 有 l 个水平 $A_1, A_2, \cdots, A_l$, 因素 B 有 m 个水平 $B_1, B_2, \cdots, B_m$. 为了考察因素 A 与因素 B 的交互作用 (用 $A \times B$ 表示), 必须对 A 和 B 的各个水平组合 (A_i, B_j) 进行重复试验. 现在我们讨论一种比较简单的情形: 对因素 A

和因素 B 的各个水平组合 (A_i, B_j) 都做相同次数的试验, 设各重复 r $(r > 1)$ 次, 每次试验都是独立进行的. 把在水平组合 (A_i, B_j) 下进行试验所得的结果 (试验指标) 看成是总体 X_{ij}, 其中第 k 次试验结果为

$$X_{ijk}, \quad i = 1, 2, \cdots, l; \ j = 1, 2, \cdots, m; \ k = 1, 2, \cdots, r.$$

并且假定:

(1) 在水平组合 (A_i, B_j) 下的总体 X_{ij} 服从均值为 μ_{ij}、方差为 σ^2 的正态分布, 即

$$X_{ij} \sim N(\mu_{ij}, \sigma^2), \quad i = 1, 2, \cdots, l; \ j = 1, 2, \cdots, m;$$

(2) 上述的 μ_{ij} 可表示成

$$\mu_{ij} = \mu + \alpha_i + \beta_j + \delta_{ij},$$
$$i = 1, 2, \cdots, l; \ j = 1, 2, \cdots, m,$$

其中 α_i 为因素 A 在水平 A_i 下的效应, β_j 为因素 B 在水平 B_j 下的效应, δ_{ij} 为因素 A 的水平 A_i 与因素 B 的水平 B_j 之间的交互作用效应, 并且

$$\sum_{i=1}^{l} \alpha_i = 0, \quad \sum_{j=1}^{m} \beta_j = 0,$$
$$\sum_{i=1}^{l} \delta_{ij} = \sum_{j=1}^{m} \delta_{ij} = 0,$$
$$i = 1, 2, \cdots, l; \ j = 1, 2, \cdots, m.$$

于是 X_{ijk} 可表示为

$$X_{ijk} = \mu + \alpha_i + \beta_j + \delta_{ij} + \varepsilon_{ijk}, \quad \varepsilon_{ijk} \sim N(0, \sigma^2),$$
$$i = 1, 2, \cdots, l; \ j = 1, 2, \cdots, m; \ k = 1, 2, \cdots, r. \tag{10.2.1}$$

在 (10.2.1) 式中, 各随机变量 ε_{ijk} 相互独立, $\mu, \sigma^2, \alpha_i, \beta_j, \delta_{ij}$ 都是未知参数.

要判断因素 A、因素 B 及交互作用 $A \times B$ 对试验指标的影响是否显著, 分别相当于检验假设

$$H_{01}: \alpha_1 = \alpha_2 = \cdots = \alpha_l = 0, \quad H_{11}: \alpha_1, \alpha_2, \cdots, \alpha_l \text{不全为零};$$
$$H_{02}: \beta_1 = \beta_2 = \cdots = \beta_m = 0, \quad H_{12}: \beta_1, \beta_2, \cdots, \beta_m \text{不全为零};$$
$$H_{03}: \delta_{ij} = 0, \quad H_{13}: \delta_{ij} \text{不全为零}, \ i = 1, 2, \cdots, l; \ j = 1, 2, \cdots, m.$$

设

$$\overline{X}_{ij.} = \frac{1}{r}\sum_{k=1}^{r}X_{ijk},$$

$$\overline{X}_{i..} = \frac{1}{mr}\sum_{j=1}^{m}\sum_{k=1}^{r}X_{ijk},$$

$$\overline{X}_{.j.} = \frac{1}{lr}\sum_{i=1}^{l}\sum_{k=1}^{r}X_{ijk},$$

$$\overline{X} = \frac{1}{lmr}\sum_{i=1}^{l}\sum_{j=1}^{m}\sum_{k=1}^{r}X_{ijk},$$

则有

$$S_T = \sum_{i=1}^{l}\sum_{j=1}^{m}\sum_{k=1}^{r}(X_{ijk} - \overline{X})^2$$

$$= \sum_{i=1}^{l}\sum_{j=1}^{m}\sum_{k=1}^{r}[(X_{ijk} - \overline{X}_{ij.}) + (\overline{X}_{i..} - \overline{X})$$

$$+ (\overline{X}_{.j.} - \overline{X}) + (\overline{X}_{ij.} - \overline{X}_{i..} - \overline{X}_{.j.} + \overline{X})]^2.$$

如果记

$$S_E = \sum_{i=1}^{l}\sum_{j=1}^{m}\sum_{k=1}^{r}(X_{ijk} - \overline{X}_{ij.})^2,$$

$$S_A = mr\sum_{i=1}^{l}(\overline{X}_{i..} - \overline{X})^2,$$

$$S_B = lr\sum_{j=1}^{m}(\overline{X}_{.j.} - \overline{X})^2,$$

$$S_{A\times B} = r\sum_{i=1}^{l}\sum_{j=1}^{m}(\overline{X}_{ij.} - \overline{X}_{i..} - \overline{X}_{.j.} + \overline{X})^2,$$

则有

$$S_T = S_E + S_A + S_B + S_{A\times B}.$$

设

$$\overline{\varepsilon}_{ij.} = \frac{1}{r}\sum_{k=1}^{r}\varepsilon_{ijk},$$

$$\overline{\varepsilon}_{i..} = \frac{1}{mr}\sum_{j=1}^{m}\sum_{k=1}^{r}\varepsilon_{ijk},$$

$$\overline{\varepsilon}_{\cdot j \cdot} = \frac{1}{lr} \sum_{i=1}^{l} \sum_{k=1}^{r} \varepsilon_{ijk},$$

$$\overline{\varepsilon} = \frac{1}{lmr} \sum_{i=1}^{l} \sum_{j=1}^{m} \sum_{k=1}^{r} \varepsilon_{ijk},$$

利用 (10.2.1) 式可得到

$$S_E = \sum_{i=1}^{l} \sum_{j=1}^{m} \sum_{k=1}^{r} (\varepsilon_{ijk} - \overline{\varepsilon}_{ij\cdot})^2,$$

$$S_A = mr \sum_{i=1}^{l} (\alpha_i - \overline{\varepsilon}_{i\cdot\cdot} - \overline{\varepsilon})^2,$$

$$S_B = lr \sum_{j=1}^{m} (\beta_j - \overline{\varepsilon}_{\cdot j\cdot} - \overline{\varepsilon})^2,$$

$$S_{A \times B} = r \sum_{i=1}^{l} \sum_{j=1}^{m} (\delta_{ij} + \overline{\varepsilon}_{ij\cdot} - \overline{\varepsilon}_{i\cdot\cdot} - \overline{\varepsilon}_{\cdot j\cdot} + \overline{\varepsilon})^2.$$

可以证明 (在此从略), $S_E, S_A, S_B, S_{A \times B}$ 相互独立, 并且

$$\frac{S_E}{\sigma^2} \sim \chi^2(lm(r-1));$$

当 H_{01}: $\alpha_1 = \alpha_2 = \cdots = \alpha_l = 0$ 成立时, 有

$$\frac{S_A}{\sigma^2} \sim \chi^2(l-1);$$

当 H_{02}: $\beta_1 = \beta_2 = \cdots = \beta_m = 0$ 成立时, 有

$$\frac{S_B}{\sigma^2} \sim \chi^2(m-1);$$

当 H_{03}: $\delta_{ij} = 0$ $(i = 1, 2, \cdots, l;\ j = 1, 2, \cdots, m)$ 成立时, 有

$$\frac{S_{A \times B}}{\sigma^2} \sim \chi^2((l-1)(m-1)).$$

记

$$\overline{S}_E = \frac{S_E}{lm(r-1)}, \quad \overline{S}_A = \frac{S_A}{l-1},$$

$$\overline{S}_B = \frac{S_B}{m-1}, \quad \overline{S}_{A \times B} = \frac{S_{A \times B}}{(l-1)(m-1)},$$

当假设 H_{01}, H_{02}, H_{03} 都成立时, 统计量

$$F_A = \frac{\overline{S}_A}{\overline{S}_E} = \frac{S_A/[\sigma^2(l-1)]}{S_E/[\sigma^2 lm(r-1)]} \sim F(l-1, lm(r-1)),$$

$$F_B = \frac{\overline{S}_B}{\overline{S}_E} \sim F(m-1, lm(r-1)),$$

$$F_{A \times B} = \frac{\overline{S}_{A \times B}}{\overline{S}_E} \sim F((l-1)(m-1), lm(r-1)).$$

对于给定的显著性水平 α, 由附表 5 可以分别查得

$$F_\alpha(l-1, lm(r-1)), \quad F_\alpha(m-1, lm(r-1)),$$
$$F_\alpha((l-1)(m-1), lm(r-1)).$$

假设 H_{01} 的拒绝域为

$$W_1 = \{F_A \geqslant F_\alpha(l-1, lm(r-1))\};$$

假设 H_{02} 的拒绝域为

$$W_2 = \{F_B \geqslant F_\alpha(m-1, lm(r-1))\};$$

假设 H_{03} 的拒绝域为

$$W_3 = \{F_{A \times B} \geqslant F_\alpha((l-1)(m-1), lm(r-1))\}.$$

当由样本观测值算得的 F_A 的观测值满足 $F_A \geqslant F_\alpha(l-1, lm(r-1))$ 时, 认为因素 A 对试验指标有显著影响; 当 $F_A < F_\alpha(l-1, lm(r-1))$ 时, 认为因素 A 对试验指标无显著影响. 类似地可以得到关于因素 B 和交互作用 $A \times B$ 对试验指标是否有显著影响的结论.

如果记

$$\begin{cases} P = \dfrac{1}{lmr} \left(\sum_{i=1}^{l} \sum_{j=1}^{m} \sum_{k=1}^{r} X_{ijk} \right)^2, \\[3mm] Q_A = \dfrac{1}{mr} \sum_{i=1}^{l} \left(\sum_{j=1}^{m} \sum_{k=1}^{r} X_{ijk} \right)^2, \\[3mm] Q_B = \dfrac{1}{lr} \sum_{j=1}^{m} \left(\sum_{i=1}^{l} \sum_{k=1}^{r} X_{ijk} \right)^2, \\[3mm] R = \dfrac{1}{r} \sum_{i=1}^{l} \sum_{j=1}^{m} \left(\sum_{k=1}^{r} X_{ijk} \right)^2, \\[3mm] W = \sum_{i=1}^{l} \sum_{j=1}^{m} \sum_{k=1}^{r} X_{ijk}^2, \end{cases} \qquad (10.2.2)$$

则有

$$\begin{cases} S_A = Q_A - P, \quad S_B = Q_B - P, \\ S_{A\times B} = R - Q_A - Q_B + P, \\ S_E = W - R, \quad S_T = W - P. \end{cases} \tag{10.2.3}$$

对于样本观测值 $x_{ijk}(i = 1, 2, \cdots, l; j = 1, 2, \cdots, m; k = 1, 2, \cdots, r)$, 可把上述计算结果列于方差分析表 (表 10.11) 中.

表 10.11

方差来源	离差平方和	自由度	平均离差平方和	F值
因素 A	$S_A = Q_A - P$	$l-1$	$\overline{S}_A = \dfrac{S_A}{l-1}$	$F_A = \dfrac{\overline{S}_A}{\overline{S}_E}$
因素 B	$S_B = Q_B - P$	$m-1$	$\overline{S}_B = \dfrac{S_B}{m-1}$	$F_B = \dfrac{\overline{S}_B}{\overline{S}_E}$
交互作用 $A \times B$	$S_{A\times B} = R - Q_A$ $-Q_B + P$	$(l-1)(m-1)$	$\overline{S}_{AB}$ $= \dfrac{S_{A\times B}}{(l-1)(m-1)}$	$F_{A\times B} = \dfrac{\overline{S}_{A\times B}}{\overline{S}_E}$
误差	$S_E = W - R$	$lm(r-1)$	$\overline{S}_E = \dfrac{S_E}{lm(r-1)}$	
总和	$S_T = W - P$	$lmr - 1$		

例 10.2.2   一火箭使用了四种燃料、三种推进器做射程试验. 对于燃料与推进器的每一种搭配, 各发射火箭两次, 得结果如表 10.12 所示. 试在显著性水平 $\alpha = 0.05$ 下检验燃料、推进器以及它们的交互作用对火箭射程是否有显著影响.

表 10.12

推进器(B) 燃料(A)	B_1	B_2	B_3
A_1	58.2	56.2	65.3
	52.6	41.2	60.8
A_2	49.1	54.1	51.6
	42.8	50.5	48.4
A_3	60.1	70.9	39.2
	58.3	73.2	40.7
A_4	75.8	58.2	48.7
	71.5	51.0	41.4

解   假设在因素 A 的水平 A_i 和因素 B 的水平 B_j 的组合 (A_i, B_j) 下得到该火箭射程 $X_{ij} \sim N(\mu_{ij}, \sigma^2)$ 且 $\mu_{ij} = \mu + \alpha_i + \beta_j + \delta_{ij}(i = 1, 2, 3, 4; j = 1, 2, 3)$. 在显著性水平 $\alpha = 0.05$ 下检验假设

$$H_{01}: \alpha_1 = \alpha_2 = \alpha_3 = \alpha_4 = 0, \quad H_{11}: \alpha_1, \alpha_2, \alpha_3, \alpha_4 \text{不全为零};$$

$$H_{02}: \beta_1 = \beta_2 = \beta_3 = 0, \quad H_{12}: \beta_1, \beta_2, \beta_3 \text{不全为零};$$

$$H_{03}: \delta_{ij} = 0, \quad H_{13}: \delta_{ij} \text{不全为零}, i = 1, 2, 3, 4; j = 1, 2, 3.$$

对表 10.12 中的数据可计算得

$$P = 72578.0017, \quad Q_A = 72839.6767,$$
$$Q_B = 72948.9825, \quad R = 74979.35,$$
$$W = 75216.3.$$

由公式 (10.2.3) 得

$$S_A = Q_A - P = 261.6750,$$
$$S_B = Q_B - P = 370.9808,$$
$$S_{A \times B} = R - Q_A - Q_B + P = 1768.6925,$$
$$S_E = W - R = 236.95,$$
$$S_T = W - P = 2638.2983.$$

从而得到方差分析表 10.13.

对于给定的显著性水平 $\alpha = 0.05$, 查附表得

$$F_{0.05}(3, 12) = 3.49, \quad F_{0.05}(2, 12) = 3.89, \quad F_{0.05}(6, 12) = 3.00.$$

因为 $F_A = 4.42 > 3.49 = F_{0.05}(3, 12)$, 所以拒绝 H_{01}, 认为燃料对火箭射程有显著影响; 因为 $F_B = 9.39 > 3.89 = F_{0.05}(2, 12)$, 所以拒绝 H_{02}, 认为推进器对火箭射程有显著影响; 因为 $F_{A \times B} = 14.93 > F_{0.05}(6, 12) = 3.00$, 所以也拒绝 H_{03}, 认为交互作用 $A \times B$ 对火箭射程有显著影响.

表 10.13

方差来源	离差平方和	自由度	平均离差平方和	F值
因素A	261.6750	3	87.2250	4.42
因素B	370.9808	2	185.4904	9.39
交互作用 $A \times B$	1768.6925	6	294.7821	14.93
误差	236.95	12	19.7458	
总和	2638.2983	23		

习 题 10

1. 用 5 种不同的施肥方案分别得到某种农作物的收获量如下:

施肥方案	1	2	3	4	5
收 获 量	67	98	60	79	90
	67	96	69	64	70
	55	91	50	81	79
	42	66	35	70	88

试在显著水平 $\alpha = 0.05$ 下检验这 5 种施肥方案对农作物收获量是否有显著影响.

2. 3 部机床 A, B, C 制造一种产品, 每部机床各统计 5 天的日产量如下:

A：$41, 48, 41, 49, 57$; $\quad B$：$65, 57, 54, 72, 64$; $\quad C$：$45, 51, 56, 48, 48.$

试在显著水平 $\alpha = 0.01$ 下检验 3 部机床日产量有无显著差异.

3. 某食品公司生产的果酱原用罐装, 销售部门建议增加玻璃瓶和塑料瓶两种新包装. 公司采纳该建议后, 随即挑选几家食品店进行试销, 欲通过市场试验后决定一个合理的包装策略. 一个月后, 将每周的销售量数据整理如下表:

每周销售量　包装	罐装	玻璃装	塑料装
1	30	42	18
2	40	48	26
3	18	38	40
4	24	36	36

问这 3 种包装的果酱销售量有无显著差异. ($\alpha = 0.05$)

4. 某厂有 3 名检验员, 每天对 4 个生产小组生产的某种产品进行纯度化验. 某日化验的结果如下表所示 (纯度 %):

化验员　生产小组	1	2	3	4
甲	10.3	11.4	9.4	11.0
乙	10.7	11.2	10.0	10.0
丙	10.5	11.6	9.6	10.6

问化验员的化验水平及 4 个小组生产的产品的纯度有无显著差异. (α=0.05)

5. 研究原料的 3 种不同产地与 4 种不同的生产工艺对某种化工产品纯度的影响, 现对各种组合进行一次试验, 测得产品的纯度如下:

产地 工艺	B_1	B_2	B_3	B_4
A_1	94.5	97.8	96.1	95.4
A_2	95.8	98.6	97.2	96.4
A_3	92.7	97.1	97.7	93.9

试问: 不同的原料产地, 不同的生产工艺下产品的纯度是否有显著差异? ($\alpha = 0.05$)

6. 下面给出了 3 位操作工人分别在 4 台不同机器上操作 3 天的日产量:

机器 工人	甲	乙	丙
A_1	15, 15, 17	19, 19, 16	16, 18, 21
A_2	17, 17, 17	15, 15, 15	19, 22, 22
A_3	18, 20, 22	15, 16, 17	17, 17, 17
A_4	15, 17, 16	18, 17, 16	18, 18, 18

给定显著性水平 $\alpha = 0.05$, 试分别检验操作工人、机器以及它们的交互作用是否显著.

7. 比较研究某种农作物的 3 个不同品种及施用的 4 种不同肥料对作物的产量的影响, 现对品种和肥料的不同组合各重复进行两次试验, 测得产量结果如下:

品种 肥料	B_1	B_2	B_3	B_4
A_1	195, 204	224, 217	238, 251	265, 256
A_2	254, 241	258, 272	294, 276	267, 278
A_3	279, 292	302, 289	325, 308	297, 283

试由上述试验数据推断品种、肥料以及它们的交互作用对作物产量的影响是否显著. ($\alpha = 0.05$)

第 10 章自测题

习题参考答案

习 题 1

(A)

1. (1) $\Omega = \{1, 2, \cdots, 10\}$;　　(2) $\Omega = \{(i,j)\,|\,i,j = 1,2,\cdots,6\}$;

　(3) $\Omega = \{0,1,2,3\}$;　　　　(4) $\Omega = \{(x,y,z)|x>0,y>0,z>0,x+y+z=1\}$.

2. (1) $A \bigcup B = \{x|0 \leqslant x \leqslant 3\}$;　　(2) $AB = \{x|1 \leqslant x \leqslant 2\}$;

　(3) $\overline{A} = \{x|-\infty < x < 0\text{或}2 < x < +\infty\}$;

　(4) $A\overline{B} = \{x|0 \leqslant x < 1\}$.

3. (1) $AB\,\overline{C}$;　(2) $A \bigcup B \bigcup C$;　(3) $AB \bigcup BC \bigcup AC$;　(4) $\overline{A} \bigcup \overline{B} \bigcup \overline{C}$;

　(5) $\overline{A}(B \bigcup C)$;　(6) $A\overline{B}\,\overline{C} \bigcup \overline{A}B\overline{C} \bigcup \overline{A}\,\overline{B}C$;　(7) $AB\overline{C} \bigcup A\overline{B}C \bigcup \overline{A}BC$;

　(8) $\overline{A}\,\overline{B} \bigcup \overline{B}\,\overline{C} \bigcup \overline{A}\,\overline{C}\text{或}\overline{A}\,\overline{B}\,\overline{C} \bigcup \overline{A}\,\overline{B}C \bigcup \overline{A}B\overline{C} \bigcup A\overline{B}\,\overline{C}$.

4. (1) 成立;　(2) 成立;　(3) 成立;　(4) 成立;

　(5) 不成立, $(A-B)\bigcup B = A \bigcup B$;　(6) 不成立, $(A \bigcup B) - B = A - B$.

5. 0.7.

6. $p+q,\ 1-p,\ 1-q,\ q,\ p,\ 1-p-q$.

7. $\dfrac{1}{190}$.

8. (1) 当 $A \subset B$时,$P(AB) = 0.6$;　　(2) 当$A \bigcup B = \Omega$时,$P(AB) = 0.3$.

9. $\dfrac{\mathrm{C}_M^m\ \mathrm{C}_{N-M}^{n-m}}{\mathrm{C}_N^n}$.

10. $\dfrac{10}{19}$.

11. $\dfrac{13}{21}$.

12. (1) $1 - \left(\dfrac{8}{9}\right)^{25}$;　(2) $1 - \left(\dfrac{7}{9}\right)^{25}$;　(3) $1 - 2\left(\dfrac{8}{9}\right)^{25} + \left(\dfrac{7}{9}\right)^{25}$;

　(4) $\mathrm{C}_{25}^3 \left(\dfrac{1}{9}\right)^3 \left(\dfrac{8}{9}\right)^{22}$.

13. $\dfrac{1}{3} + \dfrac{2}{9}\ln 2$.

14. 后者.

15. $\dfrac{1}{4}$;　$\dfrac{3}{8}$.

16. $\dfrac{2}{9}$.

17. 0.467.

18. 0.124.

19. 0.645.

20. (1) $\dfrac{1}{3}$;   (2) $\dfrac{1}{2}$.

21. (1) 0.94;   (2) 0.85.

22. (1) 0.455;   (2) 0.14.

23. (1) 0.417;   (2) 白色球可能性大.

24. $r^3(2-r^3)$; $r^3(2-r)^3$.

25. 0.27136.

26. (1) 0.2286;   (2) 0.0497.

27. (1) 0.309;   (2) 0.472.

28. 0.998.

29. 0.159.

(B)

1. $\dfrac{2(n-r-1)}{n(n-1)}$; $\dfrac{1}{n-1}$.

2. 由贝叶斯公式, 这批货物损坏 2%, 10%, 90% 的概率分别为 0.8731, 0.1268, 0.0001, 因此可以认为损坏率为 2%.

3. 0.1371.

习 题 2

(A)

1. $P\{X=k\}=(0.1)^k\times0.9,\ k=1,2,3,\cdots$.

2.
X	0	1	2	3
P	$\dfrac{1}{8}$	$\dfrac{3}{8}$	$\dfrac{3}{8}$	$\dfrac{1}{8}$

3. $P\{X=k\}=p(1-p)^{k-1},\quad k=1,2,\cdots$.

4.
X	1	2	3	4	5
P	0.9	0.09	0.009	0.0009	0.0001

5.

X	0	1	2	3	4
P	0.0016	0.0064	0.032	0.16	0.8

6.

X	-1	1	2
P	$\dfrac{1}{6}$	$\dfrac{2}{6}$	$\dfrac{3}{6}$

$$F(x) = \begin{cases} 0, & x < -1, \\ \dfrac{1}{6}, & -1 \leqslant x < 1, \\ \dfrac{1}{2}, & 1 \leqslant x < 2, \\ 1, & x \geqslant 2. \end{cases}$$

图略.

7. $\dfrac{2}{3}\mathrm{e}^{-2}$.

8. $\dfrac{65}{81}$.

9. 0.8021.

10. (1) 0.1042; (2) 0.9972.

11. 2 个.

12. 设 X 表示第一名队员的投篮次数, Y 表示第二名队员的投篮次数,

$$P\{X = k\} = 0.76 \times 0.24^{k-1}, \quad k = 1, 2, \cdots,$$

$$P\{Y = 0\} = 0.4, \ P\{Y = k\} = 0.76 \times 0.6^{k} \times 0.4^{k-1}, \quad k = 1, 2, \cdots.$$

13. $P\{X = k\} = \left(\dfrac{1}{4}\right)^{k-1} \dfrac{3}{4}, \quad k = 1, 2, \cdots.$

14.

X	2	3	4	5	$\cdots$	n	$\cdots$
P	$\dfrac{1}{2}$	$\dfrac{1}{2^2}$	$\dfrac{1}{2^3}$	$\dfrac{1}{2^4}$	$\cdots$	$\dfrac{1}{2^{n-1}}$	$\cdots$

15. $P\{X = k\} = \left(\dfrac{25}{36}\right)^{k-1} \dfrac{11}{36}, \quad k = 1, 2, \cdots.$

16. $k = 3, \quad P\{X > 1\} = \mathrm{e}^{-3}.$

17. $\dfrac{21}{25}$.

18. (1) $A = 1, B = -1$; (2) $f(x) = \begin{cases} x\mathrm{e}^{-\frac{x^2}{2}}, & x > 0, \\ 0, & x \leqslant 0; \end{cases}$ (3) 0.4712.

19. (1) $A = 0, \ B = \dfrac{1}{2}, \ C = 2$;

(2) $f(x) = \begin{cases} x, & 0 \leqslant x < 1, \\ 2 - x, & 1 \leqslant x < 2, \\ 0, & 其他; \end{cases}$ (3) $P\{1 \leqslant x < 3\} = \dfrac{1}{2}.$

20. $\dfrac{20}{27}$.

21. $P\{Y = k\} = C_n^k (0.01)^k (0.99)^{n-k}, \quad k = 0, 1, 2, \cdots, n.$

22. (1) $\dfrac{2}{3}$;   (2) $\dfrac{8}{27}$;   (3) $\dfrac{26}{27}$.

23. $P\{Y = k\} = C_5^k e^{-2k}(1 - e^{-5})^{5-k}, \quad k = 0, 1, \cdots, 5;$

$P\{Y \geqslant 1\} = 0.5167.$

24. (1) $\Phi(1.11) = 0.8665$;   (2) 符合.

25. 2.275%.

26. $\dfrac{216}{625}$.

27. (1) 0.9886;   (2) $a = 111.84$;   (3) $b = 57.5$.

28. (1)

Y_1	-6	-4	-2	0	2	4
P	0.1	0.15	0.2	0.25	0.2	0.1

(2)

Y_2	0	1	4	9
P	0.25	0.4	0.25	0.1

29. $f_Y(y) = \dfrac{2e^y}{\pi(1 + e^{2y})}, \quad -\infty < y < +\infty.$

30. (1) $f_Y(y) = \begin{cases} \dfrac{1}{y}, & 1 < y < e, \\ 0, & 其他; \end{cases}$ (2) $f_Y(y) = \begin{cases} \dfrac{1}{2}e^{-\frac{y}{2}}, & y > 0, \\ 0, & y \leqslant 0. \end{cases}$

31. 略.

32. $f_Y(y) = \begin{cases} \dfrac{2}{\pi\sqrt{1 - y^2}}, & 0 < y < 1, \\ 0, & 其他. \end{cases}$

(B)

1. 183.98(cm).

2. (1) 0.0642;   (2) 0.009.

3. (1) 0.3174;   (2) 0.7651.

4. $1 - \displaystyle\sum_{k=0}^{2} C_{100}^k 0.05^k 0.95^{100-k} \approx 0.87$ (由泊松定理).

5. 0.9265 (由泊松定理); $k = 8$ 或 9.

习　题　3

(A)

1. $P\{X_1 = 0, X_2 = 0\} = 0.1,$　　$P\{X_1 = 1, X_2 = 0\} = 0.3,$

　　$P\{X_1 = 0, X_2 = 1\} = 0.3,$　　$P\{X_1 = 1, X_2 = 1\} = 0.3.$

2. (1)

X \ Y	1	2	3
1	$\dfrac{1}{16}$	$\dfrac{1}{16}$	$\dfrac{2}{16}$
2	$\dfrac{1}{16}$	$\dfrac{1}{16}$	$\dfrac{2}{16}$
3	$\dfrac{2}{16}$	$\dfrac{2}{16}$	$\dfrac{4}{16}$

(2)

X \ Y	1	2	3
1	0	$\dfrac{1}{12}$	$\dfrac{2}{12}$
2	$\dfrac{1}{12}$	0	$\dfrac{2}{12}$
3	$\dfrac{2}{12}$	$\dfrac{2}{12}$	$\dfrac{2}{12}$

3.

X \ Y	1	2	3	$P_{i\cdot}$
3	$\dfrac{1}{10}$	0	0	$\dfrac{1}{10}$
4	$\dfrac{2}{10}$	$\dfrac{1}{10}$	0	$\dfrac{3}{10}$
5	$\dfrac{3}{10}$	$\dfrac{2}{10}$	$\dfrac{1}{10}$	$\dfrac{6}{10}$
$P_{\cdot j}$	$\dfrac{6}{10}$	$\dfrac{3}{10}$	$\dfrac{1}{10}$	1

4.

X \ Y	1	3	$P_{i\cdot}$
0	0	$\dfrac{1}{8}$	$\dfrac{1}{8}$
1	$\dfrac{3}{8}$	0	$\dfrac{3}{8}$
2	$\dfrac{3}{8}$	0	$\dfrac{3}{8}$
3	0	$\dfrac{1}{8}$	$\dfrac{1}{8}$
$P_{\cdot j}$	$\dfrac{6}{8}$	$\dfrac{2}{8}$	1

5. $F(x,y) = \begin{cases} 0, & x < 0 \text{ 或 } y < 0, \\ \dfrac{1}{4}, & 0 \leqslant x < 1, 0 \leqslant y < 1, \\ \dfrac{1}{2}, & \begin{cases} 0 \leqslant x < 1, \\ y \geqslant 1, \end{cases} \text{ 或 } \begin{cases} 0 \leqslant y < 1, \\ x \geqslant 1, \end{cases} \\ 1, & x \geqslant 1, y \geqslant 1. \end{cases}$

6. (1) $K = 2$;   (2) $F(x,y) = \begin{cases} (1 - e^{-x})(1 - e^{-2y}), & x > 0, y > 0, \\ 0, & \text{其他}. \end{cases}$

7. $F(x,y) = \begin{cases} 0, & x < 0 \text{或} y < 0, \\ (1 - p_1)(1 - p_2), & 0 \leqslant x < 1, 0 \leqslant y < 1, \\ (1 - p_1), & 0 \leqslant x < 1, y \geqslant 1, \\ (1 - p_2), & x \geqslant 1, 0 \leqslant y < 1, \\ 1, & x \geqslant 1, y \geqslant 1. \end{cases}$

8. (1) $\dfrac{1}{8}$;   (2) $\dfrac{3}{8}$;   (3) $\dfrac{27}{32}$;   (4) $\dfrac{2}{3}$.

9. (1) $f(x,y) = \begin{cases} \dfrac{1}{4\pi}, & x^2 + y^2 \leqslant 4, \\ 0, & \text{其他}; \end{cases}$ (2) $\dfrac{1}{4\pi}$.

10. $f(x,y) = \begin{cases} 2, & (x,y) \in D, \\ 0, & \text{其他}; \end{cases}$ $f_X(x) = \begin{cases} 2(1 - x), & 0 < x < 1, \\ 0, & \text{其他}; \end{cases}$

$f_Y(y) = \begin{cases} 2(1 - y), & 0 < y < 1, \\ 0, & \text{其他}. \end{cases}$

11. $f_X(x) = \begin{cases} 2x^2 + \dfrac{2}{3}x, & 0 \leqslant x \leqslant 1, \\ 0, & \text{其他}; \end{cases}$

$f_Y(y) = \begin{cases} \dfrac{1}{3} + \dfrac{1}{6}y, & 0 \leqslant y \leqslant 2, \\ 0, & \text{其他}. \end{cases}$

12. $C = 6$.

13. (1) $f(x,y) = \begin{cases} 4e^{-2(x+y)}, & x > 0, y > 0, \\ 0, & \text{其他}; \end{cases}$

(2) $F_X(x) = \begin{cases} 1 - e^{-2x}, & x > 0, \\ 0, & x \leqslant 0, \end{cases}$ $F_Y(y) = \begin{cases} 1 - e^{-2y}, & y > 0, \\ 0, & y \leqslant 0, \end{cases}$

$f_X(x) = \begin{cases} 2e^{-2x}, & x > 0, \\ 0, & x \leqslant 0, \end{cases}$ $f_Y(y) = \begin{cases} 2e^{-2y}, & y > 0, \\ 0, & \text{其他}; \end{cases}$

(3) 独立;   (4) $1 - 3e^{-2}$.

14. (1)

X	1	2	3	4
$P\{X = x_i \mid Y = 1\}$	$\dfrac{1}{6}$	$\dfrac{1}{6}$	$\dfrac{1}{3}$	$\dfrac{1}{3}$

(2)

Y	1	2	3
$P\{Y = y_i \mid X = 4\}$	$\dfrac{2}{5}$	$\dfrac{2}{5}$	$\dfrac{1}{5}$

15. $f_{X|Y}(x|y) = \begin{cases} \dfrac{2}{2-y}, & 0 < x < 1 - \dfrac{y}{2}, \\ 0, & \text{其他;} \end{cases}$ $(0 < y < 2)$

$f_{Y|X}(y|x) = \begin{cases} \dfrac{1}{2(1-x)}, & 0 < y < 2(1-x), \\ 0, & \text{其他.} \end{cases}$ $(0 < x < 1).$

16.

X \ Y	0	1	2
0	0.16	0.32	0.16
1	0.08	0.16	0.08
1	0.01	0.02	0.01

17. (1) $k = 6$;

(2) $f_X(x) = \begin{cases} 12x(1-x)^2, & 0 < x < 1, \\ 0, & \text{其他;} \end{cases}$

(3) $f_Y(y) = \begin{cases} 3y\left(1 - \dfrac{y}{2}\right)^2, & 0 < y < 2, \\ 0, & \text{其他.} \end{cases}$

18. (1) $f(x,y) = \begin{cases} \dfrac{1}{2}\mathrm{e}^{-\frac{y}{2}}, & 0 < x < 1, y > 0, \\ 0, & \text{其他;} \end{cases}$

(2) $1 - \sqrt{2\pi}[\Phi(1) - \Phi(0)] = 0.1445.$

19. (1)

$Z = X + Y$	-2	0	1	3	4
P	$\dfrac{5}{20}$	$\dfrac{2}{20}$	$\dfrac{9}{20}$	$\dfrac{3}{20}$	$\dfrac{1}{20}$

(2)

$Z = XY$	-2	-1	1	2	3
P	$\dfrac{9}{20}$	$\dfrac{2}{20}$	$\dfrac{5}{20}$	$\dfrac{3}{20}$	$\dfrac{1}{20}$

	$Z = \min(X, Y)$	-1	1	2
(3)	P	$\dfrac{16}{20}$	$\dfrac{3}{20}$	$\dfrac{1}{20}$

20. $\dfrac{5}{7}$.

21. (1)

Z	-1	0	2
P	0.1	0.6	0.3

(2)

Z	-1	0	2	3
P	0.3	0.2	0.1	0.4

22. (1) 不独立;　(2) $f_Z(z) = \begin{cases} \dfrac{1}{2}z^2 \mathrm{e}^{-z}, & z > 0, \\ 0, & 其他. \end{cases}$

23. $f_Z(z) = \begin{cases} \mathrm{e}^{-\frac{z}{3}} - \mathrm{e}^{-\frac{z}{2}}, & z > 0, \\ 0, & z \leqslant 0. \end{cases}$

24. $(0.1587)^4 = 0.00063$.

25. 略.

26. $f_R(r) = \begin{cases} \dfrac{1}{15000}(600r - 60r^2 + r^3), & 0 \leqslant r < 10, \\ \dfrac{1}{15000}(20 - r)^3, & 10 \leqslant r < 20, \\ 0, & 其他. \end{cases}$

(B)

1. $f_Z(z) = \begin{cases} \dfrac{z^3 \mathrm{e}^{-z}}{3!}, & z > 0, \\ 0, & 其他. \end{cases}$

2. $f_Z(z) = \begin{cases} \dfrac{2a + z}{4a^2}, & -2a < z \leqslant 0, \\ \dfrac{2a - z}{4a^2}, & 0 < z \leqslant 2a, \\ 0, & 其他. \end{cases}$

3. (1) $f(x, y) = \begin{cases} 1, & 7 \leqslant x \leqslant 8, 7 \leqslant y \leqslant 8, \\ 0, & 其他; \end{cases}$

(2) $P\left\{|X - Y| < \dfrac{1}{3}\right\} = 0.556$.

4. $\mathrm{e}^{-\frac{1}{v}}$.

5. (1) 0.383;　(2) 0.765;　(3) 0.252.

6. $f_Z(z) = \begin{cases} \dfrac{1}{2}(1 - e^{-z}), & 0 \leqslant z < 2, \\ \dfrac{1}{2}(e^2 - 1)e^{-z}, & z \geqslant 2, \\ 0, & \text{其他.} \end{cases}$

习 题 4

(A)

1. $E(X) = 1.4$(分), $E(Y) = 0.5$(分), 甲比乙的成绩好.

2.

X	0	1	2	3
P	0.504	0.398	0.092	0.006

$E(X) = 0.6$;　$D(X) = 0.46$.

3. $\dfrac{n+1}{2}$.

4. 3;　2.

5. $a = \dfrac{3}{5}$,　$b = \dfrac{6}{5}$.

6. -0.2;　2.8;　13.4;　30.24;　13.44.

7.

Y	1500	2000	2500	3000
P	$1 - e^{-0.1}$	$e^{-0.1} - e^{-0.2}$	$e^{-0.2} - e^{-0.3}$	$e^{-0.3}$

$E(Y) = 1500 + 50(e^{-0.1} + e^{-0.2} + e^{-0.3})$.

8. $A = 2$, $E(X) = \dfrac{3}{2}$.

9. 0.44.

10. $\mu = 10.9$mm 时, 平均利润最大.

11. 2;　$\dfrac{1}{3}$.

12. (1) 33.33(分);　(2) 27.22(分).

13. $E(X) = \dfrac{2}{5}$;　$E(XY) = \dfrac{4}{15}$.

14. $-\dfrac{1}{3}$;　$\dfrac{1}{3}$;　$\dfrac{1}{12}$.

15. (1)

X	0	1	2	3
P	$\dfrac{1}{2}$	$\dfrac{1}{4}$	$\dfrac{1}{8}$	$\dfrac{1}{8}$

(2) $\dfrac{67}{96}$.

16. (1) $E(Y) = 10^4 - 10^6 p$; (2) 2元.

17. 至少 256 件产品.

18. 8.85735.

19. $\dfrac{1}{3}$.

20. 略.

21. (1) $\rho_{XY} = 0$; (2) X 和 Y 不独立.

22. (1) $\dfrac{1}{2}$; (2) $\dfrac{\pi}{4}$, $\dfrac{\pi}{4}$, $\dfrac{\pi^2}{16} + \dfrac{\pi}{2} - 2$, $\dfrac{\pi^2}{16} + \dfrac{\pi}{2} - 2$;

  (3) $\dfrac{\pi}{2} - 1 - \dfrac{\pi^2}{16}$, -0.245; (4) $C = \begin{bmatrix} \dfrac{\pi^2}{16} + \dfrac{\pi}{2} - 2 & \dfrac{\pi}{2} - 1 - \dfrac{\pi^2}{16} \\ \dfrac{\pi}{2} - 1 - \dfrac{\pi^2}{16} & \dfrac{\pi^2}{16} + \dfrac{\pi}{2} - 2 \end{bmatrix}$.

23. 5.216.

24. $f(t) = \begin{cases} 25te^{-5t}, & t > 0, \\ 0, & t \leqslant 0; \end{cases}$ $E(T) = \dfrac{2}{5}$; $D(T) = \dfrac{2}{25}$.

(B)

1. $\dfrac{a}{3}$.

2. 11.67(min).

3. 利润值不少于9280元的最少进货量为21单位.

4. $\sqrt{\dfrac{\pi}{2}}$; $2 - \dfrac{\pi}{2}$.

5. 14166.67(元).

习 题 5

(A)

1. $p_1 \leqslant \dfrac{1}{4}$, $p_2 \leqslant \dfrac{1}{9}$.

2. 0.6476.

3. $n \geqslant 39$.

4. 0.0008.

5. $n \geqslant 66306.25$.

6. 643(件).

7. (1) $\overline{X} \sim N\left(2.2, \dfrac{1.4^2}{52}\right)$, $P\{\overline{X} < 2\} = 0.1515$;

   (2) $P\{52\overline{X} < 100\} = 0.077$.

8. 切比雪夫不等式: $n \geqslant 250$; 中心极限定理: $n \geqslant 68$.

9. $1 - \Phi(2.321) \approx 0.01$.

(B)

1. 0.0228.

2. $\mu = \mu_2$, $\sigma^2 = \dfrac{\mu_4 - \mu_2^2}{n}$.

习 题 6

(A)

1. $\overline{X} = 8.95$; $S^2 = 0.8409$; $S = 0.917$.

2. 近似服从正态分布.

3. $F_{10}(x) = \begin{cases} 0, & x < 148, \\ \dfrac{1}{10}, & 148 \leqslant x < 151, \\ \dfrac{2}{10}, & 151 \leqslant x < 154, \\ \dfrac{3}{10}, & 154 \leqslant x < 160, \\ \dfrac{4}{10}, & 160 \leqslant x < 168, \\ \dfrac{6}{10}, & 168 \leqslant x < 170, \\ \dfrac{7}{10}, & 170 \leqslant x < 173, \\ \dfrac{8}{10}, & 173 \leqslant x < 177, \\ \dfrac{9}{10}, & 177 \leqslant x < 171, \\ 1, & x \geqslant 181. \end{cases}$

4. 0.9836.

5. 0.0124; 0.0164.

6. $C = \dfrac{1}{3\sigma^2}$，χ^2 分布的自由度为 2.

7. $k \doteq 0.62$.

8. 136.

9. $n = 41$.

10. $k = 0.98$.

11. (1) 0.99;　(2) $\dfrac{2\sigma^4}{n-1}$.

12. 0.75.

(B)

1. $C = \sqrt{\dfrac{3}{2}}$.

2. 提示：当 $X \sim F(m,n)$ 时，$\dfrac{1}{x} \sim F(n,m)$，因为 $m = n$ 即 X 与 X^{-1} 都服从同一分布 $F(n,n)$. 于是 $P\{X \leqslant 1\} = P\{X^{-1} \leqslant 1\} = P\{X \geqslant 1\}$，但是 $P\{X \leqslant 1\} + P\{X \geqslant 1\} = 1$，因此 $P\{X \leqslant 1\} = P\{X \geqslant 1\} = 0.5$.

3. 提示：(1) 由 $\sum\limits_{i=1}^{n_1} X_i \sim N(0, n_1\sigma^2)$，$\dfrac{\sum\limits_{i=1}^{n_1} X_i}{\sqrt{n_1}\,\sigma} \sim N(0,1)$，$\dfrac{1}{\sigma^2} \sum\limits_{j=n_1+1}^{n_1+n_2} X_j^2 \sim \chi^2(n_2)$ 及 t 分布的定义，得 $Y_1 \sim t(n_2)$;

(2) 由 $\dfrac{1}{\sigma^2} \sum\limits_{i=1}^{n_1} X_i^2 \sim \chi^2(n_1)$，$\dfrac{1}{\sigma^2} \sum\limits_{j=n_1+1}^{n_1+n_2} X_j^2 \sim \chi^2(n_2)$ 及 F 分布的定义，可知 $Y_2 \sim F(n_1, n_2)$.

4. $E(Y) = \mu$.

5. $E(Y) = \sigma^2$，$D(Y) = \dfrac{2\sigma^4}{n_1+n_2-2}$.

6. 提示：　(2)

$$S_{n+1}^2 = \frac{1}{n} \sum_{i=1}^{n+1} (X_i - \overline{X}_{n+1})^2 = \frac{1}{n} \sum_{i=1}^{n+1} \left(X_i - \frac{n}{n+1}\overline{X} - \frac{X_{n+1}}{n+1} \right)^2$$

$$= \frac{1}{n} \sum_{i=1}^{n} \left(X_i - \frac{n}{n+1}\overline{X} - \frac{X_{n+1}}{n+1} \right)^2 + \frac{1}{n} \left(X_{n+1} - \frac{n\overline{X}_n}{n+1} - \frac{X_{n+1}}{n+1} \right)^2$$

$$= \frac{1}{n} \sum_{i=1}^{n} \left[(X_i - \overline{X}_n) + \left(\frac{\overline{X}_n}{n+1} - \frac{X_{n+1}}{n+1} \right) \right]^2 + \frac{1}{n} \left(X_{n+1} - \frac{n\overline{X}_n}{n+1} - \frac{X_{n+1}}{n+1} \right)^2$$

$$= \frac{n-1}{n} \frac{1}{n-1} \sum_{i=1}^{n} (X_i - \overline{X}_n)^2 + \frac{2}{n} \frac{(\overline{X}_n - X_{n+1}) \sum\limits_{i=1}^{n} (X_i - \overline{X}_n)}{n+1}$$

$$+\frac{(\overline{X}_n - X_{n+1})^2}{(n+1)^2} + \frac{n}{(n+1)^2}(\overline{X}_n - X_{n+1})^2$$

$$= \frac{n-1}{n}S_n^2 + \frac{1}{n+1}(\overline{X}_n - X_{n+1})^2.$$

7. $P\{M = m\} = (1 - q^{m+1})^n - (1 - q^m)^n, \quad m = 0, 1, 2, \cdots;$
   $P\{N = l\} = pq^{nl}, \quad l = 0, 1, 2, \cdots.$

习 题 7

(A)

1. $\hat{\mu} = 13.41, \quad \hat{\sigma}^2 = 0.0059.$

2. $\hat{\theta} = 3\overline{X}.$

3. $\hat{\theta}_{矩} = \dfrac{5}{6}, \quad \hat{\theta}_{最} = \dfrac{5}{6}.$

4. (1) $\hat{\lambda}_{矩} = \overline{X}, \quad \hat{\lambda}_{最} = \overline{X};$

   (2) $\hat{P} = e^{-\hat{\lambda}} = e^{-\overline{X}}.$

5. $\hat{\theta} = \overline{X} + 1.645\sqrt{\dfrac{n-1}{n}}S_n.$

6. (1) $\hat{\theta}_{矩} = 2\overline{X}, \quad \hat{\theta}_{最} = \max\{X_1, X_2, \cdots, X_n\};$

   (2) $\hat{\mu}_{矩} = \dfrac{1}{2}\hat{\theta}_{矩} = \overline{X} = 1.41, \quad \hat{\mu}_{最} = \dfrac{1}{2}\hat{\theta}_{最} = 1.5,$

   $\hat{\sigma}^2_{矩} = \dfrac{1}{12}\hat{\theta}^2_{矩} = 0.66, \quad \hat{\sigma}^2_{最} = \dfrac{1}{12}\hat{\theta}^2_{最} = 0.75.$

7. $C = \dfrac{1}{2(n-1)}.$

8. $\hat{\mu}_2$ 更有效.

9. $0.089.$

10. $(24.7, 25.3).$

11. $n \geqslant 25.$

12. $(14.71, 15.19).$

13. $(5.297, 5.503); \quad (0.293, 0.631).$

14. $(11.76, 20.71).$

15. $(-6.24, 17.74).$

16. $(0.3159, 12.90).$

17. $40526.$

18. $74.013.$

19. $(0.145, 0.215).$

(B)

1. (1) $\hat{P}\{X \leqslant t\} = \Phi\left(\dfrac{t - \hat{\mu}}{\hat{\sigma}}\right)$, 其中 $\hat{\mu} = \overline{X}, \hat{\sigma}^2 = \dfrac{1}{n}\sum_{i=1}^{n}(X_i - \overline{X})^2$;

(2) $P\{X > 1300\} = 1 - P\{X \leqslant 1300\} = 1 - \Phi(2.427) = 0.0076.$

2. 提示: 先证 $X_{(n)}$ 是 θ 的有偏估计量, 从而可将它修正为无偏估计量.

$$E(X_{(n)}) = \int_{-\infty}^{+\infty} x f_{(n)}(x)\mathrm{d}x = \frac{n}{n+1}\theta,$$

其中 $f_{(n)}(x)$ 为 $X_{(n)}$ 的概率密度.

$$f_{(n)}(x) = F'_{(n)}(x) = ([F(x)]^n)' = n[F(x)]^{n-1}F'(x) = n[F(x)]^{n-1}f(x).$$

经修正得 θ 的无偏估计量 $\theta^* = \dfrac{n+1}{n}X_{(n)}$.

3. (2) 由

$$\chi_1^2 = \frac{(n_1-1)S_1^2}{\sigma^2} \sim \chi^2(n_1-1), \quad \chi_2^2 = \frac{(n_2-1)S_2^2}{\sigma^2} \sim \chi^2(n_2-1),$$

有 $D(\chi_1^2) = 2(n_1-1), \quad D(\chi_2^2) = 2(n_2-1).$

$$\begin{aligned}
D(z) &= a^2 D(S_1^2) + b^2 D(S_2^2) \\
&= a^2 D\left[\frac{\sigma^2}{n_1-1} \cdot \frac{(n_1-1)S_1^2}{\sigma^2}\right] + b^2 D\left[\frac{\sigma^2}{n_2-1} \cdot \frac{(n_2-1)S_2^2}{\sigma^2}\right] \\
&= 2\sigma^4\left(\frac{a^2}{n_1-1} + \frac{b^2}{n_2-1}\right) \\
&= 2\sigma^4\left(\frac{a^2}{n_1-1} + \frac{1-2a+a^2}{n_2-1}\right),
\end{aligned}$$

当 $a = \dfrac{n_1-1}{n_1+n_2-2}$ 时, $D(z)$ 最小, 此时

$$b = 1 - a = \frac{n_2-1}{n_1+n_2-2}.$$

4. (1) 令 $Y = \dfrac{2}{\theta}X$, 即 $X = \dfrac{\theta}{2}Y$, 由分布函数法可知 Y 服从参数为 2 的指数分布. 而由 $\chi^2(2)$ 的概率密度函数知, 也可将服从参数为 2 的指数分布看作 $\chi^2(2)$ 分布, 即 $Y \sim \chi^2(2)$. 由 χ^2 的分布可加性

$$\frac{2n\overline{X}}{\theta} = \frac{2\sum_{i=1}^{n}X_i}{\theta} = \left(\sum_{i=1}^{n}X_i\right)\frac{2}{\theta} = \sum_{i=1}^{n}\frac{2X_i}{\theta} = \sum_{i=1}^{n}Y_i \sim \chi^2(2n).$$

(2) 因为 $\dfrac{2n\overline{X}}{\theta} \sim \chi^2(2n)$, 所以 $P\left\{\dfrac{2n\overline{X}}{\theta} < \chi^2_\alpha(2n)\right\} = 1 - \alpha$, 即 $\dfrac{1}{\theta} < \dfrac{\chi^2_\alpha(2n)}{2n\overline{X}}$, 即 θ 的置信下限为 $\dfrac{2n\overline{X}}{\chi^2_\alpha(2n)}$.

(3) 37.647.

习 题 8

(A)

1. 可以.

2. 可以认为.

3. 认为调整措施效果显著.

4. 先后检验假设 H_0: $\mu = 18$ 和 H_0': $\sigma^2 \leqslant 0.3^2$. 经过检验 H_0 成立, 而 H_0' 不成立, 认为金商出售的产品存在质量问题.

5. 发生了变化.

6. 没有显著提高.

7. 无显著差异.

8. 无明显差异.

9. 无显著差异.

10. (1) $(29.31, 30.69)$;   (2) 不能.

11. 能.

12. 可以认为服从指数分布.

13. 不服从正态分布.

14. (1) $\hat{\lambda} = \overline{X} = 0.1965$.

(2) $u = \dfrac{\overline{X} - E(X)}{\sqrt{\dfrac{D(X)}{n}}}$ 渐进服从 $N(0,1)$ 分布, $E(X) = D(X) = \hat{\lambda}$. 经检验 H_0 成立.

(B)

1. $T = \dfrac{\overline{X}}{\theta}\sqrt{n(n-1)}$.

2. 可以出厂.

3. $\alpha \approx 0.0479, \beta \approx 0.8506$.

4. 骰子的六个面匀称.

习　题　9

1. $\hat{h} = 9.23 + 0.4d$,　回归效果显著.

2. (1) $\hat{y} = -2.74 + 0.483x$;

   (2) 回归效果显著;

   (3) $(0.459, 0.507)$;

   (4) $(55.30, 59.98)$.

3. (1) $\hat{y} = 781.87 + 0.27897x$;

   (2) 显著;

   (3) $(11.76, 4277.87)$.

4. (1) $\hat{y} = 3.0332 - 2.0698x$;

   (2) 显著;

   (3) $(0.7, 0.9)$.

5. 设 $y = ae^{bx}$,　$\hat{y} = 3512.5e^{-0.2976x}$.

6. $\hat{Q} = 140.429e^{0.0867t}$,　$\hat{Q}_{t=9} = 306.43$万 t.

7. $\hat{y} = 111.69 - 7.1882x_1 + 0.0143x_2$.

8. $\hat{y} = 18.52 - 80.98x + 91.71x^2$.

习　题　10

1. 有显著影响.

2. 有显著差异.

3. 没有显著差异.

4. 化验水平无显著差异; 四个小组生产的产品纯度有显著差异.

5. 原料产地不同没有显著差异, 不同工艺生产的产品纯度有显著差异.

6. 操作工人影响不显著, 机器以及它们的交互作用影响显著.

7. 品种、肥料以及它们的交互作用影响均是显著的.

附　表

附表 1　标准正态分布表

$$\Phi(u) = \int_{-\infty}^{u} \frac{1}{\sqrt{2\pi}} \mathrm{e}^{-x^2/2} \mathrm{d}x = P\{U \leqslant u\}$$

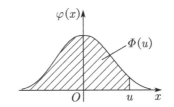

u	0	1	2	3	4	5	6	7	8	9
-3.0	0.0013	0.0010	0.0007	0.0005	0.0003	0.0002	0.0002	0.0001	0.0001	0.0000
-2.9	0.0019	0.0018	0.0017	0.0017	0.0016	0.0016	0.0015	0.0015	0.0014	0.0014
-2.8	0.0026	0.0025	0.0024	0.0023	0.0023	0.0022	0.0021	0.0021	0.0020	0.0019
-2.7	0.0035	0.0034	0.0033	0.0032	0.0031	0.0030	0.0029	0.0028	0.0027	0.0026
-2.6	0.0047	0.0045	0.0044	0.0043	0.0041	0.0040	0.0039	0.0038	0.0037	0.0036
-2.5	0.0062	0.0060	0.0059	0.0057	0.0055	0.0054	0.0052	0.0051	0.0049	0.0048
-2.4	0.0082	0.0080	0.0078	0.0075	0.0073	0.0071	0.0069	0.0068	0.0066	0.0064
-2.3	0.0107	0.0104	0.0102	0.0099	0.0096	0.0094	0.0091	0.0089	0.0087	0.0084
-2.2	0.0139	0.0136	0.0132	0.0129	0.0126	0.0122	0.0119	0.0116	0.0113	0.0110
-2.1	0.0179	0.0174	0.0170	0.0166	0.0162	0.0158	0.0154	0.0150	0.0146	0.0143
-2.0	0.0228	0.0222	0.0217	0.0212	0.0207	0.0202	0.0197	0.0192	0.0188	0.0183
-1.9	0.0287	0.0281	0.0274	0.0268	0.0262	0.0256	0.0250	0.0244	0.0238	0.0233
-1.8	0.0359	0.0352	0.0344	0.0336	0.0329	0.0322	0.0314	0.0307	0.0300	0.0294
-1.7	0.0446	0.0436	0.0427	0.0418	0.0409	0.0401	0.0392	0.0384	0.0375	0.0367
-1.6	0.0548	0.0537	0.0526	0.0516	0.0505	0.0495	0.0485	0.0475	0.0465	0.0455
-1.5	0.0668	0.0655	0.0643	0.0630	0.0618	0.0606	0.0594	0.0582	0.0570	0.0559
-1.4	0.0808	0.0793	0.0778	0.0764	0.0749	0.0735	0.0722	0.0708	0.0694	0.0681
-1.3	0.0968	0.0951	0.0934	0.0918	0.0901	0.0885	0.0869	0.0853	0.0838	0.0823
-1.2	0.1151	0.1131	0.1112	0.1093	0.1075	0.1056	0.1038	0.1020	0.1003	0.0985
-1.1	0.1357	0.1335	0.1314	0.1292	0.1271	0.1251	0.1230	0.1210	0.1190	0.1170
-1.0	0.1587	0.1562	0.1539	0.1515	0.1492	0.1469	0.1446	0.1423	0.1401	0.1379
-0.9	0.1841	0.1814	0.1788	0.1762	0.1736	0.1711	0.1685	0.1660	0.1635	0.1611
-0.8	0.2119	0.2090	0.2061	0.2033	0.2005	0.1977	0.1949	0.1922	0.1894	0.1867
-0.7	0.2420	0.2389	0.2358	0.2327	0.2297	0.2266	0.2236	0.2206	0.2177	0.2148
-0.6	0.2743	0.2709	0.2676	0.2643	0.2611	0.2578	0.2546	0.2514	0.2483	0.2451
-0.5	0.3085	0.3050	0.3015	0.2981	0.2946	0.2912	0.2877	0.2843	0.2810	0.2776

u	0	1	2	3	4	5	6	7	8	9
−0.4	0.3446	0.3409	0.3372	0.3336	0.3300	0.3264	0.3228	0.3192	0.3156	0.3121
−0.3	0.3821	0.3783	0.3745	0.3707	0.3669	0.3632	0.3594	0.3557	0.3520	0.3483
−0.2	0.4207	0.4168	0.4129	0.4090	0.4052	0.4013	0.3974	0.3936	0.3897	0.3859
−0.1	0.4602	0.4562	0.4522	0.4483	0.4443	0.4404	0.4364	0.4325	0.4286	0.4247
−0.0	0.5000	0.4960	0.4920	0.4880	0.4840	0.4801	0.4761	0.4721	0.4681	0.4641
0.0	0.5000	0.5040	0.5080	0.5120	0.5160	0.5199	0.5239	0.5279	0.5319	0.5359
0.1	0.5398	0.5438	0.5478	0.5517	0.5557	0.5596	0.5636	0.5675	0.5714	0.5753
0.2	0.5793	0.5832	0.5871	0.5910	0.5948	0.5987	0.6026	0.6064	0.6103	0.6141
0.3	0.6179	0.6217	0.6255	0.6293	0.6331	0.6368	0.6406	0.6443	0.6480	0.6517
0.4	0.6554	0.6591	0.6628	0.6664	0.6700	0.6736	0.6772	0.6808	0.6844	0.6879
0.5	0.6915	0.6950	0.6985	0.7019	0.7054	0.7088	0.7123	0.7157	0.7190	0.7224
0.6	0.7257	0.7291	0.7324	0.7357	0.7389	0.7422	0.7454	0.7486	0.7517	0.7549
0.7	0.7580	0.7611	0.7642	0.7673	0.7703	0.7734	0.7764	0.7794	0.7823	0.7852
0.8	0.7881	0.7910	0.7939	0.7967	0.7995	0.8023	0.8051	0.8078	0.8106	0.8133
0.9	0.8159	0.8186	0.8212	0.8238	0.8264	0.8289	0.8315	0.8340	0.8365	0.8389
1.0	0.8413	0.8438	0.8461	0.8485	0.8508	0.8531	0.8554	0.8577	0.8599	0.8621
1.1	0.8643	0.8665	0.8686	0.8708	0.8729	0.8749	0.8770	0.8790	0.8810	0.8830
1.2	0.8849	0.8869	0.8888	0.8907	0.8925	0.8944	0.8962	0.8980	0.8997	0.9015
1.3	0.9032	0.9049	0.9066	0.9082	0.9099	0.9115	0.9131	0.9147	0.9162	0.9177
1.4	0.9192	0.9207	0.9222	0.9236	0.9251	0.9265	0.9278	0.9292	0.9306	0.9319
1.5	0.9332	0.9345	0.9357	0.9370	0.9382	0.9394	0.9406	0.9418	0.9430	0.9441
1.6	0.9452	0.9463	0.9474	0.9484	0.9495	0.9505	0.9515	0.9525	0.9535	0.9545
1.7	0.9554	0.9564	0.9573	0.9582	0.9591	0.9599	0.9608	0.9616	0.9625	0.9633
1.8	0.9641	0.9648	0.9656	0.9664	0.9671	0.9678	0.9686	0.9693	0.9700	0.9706
1.9	0.9713	0.9719	0.9726	0.9732	0.9738	0.9744	0.9750	0.9756	0.9762	0.9767
2.0	0.9772	0.9778	0.9783	0.9788	0.9793	0.9798	0.9803	0.9808	0.9812	0.9817
2.1	0.9821	0.9826	0.9830	0.9834	0.9838	0.9842	0.9846	0.9850	0.9854	0.9857
2.2	0.9861	0.9864	0.9868	0.9871	0.9874	0.9878	0.9881	0.9884	0.9887	0.9890
2.3	0.9893	0.9896	0.9898	0.9901	0.9904	0.9906	0.9909	0.9911	0.9913	0.9916
2.4	0.9918	0.9920	0.9922	0.9925	0.9927	0.9929	0.9931	0.9932	0.9934	0.9936
2.5	0.9938	0.9940	0.9941	0.9943	0.9945	0.9946	0.9948	0.9949	0.9951	0.9952
2.6	0.9953	0.9955	0.9956	0.9957	0.9959	0.9960	0.9961	0.9952	0.9963	0.9964
2.7	0.9965	0.9966	0.9967	0.9968	0.9969	0.9970	0.9971	0.9972	0.9973	0.9974
2.8	0.9974	0.9975	0.9976	0.9977	0.9977	0.9978	0.9979	0.9979	0.9980	0.9981
2.9	0.9981	0.9982	0.9982	0.9983	0.9984	0.9984	0.9985	0.9985	0.9986	0.9986
3.0	0.9987	0.9990	0.9993	0.9995	0.9997	0.9998	0.9998	0.9999	0.9999	1.0000

附表 2　泊松分布表

$$P\{X = k\} = \frac{\lambda^k e^{-\lambda}}{k!}$$

k \ λ	0.1	0.2	0.3	0.4	0.5	0.6	0.7	0.8	0.9
0	0.9048	0.8187	0.7408	0.6703	0.6065	0.5488	0.4966	0.4493	0.4066
1	0.0905	0.1638	0.2222	0.2681	0.3033	0.3293	0.3476	0.3595	0.3659
2	0.0045	0.0164	0.0333	0.0536	0.0758	0.0988	0.1217	0.1438	0.1647
3	0.0002	0.0011	0.0033	0.0072	0.0126	0.0198	0.0284	0.0383	0.0494
4		0.0001	0.0003	0.0007	0.0016	0.0030	0.0050	0.0077	0.0111
5				0.0001	0.0002	0.0004	0.0007	0.0012	0.0020
6							0.0001	0.0002	0.0003

k \ λ	1.0	1.5	2.0	2.6	3.0	3.6	4.0	4.5	5.0
0	0.3679	0.2231	0.1353	0.0821	0.0498	0.0302	0.0183	0.0111	0.0067
1	0.3679	0.3347	0.2707	0.2062	0.1494	0.1057	0.0733	0.0500	0.0337
2	0.1639	0.2510	0.2707	0.2565	0.2240	0.1850	0.1465	0.1125	0.0842
3	0.0613	0.1255	0.1804	0.2138	0.2240	0.2158	0.1954	0.1687	0.1404
4	0.0153	0.0471	0.0902	0.1336	0.1680	0.1888	0.1954	0.1898	0.1755
5	0.0031	0.0141	0.0361	0.0668	0.1008	0.1322	0.1563	0.1708	0.1755
6	0.0005	0.0035	0.0120	0.0278	0.0504	0.0771	0.1042	0.1281	0.1462
7	0.0001	0.0008	0.0034	0.0099	0.0216	0.0386	0.0595	0.0824	0.1045
8		0.0001	0.0009	0.0031	0.0081	0.0169	0.0298	0.0463	0.0653
9			0.0002	0009	0.0027	0.0066	0.0132	0.0232	0.0363
10				0.0002	0.0008	0.0023	0.0053	0.0104	0.0181
11				0.000t	0.0002	0.0007	0.0019	0.0045	0.0082
12					0.0001	0.0002	0.0006	0.0016	0.0054
13						0.0001	0.0002	0.0006	0.0018
14							0.0001	0.0002	0.0005
15								0.0001	0.0002
16									0.0001

续表

k \ λ	6.0	7.0	8.0	9.0	10.0	$\lambda = 20$			
						k	p	k	p
0	0.0025	0.0009	0.0003	0.0001		5	0.0001	30	0.0083
1	0.0149	0.0064	0.0027	0.0011	0.0005	6	0.0002	31	0.0054
2	0.0446	0.0223	0.0107	0.0050	0.0023	7	0.0005	32	0.0034
3	0.0892	0.0521	0.0286	0.0150	0.0076	8	0.0013	33	0.0020
4	0.1339	0.0912	0.0573	0.0337	0.0189	9	0.0029	34	0.0012
5	0.1606	0.1277	0.0916	0.0607	0.0378	10	0.0058	35	0.0007
6	0.1606	0.1490	0.1221	0.0911	0.0631	11	0.0106	36	0.0004
7	0.1377	0.1400	0.1396	0.1171	0.0901	12	0.0176	37	0.0002
8	0.1033	0.1304	0.1396	0.1318	0.1126	13	0.0271	38	0.0001
9	0.0688	0.1014	0.1241	0.1315	0.1251	14	0.0382	39	0.0001
10	0.0413	0.0710	0.0993	0.1186	0.1251	15	0.0517		
11	0.0225	0.0452	0.0772	0.0970	0.1137	16	0.0646		
12	0.0113	0.0264	0.0481	0.0728	0.0948	17	0.0760		
13	0.0052	0.0142	0.0296	0.0904	0.0729	18	0.0844		
14	0.0022	0.0071	0.0169	0.0324	0.0521	19	0.0888		
15	0.0009	0.0033	0.0090	0.0194	0.0347	20	0.0888		
16	0.0003	0.0015	0.0045	0.0109	0.0217	21	0.0846		
17	0.0001	0.0006	0.0021	0.0058	0.0128	22	0.0769		
18		0.0002	0.0009	0.0029	0.0071	23	0.0669		
19		0.0001	0.0004	0.0014	0.0037	24	0.0557		
20			0.0002	0.0006	0.0019	25	0.0446		
21			0.0001	0.0003	0.0009	26	0.0343		
22				0.0001	0.0004	27	0.0254		
23					0.0002	28	0.0182		
24					0.0001	29	0.0125		

续表

	λ = 30				λ = 40				λ = 50		
k	p	k	p	k	p	k	p	k	p	k	p
10		39	0.0186	15		44	0.0495	25		54	0.0464
11		40	0.0139	16		45	0.0440	26	0.0001	55	0.0422
12	0.0001	41	0.0102	17		46	0.0382	27	0.0001	56	0.0377
13	0.0002	42	0.0073	18	0.0001	47	0.0325	28	0.0002	57	0.0330
14	0.0005	43	0.0051	19	0.0001	48	0.0271	29	0.0004	58	0.0285
15	0.0010	44	0.0035	20	0.0002	49	0.0221	30	0.0007	59	0.0241
16	0.0019	45	0.0023	21	0.0004	50	0.0177	31	0.0011	60	0.0201
17	0.0034	46	0.0015	22	0.0007	51	0.0139	32	0.0017	61	0.0165
18	0.0057	47	0.0010	23	0.0012	52	0.0107	33	0.0026	62	0.0133
19	0.0089	48	0.0006	24	0.0019	53	0.0081	34	0.0038	63	0.0106
20	0.0134	49	0.0004	25	0.0031	54	0.0060	35	0.0054	64	0.0082
21	0.0192	50	0.0002	26	0.0047	55	0.0043	36	0.0075	65	0.0063
22	0.0261	51	0.0001	27	0.0070	56	0.0031	37	0.0102	66	0.0048
23	0.0341	52	0.0001	28	0.0100	57	0.0022	38	0.0134	67	0.0036
24	0.0426			29	0.0139	58	0.0015	39	0.0172	68	0.0026
25	0.0511			30	0.0185	59	0.0010	40	0.0215	69	0.0019
26	0.0590			31	0.0238	60	0.0007	41	0.0262	70	0.0014
27	0.0655			32	0.0298	61	0.0005	42	0.0312	71	0.0010
28	0.0702			33	0.0361	62	0.0003	43	0.0363	72	0.0007
29	0.0726			34	0.0425	63	0.0002	44	0.0412	73	0.0005
30	0.0726			35	0.0485	64	0.0001	45	0.0458	74	0.0003
31	0.0703			36	0.0539	65	0.0001	46	0.0498	75	0.0002
32	0.0659			37	0.0583			47	0.0530	76	0.0001
33	0.0599			38	0.0614			48	0.0552	77	0.0001
34	0.0529			39	0.0630			49	0.0563	78	0.0001
35	0.0453			40	0.0630			50	0.0563		
36	0.0378			41	0.0614			51	0.0552		
37	0.0306			42	0.0585			52	0.0531		
38	0.0242			43	0.0544			53	0.0501		

附表 3　t 分布表

$$P\{t(n) > t_\alpha(n)\} = \alpha$$

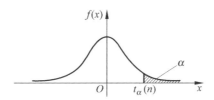

n \ α	0.25	0.10	0.05	0.025	0.01	0.005
1	1.0000	3.0777	6.3138	12.7062	31.8207	63.6574
2	0.8165	1.8856	2.9200	4.3027	6.9646	9.9248
3	0.7649	1.6377	2.3534	3.1824	4.5407	5.8409
4	0.7407	1.5332	2.1318	2.7764	3.7469	4.6041
5	0.7267	1.4759	2.0150	2.5706	3.3649	4.0322
6	0.7176	1.4398	1.9432	2.4469	3.1427	3.7074
7	0.7111	1.4149	1.8946	2.3646	2.9980	3.4995
8	0.7064	1.3968	1.8595	2.3060	2.8965	3.3554
9	0.7027	1.3830	1.8331	2.2622	2.8214	3.2498
10	0.6998	1.3722	1.8125	2.2281	2.7638	3.1693
11	0.6974	1.3634	1.7959	2.2010	2.7181	3.1058
12	0.6955	1.3563	1.7823	2.1788	2.6810	3.0545
13	0.6938	1.3502	1.7709	2.1604	2.6503	3.0123
14	0.6924	1.3450	1.7613	2.1448	2.6245	2.9768
15	0.6912	1.3406	1.7531	2.1315	2.6025	2.9467
16	0.6901	1.3368	1.7459	2.1199	2.5835	2.9208
17	0.6892	1.3334	1.7396	2.1098	2.5669	2.8982
18	0.6884	1.3304	1.7341	2.1009	2.5524	2.8784
19	0.6876	1.3277	1.7291	2.0930	2.5395	2.8609
20	0.6870	1.3253	1.7247	2.0860	2.5280	2.8453
21	0.6864	1.3232	1.7207	2.0796	2.5177	2.8314
22	0.6858	1.3212	1.7171	2.0739	2.5083	2.8188
23	0.6853	1.3195	1.7139	2.0687	2.4999	2.8073
24	0.6848	1.3178	1.7109	2.0639	2.4922	2.7969
25	0.6844	1.3163	1.7081	2.0595	2.4851	2.7874
26	0.6840	1.3150	1.7056	2.0565	2.4786	2.7787
27	0.6837	1.3137	1.7033	2.0518	2.4727	2.7707
28	0.6834	1.3125	1.7011	2.0484	2.4671	2.7633
29	0.6830	1.3114	1.6991	2.0452	0.4620	2.7564
30	0.6828	1.3104	1.6973	2.0423	2.4573	2.7500

续表

α n	0.25	0.10	0.05	0.025	0.01	0.005
31	0.6825	1.3095	1.6955	2.0395	2.4528	2.7440
32	0.6822	1.3086	1.6939	2.0369	2.4487	2.7385
33	0.6820	1.3077	1.6924	2.0345	2.4448	2.7333
34	0.6818	1.3070	1.6909	2.0322	2.4411	2.7284
35	0.6816	1.3062	1.6896	2.0301	2.4377	2.7238
36	0.6814	1.3055	1.6883	2.0281	2.4345	2.7195
37	0.5812	1.3049	1.6871	2.0262	2.4314	2.7154
38	0.6810	1.3042	1.6860	2.0244	2.4286	2.7116
39	0.6808	1.3036	1.6849	2.0227	2.4258	2.7079
40	0.6807	1.3031	1.6839	2.0211	2.4283	2.7045
41	0.6805	1.3025	1.6829	2.0195	2.4208	2.7012
42	0.6804	1.3020	1.6820	2.0181	2.4185	2.6981
43	0.6802	1.3016	1.6811	2.0167	2.4163	2.6951
44	0.6801	1.3011	1.6802	2.0154	2.4141	2.6923
45	0.6800	1.3006	1.6794	2.0141	2.4121	2.6806

附表 4 χ^2 分布表

$$P\{\chi^2(n) > \chi^2_\alpha(n)\} = \alpha$$

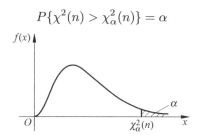

α n	0.995	0.99	0.975	0.95	0.90	0.75
1	—	—	0.001	0.004	0.016	0.102
2	0.010	0.020	0.051	0.103	0.211	0.575
3	0.072	0.115	0.216	0.352	0.584	1.213
4	0.207	0.297	0.484	0.711	1.064	1.923
5	0.412	0.554	0.831	1.145	1.610	2.675
6	0.676	0.872	1.237	1.635	2.204	3.455
7	0.989	1.239	1.690	2.167	2.833	4.255
8	1.344	1.646	2.180	2.733	3.490	5.071
9	1.735	2.088	2.700	3.325	4.168	5.899
10	2.156	2.558	3.247	3.940	4.865	6.737
11	2.603	3.053	3.816	4.575	5.578	7.584
12	3.074	3.571	4.404	5.226	6.304	8.438
13	3.565	4.107	5.009	5.892	7.042	9.299
14	4.075	4.660	5.629	6.571	7.790	10.165
15	4.601	5.229	6.262	7.261	8.547	11.037

续表

α n	0.995	0.99	0.975	0.95	0.90	0.75
16	5.142	5.812	6.908	7.962	9.312	11.912
17	5.697	6.408	7.564	8.672	10.085	12.792
18	6.265	7.015	8.231	9.390	10.865	13.675
19	6.844	7.633	8.907	10.117	11.651	14.562
20	7.434	8.260	9.591	10.851	12.443	15.452
21	8.034	8.897	10.283	11.591	13.240	16.344
22	8.643	9.542	10.982	12.338	14.042	17.240
23	9.260	10.196	11.689	13.091	14.848	18.137
24	9.886	10.856	12.401	13.848	15.659	19.037
25	10.520	11.524	13.120	14.611	16.473	19.939
26	11.160	12.198	13.814	15.379	17.292	20.843
27	11.808	12.879	14.573	16.151	18.114	21.749
28	12.461	13.565	15.308	16.928	18.938	22.657
29	13.121	14.257	16.047	17.708	19.768	23.567
30	13.787	14.954	16.791	18.493	20.599	24.478
31	14.458	15.655	17.539	19.281	21.434	25.390
32	15.134	16.362	18.291	20.072	22.271	26.304
33	15.815	17.074	19.047	20.867	23.110	27.219
34	16.501	17.789	19.806	21.664	23.952	28.136
35	17.192	18.509	20.569	22.465	24.797	29.054
36	17.887	19.233	21.336	23.269	25.643	29.973
37	18.586	19.960	22.106	24.075	26.492	30.893
38	19.289	20.691	22.878	24.884	27.343	31.815
39	19.996	21.426	23.654	25.695	28.196	32.737
40	20.707	21.164	24.433	26.509	29.051	33.660
41	21.421	22.906	25.215	27.326	29.907	34.585
42	22.138	23.650	25.999	28.144	30.765	35.510
43	22.859	24.398	26.785	28.965	31.625	36.436
44	23.584	25.148	27.575	29.787	32.487	37.363
45	24.311	25.901	28.366	30.612	33.350	38.291

续表

α \ n	0.25	0.10	0.05	0.025	0.01	0.005
1	1.323	2.706	3.841	5.024	6.635	7.879
2	2.773	4.605	5.991	7.378	9.210	10.597
3	4.108	6.251	7.815	9.348	11.345	12.838
4	5.385	7.779	9.488	11.143	13.277	14.860
5	6.626	9.236	11.071	12.833	15.086	16.750
6	7.841	10.645	12.592	14.449	16.812	18.548
7	9.037	12.017	14.067	16.013	18.475	20.278
8	10.219	13.362	15.507	17.535	20.090	21.955
9	11.389	14.684	16.919	19.023	21.666	23.589
10	12.549	15.987	18.307	20.483	23.209	25.188
11	13.701	17.275	19.675	21.920	24.725	26.757
12	14.845	18.549	21.026	23.337	26.217	28.299
13	15.984	19.812	22.362	24.736	27.688	29.819
14	17.117	21.063	23.685	26.119	29.141	31.319
15	18.245	22.307	24.996	27.488	30.578	32.801
16	19.369	23.542	26.296	28.845	32.000	34.267
17	20.489	24.769	27.587	30.191	33.409	35.718
18	21.605	25.989	28.869	31.526	34.805	37.156
19	22.718	27.204	30.144	32.852	36.191	38.582
20	23.828	28.412	31.410	34.170	37.566	39.997
21	24.935	29.615	32.671	35.479	38.932	41.401
22	26.039	30.813	33.924	36.781	40.289	42.796
23	27.141	32.007	35.172	38.076	41.638	44.181
24	28.241	33.196	36.415	39.364	42.980	45.559
25	29.339	34.382	37.652	40.646	44.314	46.928
26	30.435	35.563	38.885	41.923	45.642	48.290
27	31.528	36.741	40.113	43.194	45.963	49.645
28	32.620	37.916	41.337	44.461	48.278	50.993
29	33.711	39.087	42.557	45.722	49.588	52.336
30	34.800	40.256	43.773	46.979	50.892	53.672
31	35.887	41.422	44.985	48.232	52.191	55.003
32	36.973	42.585	46.194	49.480	53.486	56.328
33	38.058	43.745	47.400	50.725	54.776	57.648
34	39.141	44.903	48.602	51.966	56.061	58.964
35	40.223	46.059	49.802	53.203	57.342	60.275
36	41.304	47.212	50.998	54.437	58.619	61.581
37	42.383	48.363	52.192	55.668	59.892	62.883
38	43.462	49.513	53.384	56.896	61.162	64.181
39	44.539	50.660	54.572	58.120	62.428	65.476
40	45.616	51.805	55.758	59.342	63.691	66.766
41	46.692	52.949	56.942	60.561	64.950	68.053
42	47.766	54.090	58.124	61.777	66.206	69.336
43	48.840	55.230	59.304	62.990	67.459	70.616
44	49.913	56.369	60.481	64.201	68.710	71.893
45	50.985	57.505	61.656	65.410	69.957	73.166

附表 5　F分布表

$$P\{F(n_1,n_2) > F_\alpha(n_1,n_2)\} = \alpha$$

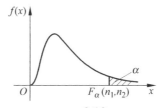

$$\alpha = 0.10$$

n_2 \ n_1	1	2	3	4	5	6	7	8	9
1	39.86	49.50	53.59	55.83	57.24	58.20	58.91	59.44	59.86
2	8.53	9.00	9.16	9.24	9.29	9.33	9.35	9.37	9.38
3	5.54	5.46	5.39	5.34	5.31	5.28	5.27	5.25	5.24
4	4.54	4.32	4.19	4.11	4.05	4.01	3.98	3.95	3.94
5	4.06	3.78	3.62	3.52	3.45	3.40	3.37	3.34	3.32
6	3.78	3.46	3.29	3.18	3.11	3.05	3.01	2.98	2.96
7	3.59	3.26	3.07	2.96	2.88	2.83	2.78	2.75	2.72
8	3.46	3.11	2.92	2.81	2.73	2.67	2.62	2.59	2.56
9	3.36	3.01	2.81	2.69	2.61	2.55	2.51	2.47	2.44
10	3.29	2.92	2.73	2.61	2.52	2.46	2.41	2.38	2.35
11	3.23	2.86	2.66	2.54	2.45	2.39	2.34	2.30	2.27
12	3.18	2.81	2.61	2.48	2.39	2.33	2.28	2.24	2.21
13	3.14	2.76	2.56	2.43	2.35	2.28	2.23	2.20	2.16
14	3.10	2.73	2.52	2.39	2.31	2.24	2.19	2.15	2.12
15	3.07	2.70	2.49	2.36	2.27	2.21	2.16	2.12	2.09
16	3.05	2.67	2.46	2.33	2.24	2.18	2.13	2.09	2.06
17	3.03	2.64	2.44	2.31	2.22	2.15	2.10	2.06	2.03
18	3.01	2.62	2.42	2.29	2.20	2.13	2.08	2.04	2.00
19	2.99	2.61	2.40	2.27	2.18	2.11	2.06	2.02	1.98
20	2.97	2.59	2.38	2.25	2.16	2.09	2.04	2.00	1.96
21	2.96	2.57	2.36	2.23	2.14	2.08	2.02	1.98	1.95
22	2.95	2.56	2.35	2.22	2.13	2.06	2.01	1.97	1.93
23	2.94	2.55	2.34	2.21	2.11	2.05	1.99	1.95	1.92
24	2.93	2.54	2.33	2.19	2.10	2.04	1.98	1.94	1.91
25	2.92	2.53	2.32	2.18	2.09	2.02	1.97	1.93	1.89
26	2.91	2.52	2.31	2.17	2.08	2.01	1.96	1.92	1.88
27	2.90	2.51	2.30	2.17	2.07	2.00	1.95	1.91	1.87
28	2.89	2.50	2.29	2.16	2.06	2.00	1.94	1.90	1.87
29	2.89	2.50	2.28	2.15	2.06	1.99	1.93	1.89	1.86
30	2.88	2.49	2.28	2.14	2.05	1.98	1.93	1.88	1.85
40	2.84	2.44	2.23	2.09	2.00	1.93	1.87	1.83	1.79
60	2.79	2.39	2.18	2.04	1.95	1.87	1.82	1.77	1.74
120	2.75	2.35	2.13	1.99	1.90	1.82	1.77	1.72	1.68
∞	2.71	2.30	2.08	1.94	1.85	1.77	1.72	1.67	1.63

n_2 \ n_1	10	12	15	20	24	30	40	60	120	∞
1	60.19	60.71	61.22	61.74	62.00	62.26	62.53	62.79	63.06	63.33
2	9.39	9.41	9.42	9.44	9.45	9.46	9.47	9.47	9.48	9.49
3	5.23	5.22	5.20	5.18	5.18	5.17	5.16	5.15	5.14	5.13
4	3.92	3.90	3.87	3.84	3.83	3.82	3.80	3.79	3.78	3.76
5	3.30	3.27	3.24	3.21	3.19	3.17	3.16	3.14	3.12	3.10
6	2.94	2.90	2.87	2.84	2.82	2.80	2.78	2.76	2.74	2.72
7	2.70	2.67	2.63	2.59	2.58	2.56	2.54	2.51	2.49	2.47
8	2.54	2.50	2.46	2.42	2.40	2.38	2.36	2.34	2.32	2.29
9	2.42	2.38	2.34	2.30	2.28	2.25	2.23	2.21	2.18	2.16
10	2.32	2.28	2.24	2.20	2.18	2.16	2.13	2.11	2.08	2.06
11	2.25	2.21	2.17	2.12	2.10	2.08	2.05	2.03	2.00	1.97
12	2.19	2.15	2.10	2.06	2.04	2.01	1.99	1.96	1.93	1.90
13	2.14	2.10	2.05	2.01	1.98	1.96	1.93	1.90	1.88	1.85
14	2.10	2.05	2.01	1.96	1.94	1.91	1.89	1.86	1.83	1.80
15	2.06	2.02	1.97	1.92	1.90	1.87	1.85	1.82	1.79	1.76
16	2.03	1.99	1.94	1.89	1.87	1.84	1.81	1.78	1.75	1.72
17	2.00	1.96	1.91	1.86	1.84	1.81	1.78	1.75	1.72	1.69
18	1.98	1.93	1.89	1.84	1.81	1.78	1.75	1.72	1.69	1.66
19	1.96	1.91	1.86	1.81	1.79	1.76	1.73	1.70	1.67	1.63
20	1.94	1.89	1.84	1.79	1.77	1.74	1.71	1.68	1.64	1.61
21	1.92	1.87	1.83	1.78	1.75	1.72	1.69	1.66	1.62	1.59
22	1.90	1.86	1.81	1.76	1.73	1.70	1.67	1.64	1.60	1.57
23	1.89	1.84	1.80	1.74	1.72	1.69	1.66	1.62	1.59	1.55
24	1.88	1.83	1.78	1.73	1.70	1.67	1.64	1.61	1.57	1.53
25	1.87	1.82	1.77	1.72	1.69	1.66	1.63	1.59	1.56	1.52
26	1.86	1.81	1.76	1.71	1.68	1.65	1.61	1.58	1.54	1.50
27	1.85	1.80	1.75	1.70	1.67	1.64	1.60	1.57	1.53	1.49
28	1.84	1.79	1.74	1.69	1.66	1.63	1.59	1.56	1.52	1.48
29	1.83	1.78	1.73	1.68	1.65	1.62	1.58	1.55	1.51	1.47
30	1.82	1.77	1.72	1.67	1.64	1.61	1.57	1.54	1.50	1.46
40	1.76	1.71	1.66	1.61	1.57	1.54	1.51	1.47	1.42	1.38
60	1.71	1.66	1.60	1.54	1.51	1.48	1.44	1.40	1.35	1.29
120	1.65	1.60	1.55	1.48	1.45	1.41	1.37	1.32	1.26	1.19
∞	1.60	1.55	1.49	1.42	1.38	1.34	1.30	1.24	1.17	1.00

$$\alpha = 0.05$$

n_2 \ n_1	1	2	3	4	5	6	7	8	9
1	161.4	199.5	215.7	224.6	230.2	234.0	236.8	238.9	240.5
2	18.51	19.00	19.16	19.25	19.30	19.33	19.35	19.37	19.38
3	10.13	9.55	9.28	9.12	9.01	8.94	8.89	8.85	8.81
4	7.71	6.94	6.59	6.39	6.26	6.16	6.09	6.04	6.00
5	6.61	5.79	5.41	5.19	5.05	4.95	4.88	4.82	4.77
6	5.99	5.14	4.76	4.53	4.39	4.28	4.21	4.15	4.10
7	5.59	4.74	4.35	4.12	3.97	3.87	3.79	3.73	3.68
8	5.32	4.46	4.07	3.84	3.69	3.58	3.50	3.44	3.39
9	5.12	4.26	3.86	3.63	3.48	3.37	3.29	3.23	3.18
10	4.96	4.10	3.71	3.48	3.33	3.22	3.14	3.07	3.02
11	4.84	3.98	3.59	3.36	3.20	3.09	3.01	2.95	2.90
12	4.75	3.89	3.49	3.26	3.11	3.00	2.91	2.85	2.80
13	4.67	3.81	3.41	3.18	3.03	2.92	2.83	2.77	2.71
14	4.60	3.74	3.34	3.11	2.96	2.85	2.76	2.70	2.65
15	4.54	3.68	3.29	3.06	2.90	2.79	2.71	2.64	2.59
16	4.49	3.63	3.24	3.01	2.85	2.74	2.66	2.59	2.54
17	4.45	3.59	3.20	2.96	2.81	2.70	2.61	2.55	2.49
18	4.41	3.55	3.16	2.93	2.77	2.66	2.58	2.51	2.46
19	4.38	3.52	3.13	2.90	2.74	2.63	2.54	2.48	2.42
20	4.35	3.49	3.10	2.87	2.71	2.60	2.51	2.45	2.39
21	4.32	3.47	3.07	2.84	2.68	2.57	2.49	2.42	2.37
22	4.30	3.44	3.05	2.82	2.66	2.55	2.46	2.40	2.34
23	4.28	3.42	3.03	2.80	2.64	2.53	2.44	2.37	2.32
24	4.26	3.40	3.01	2.78	2.62	2.51	2.42	2.36	2.30
25	4.24	3.39	2.99	2.76	2.60	2.49	2.40	2.34	2.28
26	4.23	3.37	2.98	2.74	2.59	2.47	2.39	2.32	2.27
27	4.21	3.35	2.96	2.73	2.57	2.46	2.37	2.31	2.25
28	4.20	3.34	2.95	2.71	2.56	2.45	2.36	2.29	2.24
29	4.18	3.33	2.93	2.70	2.55	2.43	2.35	2.28	2.22
30	4.17	3.32	2.92	2.69	2.53	2.42	2.33	2.27	2.21
40	4.08	3.23	2.84	2.61	2.45	2.34	2.25	2.18	2.12
60	4.00	3.15	2.76	2.53	2.37	2.25	2.17	2.10	2.04
120	3.92	3.07	2.68	2.45	2.29	2.17	2.09	2.02	1.96
∞	3.84	3.00	2.60	2.37	2.21	2.10	2.01	1.94	1.88

续表

n_2 \ n_1	10	12	15	20	24	30	40	60	120	∞
1	241.9	243.9	245.9	248.0	249.1	250.1	251.1	252.2	253.3	254.3
2	19.40	19.41	19.43	19.45	19.45	19.46	19.47	19.48	19.49	19.50
3	8.79	8.74	8.70	8.66	8.64	8.62	8.59	8.57	8.55	8.53
4	5.96	5.91	5.86	5.80	5.77	5.75	5.72	5.69	5.66	5.63
5	4.74	4.68	4.62	4.56	4.53	4.50	4.46	4.43	4.40	4.36
6	4.06	4.00	3.94	3.87	3.84	3.81	3.77	3.74	3.70	3.67
7	3.64	3.57	3.51	3.44	3.41	3.38	3.34	3.30	3.27	3.23
8	3.35	3.28	3.22	3.15	3.12	3.08	3.04	3.01	2.97	2.93
9	3.14	3.07	3.01	2.94	2.90	2.86	2.83	2.79	2.75	2.71
10	2.98	2.91	2.85	2.77	2.74	2.70	2.66	2.62	2.58	2.54
11	2.85	2.79	2.72	2.65	2.61	2.57	2.53	2.49	2.45	2.40
12	2.75	2.69	2.62	2.54	2.51	2.47	2.43	2.38	2.34	2.30
13	2.67	2.60	2.53	2.46	2.42	2.38	2.34	2.30	2.25	2.21
14	2.60	2.53	2.46	2.39	2.35	2.31	2.27	2.22	2.18	2.13
15	2.54	2.48	2.40	2.33	2.29	2.25	2.20	2.16	2.11	2.07
16	2.49	2.42	2.35	2.28	2.24	2.19	2.15	2.11	2.06	2.01
17	2.45	2.38	2.31	2.23	2.19	2.15	2.10	2.06	2.01	1.96
18	2.41	2.34	2.27	2.19	2.15	2.11	2.06	2.02	1.97	1.92
19	2.38	2.31	2.23	2.16	2.11	2.07	2.03	1.98	1.93	1.88
20	2.35	2.28	2.20	2.12	2.08	2.04	1.99	1.95	1.90	1.84
21	2.32	2.25	2.18	2.10	2.05	2.01	1.96	1.92	1.87	1.81
22	2.30	2.23	2.15	2.07	2.03	1.98	1.94	1.89	1.84	1.78
23	2.27	2.20	2.13	2.05	2.01	1.96	1.91	1.86	1.81	1.76
24	2.25	2.18	2.11	2.03	1.98	1.94	1.89	1.84	1.79	1.73
25	2.24	2.16	2.09	2.01	1.96	1.92	1.87	1.82	1.77	1.71
26	2.22	2.15	2.07	1.99	1.95	1.90	1.85	1.80	1.75	1.69
27	2.20	2.13	2.06	1.97	1.93	1.88	1.84	1.79	1.73	1.67
28	2.19	2.12	2.04	1.96	1.91	1.87	1.82	1.77	1.71	1.65
29	2.18	2.10	2.03	1.94	1.90	1.85	1.81	1.75	1.70	1.64
30	2.16	2.09	2.01	1.93	1.89	1.84	1.79	1.74	1.68	1.62
40	2.08	2.00	1.92	1.84	1.79	1.74	1.69	1.64	1.58	1.51
60	1.99	1.92	1.84	1.75	1.70	1.65	1.59	1.53	1.47	1.39
120	1.91	1.83	1.75	1.66	1.61	1.55	1.50	1.43	1.35	1.25
∞	1.83	1.75	1.67	1.57	1.52	1.46	1.39	1.32	1.22	1.00

$$\alpha = 0.025$$ 续表

n_2 \ n_1	1	2	3	4	5	6	7	8	9
1	647.8	799.5	864.2	899.6	921.8	937.1	948.2	956.7	963.3
2	38.51	39.00	39.17	39.25	39.30	39.33	39.36	39.37	39.39
3	17.44	16.04	15.44	15.10	14.88	14.73	14.62	14.54	14.47
4	12.22	10.65	9.98	9.60	9.36	9.20	9.07	8.98	8.90
5	10.01	8.43	7.76	7.39	7.15	6.98	6.85	6.76	6.68
6	8.81	7.26	6.60	6.23	5.99	5.82	5.70	5.60	5.52
7	8.07	6.54	5.89	5.52	5.29	5.12	4.99	4.90	4.82
8	7.57	6.06	5.42	5.05	4.82	4.65	4.53	4.43	4.36
9	7.21	5.71	5.08	4.72	4.48	4.32	4.20	4.10	4.03
10	6.94	5.46	4.83	4.47	4.24	4.07	3.95	3.85	3.78
11	6.72	5.25	4.63	4.28	4.04	3.88	3.76	3.66	3.59
12	6.55	5.10	4.47	4.12	3.89	3.73	3.61	3.51	3.44
13	6.41	4.97	4.35	4.00	3.77	3.60	3.48	3.39	3.31
14	6.30	4.86	4.24	3.89	3.66	3.50	3.38	3.29	3.21
15	6.20	4.77	4.15	3.80	3.58	3.41	3.29	3.20	3.12
16	6.12	4.69	4.08	3.73	3.50	3.34	3.22	3.12	3.05
17	6.04	4.62	4.01	3.66	3.44	3.28	3.16	3.06	2.98
18	5.98	4.56	3.95	3.61	3.38	3.22	3.10	3.01	2.93
19	5.92	4.51	3.90	3.56	3.33	3.17	3.05	2.96	2.88
20	5.87	4.46	3.86	3.51	3.29	3.13	3.01	2.91	2.84
21	5.83	4.42	3.82	3.48	3.25	3.09	2.97	2.87	2.80
22	5.79	4.38	3.78	3.44	3.22	3.05	2.93	2.84	2.76
23	5.75	4.35	3.75	3.41	3.18	3.02	2.90	2.81	2.73
24	5.72	4.32	3.72	3.38	3.15	2.99	2.87	2.78	2.70
25	5.69	4.29	3.69	3.35	3.13	2.97	2.85	2.75	2.68
26	5.66	4.27	3.67	3.33	3.10	2.94	2.82	2.73	2.65
27	5.63	4.24	3.65	3.31	3.08	2.92	2.80	2.71	2.63
28	5.61	4.22	3.63	3.29	3.06	2.90	2.78	2.69	2.61
29	5.59	4.20	3.61	3.27	3.04	2.88	2.76	2.67	2.59
30	5.57	4.18	3.59	3.25	3.03	2.87	2.75	2.65	2.57
40	5.42	4.05	3.46	3.13	2.90	2.74	2.62	2.53	2.45
60	5.29	3.93	3.34	3.01	2.79	2.63	2.51	2.41	2.33
120	5.15	3.80	3.23	2.89	2.67	2.52	2.39	2.30	2.22
∞	5.02	3.69	3.12	2.79	2.57	2.41	2.29	2.19	2.11

续表

n_2 \ n_1	10	12	15	20	24	30	40	60	120	∞
1	968.6	976.7	984.9	933.1	997.2	1001	1006	1010	1014	1018
2	39.40	39.41	39.43	39.45	39.46	39.46	39.47	39.48	39.49	39.50
3	14.42	14.34	14.25	14.17	14.12	14.08	14.04	13.99	13.95	13.90
4	8.84	8.75	8.66	8.56	8.51	8.46	8.41	8.36	8.31	8.26
5	6.62	6.52	6.43	6.33	6.28	6.23	6.18	6.12	6.07	6.02
6	5.46	5.37	5.27	5.17	5.12	5.07	5.01	4.96	4.90	4.85
7	4.76	4.67	4.57	4.47	4.42	4.36	4.31	4.25	4.20	4.14
8	4.30	4.20	4.10	4.00	3.95	3.89	3.84	3.78	3.73	3.67
9	3.96	3.87	3.77	3.67	3.61	3.56	3.51	3.45	3.39	3.33
10	3.72	3.62	3.52	3.42	3.37	3.31	3.26	3.20	3.14	3.08
11	3.53	3.43	3.33	3.23	3.17	3.12	3.06	3.00	2.94	2.88
12	3.37	3.28	3.18	3.07	3.02	2.96	2.91	2.85	2.79	2.72
13	3.25	3.15	3.05	2.95	2.89	2.84	2.78	2.72	2.66	2.60
14	3.15	3.05	2.95	2.84	2.79	2.73	2.67	2.61	2.55	2.49
15	3.06	2.96	2.86	2.76	2.70	2.64	2.59	2.52	2.46	2.40
16	2.99	2.89	2.79	2.68	2.63	2.57	2.51	2.45	2.38	2.32
17	2.92	2.82	2.72	2.62	2.56	2.50	2.44	2.38	2.32	2.25
18	2.87	2.77	2.67	2.56	2.50	2.44	2.38	2.32	2.26	2.19
19	2.82	2.72	2.62	2.51	2.45	2.39	2.33	2.27	2.20	2.13
20	2.77	2.68	2.57	2.46	2.41	2.35	2.29	2.22	2.16	2.09
21	2.73	2.64	2.53	2.42	2.37	2.31	2.25	2.18	2.11	2.04
22	2.70	2.60	2.50	2.39	2.33	2.27	2.21	2.14	2.08	2.00
23	2.67	2.57	2.47	2.36	2.30	2.24	2.18	2.11	2.04	1.97
24	2.64	2.54	2.44	2.33	2.27	2.21	2.15	2.08	2.01	1.94
25	2.61	2.51	2.41	2.30	2.24	2.18	2.12	2.05	1.98	1.91
26	2.59	2.49	2.39	2.28	2.22	2.16	2.09	2.03	1.95	1.88
27	2.57	2.47	2.36	2.25	2.19	2.13	2.07	2.00	1.93	1.85
28	2.55	2.45	2.34	2.23	2.17	2.11	2.05	1.98	1.91	1.83
29	2.53	2.43	2.32	2.21	2.15	2.09	2.03	1.96	1.89	1.81
30	2.51	2.41	2.31	2.20	2.14	2.07	2.01	1.94	1.87	1.79
40	2.39	2.29	2.18	2.07	2.01	1.94	1.88	1.80	1.72	1.64
60	2.27	2.17	2.06	1.94	1.88	1.82	1.74	1.67	1.58	1.48
120	2.16	2.05	1.94	1.82	1.76	1.69	1.61	1.53	1.43	1.31
∞	2.05	1.94	1.83	1.71	1.64	1.57	1.48	1.39	1.27	1.00

$$\alpha = 0.01 \qquad\qquad\qquad\qquad\text{续表}$$

n_2 \ n_1	1	2	3	4	5	6	7	8	9
1	4052	4999.5	5403	5625	5764	5859	5928	5982	6022
2	98.50	99.00	99.17	99.25	99.30	99.33	99.36	99.37	99.39
3	34.12	30.82	29.46	28.71	28.24	27.91	27.67	27.49	27.35
4	21.20	18.00	16.69	15.98	15.52	15.21	14.98	14.80	14.66
5	16.26	13.27	12.06	11.39	10.97	10.67	10.46	10.29	10.16
6	13.75	10.92	9.78	9.15	8.75	8.47	8.26	8.10	7.98
7	12.25	9.55	8.45	7.85	7.46	7.19	6.99	6.84	6.72
8	11.26	8.65	7.59	7.01	6.63	6.37	6.18	6.03	5.91
9	10.56	8.02	6.99	6.42	6.06	5.80	5.61	5.47	5.35
10	10.04	7.56	6.55	5.99	5.64	5.39	5.20	5.06	4.94
11	9.65	7.21	6.22	5.67	5.32	5.07	4.89	4.74	4.63
12	9.33	6.93	5.95	5.41	5.06	4.82	4.64	4.50	4.39
13	9.07	6.70	5.74	5.21	4.86	4.62	4.44	4.30	4.19
14	8.86	6.51	5.56	5.04	4.69	4.46	4.28	4.14	4.03
15	8.68	6.36	5.42	4.89	4.56	4.32	4.14	4.00	3.89
16	8.53	6.23	5.29	4.77	4.44	4.20	4.03	3.89	3.78
17	8.40	6.11	5.18	4.67	4.34	4.10	3.93	3.79	3.68
18	8.29	6.01	5.09	4.58	4.25	4.01	3.84	3.71	3.60
19	8.18	5.93	5.01	4.50	4.17	3.94	3.77	3.63	3.52
20	8.10	5.85	4.94	4.43	4.10	3.87	3.70	3.56	3.46
21	8.02	5.78	4.87	4.37	4.04	3.81	3.64	3.51	3.40
22	7.95	5.72	4.82	4.31	3.99	3.76	6.59	3.45	3.35
23	7.88	5.66	4.78	4.26	3.94	3.71	3.54	3.41	3.30
24	7.82	5.61	4.72	4.22	3.90	3.67	3.50	3.36	3.26
25	7.77	5.57	4.68	4.18	3.85	3.63	3.46	3.32	3.22
26	7.72	5.53	4.64	4.14	3.82	3.59	3.42	3.29	3.18
27	7.68	5.49	4.60	4.11	3.78	3.56	3.39	3.26	3.15
28	7.64	5.45	4.57	4.07	3.75	3.53	3.36	3.23	3.12
29	7.60	5.42	4.54	4.04	3.73	3.50	3.33	3.20	3.09
30	7.56	5.39	4.51	4.02	3.70	3.47	3.30	3.17	3.07
40	7.31	5.18	4.31	3.83	3.51	3.29	3.12	2.99	2.89
60	7.08	4.98	4.13	3.65	3.34	3.12	2.95	2.82	2.72
120	6.85	4.79	3.95	3.48	3.17	2.96	2.79	2.66	2.56
∞	6.63	4.61	3.78	3.32	3.02	2.80	2.64	2.51	2.41

n_2 \ n_1	10	12	15	20	24	30	40	60	120	∞
1	6056	6106	6157	6209	6235	6261	6287	6313	6339	6366
2	99.40	99.42	99.43	99.45	99.46	99.47	99.47	99.48	99.49	99.50
3	27.23	27.05	26.87	26.69	26.60	26.50	26.41	26.32	26.22	26.13
4	14.55	14.37	14.20	14.02	13.93	13.84	13.75	13.65	13.56	13.46
5	10.05	9.89	9.72	9.55	9.47	9.38	9.29	9.20	9.11	9.02
6	7.87	7.72	7.56	7.40	7.31	7.23	7.14	7.06	6.97	6.88
7	6.62	6.47	6.31	6.16	6.07	5.99	5.91	5.82	5.74	5.65
8	5.81	5.67	5.52	5.36	5.28	5.20	5.12	5.03	4.95	4.86
9	5.26	5.11	4.96	4.81	4.73	4.65	4.57	4.48	4.40	4.31
10	4.85	4.71	4.56	4.41	4.33	4.25	4.17	4.08	4.00	3.91
11	4.54	4.40	4.25	4.10	4.02	3.94	3.86	3.78	3.69	3.60
12	4.30	4.16	4.01	3.86	3.78	3.70	3.62	3.54	3.45	3.36
13	4.10	3.96	3.82	3.66	3.59	3.51	3.43	3.34	3.25	3.17
14	3.94	3.80	3.66	3.51	3.43	3.35	3.27	3.18	3.09	3.00
15	3.80	3.67	3.52	3.37	3.29	3.21	3.13	3.05	2.96	2.87
16	3.69	3.55	3.41	3.26	3.18	3.10	3.02	2.93	2.84	2.75
17	3.59	3.46	3.31	3.16	3.08	3.00	2.92	2.83	2.75	2.65
18	3.51	3.37	3.23	3.08	3.00	2.92	2.84	2.75	2.66	2.57
19	3.43	3.30	3.15	3.00	2.92	2.84	2.76	2.67	2.58	2.49
20	3.37	3.23	3.09	2.94	2.86	2.78	2.69	2.61	2.52	2.42
21	3.31	3.17	3.03	2.88	2.80	2.72	2.64	2.55	2.46	2.36
22	3.26	3.12	2.98	2.83	2.75	2.67	2.58	2.50	2.40	2.31
23	3.21	3.07	2.93	2.78	2.70	2.62	2.54	2.45	2.35	2.26
24	3.17	3.03	2.89	2.74	2.66	2.58	2.49	2.40	2.31	2.21
25	3.13	2.99	2.85	2.70	2.62	2.54	2.45	2.36	2.27	2.17
26	3.09	2.96	2.81	2.66	2.58	2.50	2.42	2.33	2.23	2.13
27	3.06	2.93	2.78	2.63	2.55	2.47	2.38	2.29	2.20	2.10
28	3.03	2.90	2.75	2.60	2.52	2.44	2.35	2.26	2.17	2.06
29	3.00	2.87	2.73	2.57	2.49	2.41	2.33	2.23	2.14	2.03
30	2.98	2.84	2.70	2.55	2.47	2.39	2.30	2.21	2.11	2.01
40	2.80	2.66	2.52	2.37	2.29	2.20	2.11	2.02	1.92	1.80
60	2.63	2.50	2.35	2.20	2.12	2.03	1.94	1.84	1.73	1.60
120	2.47	2.34	2.19	2.03	1.95	1.86	1.76	1.66	1.53	1.38
∞	2.32	2.18	2.04	1.88	1.79	1.70	1.59	1.47	1.32	1.00

$$\alpha = 0.005 \qquad \text{续表}$$

n_2 \ n_1	1	2	3	4	5	6	7	8	9
1	16211	20000	21615	22500	23056	23437	23715	23925	24091
2	198.5	199.0	199.2	199.2	199.3	199.3	199.4	199.4	199.4
3	55.55	49.80	47.47	46.19	45.39	44.84	44.43	44.13	43.88
4	31.33	26.28	24.26	23.15	22.46	21.97	21.62	21.35	21.14
5	22.78	18.81	16.53	15.56	14.96	14.51	14.20	13.96	13.77
6	18.63	14.54	12.92	12.08	11.46	11.07	10.79	10.57	10.39
7	16.24	12.40	10.88	10.05	9.52	9.16	8.89	8.68	8.51
8	14.69	11.04	9.60	8.81	8.30	7.95	7.69	7.50	7.34
9	13.61	10.11	8.72	7.96	7.47	7.13	6.88	6.69	6.54
10	12.83	9.43	8.08	7.34	6.87	6.54	6.30	6.12	5.97
11	12.23	8.91	7.60	6.88	6.42	6.10	5.86	5.68	5.54
12	11.75	8.51	7.23	6.52	6.07	5.76	5.52	5.35	5.20
13	11.37	8.19	6.93	6.23	5.79	5.48	5.25	5.08	4.94
14	11.06	7.92	6.68	6.00	5.56	5.26	5.03	4.86	4.72
15	10.80	7.70	6.48	5.80	5.37	5.07	4.85	4.67	4.54
16	10.58	7.51	6.30	5.64	5.21	4.91	4.69	4.52	4.38
17	10.38	7.35	6.16	5.50	5.07	4.78	4.56	4.39	4.25
18	10.22	7.21	6.03	5.37	4.96	4.66	4.44	4.28	4.14
19	10.07	7.09	5.92	5.27	4.85	4.56	4.34	4.18	4.04
20	9.94	6.99	5.82	5.17	4.76	4.47	4.26	4.09	3.96
21	9.83	6.89	5.73	5.09	4.68	4.39	4.18	4.01	3.88
22	9.73	6.81	5.65	5.02	4.61	4.32	4.11	3.94	3.81
23	9.63	6.73	5.58	4.95	4.54	4.26	4.05	3.88	3.75
24	9.55	6.66	5.52	4.89	4.49	4.20	3.99	3.83	3.69
25	9.48	6.60	5.46	4.84	4.43	4.15	3.94	3.78	3.64
26	9.41	6.54	5.41	4.79	4.38	4.10	3.89	3.73	3.60
27	9.34	6.49	5.36	4.74	4.34	4.06	3.85	3.69	3.56
28	9.28	6.44	5.32	4.70	4.30	4.02	3.81	3.65	3.52
29	9.23	6.40	5.28	4.66	4.26	3.98	3.77	3.61	3.48
30	9.18	6.35	5.24	4.62	4.23	3.95	3.74	3.58	3.45
40	8.83	6.07	4.98	4.37	3.99	3.71	3.51	3.35	3.22
60	8.49	5.79	4.73	4.14	3.76	3.49	3.29	3.13	3.01
120	8.18	5.54	4.50	3.92	3.55	3.28	3.09	2.93	2.81
∞	7.88	5.30	4.28	3.72	3.35	3.09	2.90	2.74	2.62

n_2 \ n_1	10	12	15	20	24	30	40	60	120	∞
1	24224	24426	24630	24836	24940	25044	25148	25253	25359	25465
2	199.4	199.4	199.4	199.4	199.5	199.5	199.5	199.5	199.5	199.5
3	43.69	43.39	43.08	42.78	42.62	42.47	42.31	42.15	41.99	41.83
4	20.97	20.70	20.44	20.17	20.03	19.89	19.75	19.61	19.47	19.32
5	13.62	13.38	13.15	12.90	12.78	12.66	12.53	12.40	12.27	12.14
6	10.25	10.03	9.81	9.59	9.47	9.36	9.24	9.12	9.00	8.88
7	8.38	8.18	7.97	7.75	7.65	7.53	7.42	7.31	7.19	7.08
8	7.21	7.01	6.81	6.61	6.50	6.40	6.29	6.18	6.06	5.95
9	6.42	6.23	6.03	5.83	5.73	5.62	5.52	5.41	5.30	5.19
10	5.85	5.66	5.47	5.27	5.17	5.07	4.97	4.86	4.75	4.64
11	5.42	5.24	5.05	4.86	4.76	4.65	4.55	4.44	4.34	4.23
12	5.09	4.91	4.72	4.53	4.43	4.33	4.23	4.12	4.01	3.90
13	4.82	4.64	4.46	4.27	4.17	4.07	3.97	3.87	3.76	3.65
14	4.60	4.43	4.25	4.06	3.96	3.86	3.76	3.66	3.55	3.44
15	4.42	4.25	4.07	3.88	3.79	3.69	3.58	3.48	3.37	3.26
16	4.27	4.10	3.92	3.73	3.64	3.54	3.44	3.33	3.22	3.11
17	4.14	3.97	3.79	3.61	3.51	3.41	3.31	3.21	3.10	2.98
18	4.03	3.86	3.68	3.50	3.40	3.30	3.20	3.10	2.99	2.87
19	3.93	3.76	3.59	3.40	3.31	3.21	3.11	3.00	2.89	2.78
20	3.85	3.68	3.50	3.32	3.22	3.12	3.02	2.92	2.81	2.69
21	3.77	3.60	3.43	3.24	3.15	3.05	2.95	2.84	2.73	2.61
22	3.70	3.54	3.36	3.18	3.08	2.98	2.88	2.77	2.66	2.55
23	3.64	3.47	3.30	3.12	3.02	2.92	2.82	2.71	2.60	2.48
24	3.59	3.42	3.25	3.06	2.97	2.87	2.77	2.66	2.55	2.43
25	3.54	3.37	3.20	3.01	2.92	2.82	2.72	2.61	2.50	2.38
26	3.49	3.33	3.15	2.97	2.87	2.77	2.67	2.56	2.45	2.33
27	3.45	3.28	3.11	2.93	2.83	2.73	2.63	2.52	2.41	2.29
28	3.41	3.25	3.07	2.89	2.79	2.69	2.59	2.48	2.37	2.25
29	3.38	3.21	3.04	2.86	2.76	2.66	2.56	2.45	2.33	2.21
30	3.34	3.18	3.01	2.82	2.73	2.63	2.52	2.42	2.30	2.18
40	3.12	2.95	2.78	2.60	2.50	2.40	2.30	2.18	2.06	1.93
60	2.90	2.74	2.57	2.39	2.29	2.19	2.08	1.96	1.83	1.69
120	2.71	2.54	2.37	2.19	2.09	1.98	1.87	1.75	1.61	1.43
∞	2.52	2.36	2.19	3.00	1.90	1.79	1.67	1.53	1.36	1.00

附表 6　相关系数检验表

$n-2$ \ α	0.05	0.01	$n-2$ \ α	0.05	0.01
1	0.997	1.000	21	0.413	0.526
2	0.950	0.990	22	0.404	0.515
3	0.878	0.959	23	0.396	0.505
4	0.811	0.917	24	0.388	0.496
5	0.754	0.874	25	0.381	0.487
6	0.707	0.834	26	0.374	0.478
7	0.666	0.798	27	0.367	0.470
8	0.632	0.765	28	0.361	0.463
9	0.602	0.735	29	0.355	0.456
10	0.576	0.708	30	0.349	0.449
11	0.553	0.684	35	0.325	0.418
12	0.532	0.661	40	0.304	0.393
13	0.514	0.641	45	0.288	0.372
14	0.497	0.623	50	0.273	0.354
15	0.482	0.606	60	0.250	0.325
16	0.468	0.590	70	0.232	0.302
17	0.456	0.575	80	0.217	0.283
18	0.444	0.561	90	0.205	0.267
19	0.433	0.549	100	0.195	0.254
20	0.423	0.537	200	0.138	0.181

附表 7　几种常用的概率分布

分　布	参　数	概率分布或概率密度	数学期望	方　差
(0-1)分布	$0 < p < 1$	$P\{X = k\} = p^k (1-p)^{1-k},\ k = 0, 1$	p	$p(1-p)$
二项分布	$n \geqslant 1$ $0 < p < 1$	$P\{X = k\} = C_n^k p^k (1-p)^{n-k},\ k = 0, 1, \cdots, n$	np	$np(1-p)$
几何分布	$0 < p < 1$	$P\{X = k\} = p(1-p)^{k-1},\ k = 1, 2, \cdots$	$\dfrac{1}{p}$	$\dfrac{1-p}{p^2}$
超几何分布	N, M, n $(n \leqslant M)$	$P\{X = k\} = \dfrac{C_M^k C_{N-M}^{n-k}}{C_N^n},\ k = 0, 1, \cdots, n$	$\dfrac{nM}{N}$	$\dfrac{nM}{N}\left(1 - \dfrac{M}{N}\right)\left(\dfrac{N-n}{N-1}\right)$
泊松分布	$\lambda > 0$	$P\{X = k\} = \dfrac{\lambda^k e^{-\lambda}}{k!},\ k = 0, 1, \cdots$	λ	λ
均匀分布	$a < b$	$f(x) = \begin{cases} \dfrac{1}{b-a}, & a < x < b, \\ 0, & \text{其他} \end{cases}$	$\dfrac{a+b}{2}$	$\dfrac{(b-a)^2}{12}$

续表

分　布	参　数	概率分布或概率密度	数学期望	方　差
正态分布	$\mu,\sigma>0$	$f(x)=\dfrac{1}{\sqrt{2\pi}\,\sigma}\,\mathrm{e}^{-\frac{(x-\mu)^2}{2\sigma^2}}$	μ	σ^2
Γ 分布	$\begin{array}{l}\alpha>0\\ \beta>0\end{array}$	$f(x)=\begin{cases}\dfrac{\beta^{\alpha}}{\Gamma(\alpha)}x^{\alpha-1}\mathrm{e}^{-\beta x}, & x>0\\ 0, & \text{其他}\end{cases}$	$\dfrac{\alpha}{\beta}$	$\dfrac{\alpha}{\beta^2}$
指数分布	$\theta>0$	$f(x)=\begin{cases}\dfrac{1}{\theta}\mathrm{e}^{-x/\theta}, & x>0\\ 0, & \text{其他}\end{cases}$	θ	θ^2
χ^2 分布	$n\geqslant 1$	$f(x)=\begin{cases}\dfrac{1}{2^{n/2}\Gamma(n/2)}x^{n/2-1}\mathrm{e}^{-x/2}, & x>0\\ 0, & \text{其他}\end{cases}$	n	$2n$
瑞利分布	$\sigma>0$	$f(x)=\begin{cases}\dfrac{1}{\sigma^2}\mathrm{e}^{-x^2/(2\sigma^2)}, & x>0,\\ 0, & \text{其他}\end{cases}$	$\sqrt{\dfrac{\pi}{2}}\,\sigma$	$\dfrac{4-\pi}{2}\sigma^2$

续表

分　布	参　数	概率分布或概率密度	数学期望	方　差
β分布	$\alpha > 0$ $\beta > 0$	$f(x) = \begin{cases} \dfrac{\Gamma(\alpha+\beta)}{\Gamma(\alpha)\Gamma(\beta)}x^{\alpha-1}(1-x)^{\beta-1}, & 0 < x < 1, \\ 0, & \text{其他} \end{cases}$	$\dfrac{\alpha}{\alpha+\beta}$	$\dfrac{\alpha\beta}{(\alpha+\beta)^2(\alpha+\beta+1)}$
对数正态分布	μ $\sigma > 0$	$f(x) = \begin{cases} \dfrac{1}{\sqrt{2\pi}\sigma x}e^{-\frac{(\ln x-\mu)^2}{2\sigma^2}}, & x > 0, \\ 0, & \text{其他} \end{cases}$	$e^{\mu+\frac{\sigma^2}{2}}$	$e^{2\mu+\sigma^2}(e^{\sigma^2}-1)$
柯西分布	α $\lambda > 0$	$f(x) = \dfrac{1}{\pi}\cdot\dfrac{1}{\lambda^2+(x-\alpha)^2}$	不存在	不存在
t分布	$n \geqslant 1$	$f(x) = \dfrac{\Gamma\left(\dfrac{n+1}{2}\right)}{\sqrt{n\pi}\Gamma(n/2)}\left(1+\dfrac{x^2}{n}\right)^{-(n+1)/2}$	0	$\dfrac{n}{n-2}, n > 2$
F分布	$m, n \geqslant 1$	$f(x) = \begin{cases} \dfrac{\Gamma[(m+n)/2]}{\Gamma(m/2)\Gamma(n/2)}\left(\dfrac{m}{n}\right)\left(\dfrac{m}{n}x\right)^{(m+n)/2} \\ \quad \times\left(1+\dfrac{m}{n}x\right)^{-(m+n)/2}, & x > 0, \\ 0, & \text{其他} \end{cases}$	$\dfrac{n}{n-2}$ $n > 2$	$\dfrac{2n^2(m+n-2)}{m(n-2)^2(n-4)}$ $n > 4$

参考文献

[1] 杨荣，郑文瑞. 概率论与数理统计 [M]. 北京：清华大学出版社，2005.

[2] 茆诗松，程依明，濮晓龙. 概率论与数理统计教程 [M]. 北京：高等教育出版社，2004.

[3] 梁之舜，邓集贤，等. 概率论与数理统计 [M]. 3 版. 北京：高等教育出版社，2001.

[4] 高文森，潘伟. 大学数学 —— 随机数学 [M]. 北京：高等教育出版社，2004.

[5] 盛骤，等. 概率论与数理统计 [M]. 3 版. 北京：高等教育出版社，2001.

[6] 中国精算师协会. 数学 [M]. 北京：中国财政经济出版社，2010.